“十二五”职业教育国家规划教材
经全国职业教育教材审定委员会审定

网络操作系统配置与管理实训教程

第2版

主　　编　朱林立
副 主 编　李军华　吴剑章　韩红章
参　　编　任　伟　胡正好　于新峰　闵孝忠
主　　审　吴访升

机械工业出版社

本书是“十二五”职业教育国家规划教材，是根据《教育部关于“十二五”职业教育教材建设的若干意见》及教育部新颁布的《高等职业学校专业教学标准（试行）》，同时参考计算机网络管理员国家职业资格标准，在第1版的基础上修订而成的。

本书打破了传统的以知识传授为主线的知识架构，将网络操作系统的配置与管理通过一个企业的实际网络工程项目分解为若干个项目进行剖析，将网络操作系统的配置与管理的理念和技术技巧逐次展开，让学生在具体案例的操练中逐步构建和提升相关理论知识。通过项目的活动过程培养学生分析问题的能力和沟通能力，培养团队精神。

本书内容包括网络工程项目描述及需求分析、基础服务规划与搭建、资源规划与建设、服务性能优化、系统安全五部分内容。

本书多采用图表结合的形式，力求直观明了，让读者在学习时既能有效参考，又能在轻松的氛围中实现能力提升。为便于教学，本书配套有电子教案、教学视频等教学资源，选择本书作为教材的教师可来电（010-88379807）索取，或登录www.cmpedu.cn网站，注册、免费下载。

本书可作为高等职业院校计算机及相关专业教材，也可以作为网络操作系统配置与管理爱好者的参考用书。

图书在版编目（CIP）数据

网络操作系统配置与管理实训教程/朱林立主编．—2版．—北京：机械工业出版社，2015.9（2023.8重印）

“十二五”职业教育国家规划教材

ISBN 978-7-111-51369-8

Ⅰ．①网…　Ⅱ．①朱…　Ⅲ．①网络操作系统—高等职业教育—教材　Ⅳ．①TP316.8

中国版本图书馆CIP数据核字（2015）第197349号

机械工业出版社（北京市百万庄大街22号　邮政编码100037）

策划编辑：张星瑶　梁　伟　　责任编辑：李绍坤

责任校对：肖　琳　　封面设计：鞠　杨

责任印制：单爱军

北京虎彩文化传播有限公司印刷

2023年8月第2版第9次印刷

184mm×260mm・17.5印张・420千字

标准书号：ISBN 978-7-111-51369-8

定价：56.00元

电话服务　　网络服务

客服电话：010-88361066　　机　工　官　网：www.cmpbook.com

010-88379833　　机　工　官　博：weibo.com/cmp1952

010-68326294　　金　书　网：www.golden-book.com

　机工教育服务网：www.cmpedu.com

第2版前言

本书是按照教育部《关于开展“十二五”职业教育国家规划教材选题立项工作的通知》，经过出版社初评、申报，由教育部专家组评审确定的“十二五”职业教育国家规划教材，是根据《教育部关于“十二五”职业教育教材建设的若干意见》及教育部新颁布的《高等职业学校专业教学标准（试行）》，同时参考计算机网络管理员国家职业资格标准，在第1版的基础上修订而成的。

本书针对高等职业院校计算机类专业学生的学习特点、培养目标和要求，将内容明确定位于“基本功”的训练，力求真正体现教师为主导、学生为主体的教学理念，以“成就感”来激发学生的学习兴趣，充分挖掘学生的学习潜能，在项目选择上力求科学、全面、实用，有助于学生加深对知识点的理解。

本书在内容处理上主要有以下几点说明：①教学时数建议为64学时，为节约实训时间，建议保留每次安装配置操作系统的虚拟文件供下次实训继续使用；②本书的实验环境包括基础网络运行环境和Windows（Windows Server 2012）、Linux（CentOS 6.4）操作系统，学校也可根据自身的条件选做其中的部分内容。

本书共分为五部分，主要内容如下：

第0章为网络工程项目描述及需求分析，主要描述某企业的具体需求。

第1章为基础服务规划与搭建，包括CentOS 6.4系统下的DNS服务、FTP服务、Web服务、邮件服务的规划与搭建、VPN服务器的配置与管理、磁盘配额、DHCP服务，以及Windows Server 2012环境下的VPN服务器的配置与管理等。

第2章为资源规划与建设，主要包括在Windows Server 2012操作系统下实现活动目录（AD）搭建、活动目录用户与组管理、活动目录组策略管理和活动目录的备份与复制等内容。

第3章为服务性能优化，主要包括事件查看器、服务器的性能监视和基于Web的负载均衡等内容。

第4章为系统安全，主要包括Linux/Windows系统本身的安全分析、WSUS配置与管理、Linux环境下的IPtables等。

另外，本书在附录中增加了“Windows与Linux资源互访技术”“远程访问技术”作为除上述项目外的重要补充，为资源共享与远程资源管理提供了一组范例。

本书所有的项目均经过测试并通过。

本书由江苏理工学院朱林立任主编，李军华、吴剑章、韩红章任副主编。其他参与编写人员及具体分工如下：江苏理工学院朱林立编写第0章和第1章，江苏理工学院李军华编写第2章和第3章的第1节，东南大学吴剑章编写第3章的第2节和附录A，江苏理工学院韩红章编写第4章的第1节，常州刘国钧高等职业技术学校任伟编写附录B，神州数码网络有限公司胡正好编写第3章的第3节，江苏理工学院于新峰编写第4章的第2节，江苏理工学院闵孝忠编写第4章的第3节。

编写过程中，编者参阅了国内外出版的有关教材和资料，得到了东南大学龚俭教授、江苏理工学院吴访升教授、潘瑜教授的有益指导，在此一并表示衷心的感谢！

由于编者水平有限，书中不妥之处在所难免，恳请读者批评指正。

编　者

第1版前言

本书打破了传统的以知识传授为主线的知识架构，将网络操作系统的配置与管理通过一个企业的实际网络工程项目分解为若干个项目进行剖析，将网络操作系统的配置与管理的理念和技术技巧逐次展开，让学生在具体案例的操练中逐步构建和提升相关理论知识。通过项目的活动过程可以培养学生的分析问题能力、团队精神和沟通能力。

本书以职业院校计算机类专业学生的学习特点、培养目标和要求为依据，紧扣全国职业院校技能大赛最新精神和动态，教材内容明确定位于“基本功”的学习目标，力求真正体现教师为主导、学生为主体的教学理念，以“成就感”来激发学生的学习兴趣，充分挖掘学生的学习潜能。本书在项目选择上力求科学、全面、实用，有助于学生加深对知识点的理解。

本书表述形式新颖、生动，多采用图表结合的版面形式，力求学习直观明了，让学生学得轻松。

本书共分为五个部分，主要内容如下：

第0章为网络工程项目描述及需求分析，主要描述某企业的具体需求。

第1章为基础服务规划与搭建，包括Fedora Core 8系统下的DNS服务、FTP服务、Web服务、Mail服务的规划与搭建、配置与管理、磁盘配额、DHCP服务、HTTPS服务配置以及Windows Server 2003/2008环境下的VPN服务器的配置与管理等。

第2章为资源规划与建设，主要包括在Windows Server 2003/2008系统下实现活动目录（AD）搭建、AD的用户与组管理、AD的子域与信任管理、AD的组策略和AD的备份与恢复等内容。

第3章为服务性能优化，主要包括服务性能优化分析、服务的监视与优化和基于Web的负载均衡等内容。

第4章为系统安全，主要包括系统安全分析、WSUS配置与管理和Linux环境下的IPtables。

另外，本书在附录中增加了“Windows与Linux资源互访技术”和“远程访问技术”作为除上述项目外的重要补充，为资源共享与远程资源管理提供了一组范例。

本书所有的项目均经过测试通过。

吴访升任本丛书主编。本书由朱林立任主编，李军华、韩红章任副主编，参与编写的还有黄海军。

由于编者水平所限，书中难免有疏漏和不当之处，恳请各位专家、学校师生及广大读者批评指正。

编　者

目　录

第0章　网络工程项目描述及需求分析

项目描述

南方某电子信息集团有限公司现有员工5 000人，分布在半径约为1.5km的区域内，主要分为行政管理部、技术研发部、产品生产部、售后服务部、产品销售部、培训部和信息中心7大区域。该公司对外为100Mbit/s电信链路，各大区域内通过光纤链路接入信息中心核心交换设备，目前所有办公区域内均能通过信息中心的网关及防火墙访问Internet资源。但是，该公司内部网络资源建设相对匮乏，希望拥有自己的域名服务器、邮件服务器、Web服务器、VPN服务器和FTP服务器；各个部门建立不同的域，根据工作需要实施不同的访问内外部资源的权限；优化网络资源提高外部访问公司内部信息资源的速度；加强系统安全部署。

项目分析

根据该公司的要求，利用Linux/Windows操作系统资源通过合理的配置与管理来解决上述问题。可将该项目分解为4个部分：第一，根据公司需求的实际，对每类服务器配置的各项具体需求进行细化；第二，合理运用操作系统资源建立不同的域，实施相应资源访问权限控制；第三，优化网络资源提高外部访问内部资源的速度，可以通过实施基于Web和FTP等各种负载均衡的方法在现有资源的情况下得到改善；第四，系统安全部署方面也主要通过操作系统层面来加强管理。

1）服务器配置。

① 域名服务器：现公司希望建立自己的域名服务器，所有公司内部的办公信息点均通过自己的域名解析服务器访问外部资源，每个部门都能建立自己的网站平台，拥有自己的域名，外部网络能通过部门的域名访问部门的网络资源。

② FTP服务器：为各个部门建立FTP服务，进行账户管理、资源管理、权限管理及相关配置，通过Linux系统实现。

③ Web服务器：公司门户网站建设通过Linux系统实现，其他各部门网站均通过Windows Server系统实现。

④ 邮件服务器：提供公司员工的所有邮件系统的管理（账户管理、邮件管理和策略管理），通过Linux系统实现。

⑤ VPN服务器：为公司员工外出办公访问公司内部信息资源的访问提供账户管理，通过Windows Server实现。

⑥ 磁盘配额工具：对公司员工使用服务器硬盘空间的资源进行限制，防止用户过度使用服务器硬盘。

⑦ DHCP服务：为方便使用公司网络，对部分用户实行IP地址自动分配功能，方便用户使用。

2）域结构中共设立jsjpx.com和jsjpx.cn两个域，7个部门子域共属于jsjpx.com域，另外设立有jsjpx.cn域，建立域间信任、树根信任，实现域用户及组管理等。

3）优化网络资源、提高外部访问内部资源的速度，可以通过实施基于Web、FTP等各种负载均衡的方法在现有资源的情况下得到改善。

4）系统安全部署方面也主要通过操作系统层面来加强管理。

① 系统安全Windows 策略与服务、Linux 安全（防火墙、IPtables）。

② WSUS配置与管理。

全局规划

1. IP地址规划见表0-1

表0-1　IP地址规划表

服务器名称		IP地址		功 能 描 述
DNS1		192.168.10.1		主DNS服务器
DNS2		192.168.10.2		辅助DNS服务器
FTP		192.168.10.3		FTP服务器
Mail		192.168.10.5		邮件服务器
Web（主1）		192.168.10.6		主Web服务器
Web（主2）		192.168.10.7		备份Web服务器
Web（7个部门）		192.168.10.8		部门Web服务器
Office XP1～10		192.168.10.101～110		客户端XP系统
Windows Server 2012	jsjpx.com	192.168.10.30		Windows Server系统
	jsjpx.cn	192.168.10.40		
	mail客户端	192.168.10.51		
	WSUS	192.168.10.50		WSUS服务器
VPN	外部地址	210.29.192.21		VPN服务器
	内部地址	192.168.38.1～254		
Linux OS1～10		192.168.10.11～20		Linux系统
BALANCE_A		210.29.192.228	172.168.10.101	负载均衡测试服务器
BALANCE_B		210.29.192.229	172.168.10.102	

2. 部门名称规划

行政管理部xzgl.jsjpx.com、技术研发部jsyfb.jsjpx.com、产品生产部cpscb.jsjpx.com、售后服务部shfwb.jsjpx.com、产品销售部cpxsb.jsjpx.com、培训部pxb.jsjpx.com、信息中心xxzx.jsjpx.com。

3. 用户名规划（一般组名同部门名称），密码同用户名加“！～”

第1章　基础服务规划与搭建

1.1　基础服务规划分析

问题描述

南方某电子信息集团有限公司现有网络基础设施已建设完成，为了在现有设施的基础上搭建应用系统平台，需要对公司内部基础服务进行整体规划，并完成其搭建工作。核心的基础服务主要包括建立自己的域名服务器、FTP服务器、Web服务器、邮件服务器和VPN服务器等网络基础服务器建设。

问题分析

该问题主要包括域名服务器、FTP服务器、Web服务器、邮件服务器、VPN服务器等服务器的规划与建设等。下面对上述5大服务器进行如下规划：

1. 域名服务器

外网访问的域名为www.jsjpx.com或www.jsjpx.cn，公司内部办公信息点均通过自己的域名解析服务器访问外部资源，每个部门都能建立自己的网站平台，拥有自己的域名，外部网络能通过部门的域名访问部门的网络资源。各个部门的域名分别为xzgl.jsjpx.com、jsyfb.jsjpx.com、cpscb.jsjpx.com、shfwb.jsjpx.com、cpxsb.jsjpx.com、pxb.jsjpx.com和xxzx.jsjpx.com。为了分担主DNS服务器的负载，提供容错能力和加快部分域名查询的速度，可另配置一台辅助DNS服务器以改善性能。所有域名服务器的功能均采用CentOS 6.4系统实现。

2. FTP服务器

为各个部门建立FTP服务，进行账户管理、资源管理、权限管理及相关配置。FTP服务器采用CentOS 6.4系统自带的vsftpd来实现。

3. Web服务器

公司门户网站（www.jsjpx.com或www.jsjpx.cn）建设利用Apache软件架设在CentOS 6.4系统上，其他各部门网站（xzgl.jsjpx.com、jsyfb.jsjpx.com、cpscb.jsjpx.com、shfwb.jsjpx.com、cpxsb.jsjpx.com、pxb.jsjpx.com、xxzx.jsjpx.com）可通过Windows Server系统来发布，同样也可在CentOS 6.4系统上发布。将公司门户网站部署在两台主机上，为以后实现Web负载均衡，使外部能更快地访问公司门户信息；所有部门的网站都部署在一台主机上。

4. 邮件服务器

域名为mail.jsjpx.com，提供公司员工的所有邮件系统的管理（账户管理、邮件管理、策略管理）。发送信件时用域名服务器来查询收方邮件服务器地址，并利用域名服务器所提示的MX记录来确定收信方的邮件地址，然后通过SMTP经由TCP/IP线路向其他计算机用户传递信件。邮件服务器的功能采用CentOS 6.4系统实现，客户端分别用CentOS 6.4和Windows系统进行测试。

5. VPN服务器

为公司员工外出办公访问公司内部信息资源提供账户管理，通过Windows Server来实现。

1.2 基础服务平台搭建

1.2.1 DNS服务

问题描述

为了满足南方某电子信息集团有限公司自建DNS服务器的需求，服务器所服务的主区域为“jsjpx.com”和“jsjpx.cn”，主DNS服务器dns1.jsspx.com对应主机的IP地址为192.168.10.1；辅助DNS服务器dns2.jsspx.com对应主机的IP地址为192.168.10.2；FTP服务器ftp.jsjpx.com对应主机的IP地址为192.168.10.3；邮件服务器mail.jsjpx.com对应主机的IP地址为192.168.10.5；门户网站www.jsjpx.com与www.jsjpx.cn对应主机的IP地址为192.168.10.6；各部门网站服务器xzgl.jsjpx.com，jsyfb.jsjpx.com，cpscb.jsjpx.com，shfwb.jsjpx.com，cpxsb.jsjpx.com，pxb.jsjpx.com，xxzx.jsjpx.com对应主机的IP地址为192.168.10.8；VPN服务器vpn.jsjpx.com对应主机的IP地址为192.168.10.56。同时，为域jsjpx.com授权给另外一台Windows Server 2012服务器管理子域test.jsjpx.com，下属子公司用相应的子域。

说明

为南方某电子信息集团有限公司信息安全考虑，上述地址均为虚拟地址，实际应用过程中只需根据公司申请的IP地址修改为真实地址即可。本书除特别指明外，所用主机IP地址均为虚拟地址。

问题分析

主DNS服务器（Primary DNS Server）是特定域所有信息的权威性信息源。它从域管理员构造的本地磁盘文件中加载域信息，该文件包含着该服务器具有管理权的一部分域结构的最精确信息。主服务器是一种权威性服务器，因为它以绝对的权威去回答对其管辖域的任何查询。

反向DNS服务器根据IP地址反向解析出域名。

辅助DNS服务器（Secondary DNS Server）可从主服务器中复制一整套域信息。区文件是从主服务器中复制出来的，并作为本地磁盘文件存储在辅助服务器中，这种复制称为“区文件复制”。在辅助域名服务器中有一个所有域信息的完整复制，可以权威地回答对该域的查询。因此，辅助域名服务器也称为权威性服务器。配置辅助域名服务器不需要生成本地区文件，因为可以从主服务器中下载该区文件。

多域DNS服务器实际上就是在一个DNS服务器上给多个不同的域做DNS解析。在该问题中就是为该公司解析两个域，分别为jsjpx.com和jsjpx.cn。

域名系统是分层次的系统，如jsjpx.com域，com域为jsjpx域的父域，jsjpx域为com域的子域，test.jsjpx.com域为jsjpx.com域的子域。查询test.jsjpx.com域内的www.test.jsjpx.com服务器，查询可能会先到test.jsjpx.com的上级域的DNS服务器，则jsjpx.com域的DNS服务器就要答复查询test.jsjpx.com域的DNS服务器的IP地址是多少，使查询能通过test.jsjpx.com域的DNS服务器找到www.test.jsjpx.com这台服务器。

一个域名服务器可以是上述配置中的任何一种，但经常是将多种配置类型的元素组合在一起。综上分析，该问题主要应完成DNS中对主DNS服务器、反向DNS服务器、辅助DNS服务器、多域DNS服务器及子域DNS服务器的配置与管理。

任　务　单

1	主DNS服务器的配置
2	反向DNS服务器的配置
3	辅助DNS服务器的配置
4	多域DNS服务器的配置
5	子域DNS服务器的配置

解决步骤

根据任务单的安排完成任务。

任务1　主DNS服务器的配置

任务实施

1）为DNS服务器安装CentOS 6.4操作系统，配置IP地址为192.168.10.1。

2）查询是否安装了软件包，如图1-1方框中的内容所示。如果没有，则可利用Yum技术进行安装（详见本节知识扩展）。用如下命令查询：

 # rpm –q bind bind-utils bind-chroot 或 #rpm –qa | grep bind

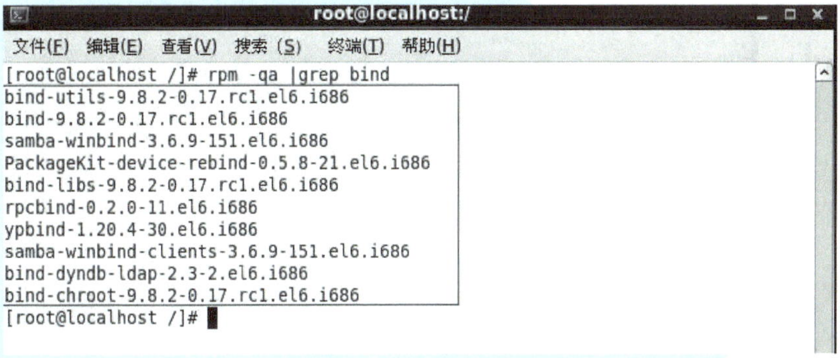

图1-1　查询包括bind包的信息

3）修改配置文件/etc/named.conf，将画框文件的内容均改为“any”，即允许任意主机监听53端口，对任意主机允许查询。修改前后的效果分别如图1-2和图1-3所示。

 # vi /etc/named.conf

```
文件(F)  编辑(E)  查看(V)  搜索(S)  终端(T)  帮助(H)
// See /usr/share/doc/bind*/sample/ for example named configuration files.
//

options {
        listen-on port 53 { 127.0.0.1; };
        listen-on-v6 port 53 { ::1; };
        directory       "/var/named";
        dump-file       "/var/named/data/cache_dump.db";
        statistics-file "/var/named/data/named_stats.txt";
        memstatistics-file "/var/named/data/named_mem_stats.txt";
        allow-query     { localhost; };
        recursion yes;

        dnssec-enable yes;
        dnssec-validation yes;
        dnssec-lookaside auto;

        /* Path to ISC DLV key */
        bindkeys-file "/etc/named.iscdlv.key";

        managed-keys-directory "/var/named/dynamic";
};

logging {
        channel default_debug {
                file "data/named.run";
                severity dynamic;
        };
};

zone "." IN {
        type hint;
        file "named.ca";
};

include "/etc/named.rfc1912.zones";
include "/etc/named.root.key";
```

图1-2　修改前

```
文件(F)  编辑(E)  查看(V)  搜索(S)  终端(T)  帮助(H)
// See /usr/share/doc/bind*/sample/ for example named configuration files.
//

options {
        listen-on port 53 { any; };
        listen-on-v6 port 53 { ::1; };
        directory       "/var/named";
        dump-file       "/var/named/data/cache_dump.db";
        statistics-file "/var/named/data/named_stats.txt";
        memstatistics-file "/var/named/data/named_mem_stats.txt";
        allow-query     { any; };
        recursion yes;

#       dnssec-enable yes;
#       dnssec-validation yes;
#       dnssec-lookaside auto;

        /* Path to ISC DLV key */
        bindkeys-file "/etc/named.iscdlv.key";

#       managed-keys-directory "/var/named/dynamic";
};

logging {
        channel default_debug {
                file "data/named.run";
                severity dynamic;
        };
};

zone "." IN {
        type hint;
        file "named.ca";
};

include "/etc/named.rfc1912.zones";
#include "/etc/named.root.key";
```

图1-3　修改后

4）添加域，编辑/etc/named.rfc1912.zones，新增添内容如图1-4所示。

 # /etc/named.rfc1912.zones

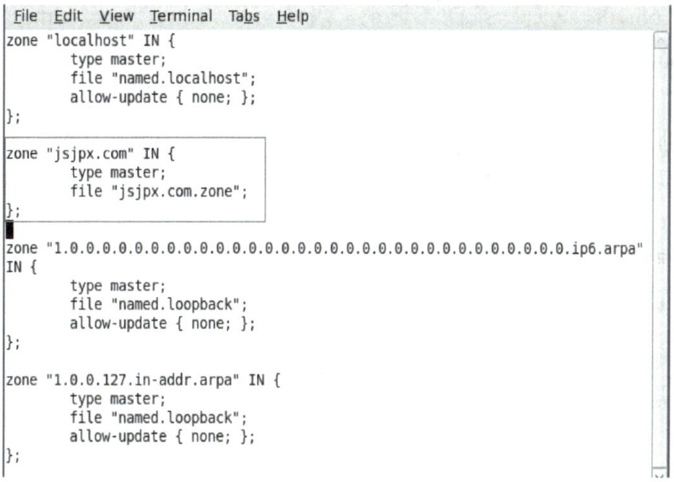

```
File  Edit  View  Terminal  Tabs  Help
zone "localhost" IN {
        type master;
        file "named.localhost";
        allow-update { none; };
};

zone "jsjpx.com" IN {
        type master;
        file "jsjpx.com.zone";
};

zone "1.0.0.0.0.0.0.0.0.0.0.0.0.0.0.0.0.0.0.0.0.0.0.0.0.0.0.0.0.0.0.0.ip6.arpa"
IN {
        type master;
        file "named.loopback";
        allow-update { none; };
};

zone "1.0.0.127.in-addr.arpa" IN {
        type master;
        file "named.loopback";
        allow-update { none; };
};
```

图1-4　新增域jsjpx.com

5）为上面的配置添加新域的数据库。

 # cd /var/named

 # cp –a named.localhost jsjpx.com.zone

 # vi jsjpx.com.zone

其详细配置内容如图1-5方框中的内容所示。

$TTL 1D表示解析的地址在数据库中缓存的时间，在DNS中涉及的时间均以s为单位计算，1D表示一天（即86 400s），也可写为$TTL 86400。

第二行中的第一个“@”表示本域，固定格式“IN SOA”为授权开始，第二个“@”后的内容为本域的缩写，完整的形式应为“jsjpx.com@root.jsjpx.com.”；最后的“.”“root.jsjpx.com.”为DNS管理员的邮件地址，不一定为本机的root用户。

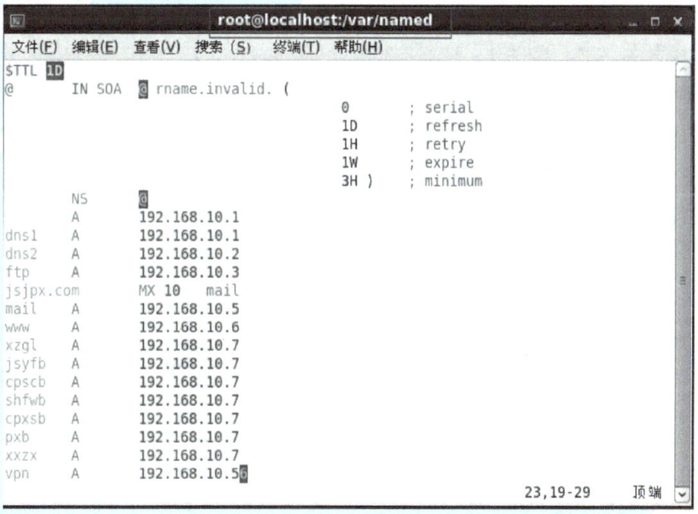

```
root@localhost:/var/named
文件(F)  编辑(E)  查看(V)  搜索(S)  终端(T)  帮助(H)
$TTL 1D
@       IN SOA  @ rname.invalid. (
                                        0       ; serial
                                        1D      ; refresh
                                        1H      ; retry
                                        1W      ; expire
                                        3H )    ; minimum
        NS      @
        A       192.168.10.1
dns1    A       192.168.10.1
dns2    A       192.168.10.2
ftp     A       192.168.10.3
jsjpx.com       MX 10   mail
mail    A       192.168.10.5
www     A       192.168.10.6
xzgl    A       192.168.10.7
jsyfb   A       192.168.10.7
cpscb   A       192.168.10.7
shfwb   A       192.168.10.7
cpxsb   A       192.168.10.7
pxb     A       192.168.10.7
xxzx    A       192.168.10.7
vpn     A       192.168.10.5
                                                23,19-29        顶端
```

图1-5　新域的数据库文件内容

“NS @”也是略写，写全应为“IN NS jsjpx.com.”，是本域的DNS服务器的名字，

“IN”为标准格式，前面的“@”可略去，表示本域。更完整的写法为“@ IN NS jsjpx.com.”，“NS”表示DNS服务器，后面是DNS服务器的名字。

“dns1 A 192.168.10.1 ”是一条DNS记录，表示名字为dns1.jsjpx.com（其中jsjpx.com可省略）的机器的IP地址为192.168.10.1。

“MX 10 mail”表示本域的邮件服务器，10表示邮件服务器的优先级。

6）激活并重新启动DNS服务器，并使计算机下次重启后自动加载named服务。重启DNS服务器如图1-6所示。

 # service named restart
 # chkconfig named on

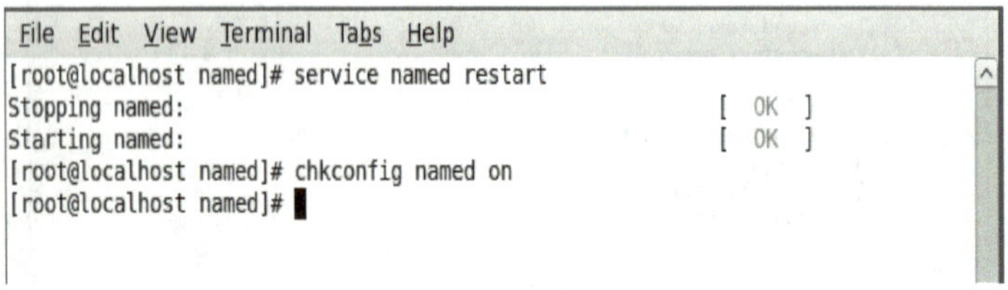

图1-6 重启DNS服务器

7）测试正向DNS解析的结果，可以使用自己的IP地址作为DNS服务器，将客户机的DNS设为192.168.10.1。

测试1：将本机作为客户机测试，编辑/etc/resolv.conf，将nameserver 192.168.10.1加入文件中，如图1-7所示。

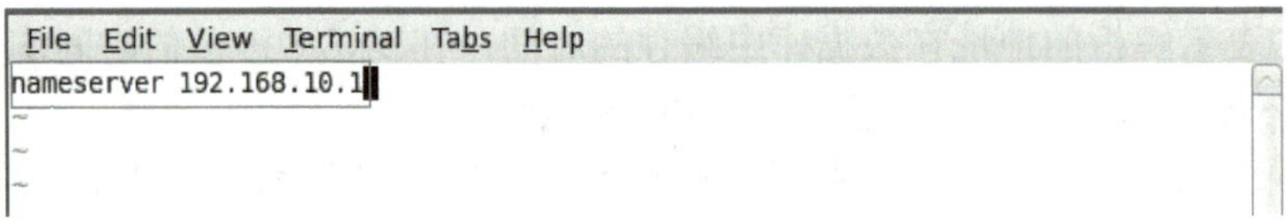

图1-7 修改客户机的DNS配置文件

测试解析结果如图1-8和图1-9所示。

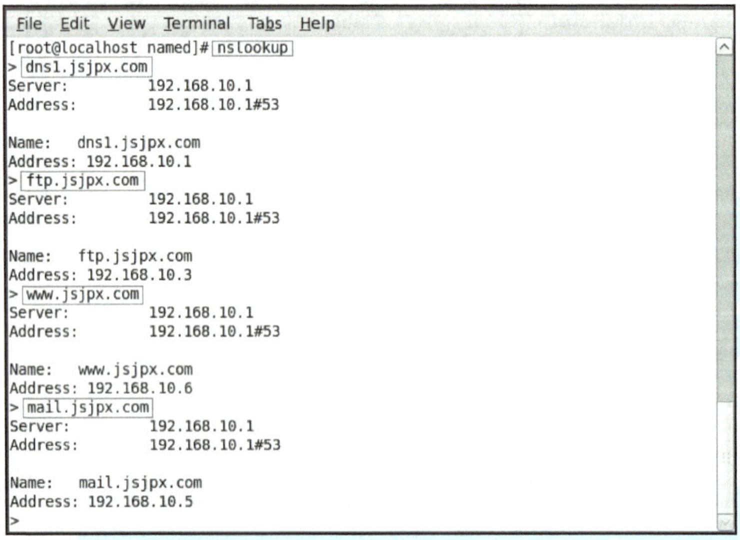

图1-8 解析结果（方法1）

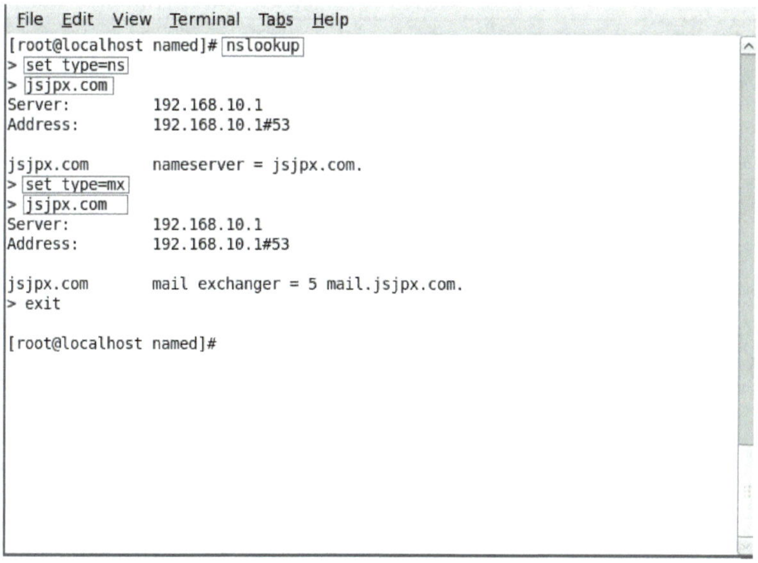

图1-9　解析结果（方法2）

测试2：用一台Windows计算机作为客户端，解析结果如图1-10所示。

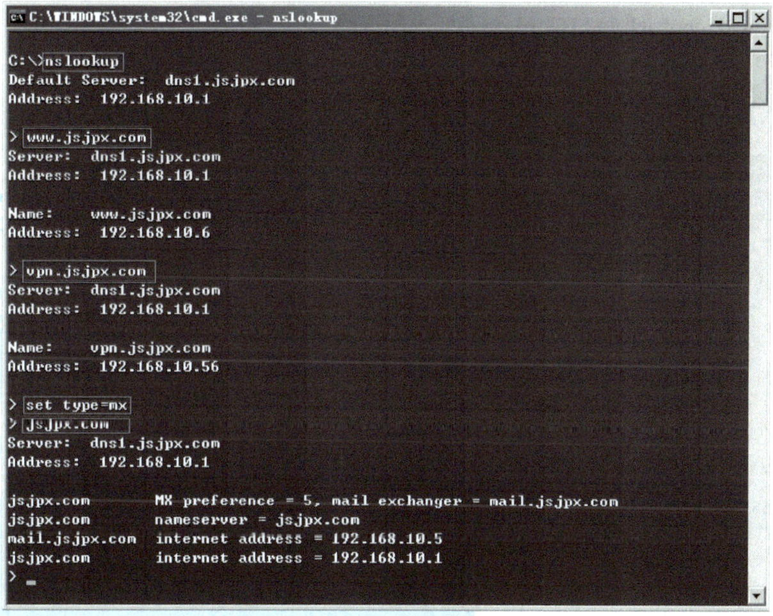

图1-10　解析结果

任务2　反向DNS服务器的配置

任务实施

1）确定反向域名为10.168.192.in-addr.arpa.，在主服务器上修改/etc/named.rfc1912.zones，添加反向域，新增添内容如图1-11中方框所示。

 # vi /etc/named.rfc1912.zones

```
File  Edit  View  Terminal  Tabs  Help
        type master;
        file "named.loopback";
        allow-update { none; };
};

zone "1.0.0.127.in-addr.arpa" IN {
        type master;
        file "named.loopback";
        allow-update { none; };
};

zone "10.168.192.in-addr.arpa" IN {
        type master;
        file "192.168.10.zone";
};

zone "0.in-addr.arpa" IN {
        type master;
        file "named.empty";
        allow-update { none; };
};

~
```

图1-11　添加反向域“10.168.192.in-addr.arpa”

2）修改反向域的数据库。

 # cd /var/named

 # cp –a named.loopback 192.168.10.zone

 # vi 192.168.10.zone

其详细配置内容如图1-12中方框的内容所示。

```
root@localhost:/var/named/chroot/var/named (on localhost.localdon
File  Edit  View  Terminal  Tabs  Help
$TTL 1D
@       IN SOA  jsjpx.com.  root.jsjpx.com. (
                                        0       ; serial
                                        1D      ; refresh
                                        1H      ; retry
                                        1W      ; expire
                                        3H )    ; minimum
        IN      NS      jsjpx.com.
        IN      MX  5   jsjpx.com.
1       IN      PTR     dns1.jsjpx.com.
2       IN      PTR     dns2.jsjpx.com.
3       IN      PTR     ftp.jsjpx.com.
5       IN      PTR     mail.jsjpx.com.
6       IN      PTR     www.jsjpx.com.
56      IN      PTR     vpn.jsjpx.com.
~
~
~
~
~
~
~
~
"192.168.10.zone" 15L, 430C
```

图1-12　反向域的数据库文件配置

3）重新启动域名服务器，让反向域生效。

 # service named restart

4）测试客户端，解析测试结果分别如图1-13和图1-14所示。

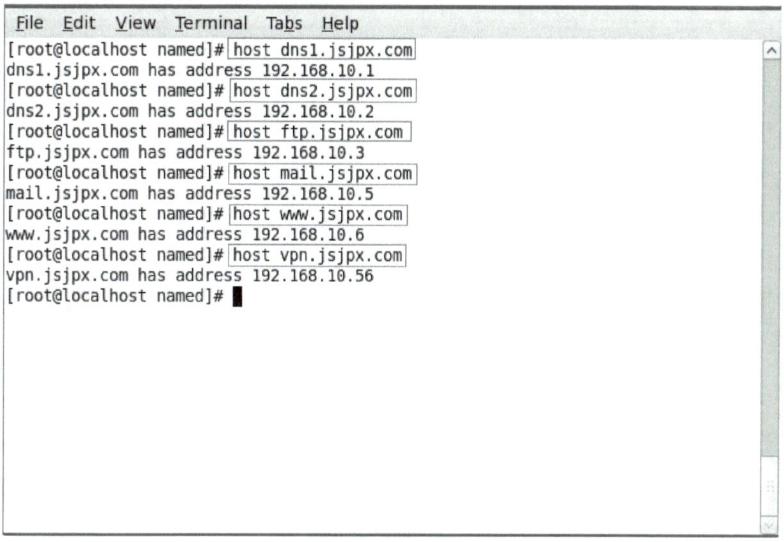

图1-13　反向解析测试结果（方法1）

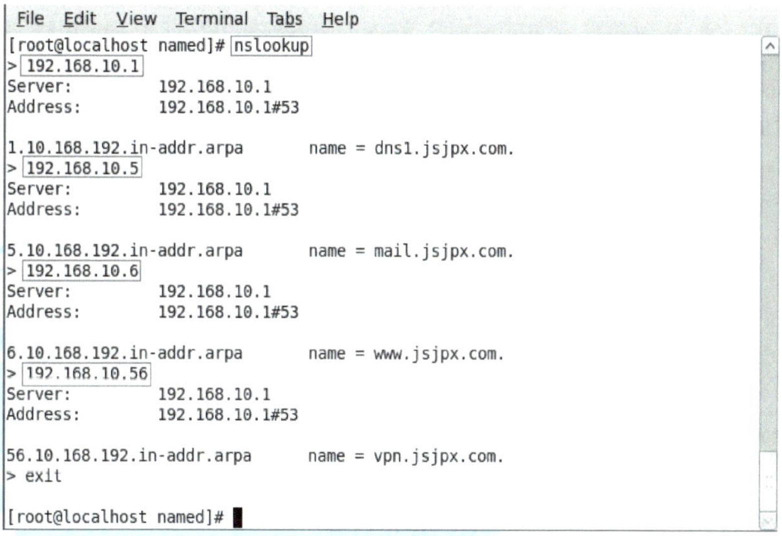

图1-14　反向解析测试结果（方法2）

任务3　辅助DNS服务器的配置

任务实施

1）另外找一台主机，配置IP地址为192.168.10.2，确认已经安装相关软件包，修改/etc/named.rfc1912.zones文件，新增添内容如图1-15中方框所示。

 # vi /etc/named.rfc1912.zones

2）激活并重新启动辅助服务器。

 # service named restart

 # chkconfig named on

```
File  Edit  View  Terminal  Tabs  Help

zone "localhost" IN {
        type master;
        file "named.localhost";
        allow-update { none; };
};

zone "jsjpx.com" IN {
        type slave;
        file "slaves/jsjpx.com.zone";
        masters { 192.168.10.1;};
};

zone "1.0.0.0.0.0.0.0.0.0.0.0.0.0.0.0.0.0.0.0.0.0.0.0.0.0.0.0.0.0.0.0.ip6.arpa"
IN {
        type master;
        file "named.loopback";
        allow-update { none; };
};

zone "1.0.0.127.in-addr.arpa" IN {
        type master;
        file "named.loopback";
```

图1-15　辅助域的配置

3）检查是否有数据库文件生成，若没有，检查步骤1）的内容是否正确，重新配置后测试。

 # ls –l /var/named/slaves

 # vi /var/named/slaves/jsjpx.com.zone

正确配置后，其内容如图1-16所示。

```
File  Edit  View  Terminal  Tabs  Help
$ORIGIN .
$TTL 86400      ; 1 day
jsjpx.com               IN SOA  jsjpx.com. root.jsjpx.com. (
                                0          ; serial
                                86400      ; refresh (1 day)
                                3600       ; retry (1 hour)
                                604800     ; expire (1 week)
                                10800      ; minimum (3 hours)
                                )
                        NS      jsjpx.com.
                        A       192.168.10.1
                        MX      5 mail.jsjpx.com.
$ORIGIN jsjpx.com.
cpscb                   A       192.168.10.7
cpxsb                   A       192.168.10.7
dns1                    A       192.168.10.1
dns2                    A       192.168.10.2
ftp                     A       192.168.10.3
jsyfb                   A       192.168.10.7
mail                    A       192.168.10.5
pxb                     A       192.168.10.7
shfwb                   A       192.168.10.7
vpn                     A       192.168.10.56
www                     A       192.168.10.6
xxzx                    A       192.168.10.7
xzgl                    A       192.168.10.7
```

图1-16　辅助域数据库文件内容

任务4　多域DNS服务器的配置

任务实施

多域DNS服务器实际上就是在一个DNS服务器上为多个不同的域进行DNS的解析。假设在192.168.10.1这台机器上再增加一个域“jsjpx.cn”。

1）修改/etc/named.rfc1912.zones，新增添内容如图1-17中方框所示。

 # vi /etc/named.rfc1912.zones

```
File  Edit  View  Terminal  Tabs  Help
        type master;
        file "named.localhost";
        allow-update { none; };
};

zone "localhost" IN {
        type master;
        file "named.localhost";
        allow-update { none; };
};

zone "jsjpx.com" IN {
        type master;
        file "jsjpx.com.zone";
};

zone "jsjpx.cn" IN {
        type master;
        file "jsjpx.cn.zone";
};

zone "1.0.0.0.0.0.0.0.0.0.0.0.0.0.0.0.0.0.0.0.0.0.0.0.0.0.0.0.0.0.0.0.ip6.arpa"
IN {
```

图1-17　新增加域“jsjpx.cn”

2）新建数据库文件，如图1-18所示。

```
File  Edit  View  Terminal  Tabs  Help
$TTL 1D
@       IN SOA  @ root (
                                        0       ; serial
                                        1D      ; refresh
                                        1H      ; retry
                                        1W      ; expire
                                        3H )    ; minimum
                IN      NS      @
                IN      A       192.168.10.1
www             IN      A       192.168.10.6
```

图1-18　新建的数据库文件内容

3）重启DNS服务器（其步骤同上，略）。

4）测试DNS服务器。多域DNS解析结果如图1-19所示。

```
File  Edit  View  Terminal  Tabs  Help
[root@localhost named]# nslookup
> www.jsjpx.cn
Server:         192.168.10.1
Address:        192.168.10.1#53

Name:   www.jsjpx.cn
Address: 192.168.10.6
> 
```

图1-19　多域DNS解析结果

说明

在本实施方案中没有为jsjpx.cn域增加对应的FTP、Mail、VPN以及各部门域名的配置与解析，只对Web服务作了解析。根据公司的需要，可以同jsjpx.com域一样增加相应域名的配置与解析。

任务5　子域DNS服务器的配置

任务实施

对DNS服务器（IP地址为192.168.10.1）授权另外一台Windows Server 2012管理子域test.

jsjpx.com。为Windows Server 2012安装DNS服务器，新建一个区域为test.jsjpx.com，www.test.jsjpx.com的主机为Windows Server 2012，其地址为192.168.10.4。配置该子域test.jsjpx.com的步骤为：

1）/etc/named.rfc1912.zones文件无须改动，只需按标准方式声明正向反解析区域即可。

2）在正向解析数据库文件中要有指向子域DNS服务器的记录，如图1-20所示。

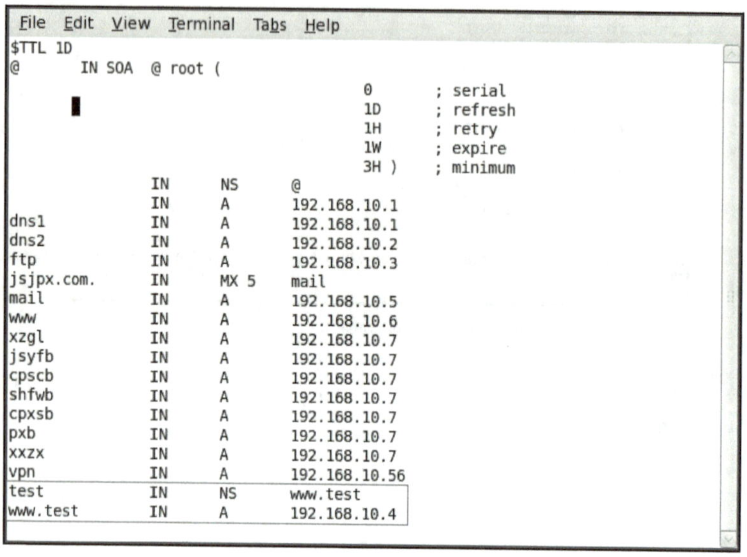

图1-20　子域配置

3）在Windows Server 2012上配置如图1-21所示的DNS服务器。

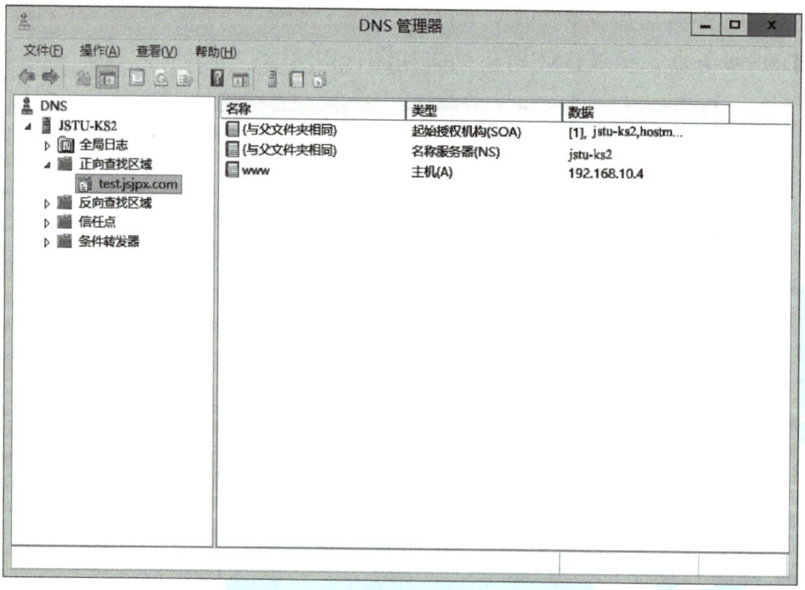

图1-21　Windows Server 2012上的DNS配置

4）Windows Server 2012环境下的配置结果，如图1-22所示。

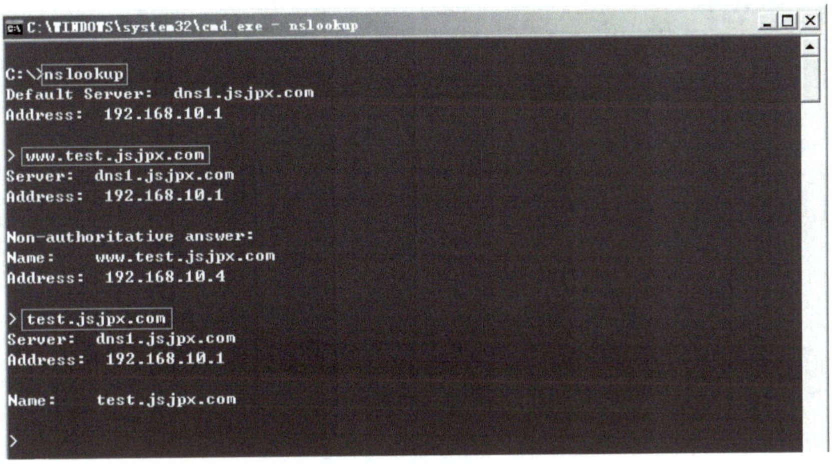

图1-22　解析结果（Windows Server 2012）

5）Linux环境下的配置结果，如图1-23所示。

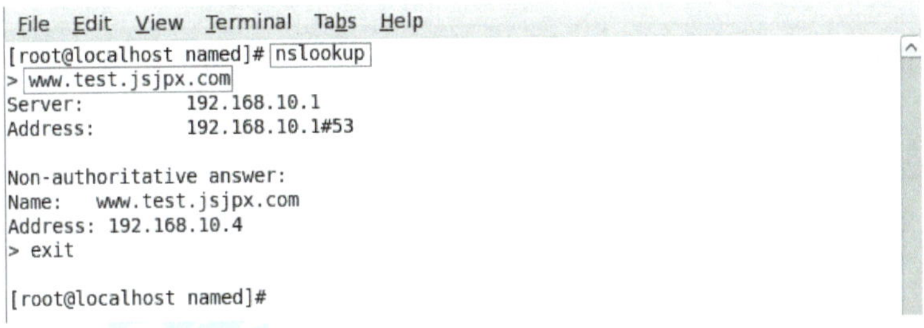

图1-23　解析结果

小结

通过解决本公司DNS服务器配置的学习，主要掌握在CentOS 6.4系统中主DNS服务器正向解析、反向解析、辅助DNS、多域与子域DNS配置与管理工作。

知识拓展

1. Yum安装技术

1）Yum（Yellow dog Updater，Modified）的主要功能是更方便地添加/删除/更新RPM包，它能自动解决包的依赖性问题，便于管理大量系统的更新问题。Yum可以同时配置多个资源库（Repository），简洁地配置文件（/etc/Yum.conf，/etc/Yum.repos.d 下的文件），自动解决增加或删除RPM包时遇到的依赖性问题，使用方便，具有保持与RPM数据库的一致性等特性。

2）Yum的配置文件 /etc/yum.conf。Yum的一切配置信息都储存在一个叫Yum.conf的配置文件中，通常位于/etc目录下，如图1-24所示。

```
root@ftp:/
File  Edit  View  Terminal  Tabs  Help
[main]
cachedir=/var/cache/yum/$basearch/$releasever
keepcache=0
debuglevel=2
logfile=/var/log/yum.log
exactarch=1
obsoletes=1
gpgcheck=1
plugins=1
installonly_limit=5
bugtracker_url=http://bugs.centos.org/set_project.php?project_id=16&ref=http://bugs.centos.
org/bug_report_page.php?category=yum
distroverpkg=centos-release

#   This is the default, if you make this bigger yum won't see if the metadata
# is newer on the remote and so you'll "gain" the bandwidth of not having to
# download the new metadata and "pay" for it by yum not having correct
# information.
#   It is esp. important, to have correct metadata, for distributions like
# Fedora which don't keep old packages around. If you don't like this checking
# interupting your command line usage, it's much better to have something
# manually check the metadata once an hour (yum-updatesd will do this).
# metadata_expire=90m
"/etc/yum.conf" 25L, 969C
```

图1-24　Yum默认配置文件

[main]

cachedir：yum缓存的目录，一般是/var/cache/yum。

debuglevel：除错级别，0～10，默认是2。

logfile：yum的日志文件，默认是/var/log/yum.log。

exactarch：1表示没有安装软件包与CPU体系一致的包，0表示有安装软件包与CPU体系一致的包。

gpgcheck：1表示进行gpg校验，0表示不进行gpg校验。

3）Yum服务器的配置步骤。

① 寻找仓库——包含RPM软件包的目录，假设用光盘作仓库，则需要把光盘挂载到本地目录中：

 # cd /mnt
 # mkdir cdrom
 # mount /dev/cdrom /mnt/cdrom

（若挂载失败，可能已经挂载着光盘，可以用umount卸载后重新挂，**#umount /mnt/cdrom**）

② 默认yum仓库配置文件CentOS-Base.repo

```
# CentOS-Base.repo
#
# The mirror system uses the connecting IP address of the client and the
# update status of each mirror to pick mirrors that are updated to and
# geographically close to the client.  You should use this for CentOS updates
# unless you are manually picking other mirrors.
#
# If the mirrorlist= does not work for you, as a fall back you can try the
# remarked out baseurl= line instead.
#
#

```

```
[base]
name=CentOS-$releasever - Base
mirrorlist=http://mirrorlist.centos.org/?release=$releasever&arch=$basearch&repo=os
#baseurl=http://mirror.centos.org/centos/$releasever/os/$basearch/
gpgcheck=1
gpgkey=file:///etc/pki/rpm-gpg/RPM-GPG-KEY-CentOS-6

#released updates
[updates]
name=CentOS-$releasever - Updates
mirrorlist=http://mirrorlist.centos.org/?release=$releasever&arch=$basearch&repo=updates
#baseurl=http://mirror.centos.org/centos/$releasever/updates/$basearch/
gpgcheck=1
gpgkey=file:///etc/pki/rpm-gpg/RPM-GPG-KEY-CentOS-6

#additional packages that may be useful
[extras]
name=CentOS-$releasever - Extras
mirrorlist=http://mirrorlist.centos.org/?release=$releasever&arch=$basearch&repo=extras
#baseurl=http://mirror.centos.org/centos/$releasever/extras/$basearch/
gpgcheck=1
gpgkey=file:///etc/pki/rpm-gpg/RPM-GPG-KEY-CentOS-6

#additional packages that extend functionality of existing packages
[centosplus]
name=CentOS-$releasever - Plus
mirrorlist=http://mirrorlist.centos.org/?release=$releasever&arch=$basearch&repo=centosplus
#baseurl=http://mirror.centos.org/centos/$releasever/centosplus/$basearch/
gpgcheck=1
enabled=0
gpgkey=file:///etc/pki/rpm-gpg/RPM-GPG-KEY-CentOS-6

#contrib - packages by Centos Users
[contrib]
name=CentOS-$releasever - Contrib
mirrorlist=http://mirrorlist.centos.org/?release=$releasever&arch=$basearch&repo=contrib
#baseurl=http://mirror.centos.org/centos/$releasever/contrib/$basearch/
gpgcheck=1
enabled=0
gpgkey=file:///etc/pki/rpm-gpg/RPM-GPG-KEY-CentOS-6
```

③ 将yum仓库配置文件备份后删除不需要的配置文件，将CentOS-Base.repo文件复制至/etc/yum.repos.d目录。

```
# cd  /etc/yum.repos.d
# mkdir bak
# mv *.repo bak
# cd bak
# cp –a CentOS-Base.repo ../.
# cd ..
```

④ 添加自己的仓库，其中baseurl根据上面仓库的位置而定，仓库配置文件语法可参考前

面备份的仓库文件，格式如图1-25所示。

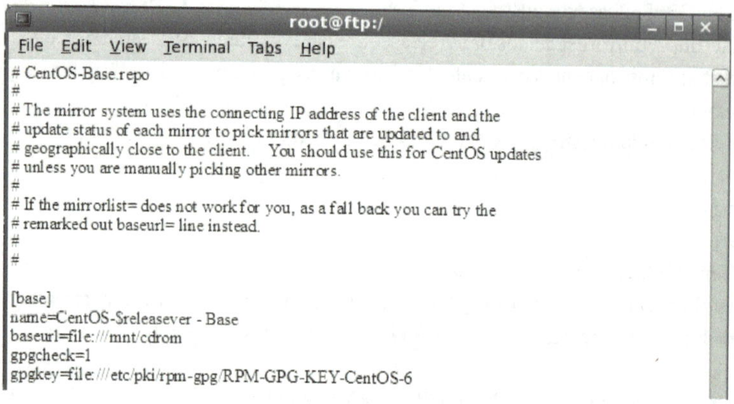


```
# CentOS-Base.repo
#
# The mirror system uses the connecting IP address of the client and the
# update status of each mirror to pick mirrors that are updated to and
# geographically close to the client.  You should use this for CentOS updates
# unless you are manually picking other mirrors.
#
# If the mirrorlist= does not work for you, as a fall back you can try the
# remarked out baseurl= line instead.
#
#

[base]
name=CentOS-$releasever - Base
baseurl=file:///mnt/cdrom
gpgcheck=1
gpgkey=file:///etc/pki/rpm-gpg/RPM-GPG-KEY-CentOS-6
```

图1-25　添加数据仓库

其中，**[base]**用于区别各个不同的repository，必须具有唯一的名称。

name是对repository的描述，支持像$releasever这样的变量，也可以是字符串。

baseurl是设置数据仓库的数据源。

⑤ yum的使用。

（i）　更新所有的RPM包。

#yum check-update

（ii）　系统更新。

#yum -y update

（iii）更新指定的RPM包，如更新kernel和kernel source。

#yum update kernel kernel-source

（iv）安装软件。

安装一个软件，如**#yum -y install httpd**。

安装多个类似的软件，如**#yum -y install httpd***。

安装多个非类似的软件，如**#yum -y install httpd php php-gd mysql**。

（v）　卸载软件。

卸载一个软件，如**#yum -y remove httpd**。

卸载多个类似的软件，如**#yum -y remove httpd***。

卸载多个非类似的软件，如**#yum -y remove httpd php php-gd mysql**。

（vi）查找安装包。

如**#yum search httpd**。

（vii）清除暂存中的RPM包文件。

如**#yum clean packages**

（viii）清除暂存中的RPM头文件。

如**#yum clean headers**

（ix）清除暂存中旧的RPM头文件。

如**#yum clean oldheaders**

（x）清除暂存中旧的RPM头文件和包文件。

如**#yum clean** 或**#yum clean all**，相当于**yum clean packages + yum clean oldheaders** （xi）列出资源库中所有可以安装或更新的RPM包。

#yum list
#yum info

（xii）列出资源库中特定的可以安装或更新以及已经安装的RPM包。

如**#yum list mozilla**
如**#yum info mozilla**

（xiii）可以在RPM包名中使用匹配符，如列出所有以mozilla开头的RPM包。

如**#yum info mozilla***
如**#yum list mozilla***

（xiv）列出资源库中所有可以更新的RPM包。

如**#yum list updates**
如**#yum info updates**

（xv）列出已经安装的所有的RPM包。

如**#yum list installed**
如**#yum info installed**

更多关于yum的使用方法，可以参考man yum。

⑥ 若互联网或局域网中有仓库，则可以修改上面配置文件的baseurl部分，也可以使多个仓库共存，当一个仓库无法使用时，可选择另外一个仓库的软件，参考配置：

```
[base]
name=CentOS-$releasever - Base
baseurl=file:///mnt/cdrom
gpgcheck=1
gpgkey=file:///etc/pki/rpm-gpg/RPM-GPG-KEY-CentOS-6

#released updates
[updates]
name=CentOS-$releasever - Updates
mirrorlist=http://mirrorlist.centos.org/?release=$releasever&arch=$basearch&repo=updates
#baseurl=http://mirror.centos.org/centos/$releasever/updates/$basearch/
gpgcheck=1
gpgkey=file:///etc/pki/rpm-gpg/RPM-GPG-KEY-CentOS-6

#additional packages that may be useful
[extras]
name=CentOS-$releasever - Extras
mirrorlist=http://mirrorlist.centos.org/?release=$releasever&arch=$basearch&repo=extras
#baseurl=http://mirror.centos.org/centos/$releasever/extras/$basearch/
gpgcheck=1
gpgkey=file:///etc/pki/rpm-gpg/RPM-GPG-KEY-CentOS-6

#additional packages that extend functionality of existing packages
[centosplus]
name=CentOS-$releasever - Plus
mirrorlist=http://mirrorlist.centos.org/?release=$releasever&arch=$basearch&repo=centos plus
#baseurl=http://mirror.centos.org/centos/$releasever/centosplus/$basearch/
gpgcheck=1
enabled=0
gpgkey=file:///etc/pki/rpm-gpg/RPM-GPG-KEY-CentOS-6
```

```
#contrib - packages by Centos Users
[contrib]
name=CentOS-$releasever - Contrib
mirrorlist=http://mirrorlist.centos.org/?release=$releasever&arch=$basearch&repo=contrib
#baseurl=http://mirror.centos.org/centos/$releasever/contrib/$basearch/
gpgcheck=1
enabled=0
gpgkey=file:///etc/pki/rpm-gpg/RPM-GPG-KEY-CentOS-6
```

2. DNS服务器特殊配置

DNS服务器的配置还涉及设置DNS目录，DNS侦听端口，转发查询，DNS负载均衡，动态DNS及其他参数设置。更详细的内容可参照本书的参考文献。

1.2.2 FTP服务

问题描述

为了满足南方某电子信息集团有限公司自建FTP服务器的需求，必须为各个部门建立FTP服务。建立管理员组admin，同时为各部门分别建立组xzgl、jsyfb、cpscb、shfwb、cpxsb、pxb、xxzx；为各组建立同名的目录，各部门的用户只能访问该部门所在组的资源，对其他部门的信息不能访问。FTP服务器只对公司内部开放，外部不能访问公司内部的FTP资源。根据基础服务的规划，在主机192.168.10.3上利用CentOS 6.4系统自带的vsftpd来实现。

问题分析

FTP即File Transport Protocol（文件传输协议）的缩写，FTP服务器能够在网络上提供文件传输服务，FTP最初与WWW服务和邮件服务一起被列为互联网的三大应用。FTP服务器根据服务对象的不同可分为匿名FTP服务器（Anonymous FTP Server）和系统FTP服务器。前者是可以让任何人登录上去获取文件的FTP服务器，后者是只能在FTP服务器上有合法账号的人才能使用。

vsftpd是一个基于GPL发布的类UNIX系统上使用的FTP服务器软件。其中VS是“Very Secure”的缩写。从此名称的缩写可以看出，编制者的初衷就是代码的安全性。这些功能都适于吞吐量较大的FTP服务器的管理要求。安全性是编写vsftpd代码的初衷，高速、稳定的性能是vsftpd的两个特性。

使用ASCII模式下载数据时，如果Linux的主机使用2.4.X版本的内核，在千兆以太网上的下载速度可达86MB/s。

vsftpd可以在单机（非集群）上支持4 000个以上的并发用户同时连接。据FTP.redhat.com的数据，vsftpd可以支持15 000个并发用户。

除了安全、高速、稳定之外，vsftpd 还具有支持基于IP 的虚拟FTP 服务器，支持虚拟用户，支持PAM或xinetd/tcp_wrappers 的认证方式，支持独立和Xinetd两种运行方式，支持每个虚拟用户具有独立的配置，支持带宽限制等特性。

根据该问题的描述，主要需要完成FTP服务器的默认配置、FTP服务器的基本配置、FTP服务器的性能与安全选项配置、FTP用户及组访问权限等的配置。

任 务 单

1	FTP服务器的默认配置
2	FTP服务器的基本配置
3	FTP服务器的性能与安全选项配置
4	FTP用户及组访问权限等的配置

解决步骤

根据任务单的安排完成任务。

任务1 FTP服务器的默认配置

任务实施

1）为FTP服务器安装CentOS 6.4操作系统，配置IP地址为192.168.10.3。

2）查询是否安装了软件包，如图1-26所示。如果没有安装，可以利用“Yum安装技术”进行安装。可使用如下命令进行查询：

#rpm –qa | grep vsftpd

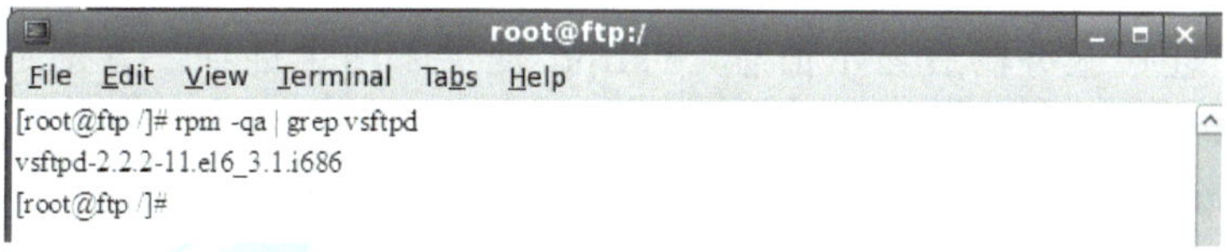

图1-26 查询vsftpd包

3）默认/etc/vsftpd/vsftpd.conf配置文件。

 # cat –n /etc/vsftpd/vsftpd.conf

```
  1  # Example config file /etc/vsftpd/vsftpd.conf
     …
 59  #idle_session_timeout=600
     …
 62  #data_connection_timeout=120
     …
 81  #ascii_upload_enable=YES
 82  #ascii_download_enable=YES
     …
 85  #ftpd_banner=Welcome to blah FTP service.
     …
117  pam_service_name=vsftpd
118  userlist_enable=YES
119  tcp_wrappers=YES
```

默认配置文件能实现以下功能：

1）允许匿名用户和本地用户登录。

2）匿名用户的登录名为FTP 或anonymous，无密码。

3）匿名用户不能离开匿名服务器目录/var/ftp，且只能下载不能上传。

4）本地用户的登录名为本地用户名，密码为此本地用户的密码。

5）本地用户可以离开自家目录切换至有权访问的其他目录，并在权限允许的情况下进行上传/下载。

6）禁止写在文件/etc/vsftpd/ftpusers 中的本地用户登录。

任务2　FTP服务器的基本配置

任务实施

1. 启用ASCII 传输方式

默认情况下，vsftpd为了提高传输效率，禁止了ASCII 传输方式。虽然在FTP 客户软件中可以使用asc命令，但在传输文件时仍然使用二进制传输方式。

启用上传和下载的ASCII 传输方式，方法是编辑/etc/vsftpd/vsftpd.conf 配置文件，将如下两行前的“#”去掉，将

```
80    #ascii_upload_enable=YES
81    #ascii_download_enable=YES
```

修改为

```
ascii_upload_enable=YES
ascii_download_enable=YES
```

2. 设置连接服务器后的欢迎信息

为了使用户连接服务器后显示信息，vsftpd 提供了两个选项，分别是ftpd_banner和banner_file。可以设置如下ftpd_banner选项的值，将下面一行前的“#”去掉，将

```
84    #ftpd_banner=Welcome to blah FTP service.
```

修改为

```
ftpd_banner=Welcome to blah FTP service.
```

即在用户连接服务器后显示信息“Welcome to blah FTP service.”。

也可以设置banner_file 选项的值，该选项不是vsftpd.conf配置文档默认的选项，需要手工添加，可修改/etc/vsftpd/vsftpd.conf文档，添加：

```
banner_file=/var/ftp/vsftpd_banner_file
```

建立vsftpd_banner_file，内容为连接服务器后显示的信息，即用户连接服务器后显示文件vsftpd_banner_file中的信息。

任务3　FTP服务器的性能与安全选项配置

任务实施

1. 设置空闲的用户会话的中断时间

```
58    #idle_session_timeout=600
```

将第58行的“#”去掉，修改为

```
idle_session_timeout=600
```

将在用户会话空闲10min（600s）后被中断。

2. 设置空闲的数据连接的中断时间

```
61    #data_connection_timeout=120
```

将第61行的“#”去掉，修改为

data_connection_timeout=120

将在数据连接空闲2min（120s）后被中断。

3. 设置客户端空闲时的自动中断和激活连接的时间

例如下面的配置：

accept_timeout=60
connect_timeout=60

将使客户端空闲1min（60s）后自动中断连接，并在中断1min（60s）后自动激活连接。

4. 设置最大传输速率限制

例如下面的配置：

local_max_rate=50000
anon_max_rate=30000

将使本地用户的最大传输速率为50KB/s，匿名用户的传输速率为30KB/s。

5. 设置客户端连接时的端口范围

例如下面的配置：

pasv_min_port=50000
pasv_max_port=60000

将使客户端连接时的端口范围在50 000～60 000之间，这提高了系统的安全性。

6. 设置chroot

在默认配置中，本地用户可以切换到自家目录以外的目录进行浏览，并在权限许可的范围内进行下载和上传。这样的设置对于一个FTP服务器来说是不安全的。

如果希望用户登录后不能切换到自家目录以外的目录，则需要设置chroot选项，有两种设置chroot的方法：

（1）设置所有的本地用户执行chroot

只要将chroot_local_user 的值设为YES 即可，即

chroot_local_user=YES

（2）设置指定的用户执行chroot

需要如下的设置：

chroot_local_user=NO
chroot_list_enable=YES
chroot_list_file= /etc/vsftpd/chroot_list

这样，只有/etc/vsftpd/chroot_list 文件中指定的用户才执行chroot。

任务4　FTP用户及组访问权限等的配置

任务实施

1. 增加用户及组

1）为管理员和其他7个部门增加名为admin、xzgl、jsyfb、cpscb、shfwb、cpxsb、pxb、xxzx的用户，并为其设定相应的密码，密码为用户名后加“!~”。增加用户与密码操作结果如图1-27所示。

```
File  Edit  View  Terminal  Tabs  Help
[root@ftp home]# useradd xzgl
[root@ftp home]# useradd jsyfb
[root@ftp home]# useradd cpscb
[root@ftp home]# useradd shfwb
[root@ftp home]# useradd cpxsb
[root@ftp home]# useradd pxb
[root@ftp home]# useradd xxzx
[root@ftp home]# useradd admin
[root@ftp home]# passwd admin
Changing password for user admin.
New UNIX password:
BAD PASSWORD: it is based on a dictionary word
Retype new UNIX password:
passwd: all authentication tokens updated successfully.
[root@ftp home]# passwd xxzx
Changing password for user xxzx.
New UNIX password:
BAD PASSWORD: it does not contain enough DIFFERENT characters
Retype new UNIX password:
passwd: all authentication tokens updated successfully.
[root@ftp home]# passwd pxb
Changing password for user pxb.
New UNIX password:
BAD PASSWORD: it is too short
Retype new UNIX password:
passwd: all authentication tokens updated successfully.
[root@ftp home]#
```

图1-27　增加用户与密码操作结果

2）为管理员及其他部门建立组，在新增加用户时没有特别指明组时，已经为用户增加了与用户名同名的组，如图1-28所示。

```
File  Edit  View  Terminal  Tabs  Help
polkituser:x:87:
avahi:x:495:
hsqldb:x:96:
fuse:x:494:
wbpriv:x:88:
mailnull:x:47:
smmsp:x:51:
apache:x:48:
ntp:x:38:
sshd:x:74:
rpcuser:x:29:
nfsnobody:x:65534:
torrent:x:493:
haldaemon:x:68:
gdm:x:42:
named:x:25:
jackuser:x:492:
mysql:x:27:
xzgl:x:502:
jsyfb:x:503:
cpscb:x:504:
shfwb:x:505:
cpxsb:x:506:
pxb:x:507:
xxzx:x:508:
admin:x:509:
```

图1-28　用户的组

3）为每个用户及组分别建立ftpxzgl、ftpjsyfb、ftpcpscb、ftpshfwb、ftpcpxsb、ftppxb、ftpxxzx、ftpadmin目录，并且把目录分别赋给xzgl、jsyfb、cpscb、shfwb、cpxsb、pxb、xxzx组，同时为所在组加上写权限，添加目录操作结果如图1-29所示。

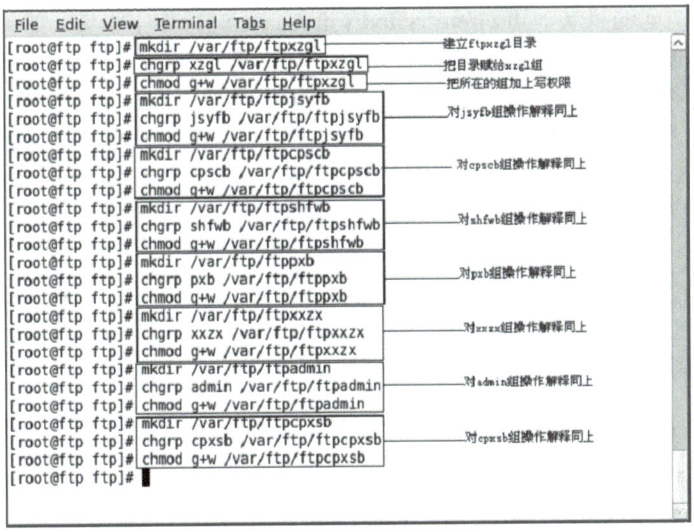

图1-29　添加目录操作结果

2. 限制用户及组的访问目录

1）限制本地用户的访问控制。要配置基于本地用户的访问控制，可以通过修改vsftpd的主配置文件/etc/vsftpd/vsftpd.conf 来进行，有如下两种限制方法：

① 限制指定的本地用户不能访问，而其他本地用户可访问，进行如下设置：

userlist_enable=NO
userlist_deny=YES
userlist_file= /etc/vsftpd/user_list

使文件/etc/vsftpd.user_list 中指定的本地用户不能访问FTP 服务器，而其他本地用户可访问FTP服务器。

② 限制指定的本地用户可以访问，而其他本地用户不可访问，进行如下设置：

userlist_enable= YES
userlist_deny=NO
userlist_file= /etc/vsftpd/user_list

使文件/etc/vsftpd/user_list 中指定的本地用户可以访问FTP 服务器，而其他本地用户不可以访问FTP服务器。

针对该公司的具体需求，本书在这里采用第②种方法，对/etc/vsftpd/vsftpd.conf文件进行配置，在/etc/vsftpd/user_list中加入xzgl、jsyfb、cpscb、shfwb、cpxsb、pxb、xxzx、admin用户（一行一个用户），如图1-30所示。

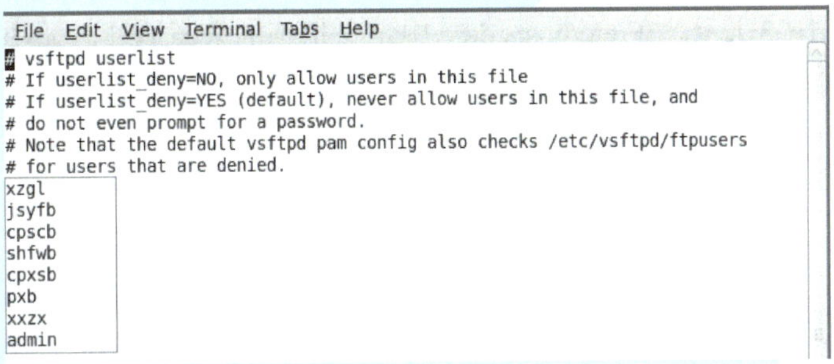

图1-30　限制本地用户的访问控制

2）限制用户访问的目录，可对/etc/vsftpd/vsftpd.conf进行如下设置：

chroot_list_enable=YES

chroot_list_file=/etc/vstpd/chroot_list

并且将xzgl、jsyfb、cpscb、shfwb、cpxsb、pxb、xxzx、admin用户加入到 /etc/vsftpd/chroot_list文件中（一行一个用户），如图1-31所示。

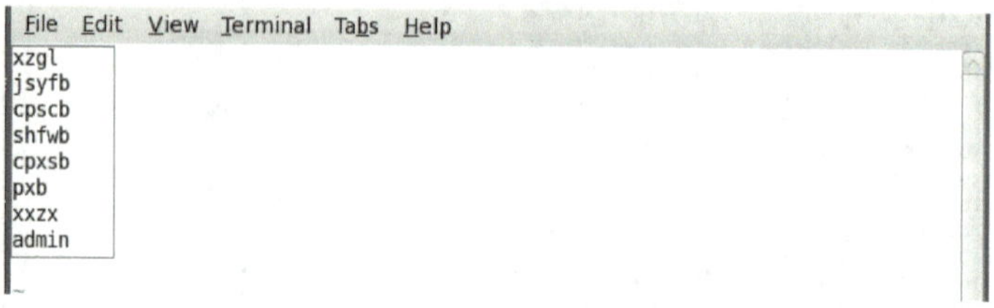

图1-31 限制用户访问的目录

3）为每个用户及组指定目录，在配置文件/etc/vsftpd.conf中加入user_config_dir=/etc/vsftpd_user，创建目录/etc/vsftpd/vsftpd_user，并且为每个用户建立一个配置文件，文件名与用户名相同，将xzgl、jsyfb、cpscb、shfwb、cpxsb、pxb、xxzx、admin用户分别指定到/var/ftp/ftpxzgl、/var/ftp/ftpjsyfb、/var/ftp/ftpcpscb、/var/ftp/ftpshfwb、/var/ftp/ftpcpxsb、/var/ftp/ftppxb、/var/ftp/ftpxxzx、/var/ftp/ftpadmin目录下。以xzgl用户为例，其配置内容如图1-32所示。xzgl用户分别对指定目录、只读功能、客户端写命令、本地用户上传最大速率、中断连接时间与激活连接时间等进行了设置，公司可根据实际需要对其访问权限等做进一步的设置。其他用户的设置方法相同，这里不再一一赘述。

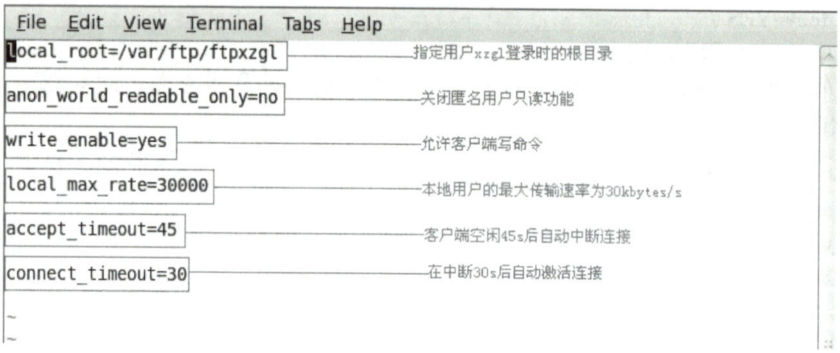

图1-32 xzgl用户访问指定目录设置

3. 限制企业外部用户访问FTP资源

限制该企业外部用户访问该FTP资源，仅内部IP地址可以访问，可在/etc/hosts.allow 定义允许的地址，如图1-33所示。在/etc/hosts.deny中定义拒绝的来源地址，如图1-34所示。

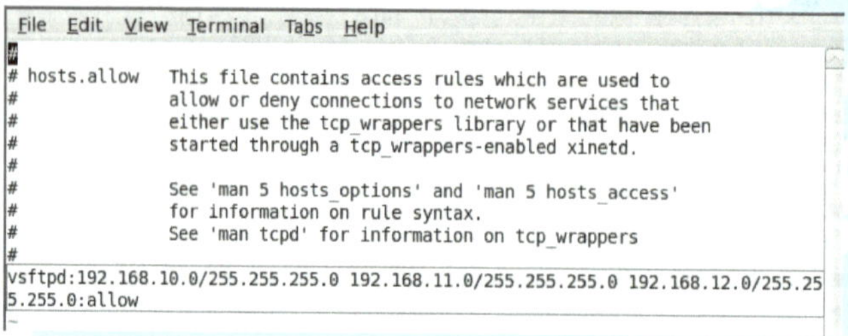

图1-33 定义允许访问地址

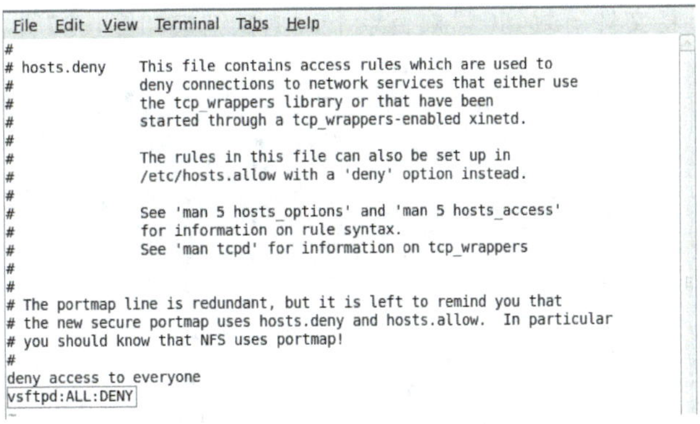

```
File  Edit  View  Terminal  Tabs  Help
#
# hosts.deny    This file contains access rules which are used to
#               deny connections to network services that either use
#               the tcp_wrappers library or that have been
#               started through a tcp_wrappers-enabled xinetd.
#
#               The rules in this file can also be set up in
#               /etc/hosts.allow with a 'deny' option instead.
#
#               See 'man 5 hosts_options' and 'man 5 hosts_access'
#               for information on rule syntax.
#               See 'man tcpd' for information on tcp_wrappers
#
#
# The portmap line is redundant, but it is left to remind you that
# the new secure portmap uses hosts.deny and hosts.allow.  In particular
# you should know that NFS uses portmap!
#
deny access to everyone
vsftpd:ALL:DENY
```

图1-34　定义拒绝访问地址

4. 下载文件并测试

利用xzgl用户下载一个xzgl_con.bak文件到本地机指定的目录下，在Linux、Windows和DOS 3种环境下测试。

1）在Linux环境下将文件下载到当前目录下，测试结果如图1-35所示。

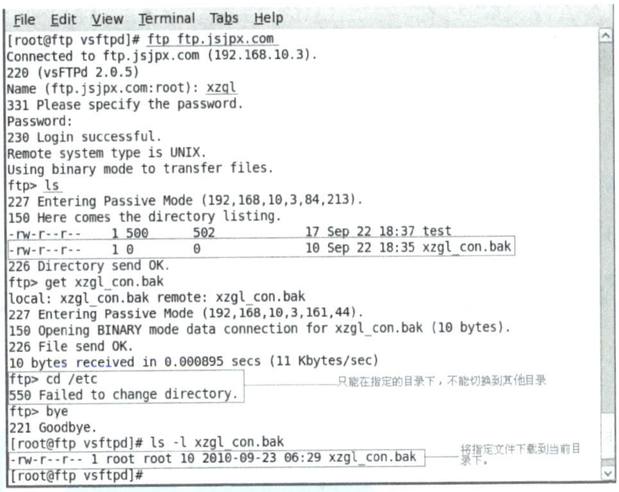

```
File  Edit  View  Terminal  Tabs  Help
[root@ftp vsftpd]# ftp ftp.jsjpx.com
Connected to ftp.jsjpx.com (192.168.10.3).
220 (vsFTPd 2.0.5)
Name (ftp.jsjpx.com:root): xzgl
331 Please specify the password.
Password:
230 Login successful.
Remote system type is UNIX.
Using binary mode to transfer files.
ftp> ls
227 Entering Passive Mode (192,168,10,3,84,213).
150 Here comes the directory listing.
-rw-r--r--    1 500      502            17 Sep 22 18:37 test
-rw-r--r--    1 0        0              10 Sep 22 18:35 xzgl_con.bak
226 Directory send OK.
ftp> get xzgl_con.bak
local: xzgl_con.bak remote: xzgl_con.bak
227 Entering Passive Mode (192,168,10,3,161,44).
150 Opening BINARY mode data connection for xzgl_con.bak (10 bytes).
226 File send OK.
10 bytes received in 0.000895 secs (11 Kbytes/sec)
ftp> cd /etc                          只能在指定的目录下，不能切换到其他目录
550 Failed to change directory.
ftp> bye
221 Goodbye.
[root@ftp vsftpd]# ls -l xzgl_con.bak
-rw-r--r-- 1 root root 10 2010-09-23 06:29 xzgl_con.bak   将指定文件下载到当前目录下。
[root@ftp vsftpd]#
```

图1-35　Linux环境下的测试

2）在Windows环境下将文件下载到桌面，测试结果如图1-36所示。

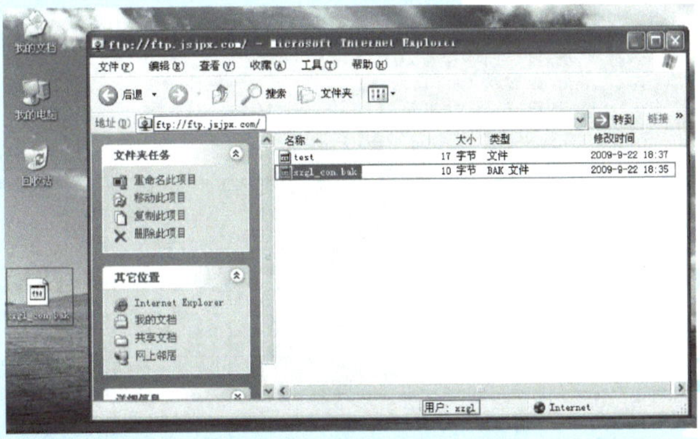

图1-36　Windows环境下的测试

3）在DOS环境下将文件下载到C盘根目录下，测试结果如图1-37所示。

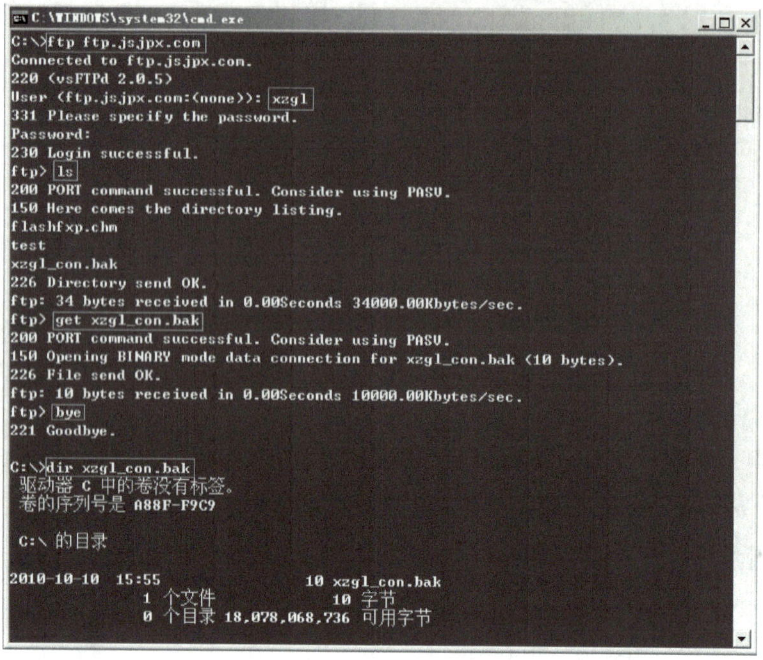

图1-37　DOS环境下的测试

5. 上传下载文件

利用FlashFXP客户端工具进行上传下载，传输速率控制如图1-38所示。

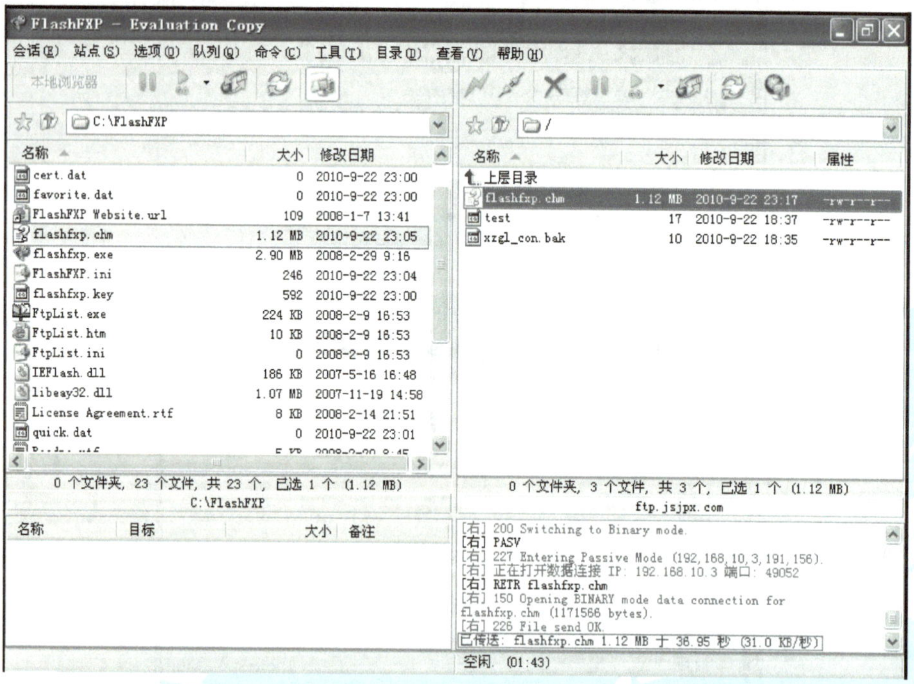

图1-38　利用FlashFXP工具上传下载速率控制

小结

通过解决本公司的FTP服务器配置的学习，主要掌握在CentOS 6.4系统中FTP服务器的默认配置、基本配置、服务器的性能与安全选项配置、FTP用户与组访问权限等的配置，包括FTP客户端工具使用等。

知识拓展

1．系统管理的相关命令

（1）增加用户账号

在命令行下使用 useradd 命令的格式为

useradd [-mMnr][-c <备注>][-d <登入目录>][-e <有效期限>][-f <缓冲天数>][-g <群组>][-G <群组>][-s <shell>][-u <uid>][用户账号] 或 useradd -D [-b][-e <有效期限>][-f <缓冲天数>][-g <群组>][-G <群组>][-s <shell>]

useradd的参数见表1-1。

表1-1　useradd的参数

参　数	功能描述
-c<备注>	加上备注文字，备注文字会保存在passwd的备注栏位中
-d<登入目录>	指定用户登入时的起始目录
-D	变更预设值
-e<有效期限>	指定账号的有效期限
-f<缓冲天数>	指定在密码过期后多少天关闭该账号
-g<群组>	指定用户所属的群组
-G<群组>	指定用户所属的附加群组
-m	自动建立用户的登入目录
-M	不要自动建立用户的登入目录
-n	取消建立以用户名称为名的群组
-r	建立系统账号
-s<shell>	指定用户登入后所使用的shell
-u<uid>	指定用户ID

（2）修改用户账号——usermod

usermod命令可用来修改用户账号的各种属性，包括用户主目录、私有组、登录和shell等内容。usermod的命令格式如下：

usermod [-LU][-c <备注>][-d <登入目录>][-e <有效期限>][-f <缓冲天数>][-g <群组>][-G <群组>][-l <账号名称>][-s][-u][用户账号]

usermod的参数见表1-2。

表1-2　usermod的参数

参　数	功 能 描 述
-c<备注>	修改用户账号的备注文字
-d<登入目录>	修改用户登入时的目录
-e<有效期限>	修改账号的有效期限
-f<缓冲天数>	修改在密码过期后多少天关闭该账号
-g<群组>	修改用户所属的群组
-l<账号名称>	修改用户账号名称
-L	锁定用户密码，使密码无效
-s<shell>	修改用户登入后所使用的shell
-u<uid>	修改用户ID
-U	解除密码锁定

（3）删除用户—— userdel

userdel命令用于删除指定的用户账号。其语法格式为

userdel [-r][用户账号]

说明

userdel命令可删除用户账号与相关的文件。若不加参数，则仅删除用户账号，而不删除相关文件。

其中参数“-r”用来删除用户登入目录以及目录中所有的文件。

（4）组增加命令——groupadd

groupadd命令可指定群组名称来建立新的群组账号。该组账号的ID值必须是唯一的，且数值不可为负。预设的最小值不得小于500，且每增加一个组账号ID值逐次增加。ID值0～499是保留给系统账号使用的。该指令使用的语法格式为

groupadd [-r] group

其中“-r”参数用来建立系统账号。系统账号的ID值不能大于500。

（5）组账号的修改

groupmod命令用来更改群组识别码或名称。该命令的语法格式为

groupmod [-g <群组识别码> <-o>][-n <新群组名称>][群组名称]

groupmod的参数见表1-3。

表1-3　groupmod的参数

参　数	功 能 描 述
-g <群组识别码>	设置欲使用的群组识别码
-o	重复使用群组识别码
-n <新群组名称>	设置欲使用的群组名称

（6）删除组账号

groupdel命令用于删除指定的组账号，若该群组中仍包括某些用户，则必须先删除这些用户后，方能删除群组。该命令的语法格式为

groupdel [群组名称]

2. FTP的常用命令

（1）控制文件传输格式的命令

ascii 设定以ASCII方式传送文件（默认值）。

binary 设定以二进制方式传送文件。

type [binary|ascii] 显示或修改当前文件的传输模式。

（2）控制连接的打开和关闭的命令

open host [port] 重新建立一个新的连接。

bye 终止主机FTP进程，并退出FTP管理方式。

quit 同bye。

close 终止远端的FTP进程，返回到FTP命令状态，所有的宏定义都被删除。

disconnect 同close。

user user-name [password] [account] 重新以别的用户名登录远端主机。

（3）浏览和查看文件的命令

lcd 改变当前本地主机的工作目录，如果默认，就转到当前用户的HOME目录。

cd 同UNIX的cd命令。

pwd 列出远端主机的当前目录名。

dir [remote-directory] [local-file] 列出远端主机当前目录中的文件。

ls [remote-directory] [local-file] 同DIR。

（4）传输文件的命令

chmod 改变远端主机的文件权限。

put local-file [remote-file] 将本地的一个文件传送至远端主机中。

mput local-files 将本地主机中的一批文件传送至远端主机，这时允许使用通配符。

get [remote-file] [local-file] 从远端主机传送至本地主机。

mget [remote-files] 从远端主机接收一批文件至本地主机。

recv remote-file [local-file] 同**get**。

send local-file [remote-file] 同**put**。

（5）控制FTP会话过程的命令

bell 每完成一次文件传送，报警提示。

prompt 交互提示模式。

status 显示当前FTP会话参数的状态。

（6）创建删除文件或目录，修改文件属性

delete 删除远端主机中的文件。

mdelete [remote-files] 删除一批文件。

mkdir directory-name 在远端主机中建立目录。

rename [from] [to] 改变远端主机中的文件名。

rmdir directory-name 删除远端主机中的目录。

help [command] 输出对命令的解释。

3. FTP的典型消息

在用FTP客户程序与FTP服务器进行通信时，经常会看到一些FTP服务器发送的消息，这些消息是FTP所定义的，下面列出典型的FTP消息。

125：数据连接打开，传输开始。
200：命令执行正常结束。
226：数据传输完毕。
331：用户名已存在，需要输入密码。
425：不能打开数据连接。
426：数据连接被关闭，传输被中断。
452：请求的操作未被执行，存储空间不足，文件不可用。
500：语法错误，不可识别的命令。

4. FTP服务器的其他配置

FTP服务器的配置还涉及限制用户上传时间等功能，更详细的内容请参照本书后附的参考文献。

1.2.3 Web服务

问题描述

公司门户网站（www.jsjpx.com或www.jsjpx.cn）建设利用Apache软件架设在CentOS 6.4系统上，其他各部门网站（xzgl.jsjpx.com，jsyfb.jsjpx.com，cpscb.jsjpx.com，shfwb.jsjpx.com，cpxsb.jsjpx.com，pxb.jsjpx.com，xxzx.jsjpx.com）可通过Windows Server系统来发布，同样也可以在CentOS 6.4系统上发布。将公司门户网站部署在两台主机上，为以后实现Web负载均衡，使外部能更快地访问公司门户信息；所有部门的网站都部署在一台主机上。

问题分析

WWW的工作基于客户机/服务器计算模型，由Web 浏览器（客户机）和Web服务器（服务器）构成，两者之间采用超文本传送协议（HTTP）进行通信。HTTP是基于TCP/IP之上的协议，是Web浏览器和Web服务器之间的应用层协议，是通用的、无状态的、面向对象的协议。HTTP的作用原理主要包括连接、请求、应答和关闭连接。

根据该问题的描述，主要需要完成门户网站和部门网站的发布。所涉及知识点主要包括Web服务器的默认配置、基于IP地址的虚拟主机配置和基于名称的虚拟主机配置。

任 务 单

1	Web服务器的默认配置
2	基于IP地址的虚拟主机配置
3	基于名称的虚拟主机配置

解决步骤

根据任务单的安排完成任务。

任务1　Web服务器的默认配置

任务实施

1）为Web服务器安装CentOS 6.4操作系统，配置IP地址为192.168.10.6；另外安装一台主机，安装CentOS 6.4操作系统，配置IP地址为192.168.10.7。以下为了描述的方便，均指在IP地址为192.168.10.6的主机上进行操作。

2）查询是否安装了软件包，如图1-39所示。如果没有安装，则可以利用“Yum安装技术”进行安装。可使用如下命令进行查询：

 # rpm –qa | grep httpd

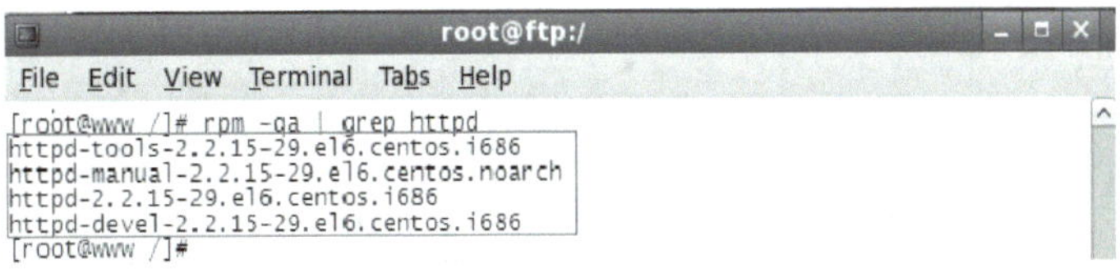

图1-39　查询是否安装了httpd包

3）根据“1.2.1 DNS服务”的配置方法，为Web服务器建立两个域jsjpx.com与jsjpx.cn，并配置好正反向解析。

4）启动Apache服务，测试Web页，如图1-40所示。

 # service httpd start 或

 # /etc/init.d/httpd start

若出现提示“httpd: Could not reliably determine the server’s fully qualified domain name, using 127.0.0.1 for ServerName [OK]”，则修改/etc/httpd/httpd.conf文档第276行中的“#ServerName www.example.com:80”为“ServerName www.jsjpx.com:80”即可。

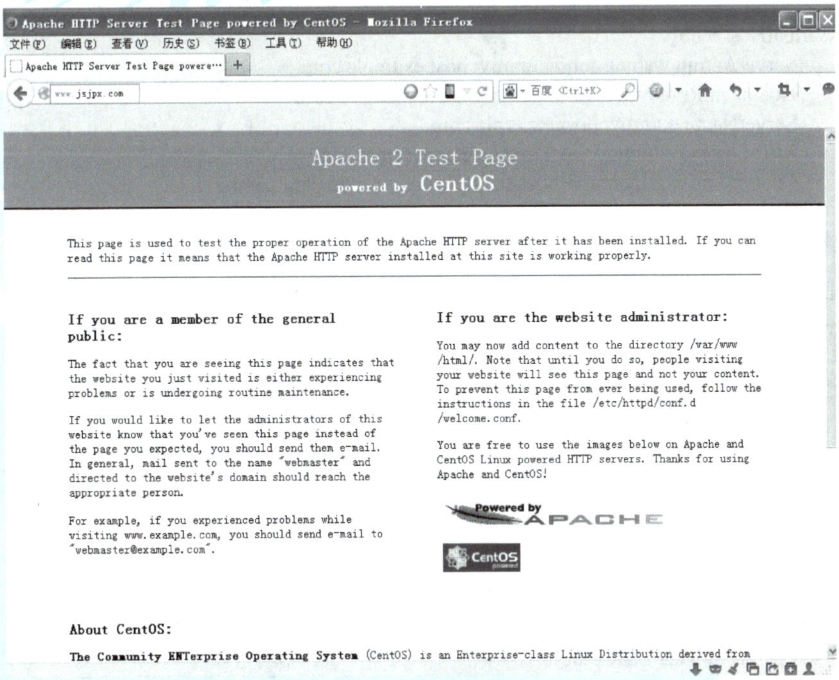

图1-40　测试Web页

5）默认的httpd.conf配置文件的部分内容如下。

```
1       #
2       # This is the main Apache server configuration file.  It contains the
3       # configuration directives that give the server its instructions.
4       # See <URL:http://httpd.apache.org/docs/2.2/> for detailed information.
5       # In particular, see
6       # <URL:http://httpd.apache.org/docs/2.2/mod/directives.html>
7       # for a discussion of each configuration directive.
        …
57      ServerRoot "/etc/httpd"
        …
65      PidFile run/httpd.pid
        …
70      Timeout 60
        …
136     Listen 80
        …
242     User apache
243     Group apache
        …
262     ServerAdmin root@localhost
        …
276     #ServerName www.example.com:80
        …
292     DocumentRoot "/var/www/html"
        …
302     <Directory />
303         Options FollowSymLinks
304         AllowOverride None
305     </Directory>
        …
1003    #<VirtualHost *:80>
1004    #     ServerAdmin webmaster@dummy-host.example.com
1005    #     DocumentRoot /www/docs/dummy-host.example.com
1006    #     ServerName dummy-host.example.com
1007    #     ErrorLog logs/dummy-host.example.com-error_log
1008    #     CustomLog logs/dummy-host.example.com-access_log common
1009    #</VirtualHost>
```

默认配置httpd.conf文件中重要配置语句的解释说明见表1-4。

表1-4　httpd.conf重要配置语句

行　号	语　句	解释说明
57	ServerRoot "/etc/httpd"	配置文件在系统中的目录
65	PidFile run/httpd.pid	指定保存服务进程的文件
70	Timeout 60	服务器请求失败前的等待时间
136	Listen 80	Web服务器默认为服务器的所有IP地址的80端口监听服务请求
242	User apache	运行Apache服务时的用户身份为apache
243	Group apache	运行Apache服务时的组身份为apache
262	ServerAdmin root@localhost	管理Apache服务的管理员的邮箱
276	#ServerName www.example.com:80	服务器名
292	DocumentRoot "/var/www/html"	这是网页保存的目录

（续）

行　　号	语　　句	解 释 说 明
302	<Directory />	定义默认目录特性，AllowOverride用于设置目录访问的控制
303	Options FollowSymLinks	
304	AllowOverride None	
305	</Directory>	
1003	#<VirtualHost *:80>	定义虚拟主机的信息
1004	#ServerAdmin webmaster@dummy-host.example.com	
1005	#DocumentRoot /www/docs/dummy-host.example.com	
1006	#ServerName dummy-host.example.com	
1007	#ErrorLog logs/dummy-host.example.com-error_log	
1008	#CustomLog logs/dummy-host.example.com-access_ log common	
1009	#</VirtualHost>	

任务2　基于IP地址的虚拟主机配置

任务实施

1. IP地址相同，但端口号不同的虚拟主机配置

1）在/var/www文件夹中建立jsjpx.com和jsjpx.cn两个目录。

```
# mkdir /var/www/jsjpx.com
# mkdir /var/www/jsjpx.cn
```

2）在/var/www/jsjpx.com目录下建立index.html文件，内容为

```
<HTML>
    <HEAD>
    <TITLE> IP Same Ports Different </TITLE>
  <BODY>
          <br>     www.jsjpx.com    </br>
          <br>     This is a test page of portNumber:8000    </br>
          <br>     Ha！ Ha! Success!       </br>
    </BODY>
</HTML>
```

同理，可在 /var/www/jsjpx.cn目录下建立index.html文件，内容为

```
<HTML>
    <HEAD>
    <TITLE> IP Same Ports Different </TITLE>
  <BODY>
          <br>     www.jsjpx.cn     </br>
          <br>     This is a test page of portNumber:9000    </br>
         <br>     He！ He! Success!      </br>
    </BODY>
</HTML>
```

说明

在本实施方案中，公司主页的内容需自行建设，这里仅以测试例子作说明。在实际运行过程中，公司可将建设好的主页内容放至当前指定的目录下，用实际的首页文件去替换当前的index.html。

3）修改httpd.conf文件，将“IP地址相同，端口不同的虚拟主机配置”文件ipvports.conf

加入到httpd.conf文件，即include conf/ipvports.conf，如图1-41所示。

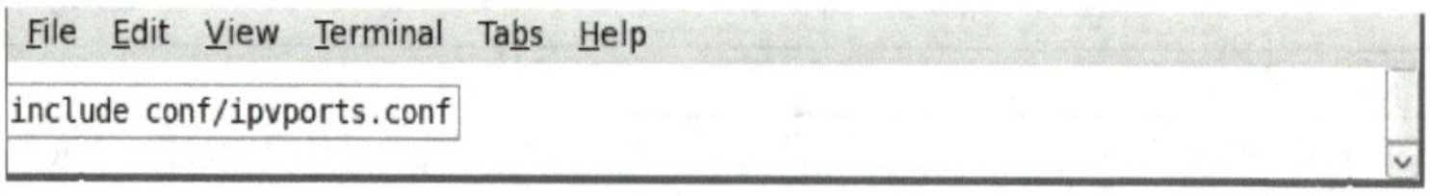

图1-41　修改httpd.conf

4）建立ipvports.conf，其内容如图1-42所示。

5）重启httpd服务。

 # /etc/init.d/httpd restart 或

 # service httpd restart

6）测试Web页面。

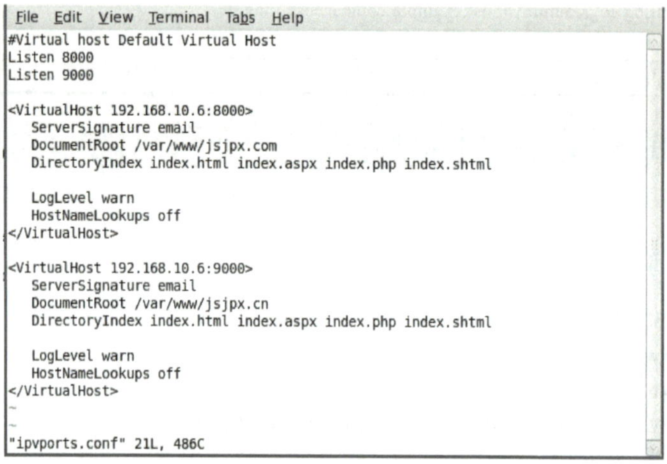

图1-42　IP地址相同，端口号不同的虚拟主机配置

IP地址相同，但端口号不同的虚拟主机配置，假设两个端口号分别为8000和9000，访问主机的页面如图1-43和图1-44所示。

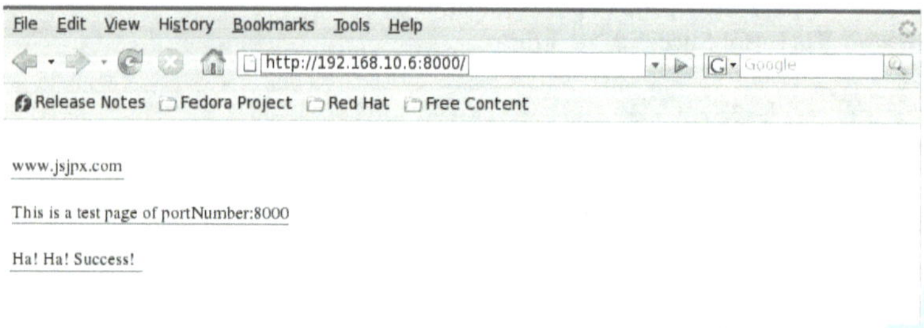

图1-43　测试8000端口的结果

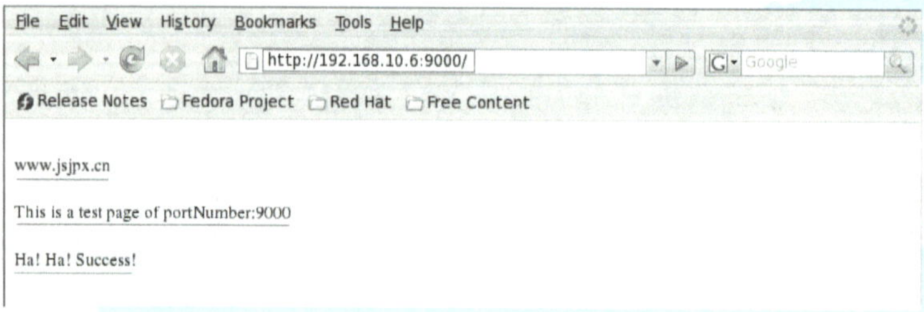

图1-44　测试9000端口的结果

2. 端口号相同，但IP地址不同的虚拟主机配置

如果有多个独立的IP地址可供使用，则可以用不同的IP地址来配置虚拟主机，操作如下：

1）添加新设备，选择“系统”→“首选项”→“网络连接”命令，如图1-45所示。

2）添加以太网卡设备，如图1-46所示。

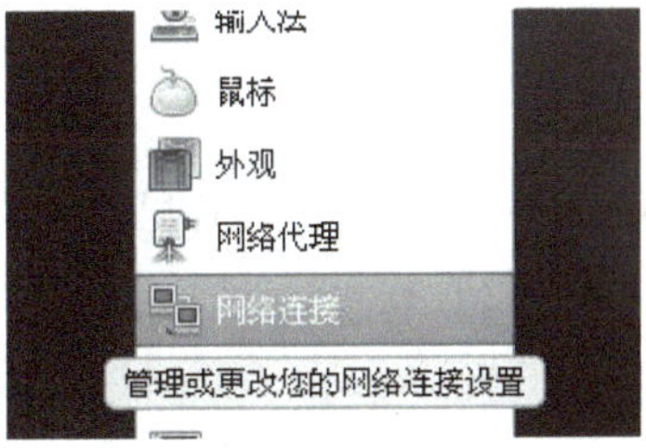

图1-45　添加新设备

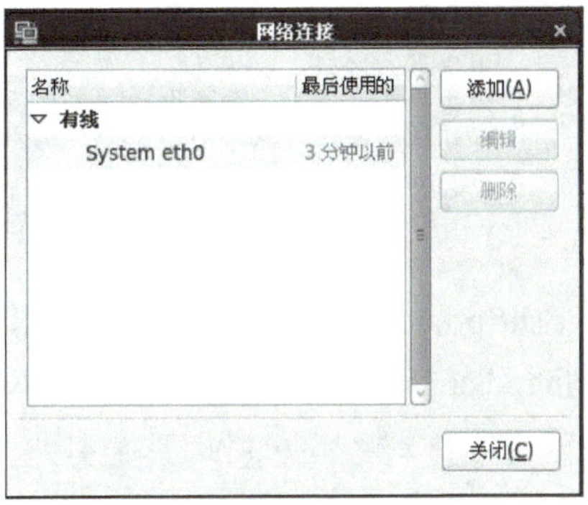

图1-46　添加以太网卡设备

3）选择“IPv4设置”选项卡，如图1-47所示。

4）手动配置IP地址并选择“自动连接”复选框，如图1-48所示。

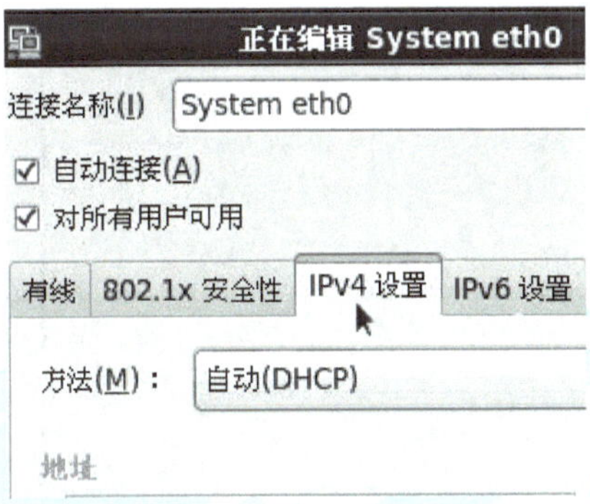

图1-47　选择“IPv4设置”选项卡

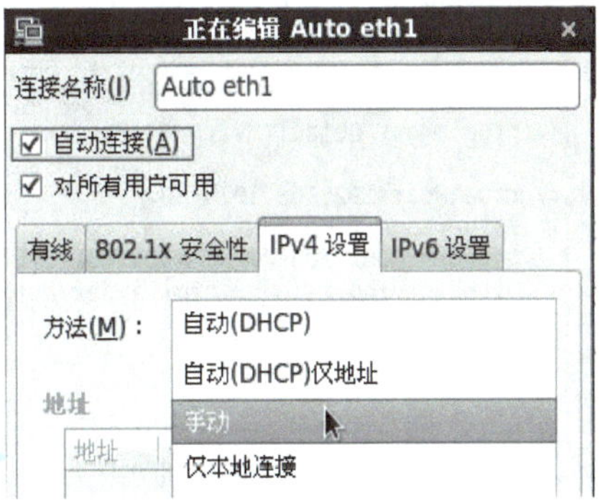

图1-48　手动配置IP地址

5）配置IP地址，如图1-49所示。

6）完成添加，如图1-50所示。

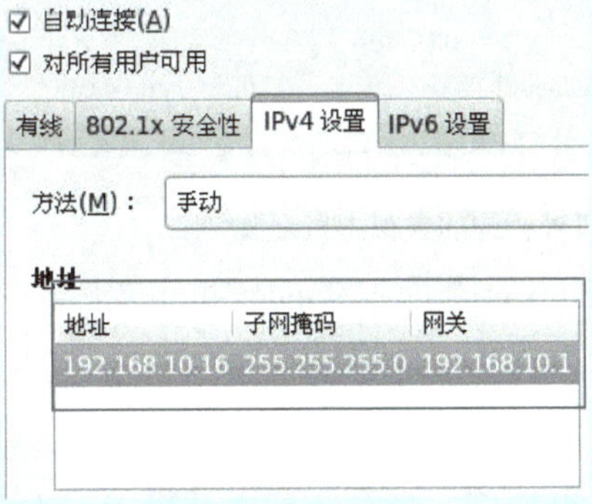

图1-49　配置IP地址

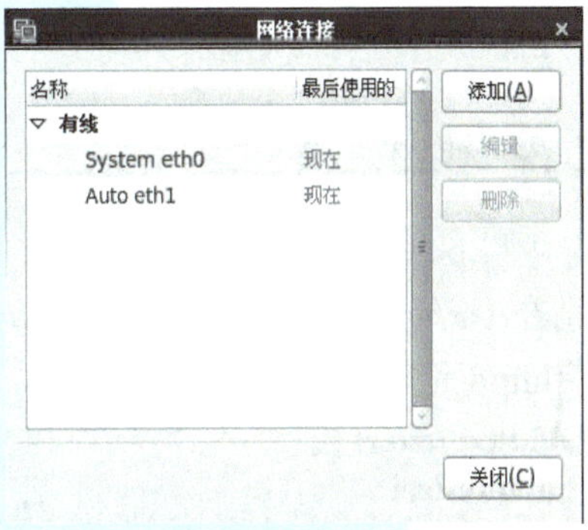

图1-50　完成添加

7）重启网卡，如图1-51所示。

```
root@localhost:~/桌面
文件(F) 编辑(E) 查看(V) 搜索(S) 终端(T) 帮助(H)
[root@localhost 桌面]# service network restart
正在关闭接口 eth0: 设备状态：3（断开连接）
                                                        [确定]
关闭环回接口：                                          [确定]
弹出环回接口：                                          [确定]
弹出界面 eth0: 活跃连接状态：激活的
活跃连接路径：/org/freedesktop/NetworkManager/ActiveConnection/3
                                                        [确定]
```

图1-51　新增网卡激活成功

8）修改httpd.conf文件，将“端口号相同，但IP地址不同的虚拟主机配置”文件ipvip.conf加入到httpd.conf文件，即include conf/ipvip.conf，如图1-52所示。

```
File Edit View Terminal Tabs Help
include conf/ipvports.conf
include conf/ipvip.conf
```

图1-52　修改httpd.conf

9）建立ipvip.conf，其内容如图1-53所示。

```
File Edit View Terminal Tabs Help
#Virtual host Default Virtual Host

<VirtualHost 192.168.10.6:80>
   ServerSignature email
   DocumentRoot /var/www/jsjpx.com
   DirectoryIndex index.html index.aspx index.php index.shtml

   LogLevel warn
   HostNameLookups off
</VirtualHost>

<VirtualHost 192.168.10.16:80>
   ServerSignature email
   DocumentRoot /var/www/jsjpx.cn
   DirectoryIndex index.html index.aspx index.php index.shtml

   LogLevel warn
   HostNameLookups off
</VirtualHost>
~
~
~
~
"ipvip.conf" 19L, 459C
```

图1-53　IP地址不同，端口号相同的虚拟主机配置

10）分别在/var/www/jsjpx.com和/var/www/jsjpx.cn下面建立index.html文件。

11）重启httpd服务。

 # /etc/init.d/httpd restart 或

 # service httpd restart

12）IP地址不同，但端口号相同的虚拟主机配置，访问不同主机的页面如图1-54和图1-55所示。

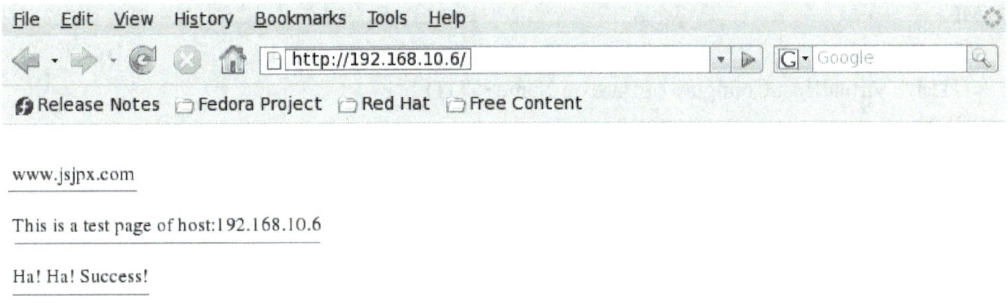

图1-54 IP地址为192.168.10.6的测试结果

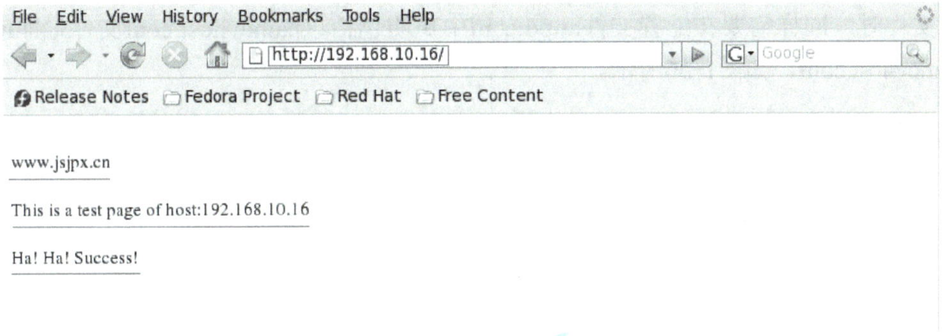

图1-55 IP地址为192.168.10.16的测试结果

任务3 基于名称的虚拟主机配置

任务实施

使用基于名称的虚拟主机，用户可以设置支持任意数目的虚拟主机，而不需要额外的IP地址。当用户的机器仅仅使用一个IP地址时，仍然可以设置支持无限多的虚拟主机。

1）新建存放网页的文件夹，假定jsjpx.com和jsjpx.cn的两个域分别放在/var/www/jsjpx.com和/var/www/jsjpx.cn目录下。

在/var/www/jsjpx.com目录下建立index.html文件，内容为

```
<HTML>
   <HEAD>
   <TITLE> VirtualHost Configure of Base on Name</TITLE>
  <BODY>
          <br>     www.jsjpx.com    </br>
          <br>     This is a test page of NameVirtualHost    </br>
          <br>     This is same IP, but Name is different!    </br>
          <br>     My Name is www.jsjpx.com!    </br>
          <br>     Ha！ Ha! OK!        </br>
   </BODY>
</HTML>
```

同理，可在 /var/www/jsjpx.cn目录下建立index.html文件，内容为

```
<HTML>
    <HEAD>
    <TITLE> VirtualHost Configure of Base on Name </TITLE>
   <BODY>
          <br>     www.jsjpx.cn     </br>
          <br>     This is a test page of NameVirtualHost    </br>
         <br>     This is same IP, but Name is different!    </br>
          <br>     My Name is www.jsjpx.cn!    </br>
         <br>     He！ He! YeYe!     </br>
    </BODY>
</HTML>
```

2）配置文档可以直接写在httpd.conf文档中，也可以新建配置文件namevhost.conf。当新建配置文件时，同样需要在配置文件httpd.conf中声明包括该namevhost.conf文件，即include conf/namevhost.conf，如图1-56所示。

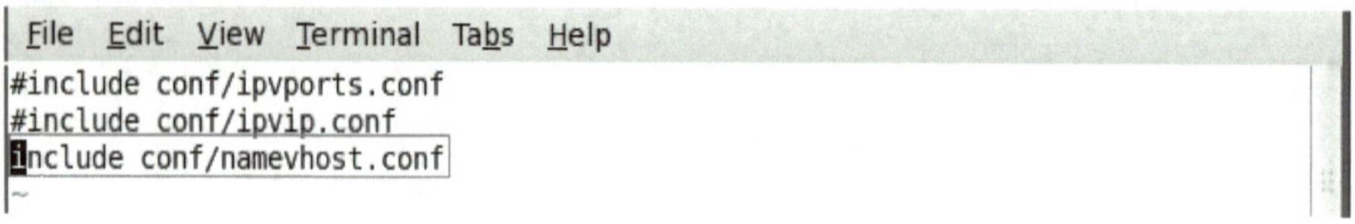

```
File  Edit  View  Terminal  Tabs  Help
#include conf/ipvports.conf
#include conf/ipvip.conf
include conf/namevhost.conf
~
```

图1-56　修改httpd.conf文档

3）新建配置文档namevhost.conf，其详细内容如图1-57所示。

4）重启服务。

```
# /etc/init.d/named restart 或 # service named restart
# /etc/init.d/httpd restart 或 # service httpd restart
```

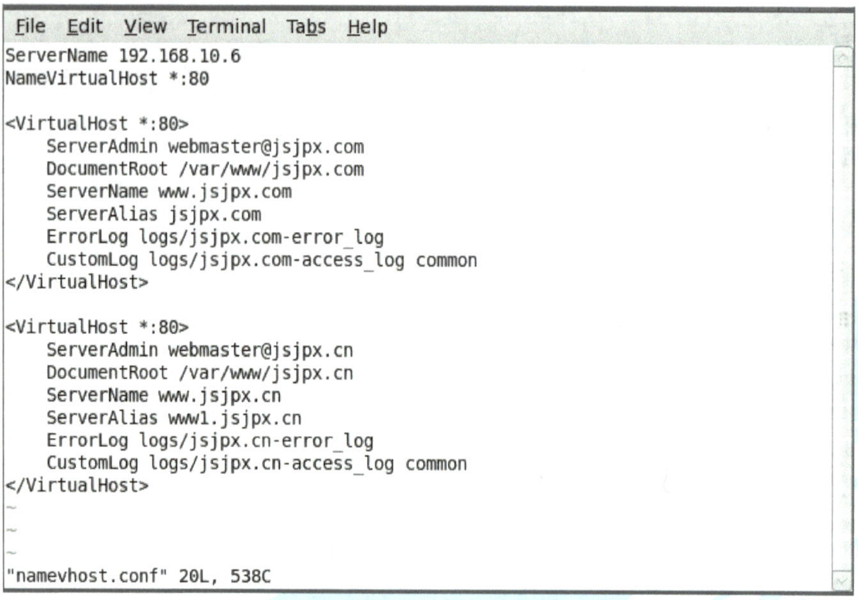

```
File  Edit  View  Terminal  Tabs  Help
ServerName 192.168.10.6
NameVirtualHost *:80

<VirtualHost *:80>
    ServerAdmin webmaster@jsjpx.com
    DocumentRoot /var/www/jsjpx.com
    ServerName www.jsjpx.com
    ServerAlias jsjpx.com
    ErrorLog logs/jsjpx.com-error_log
    CustomLog logs/jsjpx.com-access_log common
</VirtualHost>

<VirtualHost *:80>
    ServerAdmin webmaster@jsjpx.cn
    DocumentRoot /var/www/jsjpx.cn
    ServerName www.jsjpx.cn
    ServerAlias www1.jsjpx.cn
    ErrorLog logs/jsjpx.cn-error_log
    CustomLog logs/jsjpx.cn-access_log common
</VirtualHost>
~
~
~
"namevhost.conf" 20L, 538C
```

图1-57　namevhost.conf配置文档

5）测试结果。jsjpx.cn域和jsjpx.com域的测试结果分别如图1-58和图1-59所示。

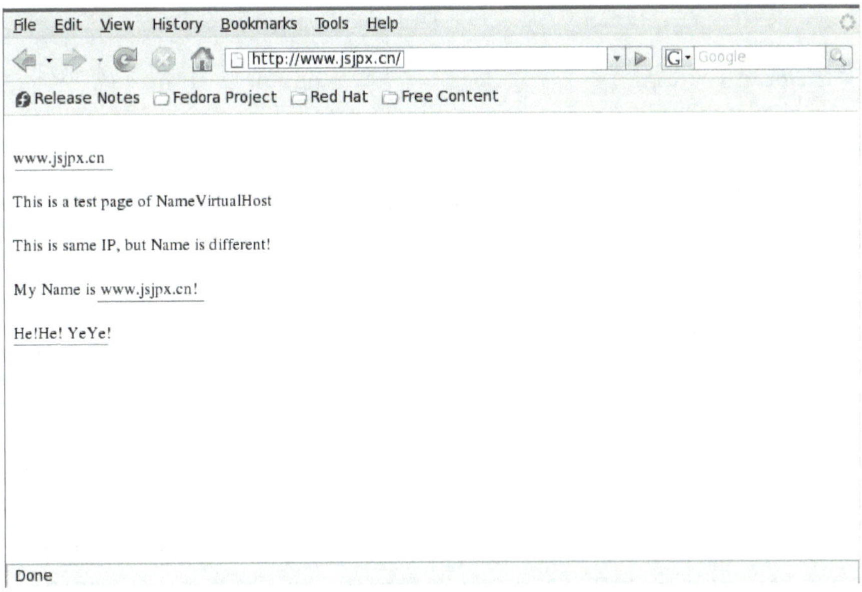

图1-58 jsjpx.cn域的测试结果

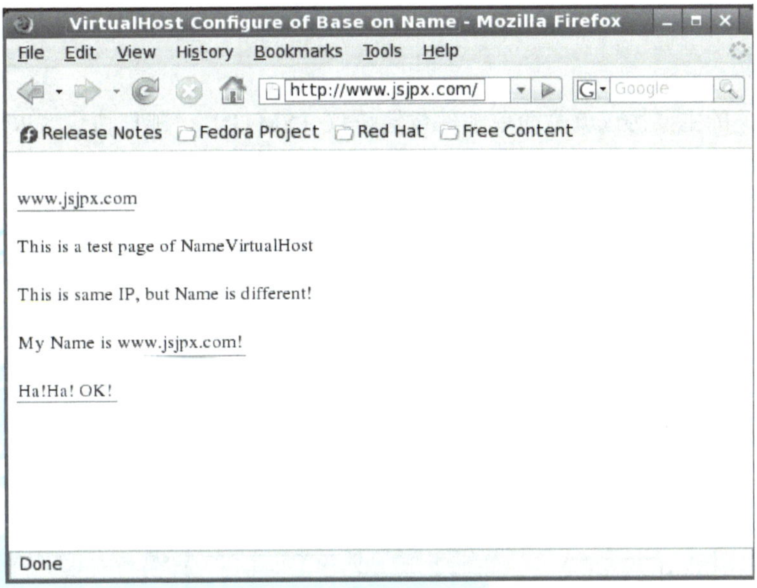

图1-59 jsjpx.com域的测试结果

小结

通过本公司Web服务器配置的学习，主要掌握在CentOS 6.4系统中Web服务器的默认配置、基于IP地址的虚拟主机配置和基于名称的虚拟主机配置。

根据本公司的具体需求，本解决方案只讲述了关于门户网站建设所需要配置的各种方法。另外，关于各部门的网站在IP地址为192.168.10.7上可按照上述方法完成，这里不再一一赘述。

知识拓展

高级配置

关于动态虚拟主机配置，配置用户加密、配置HTTPS的证书加密、配置伪签名/自签名证书服务器等内容可参考本书的参考文献。

1.2.4　邮件服务

问题描述

该公司需要建立自己的邮件服务器，邮件服务器域名为mail.jsjpx.com，提供公司员工的所有邮件系统的管理（账户管理、邮件管理、策略管理）。发送信件时用域名服务器来查询收方邮件服务器地址，并利用域名服务器所提示的MX记录来确定收信方的邮件地址，然后通过SMTP经由TCP/IP线路向其他计算机用户传递信件。邮件服务器的功能采用CentOS 6.4系统实现，客户端分别用CentOS 6.4和Windows系统进行测试。

问题分析

与邮件相关的主要协议就是简单邮件传输协议（SMTP）、邮局协议（POP3），另外还包括多用途互联网邮件扩充（MIME）和互联网消息协议（IMAP4）等。在整个电子邮件系统中有两处需要使用SMTP，即发送邮件的MUA与MTA建立连接并发送邮件，MTA之间也使用SMTP进行电子邮件的转发。邮件系统的工作原理图如图1-60所示。

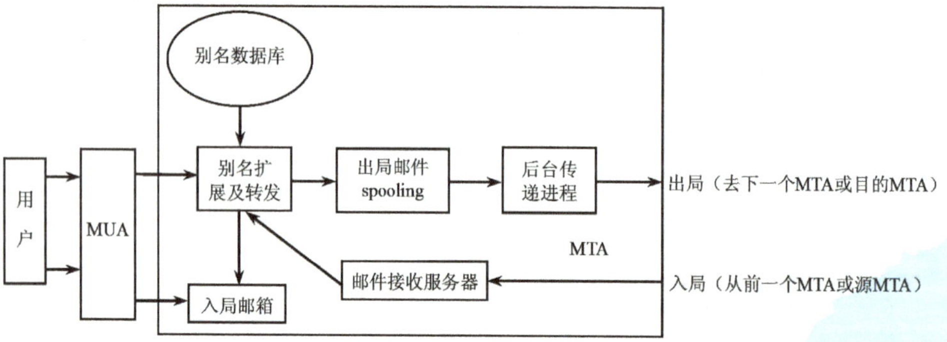

图1-60　邮件系统的工作原理图

SMTP的通信过程主要包括如下步骤：

1）客户端通过3次握手与服务器（通常是TCP 25端口）建立一个TCP连接，然后等待服务器发送220 READY FOR MAIL。

2）客户端在收到220报文后，发送HELO命令。

3）服务器以250 please to meet you响应，表示一切正常。

4）客户端以mail命令开始电子邮件的交互，在mail命令中有一个“from：”字段，用于在出错时通知发信人。

5）服务器收到mail命令后，发送250 OK作为响应，表示一切正常。

6）mail命令成功后，客户端就可以将收信人的地址告诉服务器，这是用一连串的rcpt命令实现的。

7）服务器接收到每个rcpt命令后，发送250 OK作为响应，表示正确接收；或者发送550No such user here作为响应，表示此处没有这个用户。

8）客户端的rcpt命令得到正确响应后，就可以用data命令发送数据了。

9）服务器接收到data命令后，发送354开始邮件输入，以“”结束。

10）客户此时可以输入信件的内容，并以单行的句号作为结束。

11）服务器发送250 OK表示信息发送成功。

12）客户端请求断开连接。

13）服务器断开连接。

根据公司对邮件系统的要求，主要需完成mail服务器配置前的准备工作（如设置主机名、设置DNS服务器地址和在DNS服务器中添加mail记录等），mail服务器的默认配置与进一步配置，mail用户的配置与管理，激活邮件用户认证服务器，利用Openwebmail网页邮局通过网页来收发和管理邮件。

任 务 单

1	mail服务器配置前的准备工作
2	mail服务器的默认配置
3	mail服务器的进一步配置
4	mail用户的配置与管理
5	激活邮件用户认证服务器
6	Openwebmail管理与应用

解决步骤

根据任务单的安排完成任务。

任务1 mail服务器配置前的准备工作

任务实施

1）为mail服务器安装CentOS 6.4操作系统，配置IP地址为192.168.10.5。

2）设置主机名，修改/etc/sysconfig/network文件中的HOSTNAME，不能为localhost.localdomain，如图1-61所示。

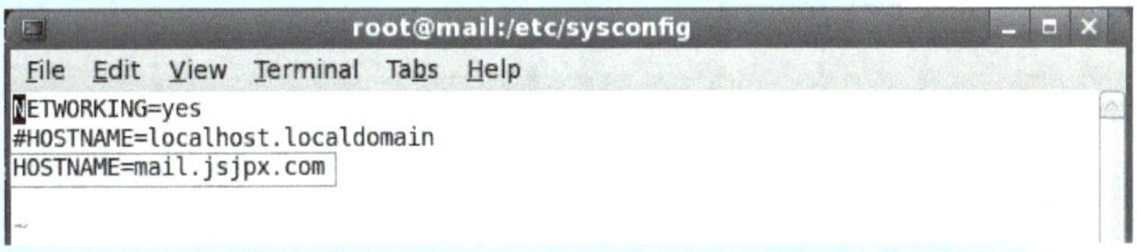

图1-61 主机的设置

3）设置DNS服务器地址，将/etc/resolv.conf文件指向公司自己的DNS服务器（IP地址为192.168.10.1），如图1-62所示。

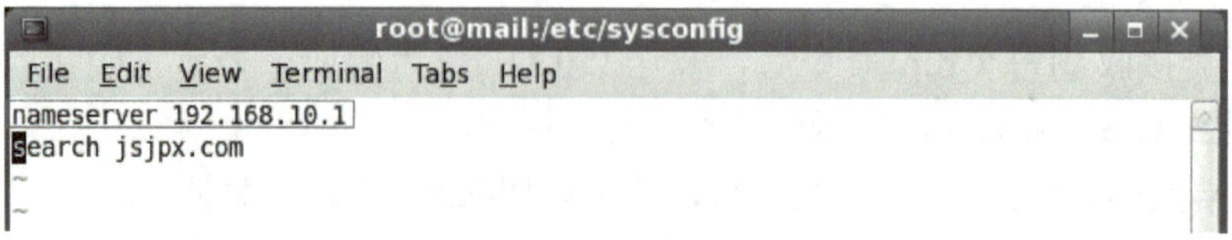

图1-62　设置DNS服务器地址

4）在DNS中添加mail记录。

在DNS中添加mail记录的信息已在1.2.1节的DNS服务中完成（见1.2.1节中的图1-5）。

任务2　mail服务器的默认配置

任务实施

1）查询是否安装了软件包，如图1-63所示。如果没有安装，可以利用“Yum安装技术”进行安装。可使用如下命令进行查询：

 # rpm –qa | grep sendmail

#rpm –qa | grep dovecot

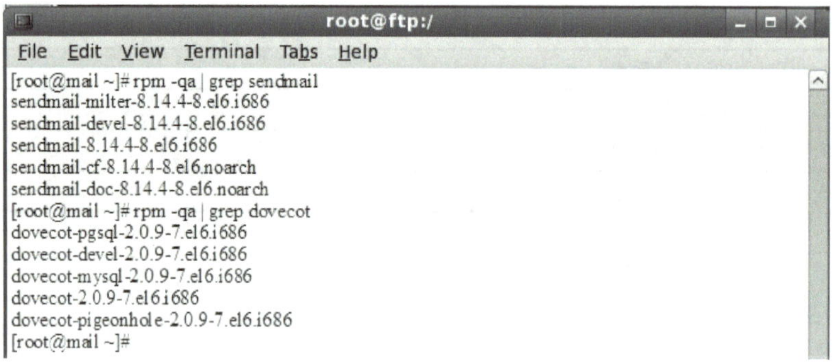

图1-63　检查安装包

2）默认配置文件sendmail.mc的内容。

 # cat –n /etc/mail/sendmail.mc

```
1  divert(-1)dnl
2  dnl #
3  dnl # This is the sendmail macro config file for m4. If you make changes to
4  dnl # /etc/mail/sendmail.mc, you will need to regenerate the
5  dnl # /etc/mail/sendmail.cf file by confirming that the sendmail-cf package is
6  dnl # installed and then performing a
7  dnl #
8  dnl #     /etc/mail/make
9  dnl #
10 include('/usr/share/sendmail-cf/m4/cf.m4')dnl
11 VERSIONID('setup for linux')dnl
12 OSTYPE('linux')dnl
```

```
dnl #
dnl # Do not advertize sendmail version.
dnl #
dnl define('confSMTP_LOGIN_MSG', '$j Sendmail; $b')dnl
dnl #
dnl # default logging level is 9, you might want to set it higher to
dnl # debug the configuration
dnl #
dnl define('confLOG_LEVEL', '9')dnl
dnl #
dnl # Uncomment and edit the following line if your outgoing mail needs to
dnl # be sent out through an external mail server:
dnl #
dnl define('SMART_HOST', 'smtp.your.provider')dnl
dnl #
define('confDEF_USER_ID', "8:12")dnl
dnl define('confAUTO_REBUILD')dnl
define('confTO_CONNECT', '1m')dnl
define('confTRY_NULL_MX_LIST', 'True')dnl
define('confDONT_PROBE_INTERFACES', 'True')dnl
define('PROCMAIL_MAILER_PATH', '/usr/bin/procmail')dnl
define('ALIAS_FILE', '/etc/aliases')dnl
define('STATUS_FILE', '/var/log/mail/statistics')dnl
define('UUCP_MAILER_MAX', '2000000')dnl
define('confUSERDB_SPEC', '/etc/mail/userdb.db')dnl
define('confPRIVACY_FLAGS', 'authwarnings,novrfy,noexpn,restrictqrun')dnl
define('confAUTH_OPTIONS', 'A')dnl
dnl #
dnl # The following allows relaying if the user authenticates, and disallows
dnl # plaintext authentication (PLAIN/LOGIN) on non-TLS links
dnl #
dnl define('confAUTH_OPTIONS', 'A p')dnl
dnl #
dnl # PLAIN is the preferred plaintext authentication method and used by
dnl # Mozilla Mail and Evolution, though Outlook Express and other MUAs do
dnl # use LOGIN. Other mechanisms should be used if the connection is not
dnl # guaranteed secure.
dnl # Please remember that saslauthd needs to be running for AUTH.
dnl #
dnl TRUST_AUTH_MECH('EXTERNAL DIGEST-MD5 CRAM-MD5 LOGIN PLAIN')dnl
dnl define('confAUTH_MECHANISMS', 'EXTERNAL GSSAPI DIGEST-MD5 CRAM-MD5 LOGIN PLAIN')dnl
dnl #
dnl # Rudimentary information on creating certificates for sendmail TLS:
dnl #     cd /etc/pki/tls/certs; make sendmail.pem
dnl # Complete usage:
dnl #     make -C /etc/pki/tls/certs usage
dnl #
dnl define('confCACERT_PATH', '/etc/pki/tls/certs')dnl
dnl define('confCACERT', '/etc/pki/tls/certs/ca-bundle.crt')dnl
```

```
dnl define('confSERVER_CERT', '/etc/pki/tls/certs/sendmail.pem')dnl
dnl define('confSERVER_KEY', '/etc/pki/tls/certs/sendmail.pem')dnl
dnl #
dnl # This allows sendmail to use a keyfile that is shared with OpenLDAP's
dnl # slapd, which requires the file to be readble by group ldap
dnl #
dnl define('confDONT_BLAME_SENDMAIL', 'groupreadablekeyfile')dnl
dnl #
dnl define('confTO_QUEUEWARN', '4h')dnl
dnl define('confTO_QUEUERETURN', '5d')dnl
dnl define('confQUEUE_LA', '12')dnl
dnl define('confREFUSE_LA', '18')dnl
define('confTO_IDENT', '0')dnl
dnl FEATURE(delay_checks)dnl
FEATURE('no_default_msa', 'dnl')dnl
FEATURE('smrsh', '/usr/sbin/smrsh')dnl
FEATURE('mailertable', 'hash -o /etc/mail/mailertable.db')dnl
FEATURE('virtusertable', 'hash -o /etc/mail/virtusertable.db')dnl
FEATURE(redirect)dnl
FEATURE(always_add_domain)dnl
FEATURE(use_cw_file)dnl
FEATURE(use_ct_file)dnl
dnl #
dnl # The following limits the number of processes sendmail can fork to accept
dnl # incoming messages or process its message queues to 20.) sendmail refuses
dnl # to accept connections once it has reached its quota of child processes.
dnl #
dnl define('confMAX_DAEMON_CHILDREN', '20')dnl
dnl #
dnl # Limits the number of new connections per second. This caps the overhead
dnl # incurred due to forking new sendmail processes. May be useful against
dnl # DoS attacks or barrages of spam. (As mentioned below, a per-IP address
dnl # limit would be useful but is not available as an option at this writing.)
dnl #
dnl define('confCONNECTION_RATE_THROTTLE', '3')dnl
dnl #
dnl # The -t option will retry delivery if e.g. the user runs over his quota.
dnl #
FEATURE(local_procmail,", 'procmail -t -Y -a $h -d $u')dnl
FEATURE('access_db', 'hash -T<TMPF> -o /etc/mail/access.db')dnl
FEATURE('blacklist_recipients')dnl
EXPOSED_USER('root')dnl
dnl #
dnl # For using Cyrus-IMAPd as POP3/IMAP server through LMTP delivery uncomment
dnl # the following 2 definitions and activate below in the MAILER section the
dnl # cyrusv2 mailer.
dnl #
dnl define('confLOCAL_MAILER', 'cyrusv2')dnl
dnl define('CYRUSV2_MAILER_ARGS', 'FILE /var/lib/imap/socket/lmtp')dnl
dnl #
```

```
dnl # The fol lowing causes sendmail to only listen on the IPv4 loopback address
dnl # 127.0.0.1 and not on any other network devices. Remove the loopback
dnl # address restriction to accept email from the internet or intranet.
dnl #
DAEMON_OPTIONS('Port=smtp,Addr=127.0.0.1, Name=MTA')dnl
dnl #
dnl # The following causes sendmail to additionally listen to port 587 for
dnl # mail from MUAs that authenticate. Roaming users who can’t reach their
dnl # preferred sendmail daemon due to port 25 being blocked or redirected find
dnl # this useful.
dnl #
dnl DAEMON_OPTIONS('Port=submission, Name=MSA, M=Ea')dnl
dnl #
dnl # The following causes sendmail to additionally listen to port 465, but
dnl # starting immediately in TLS mode upon connecting. Port 25 or 587 followed
dnl # by STARTTLS is preferred, but roaming clients using Outlook Express can’t
dnl # do STARTTLS on ports other than 25. Mozilla Mail can ONLY use STARTTLS
dnl # and doesn't support the deprecated smtps; Evolution <1.1.1 uses smtps
dnl # when SSL is enabled-- STARTTLS support is available in version 1.1.1.
dnl #
dnl # For this to work your OpenSSL certificates must be configured.
dnl #
dnl DAEMON_OPTIONS('Port=smtps, Name=TLSMTA, M=s')dnl
dnl #
dnl # The following causes sendmail to additionally listen on the IPv6 loopback
dnl # device. Remove the loopback address restriction listen to the network.
dnl #
dnl DAEMON_OPTIONS('port=smtp,Addr=::1, Name=MTA-v6, Family=inet6')dnl
dnl #
dnl # enable both ipv6 and ipv4 in sendmail:
dnl #
dnl DAEMON_OPTIONS('Name=MTA-v4, Family=inet, Name=MTA-v6, Family=inet6')
dnl #
dnl # We strongly recommend not accepting unresolvable domains if you want to
dnl # protect yourself from spam. However, the laptop and users on computers
dnl # that do not have 24x7 DNS do need this.
dnl #
FEATURE('accept_unresolvable_domains')dnl
dnl #
dnl FEATURE('relay_based_on_MX')dnl
dnl #
dnl # Also accept email sent to «localhost.localdomain» as local email.
dnl #
LOCAL_DOMAIN('localhost.localdomain')dnl
dnl #
dnl # The following example makes mail from this host and any additional
dnl # specified domains appear to be sent from mydomain.com
dnl #
dnl MASQUERADE_AS('mydomain.com')dnl
dnl #
```

```
162 dnl # masquerade not just the headers, but the envelope as well
163 dnl #
164 dnl FEATURE(masquerade_envelope)dnl
165 dnl #
166 dnl # masquerade not just @mydomainalias.com, but @*.mydomainalias.com as well
167 dnl #
168 dnl FEATURE(masquerade_entire_domain)dnl
169 dnl #
170 dnl MASQUERADE_DOMAIN(localhost)dnl
171 dnl MASQUERADE_DOMAIN(localhost.localdomain)dnl
172 dnl MASQUERADE_DOMAIN(mydomainalias.com)dnl
173 dnl MASQUERADE_DOMAIN(mydomain.lan)dnl
174 MAILER(smtp)dnl
175 MAILER(procmail)dnl
176 dnl MAILER(cyrusv2)dnl
```

任务3　mail服务器的进一步配置

任务实施

1. 激活全部的网络监听

编辑**/etc/mail/sendmail.mc**，取消网络接口的配置选项，激活全部的网络监听：

将 116 DAEMON_OPTIONS(`Port=smtp,Addr=127.0.0.1, Name=MTA')dnl修改为

DAEMON_OPTIONS(`Port=smtp,name=MTA')dnl

或DAEMON_OPTIONS(`Port=smtp,Addr=0.0.0.0,name=MTA')dnl

提醒

DAEMON_OPTIONS(`Port=smtp,Addr=0.0.0.0,name=MTA')dnl 中，方框中前后的符号分别为“`”“’”。

2. 设置本地服务器所服务的域

编辑/etc/mail/local-host-names，如图1-64所示。

 # vi /etc/mail/local-host-names

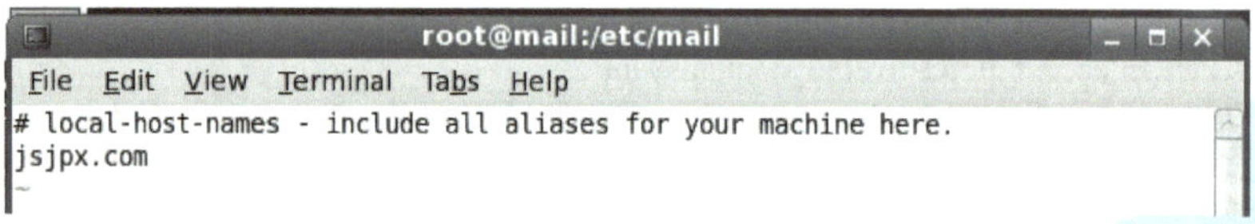

图1-64　设置本地服务器所服务的域

3. 重新启动所有的服务器

```
# chkconfig named on
# chkconfig sendmail on
# chkconfig dovecot on
# service named restart
# service sendmail restart
# service dovecot restart
```

任务4　mail用户的配置与管理

任务实施

1. 创建邮件用户

（1）创建一个邮件账户组

 # groupadd mailgroup

（2）为各个部门分别创建用户xzgl、jsyfb、cpscb、shfwb、cpxsb、pxb和xxzx，并将这些用户加入到mailgroup组中

 # useradd –g mailgroup xzgl
 # useradd –g mailgroup jsyfb
 # useradd –g mailgroup cpscb
 # useradd –g mailgroup shfwb
 # useradd –g mailgroup cpxsb
 # useradd –g mailgroup pxb
 # useradd –g mailgroup xxzx

（3）为用户设置密码

 # passwd xzgl
 # passwd jsyfb
 # passwd cpscb
 # passwd shfwb
 # passwd cpxsb
 # passwd pxb
 # passwd xxzx

2. 测试邮件的收发

（1）Linux环境下的测试

1）登录邮件服务器（SMTP）。

使用命令telnet登录服务器，如图1-65所示。其中，方框中的内容为从键盘输入的命令。

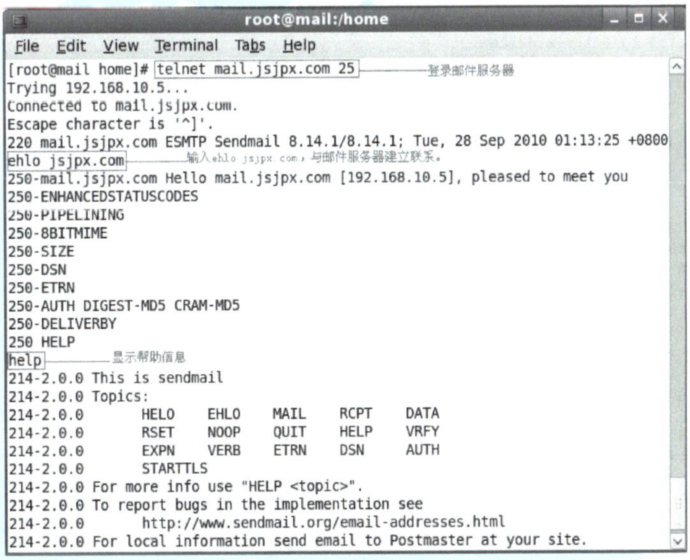

图1-65　使用telnet登录邮件服务器

2）发送一封邮件。

分别用mail from : xzgl@mail.jsjpx.com和rcpt to :xxzx@mail.jsjpx.com来表示发信人的地址和收信人的地址，data命令表示信件的正文内容，“. ”表示正文内容结束，quit命令表示退出登录。发送邮件的操作如图1-66所示。

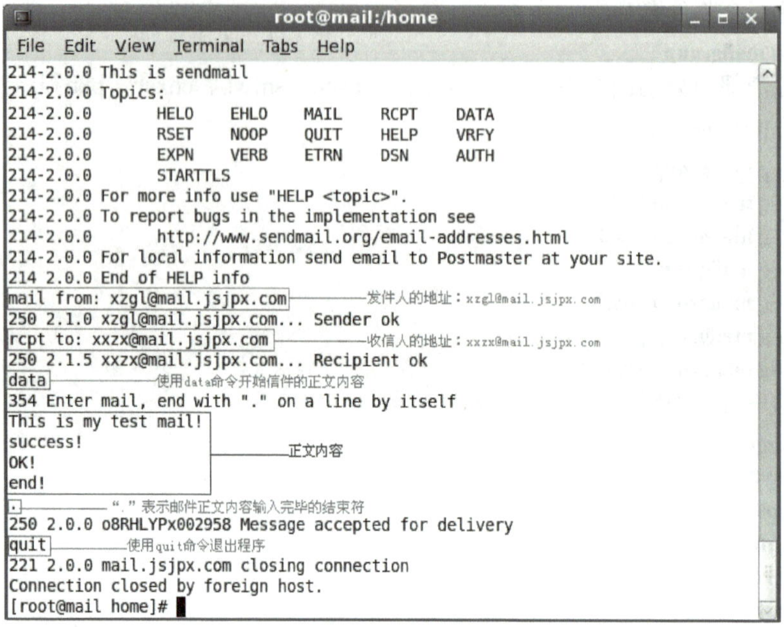

图1-66　发送邮件的操作

3）查看接收到的邮件（POP3协议）。

使用telnet命令登录，用户为“xxzx”，密码为“xxzx!~”，如图1-67所示。

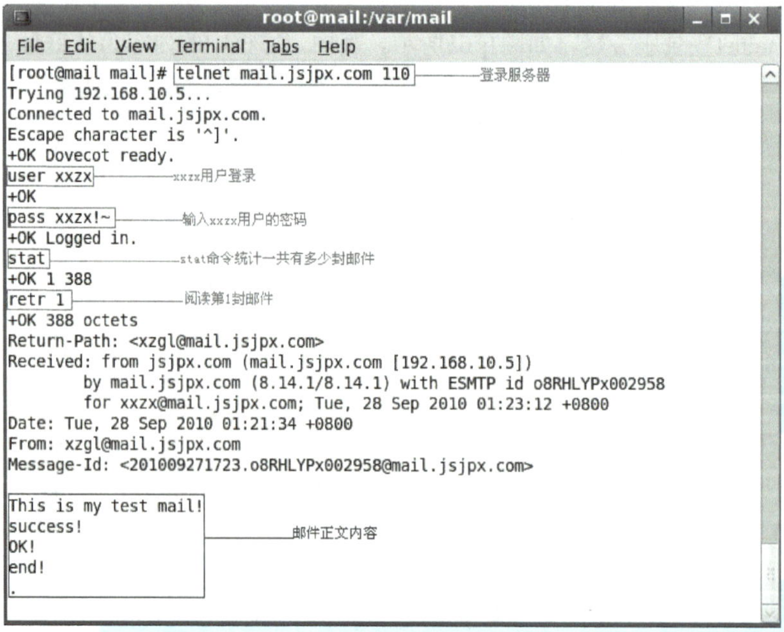

图1-67　查看接收到的邮件

（2）Windows环境下的测试

准备一台Windows环境的计算机（设定IP地址为192.168.10.51，DNS为192.168.10.1，能正常解析邮件服务器mail.jsjpx.com[192.168.10.5]），利用Outlook Express软件进行测试邮件的收发情况，其步骤如下：

1）建立邮件账户tom，如图1-68～图1-72所示。

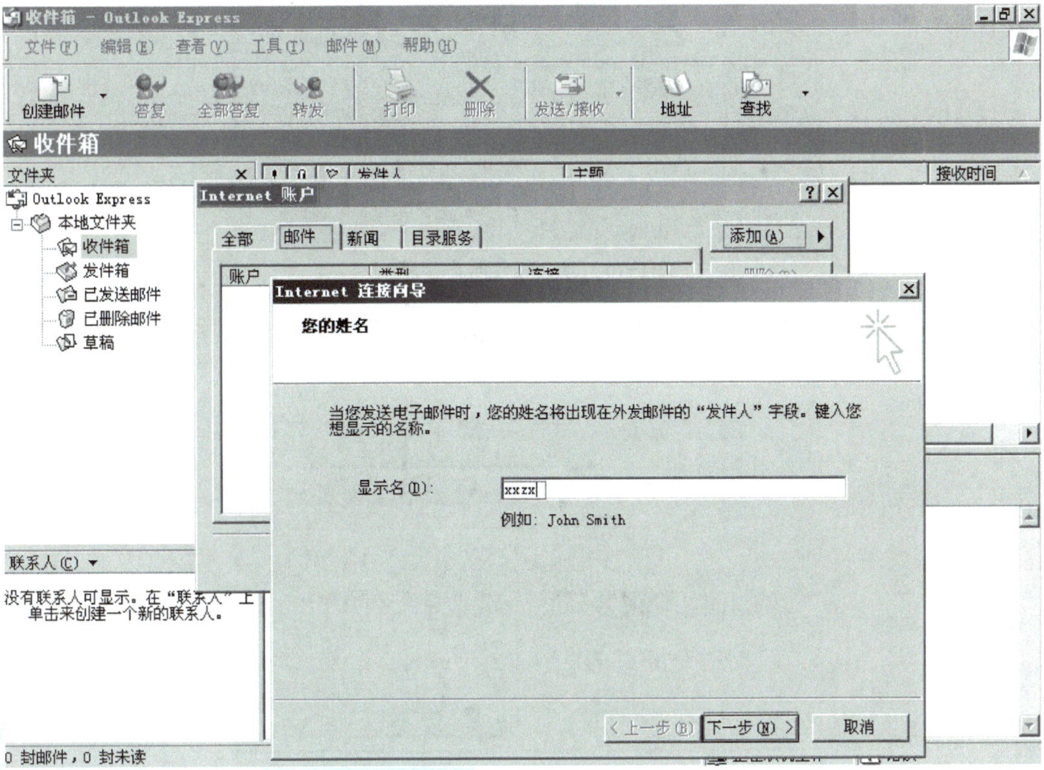

图1-68　建立邮件账户步骤1

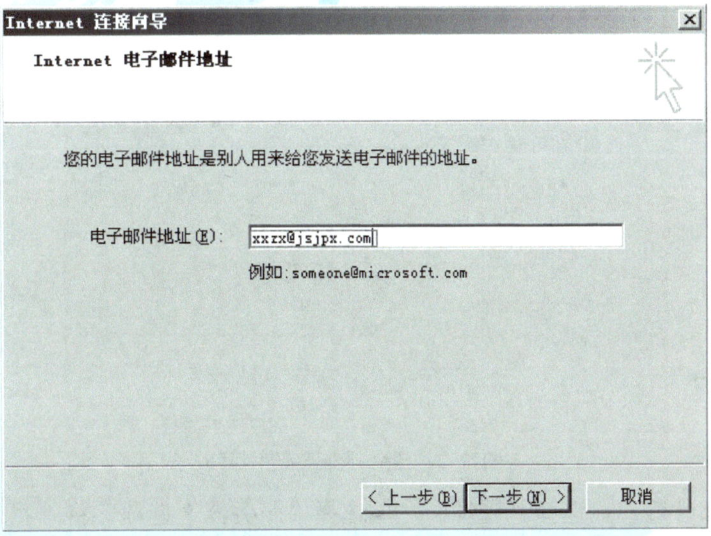

图1-69　建立邮件账户步骤2

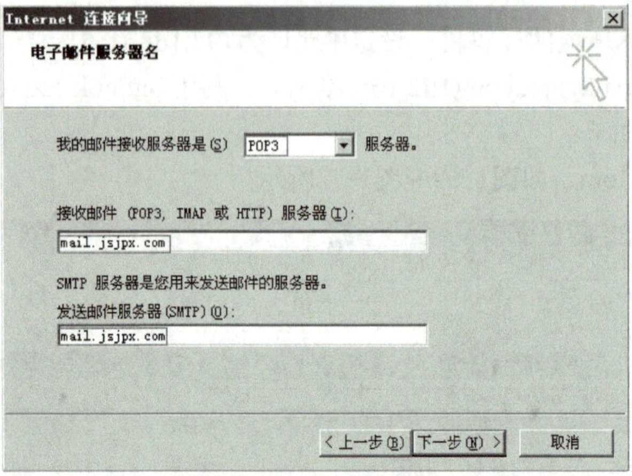

图1-70　建立邮件账户步骤3

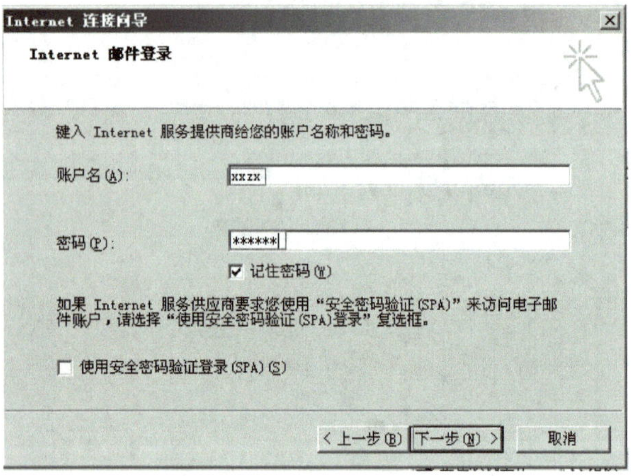

图1-71　建立邮件账户步骤4

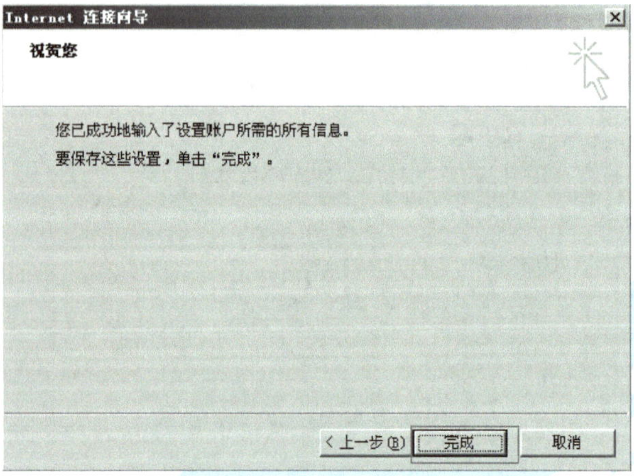

图1-72　建立邮件账户步骤5

2）选择该邮件账户，选择“属性”，再选择“服务器”选项，将“我的服务器要求身份验证”前打“√”，如图1-73所示。

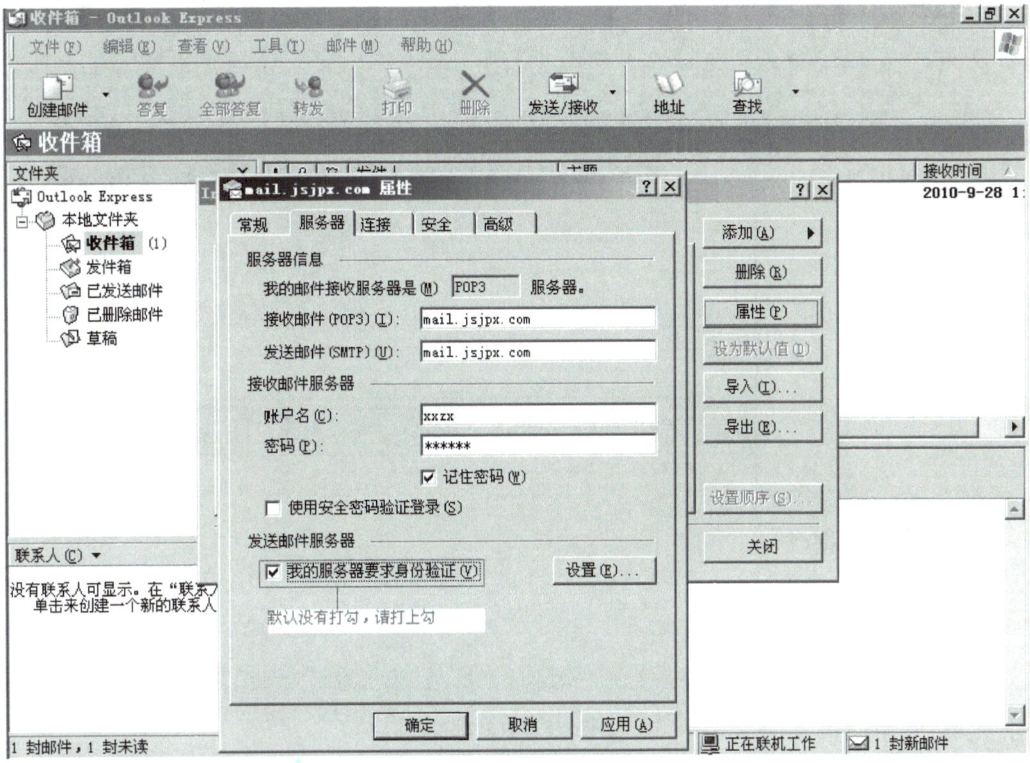

图1-73　设置服务器身份验证

3）重复步骤1）、2），分别建立xzgl、pxb等其他用户，如图1-74所示。

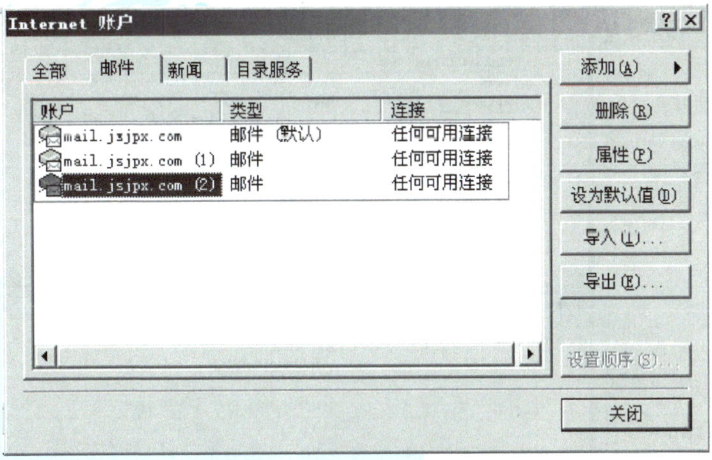

图1-74　建立好的邮件用户

4）这时在收件箱中已能看见，在Linux环境下由xxgl@mail.jsjpx.com向xxzx@mail.jsjpx.com所发送的邮件，如图1-75所示。

5）创建一封新邮件，以xxzx@mail.jsjpx.com作为发件人，pxb@mail.jsjpx.com作为收件人，同时抄送给xxgl@mail.jsjpx.com，主题为“test”，填写正文内容，然后选择“发送”按钮发送邮件，在收件箱会看见刚才发送的信息，如图1-76所示。

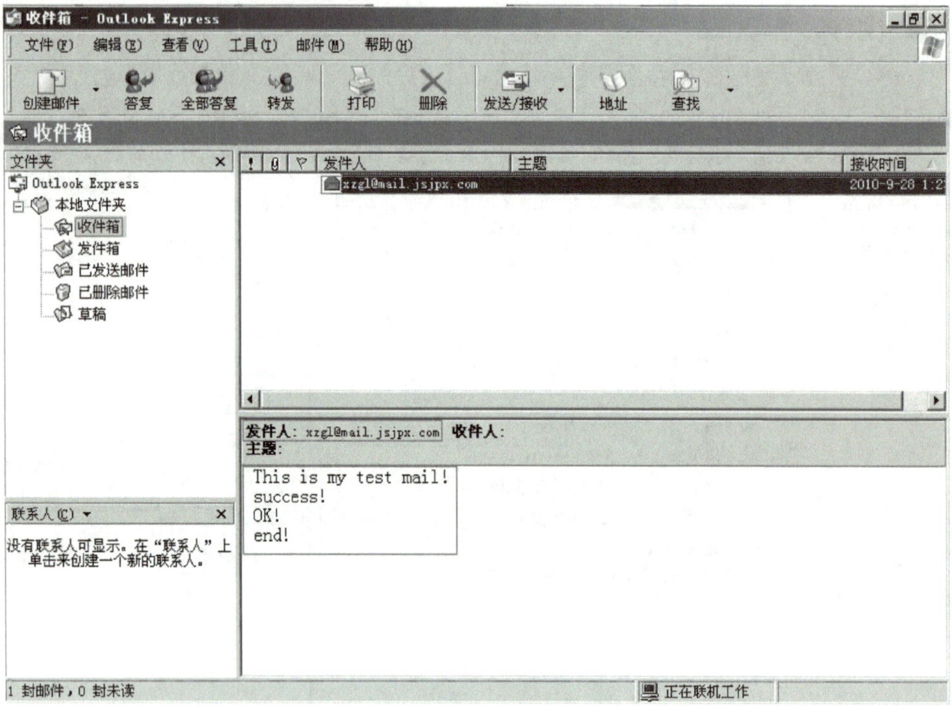

图1-75　收到邮件

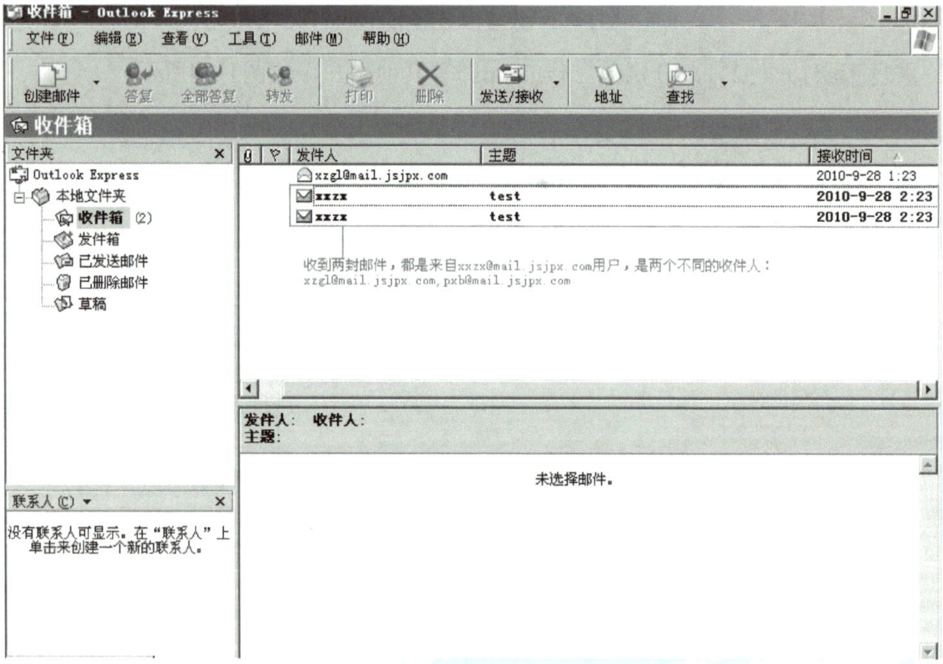

图1-76　接收邮件

（3）查看邮件日志

邮件服务的日志保存在/var/log目录中，用ls –la /var/log/mail*查看所有的邮件服务的日志文件，如图1-77所示。

 # ls –la /var/log/mail*

```
[root@mail /]# ls -la /var/log/mail*
-rw------- 1 root root 8252 2010-09-28 02:23 /var/log/maillog
-rw------- 1 root root 7385 2010-08-28 19:33 /var/log/maillog-20100829
-rw------- 1 root root 3429 2010-09-04 21:38 /var/log/maillog-20100905
-rw------- 1 root root 2690 2010-09-19 01:44 /var/log/maillog-20100919
-rw------- 1 root root 5848 2010-09-26 22:38 /var/log/maillog-20100927

/var/log/mail:
total 24
drwxr-xr-x  2 root root 4096 2009-07-03 18:38 .
drwxr-xr-x 14 root root 4096 2010-09-27 22:23 ..
-rw-------  1 root root  728 2010-09-28 02:23 statistics
[root@mail /]#
```

图1-77 查看邮件日志

文件maillog为系统现在正在使用的服务日志，而maillog-20100829等后缀为数字的是旧的日志，系统一般会自己管理日志，不用管理员手动删除整理。

任务5 激活邮件用户认证服务器

任务实施

为了实现多域的访问等问题，配置sendmail为一种基于sasl用户名和密码认证机制的邮件服务器，只要用户通过服务器的账号和口令的认证，用户就有权限发送邮件到任何地方和在任何地方接收邮件。

1. 检查安装包（见图1-78）

```
[root@mail mail]# rpm -qa | grep sasl
cyrus-sasl-lib-2.1.23-13.el6_3.1.i686
saslwrapper-0.14-1.el6.i686
cyrus-sasl-devel-2.1.23-13.el6_3.1.i686
saslwrapper-devel-0.14-1.el6.i686
cyrus-sasl-2.1.23-13.el6_3.1.i686
```

图1-78 检查安装包

2. 修改配置sendmail.mc文件中的信息

将以下信息

52 dnl TRUST_AUTH_MECH(`EXTERNAL DIGEST-MD5 CRAM-MD5 LOGIN PLAIN')dnl

53 dnl define('confAUTH_MECHANISMS', 'EXTERNAL GSSAPI DIGEST-MD5 CRAM-MD5 LOGIN PLAIN')dnl

149 FEATURE('accept_unresolvable_domains')dnl

分别修改为

TRUST_AUTH_MECH(`EXTERNAL DIGEST-MD5 CRAM-MD5 LOGIN PLAIN')dnl

define(`confAUTH_MECHANISMS', 'EXTERNAL GSSAPI DIGEST-MD5 CRAM-MD5 LOGIN PLAIN')dnl

dnl FEATURE(`accept_unresolvable_domains')dnl

其中，第52、53行为启用认证机制，第149行为禁止不可解析域名的转发邮件。

3. 重启服务

```
#chkconfig named on
#chkconfig sendmail on
#chkconfig dovecot on
#service named restart
#service sendmail restart
#service dovecot restart
#service saslauthd restart
#chkconfig saslauthd on
```

该公司需要通过网页来收发、管理邮件，上述字符界面的操作极不方便，下面以著名的网页邮局Openwebmail为实例来实现。

任务6 Openwebmail管理与应用

任务实施

1. 下载相应组件

1）通过http://www.openwebmail.org/openwebmail/download/packages/下载CGI.pm-3.05.tar.gz、MIME-Base64-3.01.tar.gz、libiconv-1.9.1.tar.gz、libnet-1.19.tar.gz、Text-Iconv-1.2.tar.gz软件包。

2）通过http://www.openwebmail.org/openwebmail/download/release/下载最新的openwebmail-2.53.tar.gz软件包。

2. 安装相应组件

1）安装perl相关包，该相关包属于CentOS 6.4系统自带的安装包，只需要将数据仓库配置合理即可，操作如下：

```
[root@mail opt]# yum install perl*
```

2）安装CGI.pm-3.05包，安装过程如下：

```
[root@mail opt]# tar zxvf CGI.pm-3.05.tar.gz
[root@mail opt]# cd CGI.pm-3.05
[root@mail CGI.pm-3.05]# perl Makefile.PL
[root@mail CGI.pm-3.05]# make
[root@mail CGI.pm-3.05]# make install
```

3）安装MIME-Base64-3.01包，安装过程如下：

```
[root@mail opt]# tar zxvf MIME-Base64-3.01.tar.gz
[root@mail opt]# cd MIME-Base64-3.01
[root@mail MIME-Base64-3.01]# perl Makefile.PL
[root@mail MIME-Base64-3.01]# make
[root@mail MIME-Base64-3.01]# make install
```

4）安装libnet-1.19包，安装过程如下：

```
[root@mail opt]# tar zxvf libnet-1.19.tar.gz
[root@mail opt]# cd libnet-1.19
[root@mail libnet-1.19]# perl Makefile.PL
[root@mail libnet-1.19]# make
```

[root@mail libnet-1.19]# **make install**

5）安装Text-Iconv-1.2包，安装过程如下：

[root@mail opt]# **tar zxvf Text-Iconv-1.2.tar.gz**
[root@mail opt]# **cd Text-Iconv-1.2**
[root@mail Text-Iconv-1.2]# **perl Makefile.PL**
[root@mail Text-Iconv-1.2]# **make**
[root@mail Text-Iconv-1.2]# **make install**

6）安装libiconv-1.9.1包，安装过程如下：

[root@mail opt]# **tar zxvf libiconv-1.9.1.tar.gz**
[root@mail opt]# **cd libiconv-1.9.1**
[root@mail libiconv-1.9.1]# **./configure**
[root@mail libiconv-1.9.1]# **make**
[root@mail libiconv-1.9.1]# **make install**

7）安装openwebmail-2.53包

① 解压openwebmail-2.53.tar.gz，并配置安装过程如下：

[root@mail opt]# **tar zxvf openwebmail-2.53.tar.gz**
[root@mail opt]# **cp –rpf cgi-bin/openwebmail/ /var/www/cgi-bin/**
[root@mail opt]# **cp –rpf data/openwebmail/ /var/www/html/**
[root@mail openwebmail]# **cd /var/www/cgi-bin/openwebmail/**

② 默认openwebmail.conf配置文件如下：

domainnames auto
auth_module auth_unix.pl
mailspooldir /var/mail
ow_cgidir /usr/local/www/cgi-bin/openwebmail
ow_cgiurl /cgi-bin/openwebmail
ow_htmldir /usr/local/www/data/openwebmail
ow_htmlurl /openwebmail
logfile /var/log/openwebmail.log

enable_viruscheck no
enable_spamcheck no
enable_learnspam no

default_iconset Default
default_fscharset none

<default_signature>
--
Open WebMail Project (http://openwebmail.org)
</default_signature>

③ 修改后的openwebmail.conf配置文件如下：

domainnames jsjpx.com
auth_module auth_unix.pl
mailspooldir /var/mail
ow_cgidir /var/www/cgi-bin/openwebmail

```
ow_cgiurl           /cgi-bin/openwebmail
ow_htmldir                 /var/www/html/openwebmail
ow_htmlurl                 /openwebmail
logfile                    /var/log/openwebmail.log

enable_viruscheck          no
enable_spamcheck           no
enable_learnspam           no

default_iconset               Default
default_fscharset            none

<default_signature>
--
Open WebMail Project (http://openwebmail.org)
</default_signature>
```

④ 将auth/auth_unix.pl的第24～26行的内容修改如下：

```
my $passwdfile_plaintext = '/etc/passwd';
my $passwdfile_encrypted = '/etc/shadow';
my $passwdmkdb = 'none';
```

⑤ 复制dbm.conf到上层目录。

```
[root@mail opt]# cp etc/defaults/dbm.conf etc/
```

⑥ 修改dbm.conf文件中的“dbmopen_ext   none”为“dbmopen_ext.db”。

⑦ openwebmail初始化操作如下：

```
[root@mail openwebmail]# ./openwebmail-tool.pl --init
creating db /var/www/cgi-bin/openwebmail/etc/maps/b2g ...done.
creating db /var/www/cgi-bin/openwebmail/etc/maps/g2b ...done.
creating db /var/www/cgi-bin/openwebmail/etc/maps/lunar ...done.
Creating UTF-8 locales...
...
...done.
Welcome to the OpenWebMail!
This program is going to send a short message back to the developer,
so we could have the idea that who is installing and how many sites are
using this software, the content to be sent is:
OS: Linux 2.6.23.1-42.fc8 i686
Perl: 5.008008
WebMail: OpenWebMail 2.53 20080123
Send the site report?(Y/n) y
sending report...
Thank you.
```

⑧ 启动Apache服务，操作如下：

```
[root@mail openwebmail]# service httpd restart
```

3. OpenWebMail的管理与使用

1）用户登录与操作。在浏览器中输入http://mail.jsjpx.com/cgi-bin/openwebmail/openwebmail.

pl，如图1-79所示。

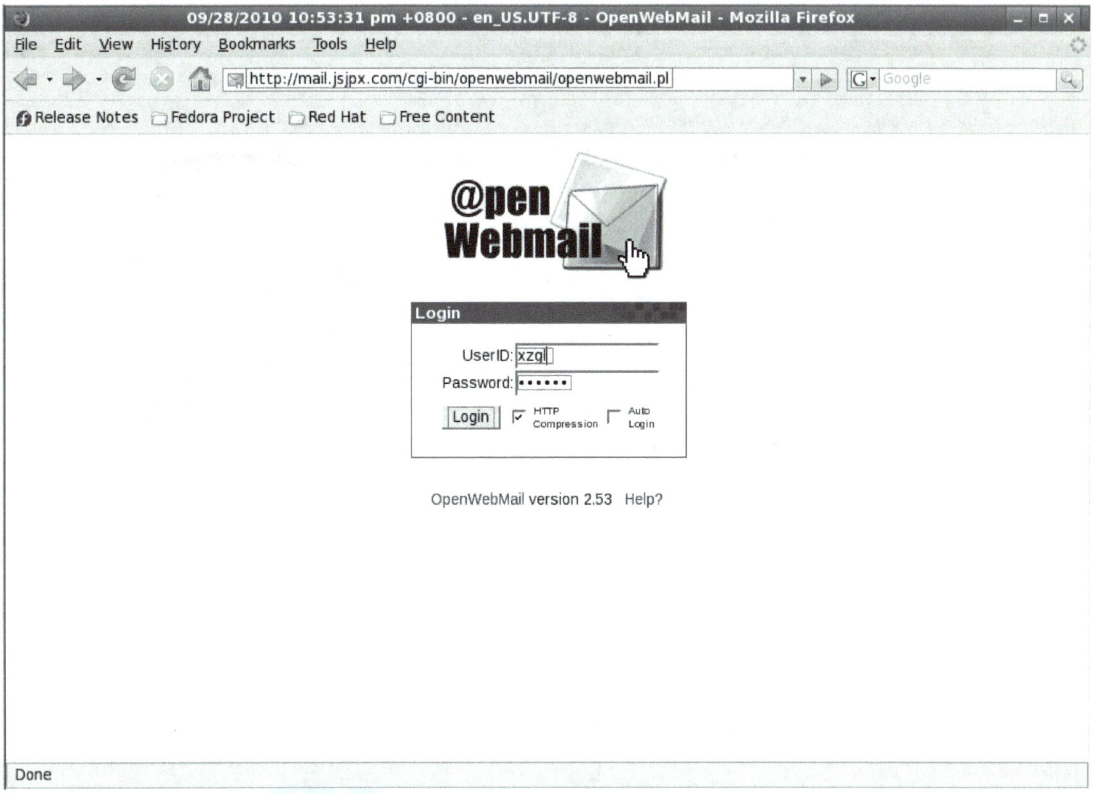

图1-79　邮件登录界面

2）输入账号与密码，这里以上面建立的用户xzgl为例进行登录，第一次登录如图1-80所示。

图1-80　欢迎使用界面

3）个性化设置，如图1-81所示。

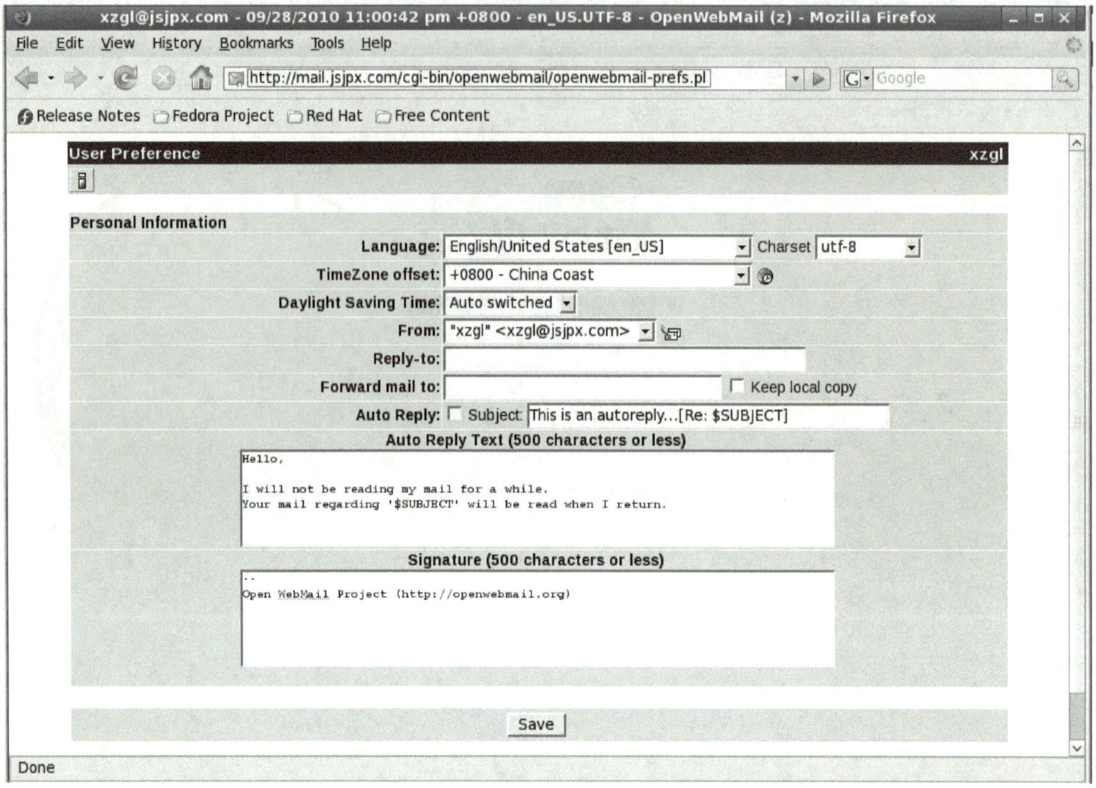

图1-81 个性化设置

4）“Save”（保存）以后，就会进入邮件系统的界面，如图1-82所示。

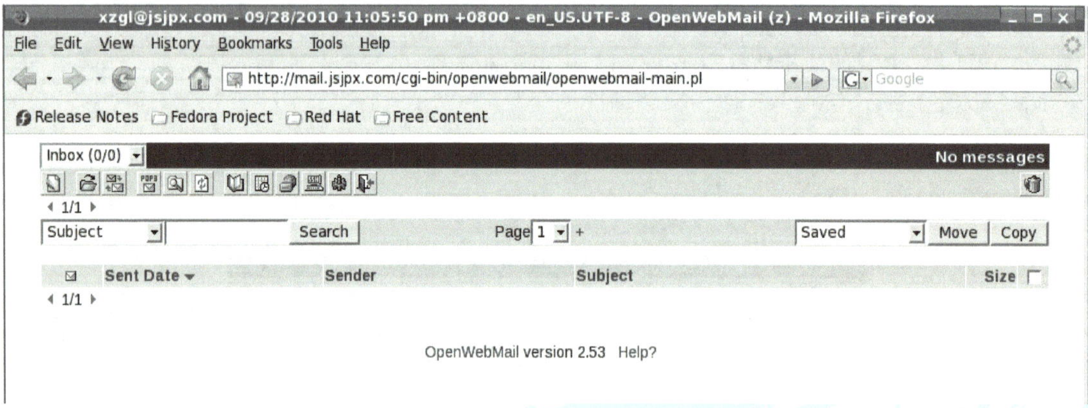

图1-82 邮件系统界面

5）以xxzx用户登录，测试pxb、xzgl、xxzx用户收发邮件的信息，如图1-83所示。

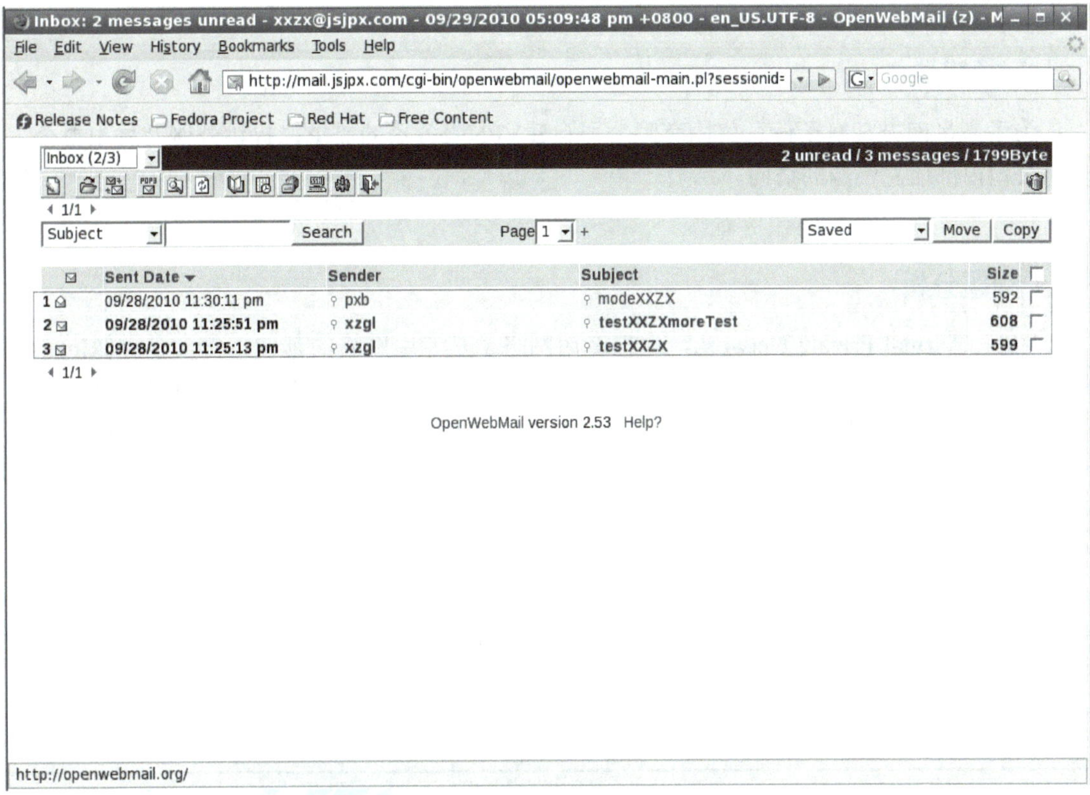

图1-83　测试收发邮件

限于篇幅，这里不再赘述一个基于Web界面的邮件系统的基本使用和管理。企业在实际应用过程中可与邮件系统供应商搭建成熟的邮件系统平台。

小结

通过本公司mail服务器配置的学习，主要掌握在CentOS 6.4系统中mail配置前的准备工作（如设置主机名、设置DNS服务器地址和在DNS服务器中添加mail记录等），mail服务器的默认配置与进一步配置，mail用户的配置与管理，激活邮件用户认证服务器，利用Openwebmail网页邮局通过网页来收发、管理邮件。

知识拓展

高级配置

实现多域的邮件访问以及邮件服务器的安全等问题，更详细的内容可参考本书的参考文献。

1.2.5 VPN服务器的配置与管理

问题描述

为了满足南方某电子信息集团有限公司自建VPN服务器的需求，提供外网及外出办公人员对公司内部信息资源的访问。

问题分析

VPN（Virtual Private Network，虚拟专用网络）是专用网络的延伸，包含了类似Internet的共享或公共网络链接，用模拟点对点专用链接的方式通过Internet或Intranet在两台计算机之间传送数据，是“线路中的线路”，具有良好的保密性和抗干扰性。

公司VPN服务器采用双网卡模式，一块网卡配置外网地址（210.29.192.21），并实现网络连接；另一块网卡采用DHCP获取内部虚拟地址（192.168.38.*），并可实现公司内部网络资源的访问。配置PPTP、L2TP监控端口各3个，有效利用网络带宽；记录“记账请求”“身份验证请求”和“周期性状态”远程记录信息；以“IAS”格式存储每月的日志文件，磁盘配额使用完成时，删除较早月份的日志文件；开启售后服务部WangDaWu的VPN访问权限；说明客户端计算机的配置方法，方便员工实现VPN客户端的访问设置。

任　务　单

1	VPN服务器的安装
2	配置3个PPTP监控进程和3个L2TP监控进程
3	配置远程访问记录信息
4	设置用户VPN访问权限
5	VPN客户端设置

解决步骤

根据任务单的安排完成任务。

任务1　VPN服务器的安装

任务实施

VPN服务是Windows Server 2012中“路由和远程访问”的一部分，默认情况下此服务没有启用。启用VPN远程访问服务器的步骤如下。

1）单击“服务器管理器仪表板”窗口中的“添加角色和功能”超链接，打开“添加角色和功能向导”对话框，如图1-84所示。

2）单击“下一步”按钮，打开“选择安装类型”对话框，选中“基于角色或基于功能的安装”单选按钮，如图1-85所示。

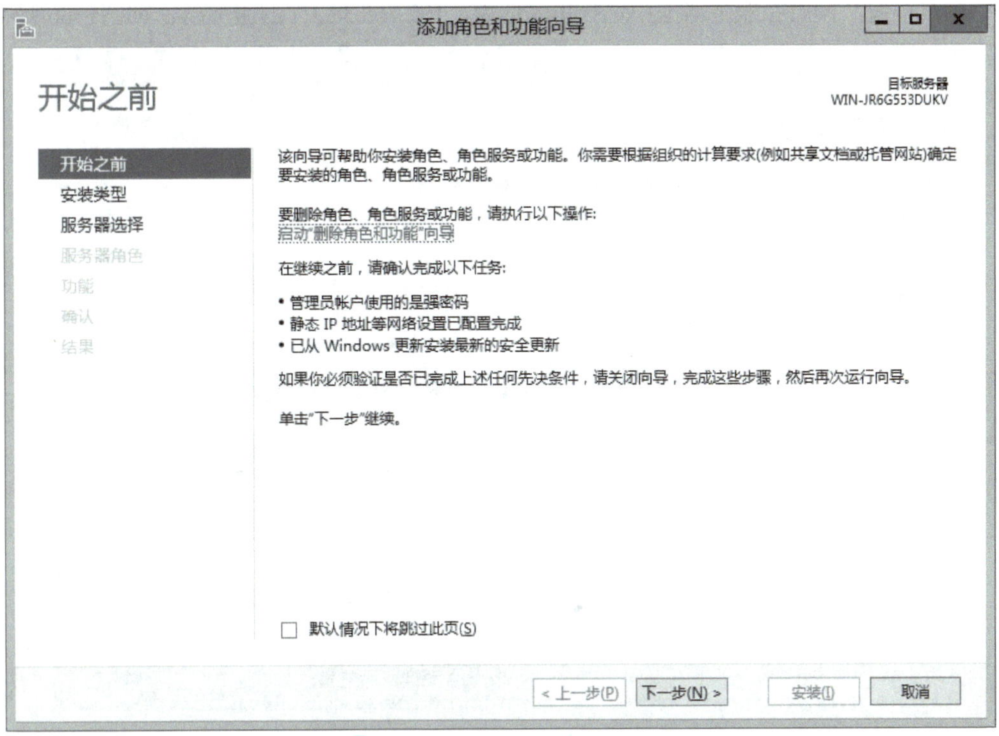

图1-84　添加角色和功能向导－开始之前

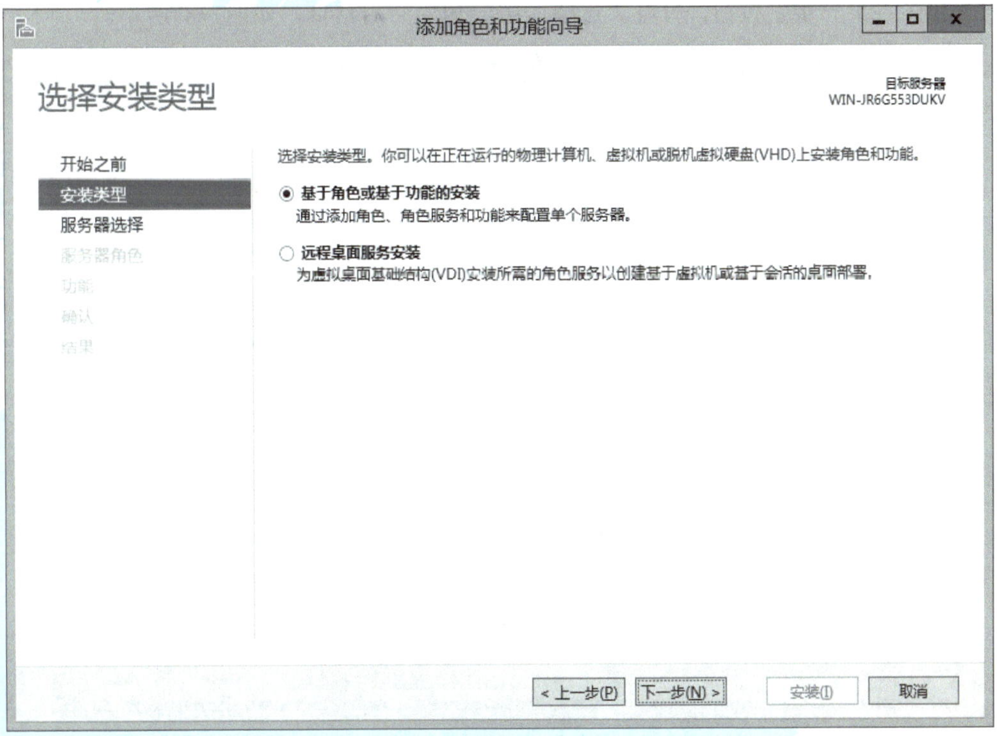

图1-85　添加角色和功能向导－安装类型

3）单击“下一步”按钮，打开“选择目标服务器”对话框，选中“从服务器池中选择服务器”单选按钮，同时在服务器池中选择IP地址为“192.168.38.3”的服务器，如图1-86所示。

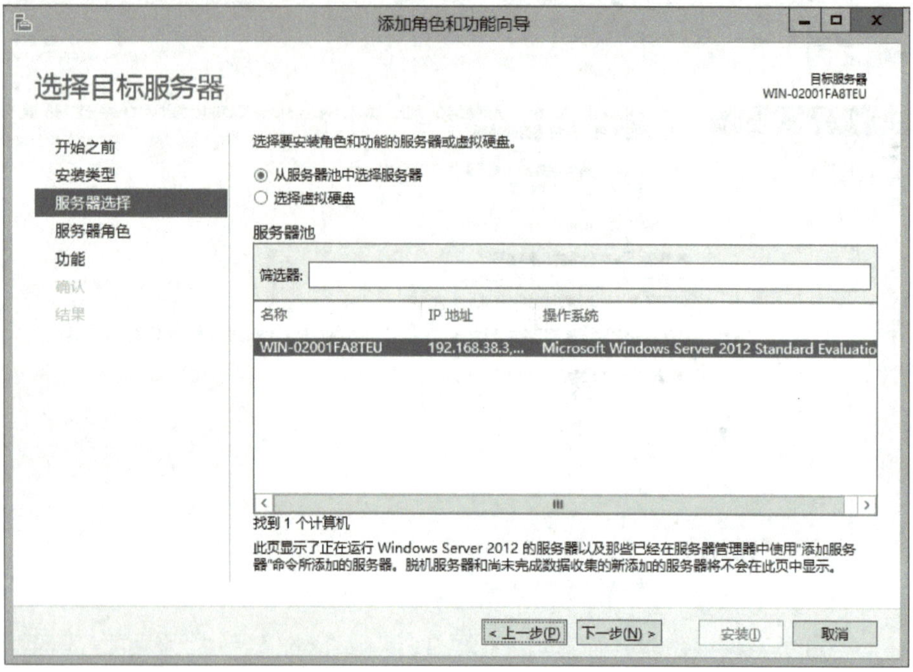

图1-86　添加角色和功能向导—服务器选择

4）单击“下一步”按钮，打开“选择服务器角色”对话框，如图1-87所示。

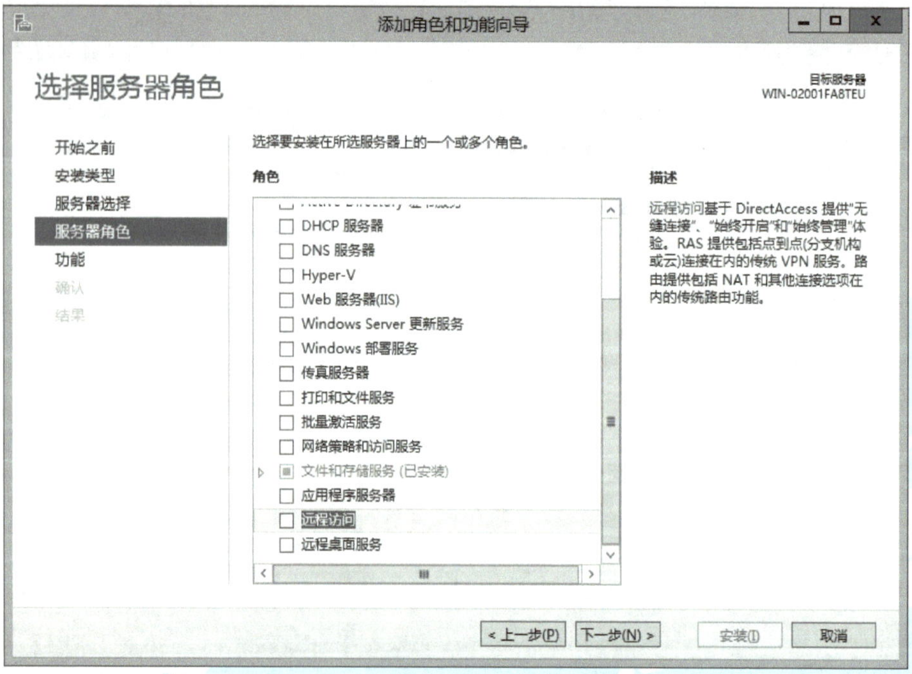

图1-87　添加角色和功能向导—选择服务器角色

5）选择“远程访问”复选框，弹出安装远程访问功能列表，如图1-88所示。

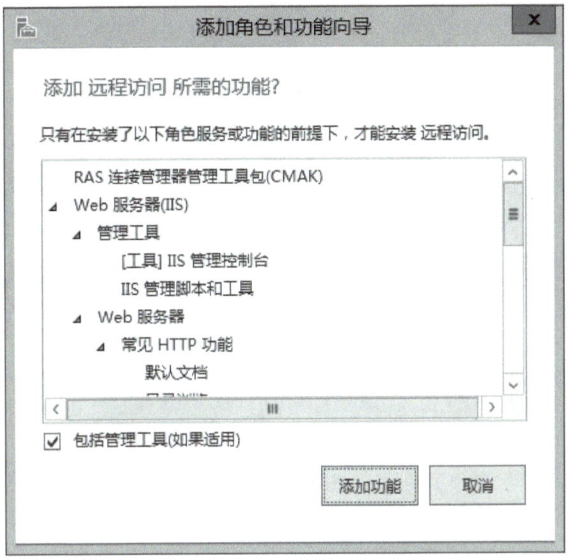

图1-88　远程访问角色详细安装列表

6）单击“添加功能”按钮，返回服务器角色选择界面，单击“下一步”按钮，打开“远程访问”对话框，此对话框中详细阐述了远程访问的功能，如图1-89所示。

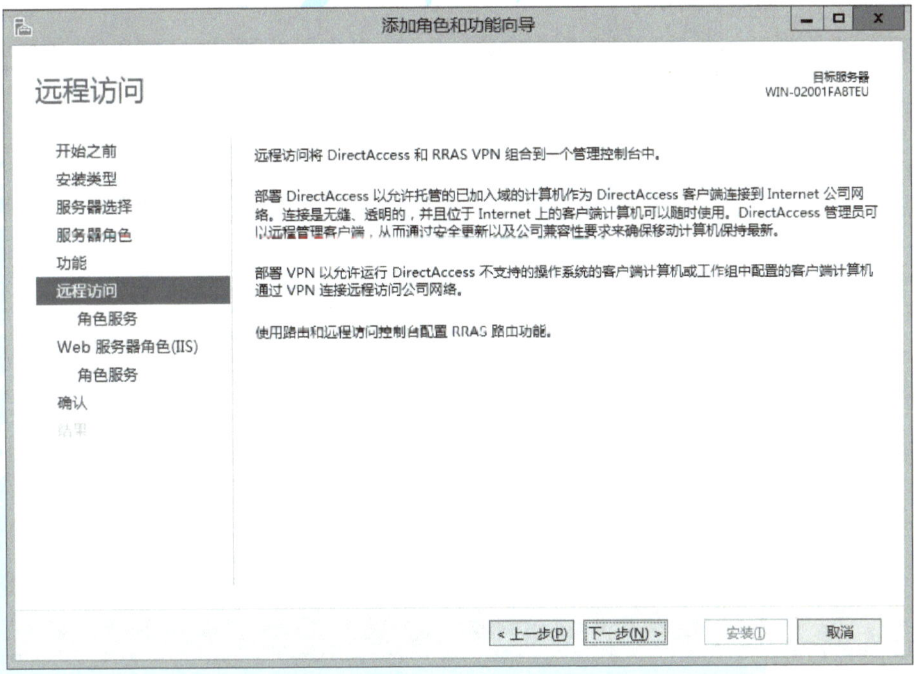

图1-89　添加角色和功能向导—远程访问功能说明

7）详细阅读后，单击“下一步”按钮，打开“选择角色服务”对话框，选择“DirectAccess和VPN（RAS）”复选框，如图1-90所示。

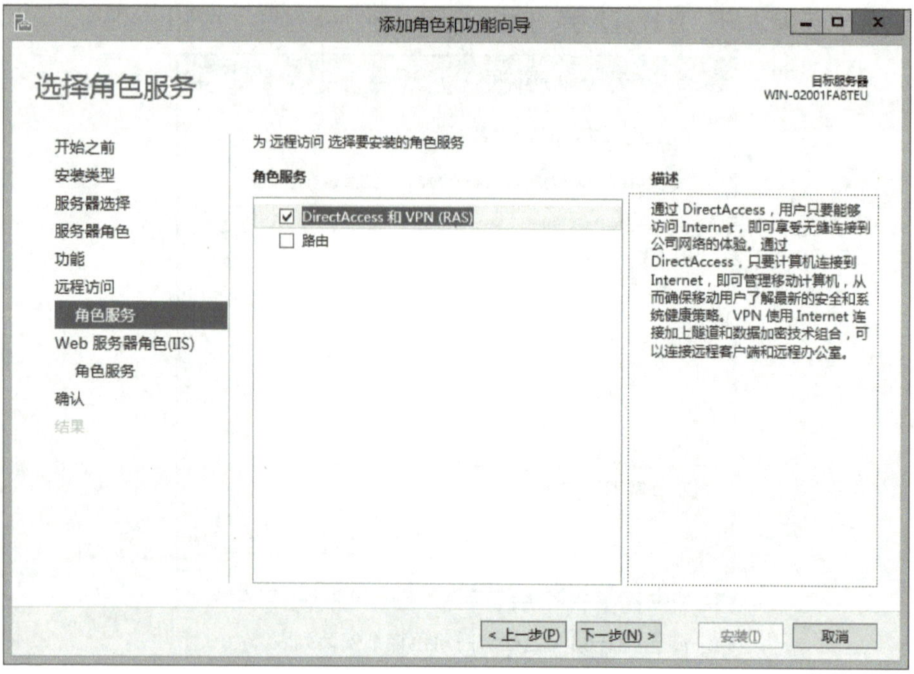

图1-90　添加角色和功能向导—选择角色服务

8）单击“下一步”按钮，打开“Web服务器角色（IIS）”对话框，此对话框详细阐述了IIS服务的功能，如图1-91所示。

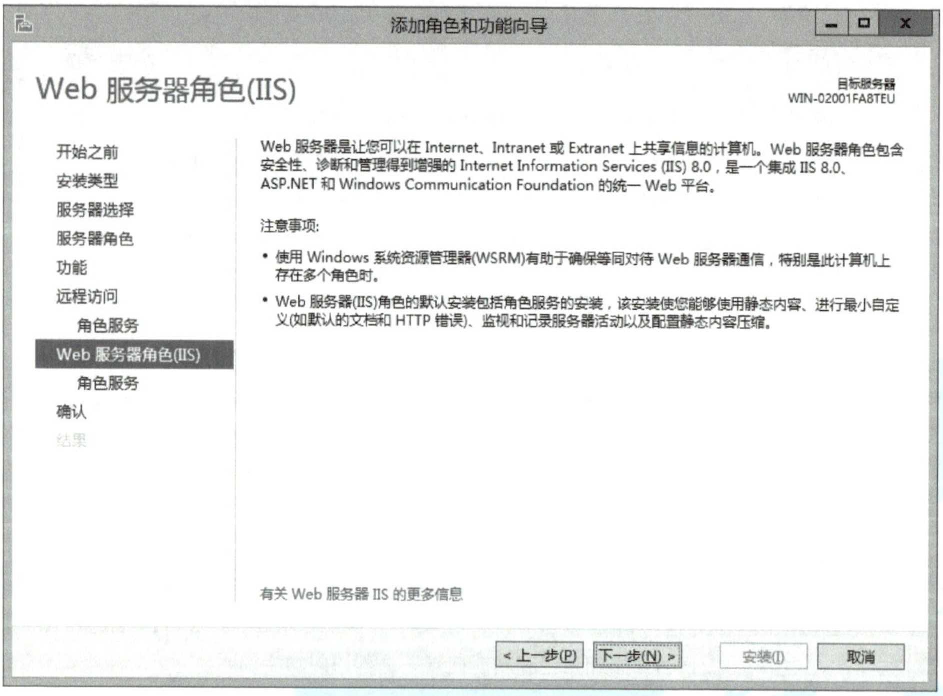

图1-91　添加角色和功能向导—Web服务器角色（IIS）角色功能说明

9）单击“下一步”按钮，打开“选择角色服务”对话框，如图1-92所示。

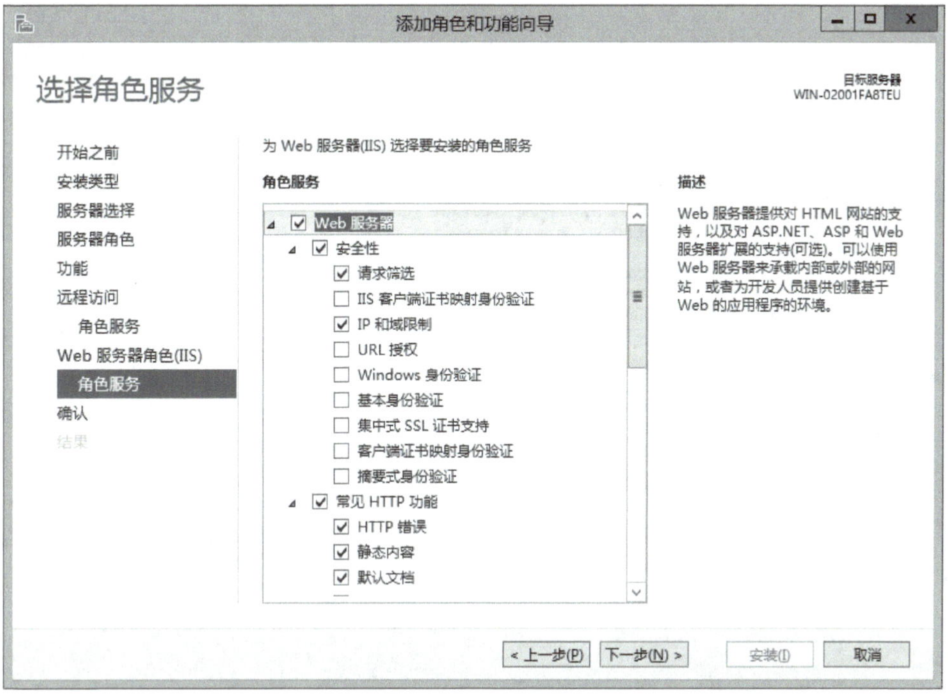

图1-92　添加角色和功能向导—Web服务器角色（IIS）选择角色服务

10）单击“下一步”按钮，打开“确认安装所选内容”对话框，如图1-93所示。

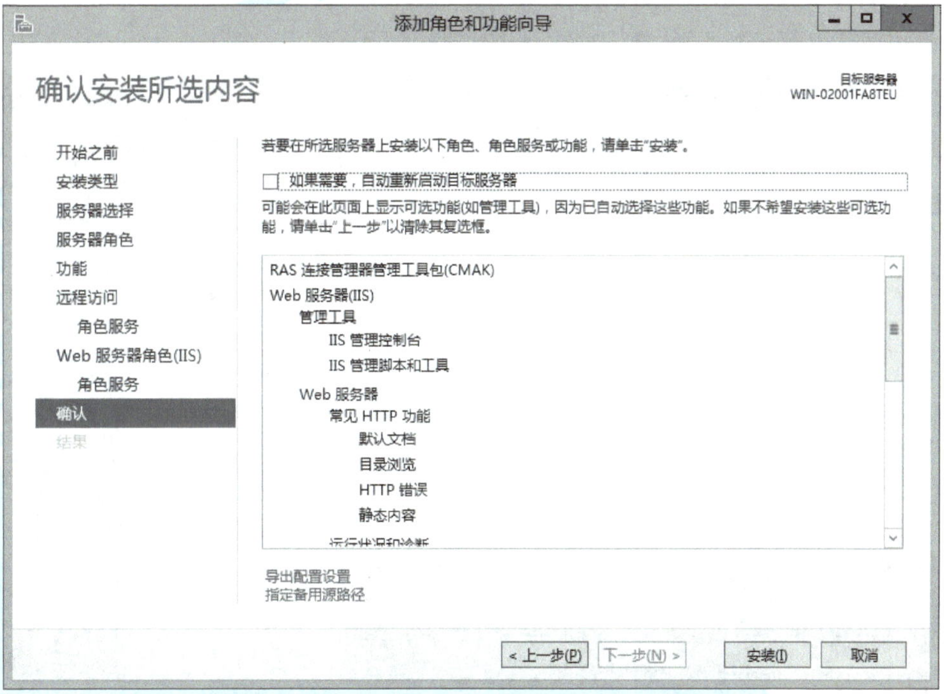

图1-93　添加角色和功能向导—确认安装内容

11）单击“安装”按钮，打开“安装进度”对话框，如图1-94所示。

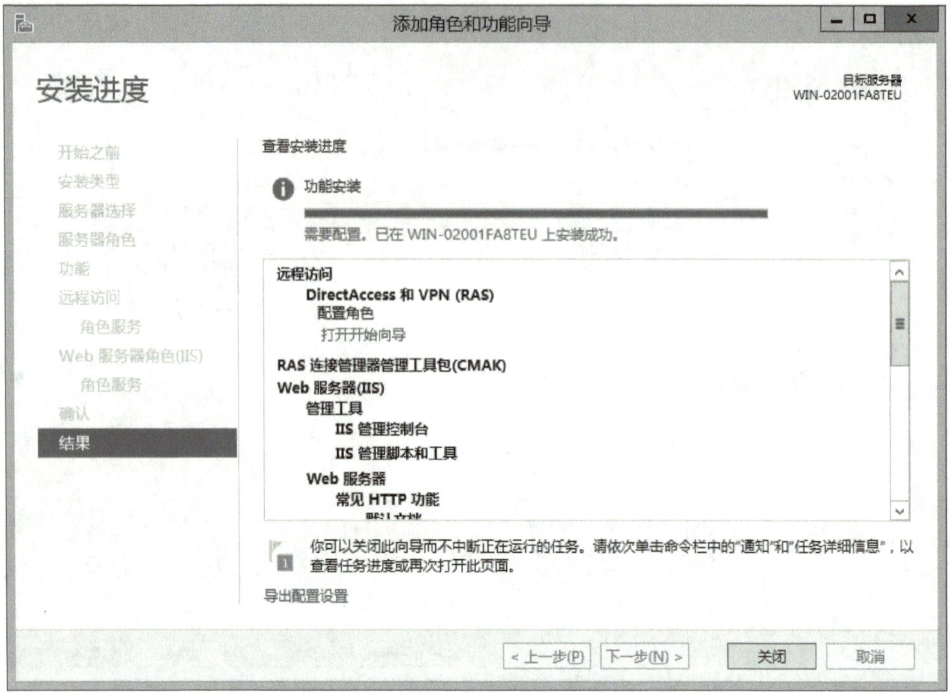

图1-94　添加角色和功能向导－安装进度

12）安装完成后，选择“工具”→“路由和远程访问”命令，如图1-95所示，打开“路由和远程访问服务器安装向导”对话框，如图1-96所示。

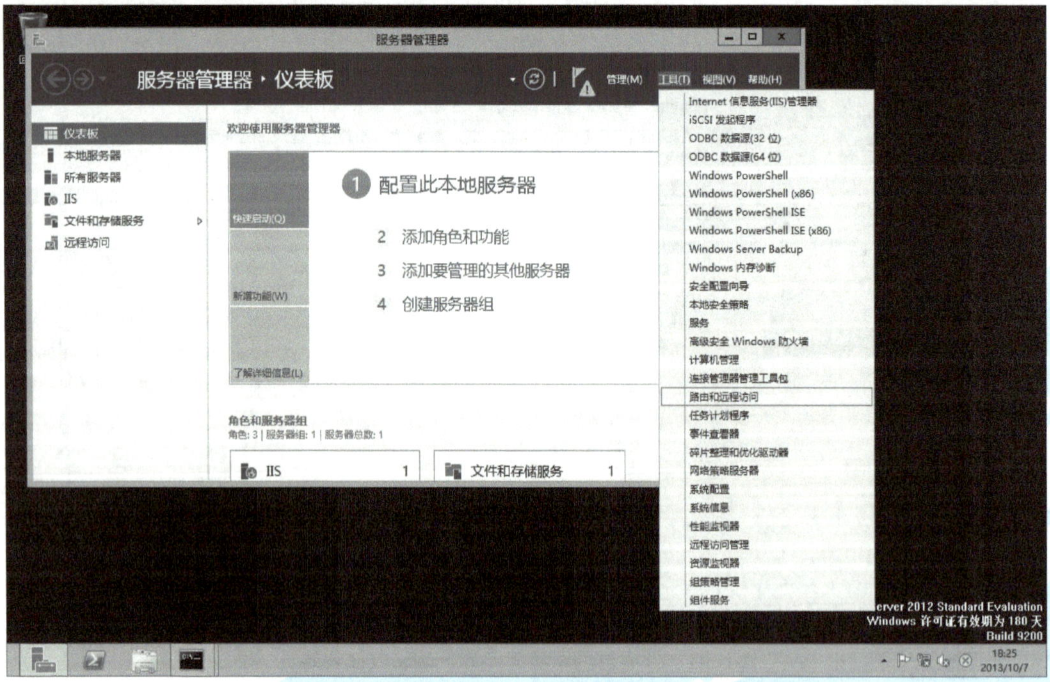

图1-95　工具菜单列表

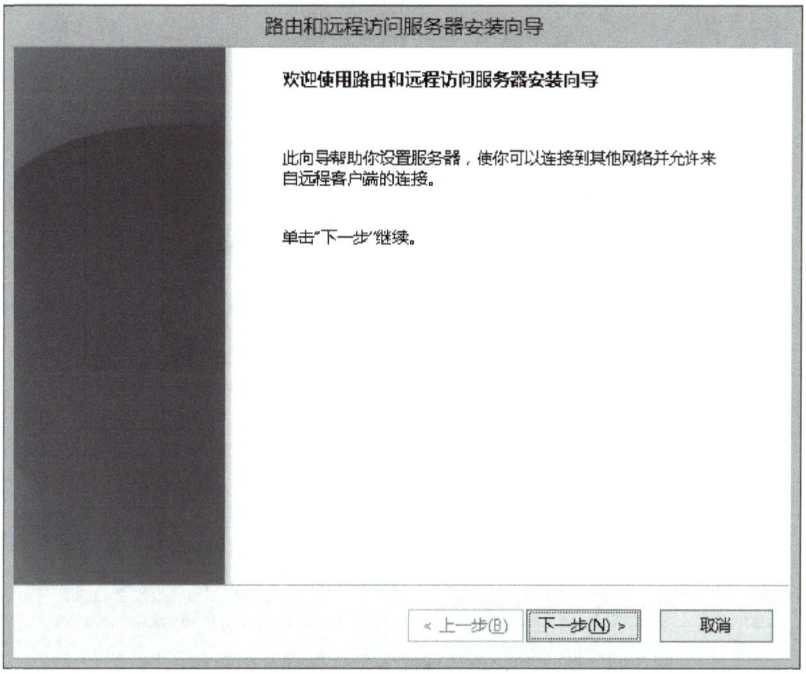

图1-96　路由和远程访问服务器安装向导

13）单击“下一步”按钮，打开“配置”对话框，选中“远程访问（拨号或VPN）”单选按钮，如图1-97所示。

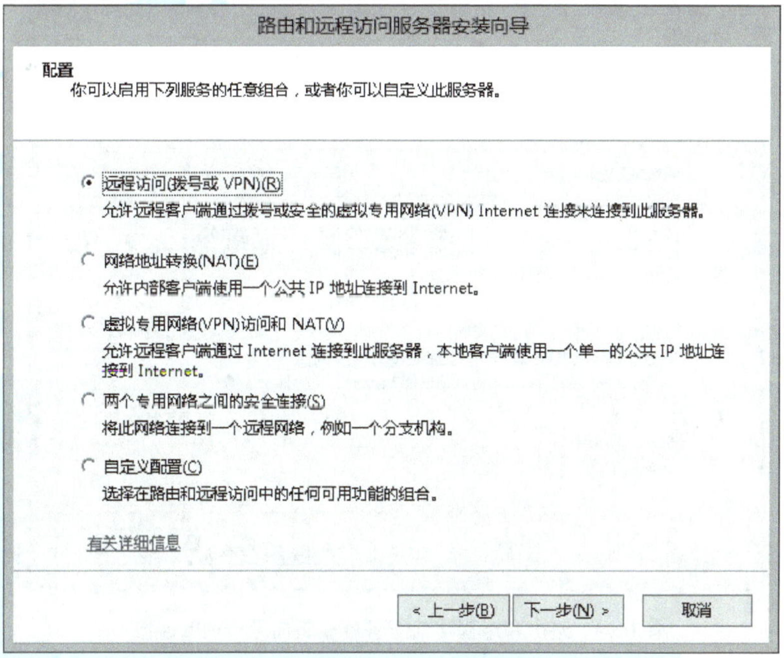

图1-97　路由和远程访问服务器安装向导—配置

14）单击“下一步”按钮，打开“远程访问”对话框，选择“VPN”复选框，如图1-98所示。

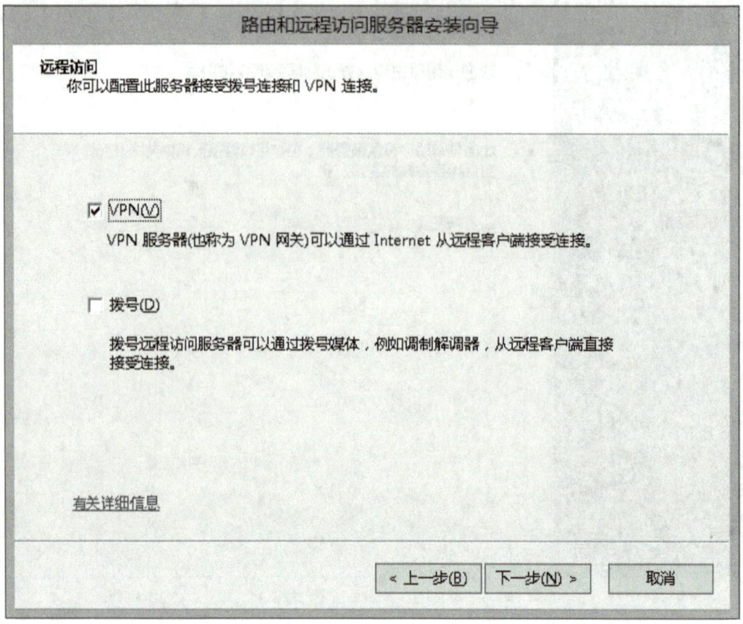

图1-98　路由和远程访问服务器安装向导－远程访问

15）单击“下一步”按钮，打开“VPN连接”对话框，网络接口列表框中列出此计算机可用的网卡，选择连接Internet的网卡（210.29.192.21），如图1-99所示。

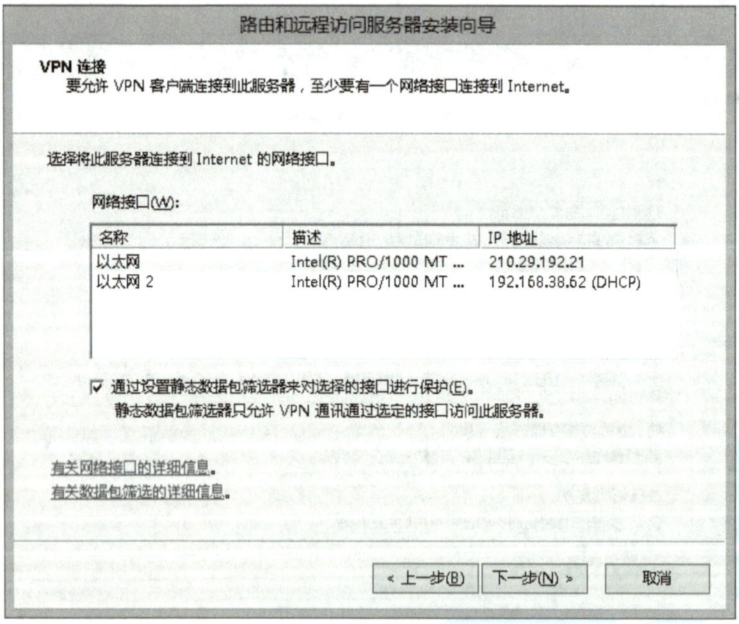

图1-99　路由和远程访问服务器安装向导－VPN连接

16）单击“下一步”按钮，打开“IP地址分配”对话框，在内网IP为自动获取或内部已经设定好DHCP服务器时，请选中“自动”单选按钮，如图1-100所示；若用户需要自行设定某段地址，则请选中“来自一个指定的地址范围”单选按钮。

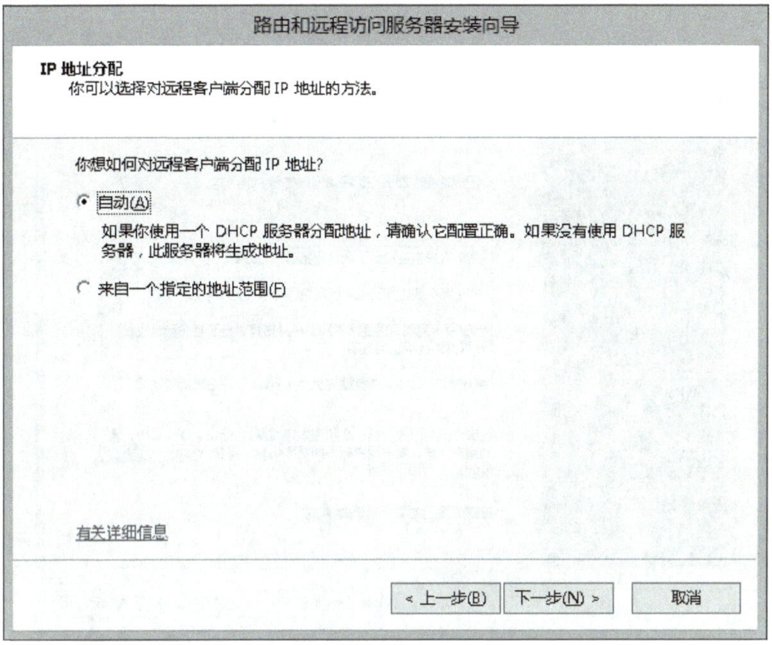

图1-100　路由和远程访问服务器安装向导—IP地址分配

17）单击“下一步”按钮，打开“管理多个远程访问服务器”对话框，若内网同时设定多个远程访问服务器且已设定RADIUS服务器进行身份验证，则选择“是，设置此服务器与RADIUS服务器一起工作”单选按钮；否则，请选择“否，使用路由和远程访问来对连接请求进行身份验证”单选按钮，如图1-101所示。

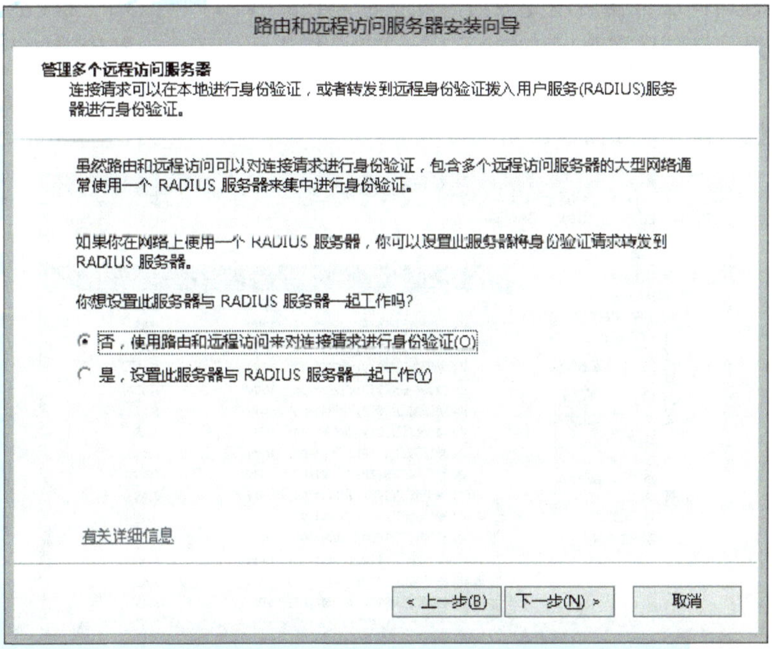

图1-101　路由和远程访问服务器安装向导—管理多个远程访问服务器

18）单击“下一步”按钮，打开“正在完成路由和远程访问服务器安装向导”对话框，如图1-102所示。

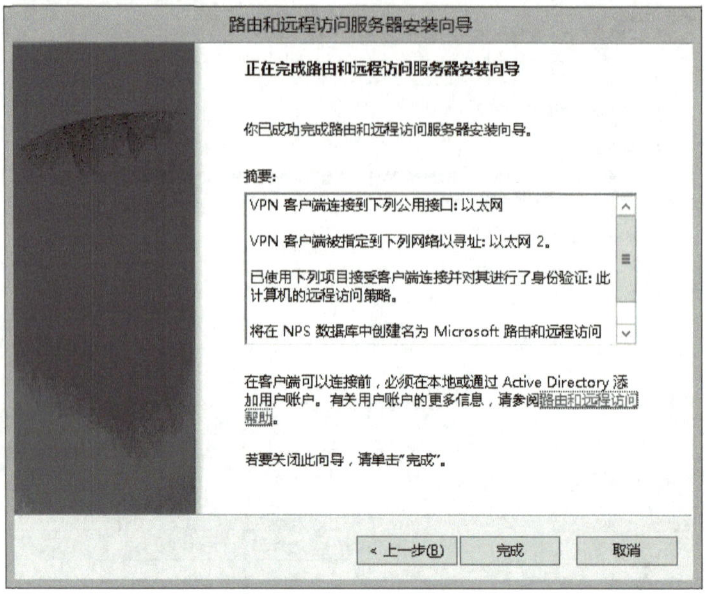

图1-102　路由和远程访问服务器安装向导—摘要

19）单击“完成”按钮，启用VPN远程访问服务器。

任务2　配置3个PPTP监控进程和3个L2TP监控进程

任务实施

当VPN远程访问服务器启用完成后，默认创建128个PPTP和128个L2TP虚拟端口监控客户端的连接行为，现在只需要3个PPTP及3个L2TP监控进程即可，设置步骤如下。

1）打开“路由和远程访问”窗口，在“端口”上单击鼠标右键，在弹出的快捷菜单中，选择“属性”命令，如图1-103所示。

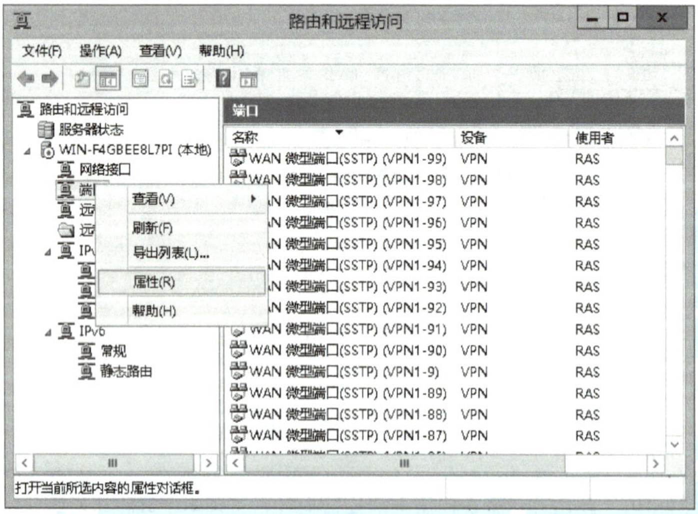

图1-103　路由和远程访问—端口配置

2）打开“端口属性”对话框，列表中显示PPTP和L2TP端口数为128，如图1-104所示。

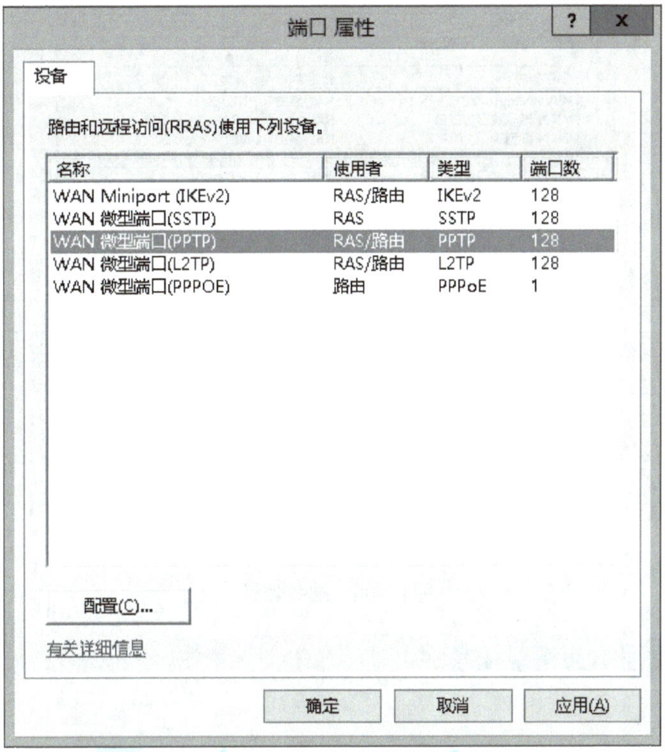

图1-104　端口属性

3）双击“WAN微型端口（PPTP）”，打开“配置设备－WAN微型端口（PPTP）”对话框，更改“最多端口数”为3，如图1-105所示。

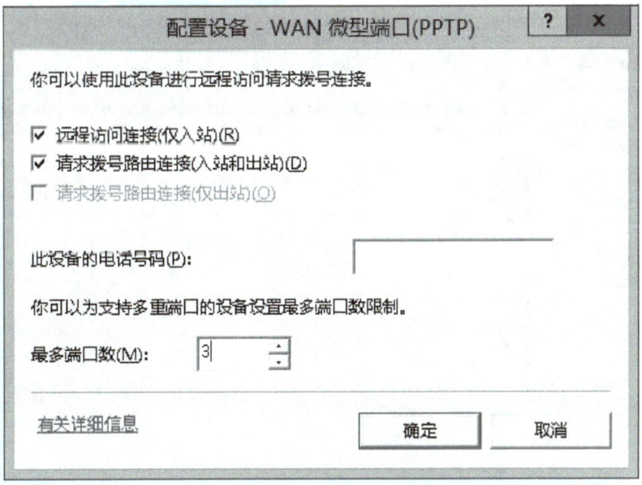

图1-105　配置设备－PPTP端口属性

4）单击“确定”按钮，完成PPTP端口数的修改，按照步骤3）双击“WAN微型端口（L2TP）”，修改L2TP“最多端口数”也为3，操作结果如图1-106所示。

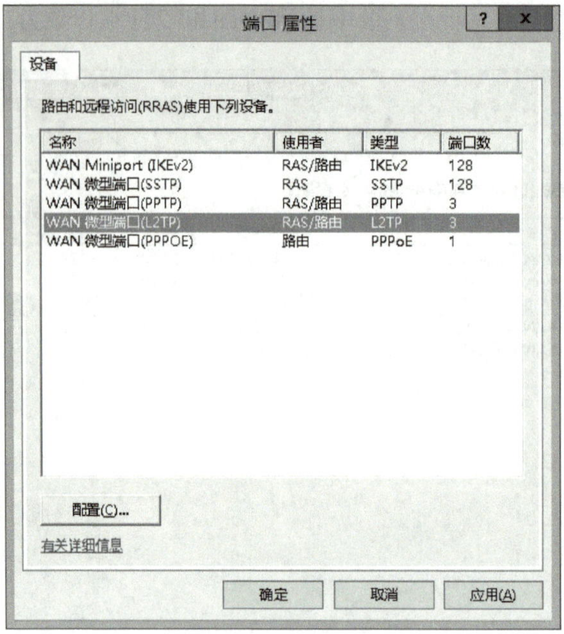

图1-106　端口属性

任务3　配置远程访问记录信息

任务实施

1）在“路由和远程访问”窗口中，在左侧的“远程访问日志记录和策略”上单击鼠标右键，在弹出的快捷菜单中，选择“启动NPS”命令，如图1-107所示。

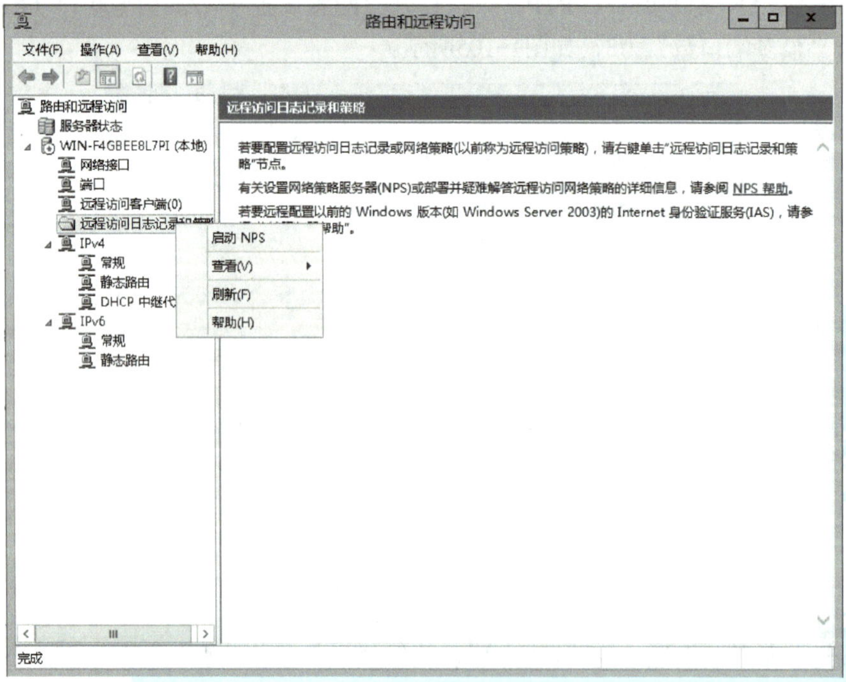

图1-107　路由和远程访问—启动NPS

2）打开“网络策略服务器”窗口，选择“记账”选项卡，右侧显示记账种类界面，其中包括“日志文件属性”及“SQL SERVER日志记录属性”两种方式可供选择，如图1-108所示。

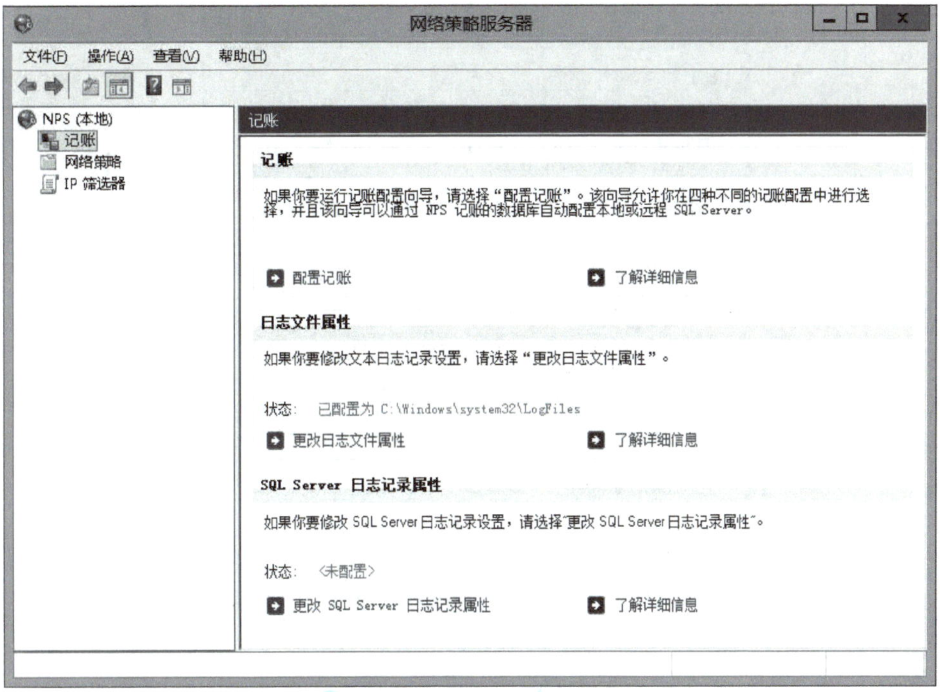

图1-108　网络策略服务器—记账

3）单击“更改日志文件属性”超链接，打开“日志文件属性”对话框，在“设置”选项卡下，建议选择“记账请求”“身份验证请求”“定期记账状态”及“定期身份验证状态”复选框，记录所有远程客户端访问时产生的重要信息，如图1-109所示。

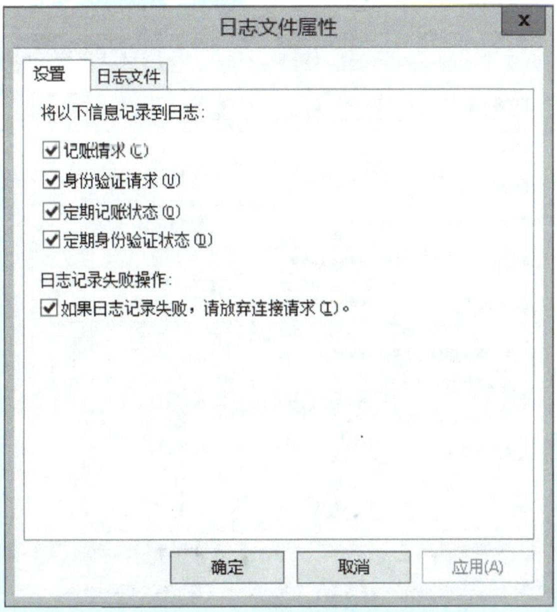

图1-109　日志文件属性—设置

4）选择“日志文件”选项卡，打开“日志文件属性”对话框，可设置日志文件的名称、格式（IAS传统）以及创建日志文件的方法和磁盘满时删除日志的方法，如图1-110所示。

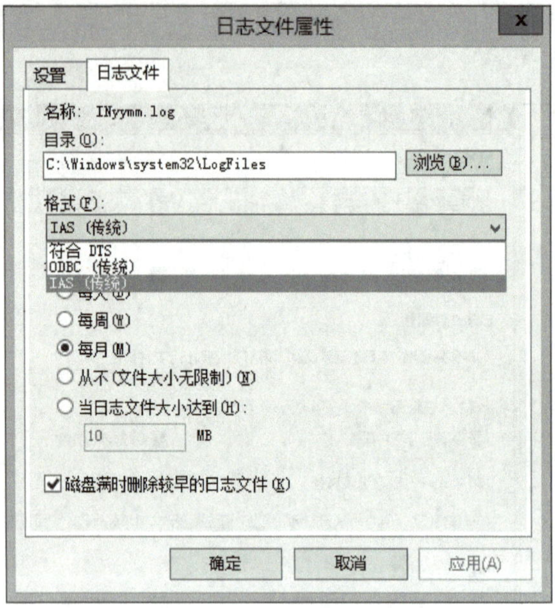

图1-110　日志文件属性—日志文件

5）单击“确定”按钮，完成远程访问记录日志的设置。

任务4　设置用户VPN访问权限

任务实施

1）在VPN服务器新建连接用户wangdawu，如图1-111所示。

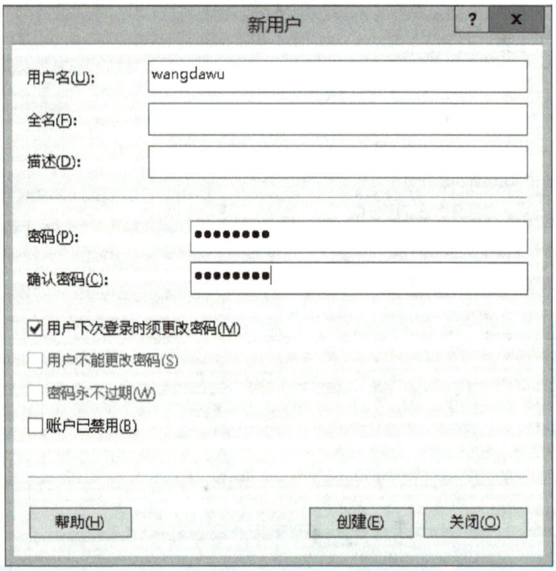

图1-111　新建用户

2）创建完成后，打开“wangdawu属性”窗口，选择“拨入”选项卡，选中“允许访问”单选按钮，使用户具有远程访问权限，如图1-112所示。

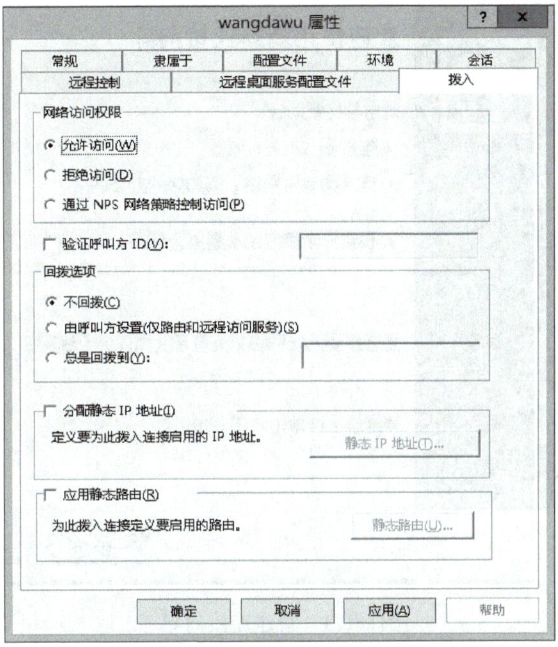

图1-112　用户属性—开启远程访问权限

3）单击“确定”按钮，完成操作。

任务5　VPN客户端设置

任务实施

1）在客户端计算机桌面的“网上邻居”上单击鼠标右键，在弹出的快捷菜单中，选择“属性”命令，打开“网络连接”窗口，如图1-113所示。

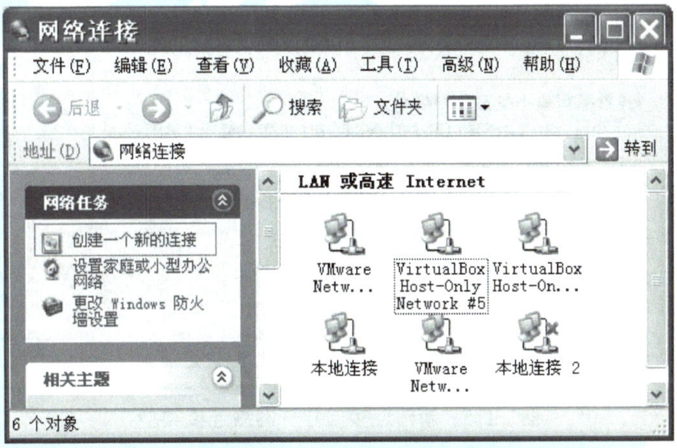

图1-113　网络连接

2）单击左侧的“创建一个新的连接”超链接，打开“新建连接向导”对话框，如图

1-114所示。

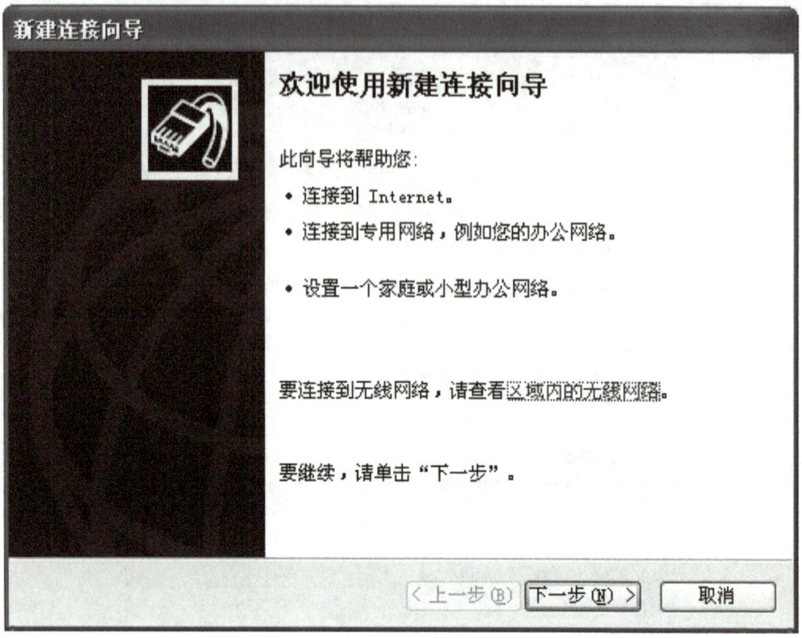

图1-114　新建连接向导

3）单击“下一步”按钮，打开“网络连接类型”对话框，选中“连接到我的工作场所的网络”单选按钮，如图1-115所示。

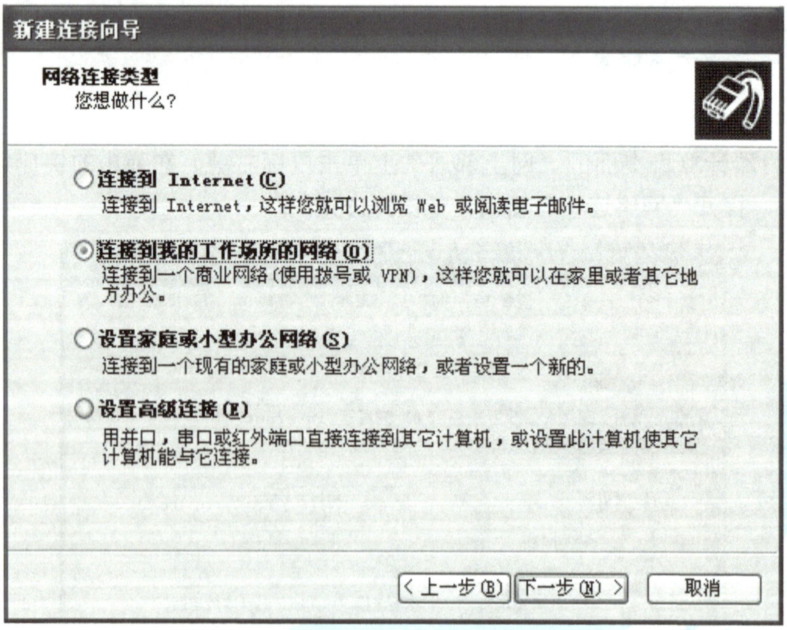

图1-115　新建连接向导－网络连接类型

4）单击“下一步”按钮，打开“网络连接”对话框，选中“虚拟专用网络连接”单选按钮，即VPN连接，如图1-116所示。

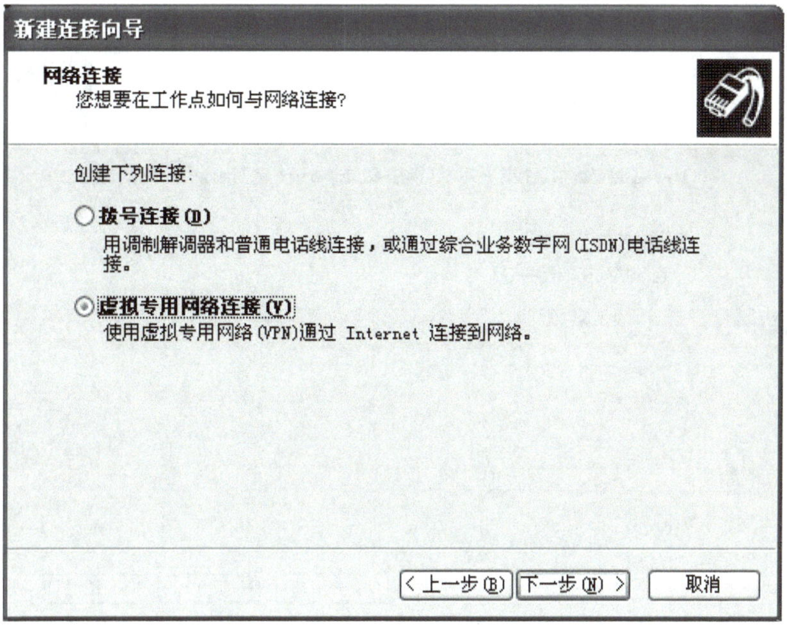

图1-116　新建连接向导－网络连接

5）单击“下一步”按钮，打开“连接名”对话框，在“公司名”文本框中输入“jsjpx”，如图1-117所示。

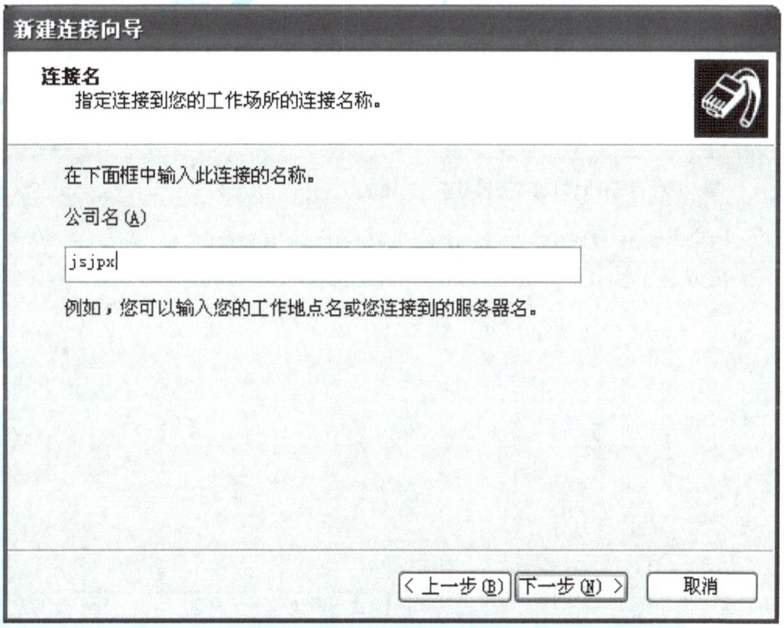

图1-117　新建连接向导－连接名

6）单击“下一步”按钮，打开“公用网络”对话框，此处即设置VPN客户端与公用网络的连接，“不拨初始连接”表示此计算机已经与互联网建立连接，如图1-118所示；“自动拨此初始连接”可选择VPN拨号前拨入互联网的连接。

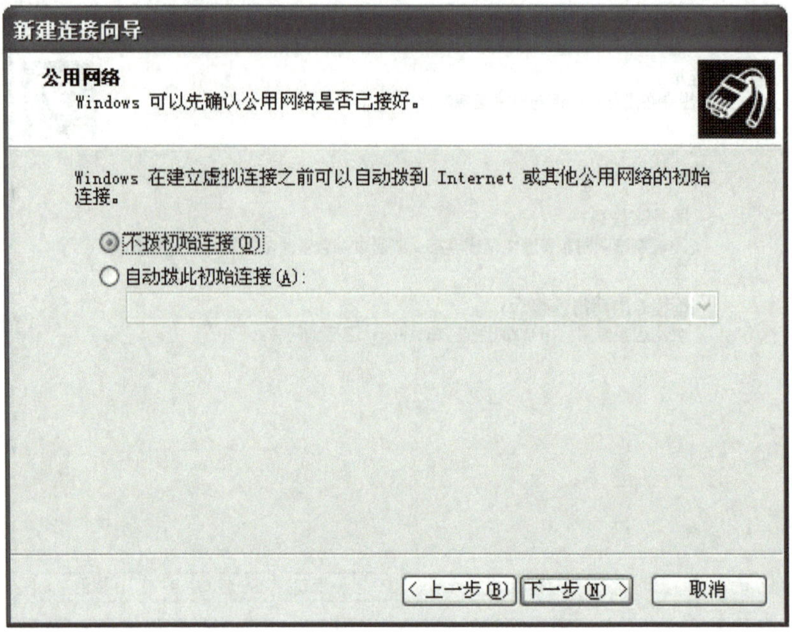

图1-118　新建连接向导—公用网络

7）单击“下一步”按钮，打开“VPN服务器选择”对话框，在文本框中可输入主机名或IP地址，如图1-119所示。

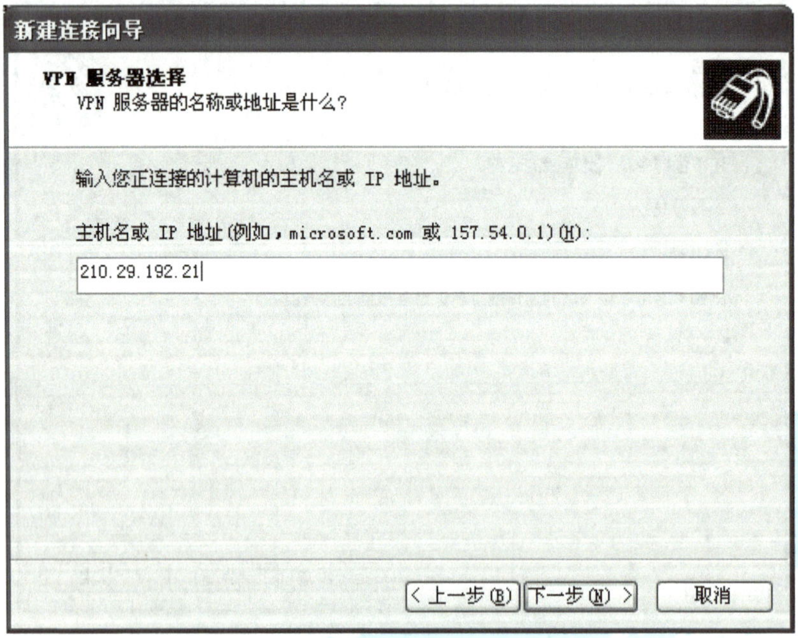

图1-119　新建连接向导—VPN服务器选择

8）单击“下一步”按钮，打开如图1-120所示的“正在完成新建连接向导”对话框。

9）单击“完成”按钮，完成新建VPN客户端连接操作。

10）在VPN客户端，打开新建VPN连接“jsjpx”，输入刚建立的用户名及密码，如图

1-121所示，单击“连接”按钮，经过“连接VPN服务器”“验证用户名及密码”和“注册计算机”操作步骤后，在状态栏右下角显示登录成功的提示信息。

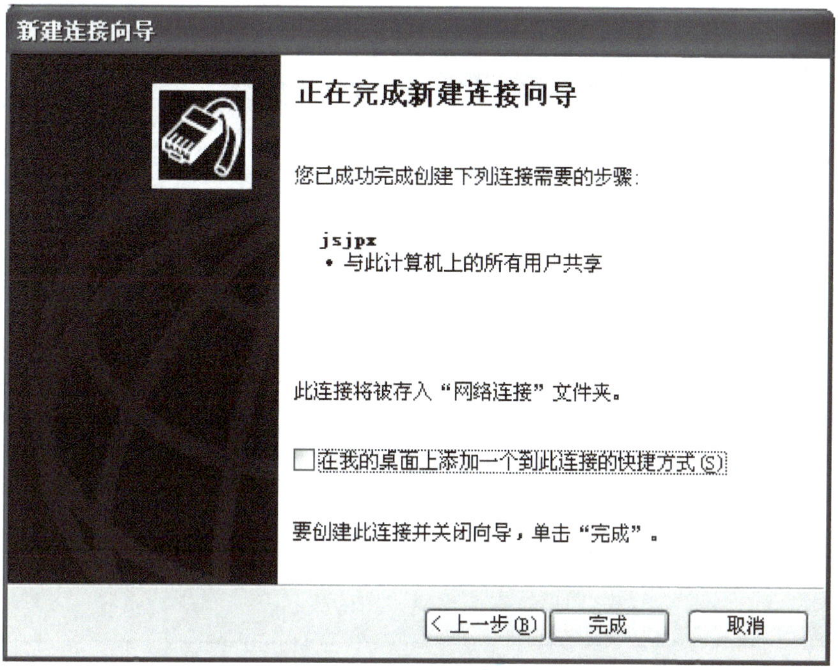

图1-120　新建连接向导—完成

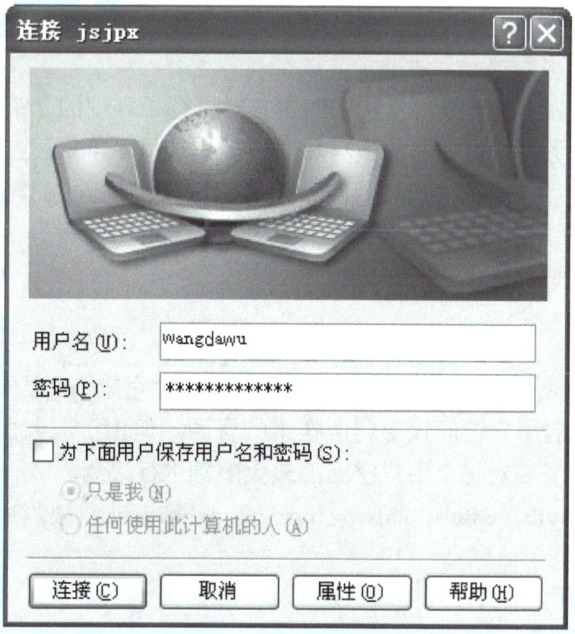

图1-121　jsjpx VPN连接

11）VPN客户端登录成功后，在VPN服务器可通过选择“远程访问客户端”功能，显示登录在线客户端相关信息，如图1-122所示。

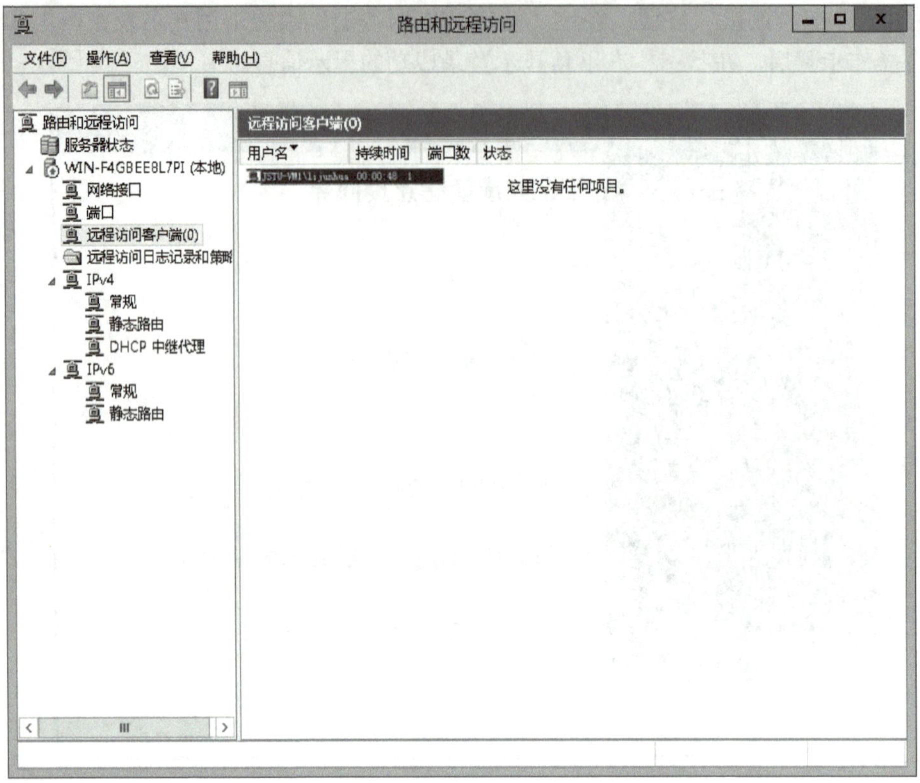

图1-122　路由和远程访问—远程访问客户端列表

小结

本节主要对Windows环境下如何搭建VPN服务器进行了详细的介绍。当然，在Linux环境下同样可以搭建VPN服务器，这方面的资料相对较多，这里不再赘述。

1.2.6　磁盘配额工具

问题描述

在1.2.2节项目中，南方某电子信息集团有限公司已经完成FTP服务器建设，为各个部门建立FTP服务。各部门的用户访问该部门所在组的资源，但由于服务器硬盘资源有限，为防止用户过度占用磁盘，需要对每个用户空间的最大配额进行限制。

对FTP用户xzgl、jsyfb、cpscb、shfwb、cpxsb、pxb和xxzx，限制最大空间为500MB；限制admin用户为1 000MB。

问题分析

在Linux系统中，因为是多人多任务的环境，所以会有多人共同使用一个硬盘空间的情况发生。如果其中有少数几个使用者大量占用硬盘空间，则势必压缩其他使用者的使用权力。因此，管理员应该适当地开放硬盘的权限给使用者，以妥善分配系统资源。比较常用的是用户的FTP空间、网站空间和邮件空间限制。

在Linux中，硬盘空间管理使用quota工具软件。使用quota有两个基本的注意事项。

1）quota在实际运行时，是针对整个分区进行限制的。例如，如果系统/dev/hda5挂载/home，那么在/home下的所有目录都会受到限制。

2）Linux系统核心必须支持quota模块才可以。如果是使用Mandrake的预设核心，则系统已经预设开放quota模块。如果是自行编译核心，那么请特别留意是否已经开启了quota模块。

quota工具的限制参数主要有以下几点。

1）“soft”，最低限制容量，使用者在宽限期间内，其容量可以超过“soft”，但必须在宽限时间内将磁盘容量降低到“soft”的容量限制下。

2）“hard”，绝对不能超过的容量，与“soft”相比，通常“hard limit”会比“soft limit”高，例如，网络磁盘空间为30MB，那么“hard limit”就设定为30MB，但是为了让使用者有一定的警戒心，当使用空间超过25MB时，系统就会警告使用者，让使用者可以在“宽限时间”内将其磁盘空间使用量降低至25MB内。“soft”到“hard”之间的容量可以达到对使用者警示的作用。

3）“宽限时间”，当用户使用的空间超过了“soft limit”但还没有达到“hard limit”时，在“宽限时间”内就必须将使用的磁盘空间降低到“soft limit”下。当使用者的磁盘空间使用量超过“soft limit”时，“宽限时间”就会自动被启动，只有在使用者将其磁盘空间使用量降低到“soft limit”下后，“宽限时间”才会自动取消。

解决步骤

根据下面的任务步骤完成任务。

任务 quota的配置过程

任务实施

1）检查quota功能包是否已经安装成功，如图1-123所示。如果没有安装，则可以利用Yum安装技术进行安装。可以使用如下命令进行查询：

#rpm –q quota

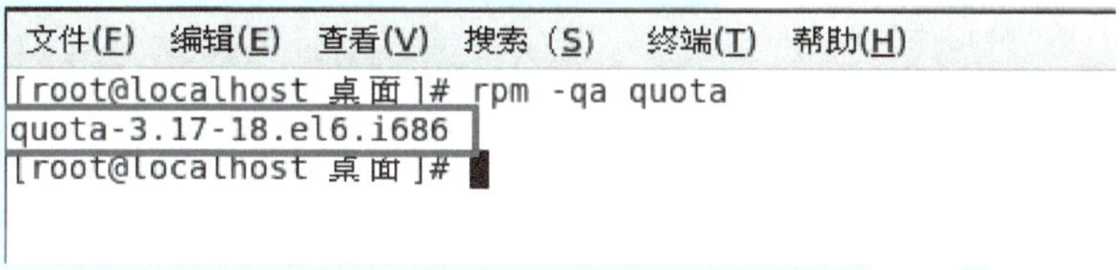

图1-123 查询quota包

2）启动文件系统的限额功能，这一步主要是编辑etc/fstab文件，如图1-124所示。

#vim /etc/fstab

3）修改/etc/fstab文件，使/home目录的磁盘配额选项激活（假设/home目录挂载到/dev/hda5），如果需要实现用户组的限额功能，则对应项增加grpquota，如图1-125所示。

```
文件(F)  编辑(E)  查看(V)  搜索 (S)   终端(T)  帮助(H)

#
# /etc/fstab
# Created by anaconda on Mon Sep 23 08:29:47 2013
#
# Accessible filesystems, by reference, are maintained under '/dev/disk'
# See man pages fstab(5), findfs(8), mount(8) and/or blkid(8) for more info
#
UUID=a9b1955b-9360-4092-8ec6-0bdb1d42b471 /                       ext4    defaul
ts        1 1
UUID=c2d26332-6bd4-410b-ab56-1dd0389c0f17 /boot                   ext4    defaul
ts        1 2
UUID=062dac5a-9a5d-43a7-95e8-853eaf12ea49 /home                   ext4    defaul
ts        1 2
UUID=4f98a2b3-27fe-4620-b93a-16fd98f4e0c2 swap                    swap    defaul
ts        0 0
tmpfs                   /dev/shm                tmpfs   defaults        0 0
devpts                  /dev/pts                devpts  gid=5,mode=620  0 0
sysfs                   /sys                    sysfs   defaults        0 0
proc                    /proc                   proc    defaults        0 0
~
```

图1-124　fstab配置文件

```
root@localhost:/
文件(F)  编辑(E)  查看(V)  终端(T)  标签(B)  帮助(H)
/dev/VolGroup00/LogVol00 /                       ext3    defaults        1 1
LABEL=/boot             /boot                   ext3    defaults        1 2
tmpfs                   /dev/shm                tmpfs   defaults        0 0
devpts                  /dev/pts                devpts  gid=5,mode=620  0 0
sysfs                   /sys                    sysfs   defaults        0 0
proc                    /proc                   proc    defaults        0 0
/dev/VolGroup00/LogVol01 swap                    swap    defaults        0 0
/dev/sda                /home                   ext3    defaults,usrquota
0
~
```

图1-125　激活/home目录的磁盘配额选项

4）重新启动Linux或者使用命令：

#mount -o remount /home

5）检查/etc/mtab是否在对应的home项加上usrquota，如下：

#cat /etc/mtab

/dev/hda5 /home ext3 rw,usrquota, 0 0

6）在文件系统引导时建立aquota.user文件，扫描相应的文件系统，用quotacheck来生成基本配额文件，如图1-126所示。

```
[root@localhost home]# touch aquota.user
[root@localhost home]# chmod 600 aquota.user
[root@localhost home]# quotacheck -avug
quotacheck: WARNING -  Quotafile /home/aquota.user was probably truncated. Can't
 save quota settings...
quotacheck: Scanning /dev/sda [/home] quotacheck: Old group file not found. Usag
e will not be substracted.
done
quotacheck: Checked 3 directories and 3 files
[root@localhost home]#
```

图1-126　扫描文件系统

quotachk -avug参数详解如下。

-a 根据/etc/mtab检查所有非网络文件系统。

- v 显示过程和结果。

- u 检查带有usrquota参数的分区。

- g 检查带有grpquota参数的分区。

- c 创建数据库aquota.user和aquota.group，如果已经存在aquota.user和aquota.group，那么会把旧的数据库删除，再创建新的。

7）启动aquota，如图1-127所示。

#quotaon -av

图1-127　启动aquota

quotaon和**quotaoff**参数详解如下。

quotaon

- a 打开所有磁盘配额。

- v 显示输出结果。

- u 指定打开基于用户的磁盘配额。

- g 指定打开基于组的磁盘配额。

- p 打印当前状态。

quotaoff

- a 关闭所有磁盘配额。

- u 指定关闭基于用户的磁盘配额。

- g 指定关闭基于组的磁盘配额。

8）配置用户或用户组的权限，用equota-u对特定用户采用配额限制，如图1-128和图1-129所示。

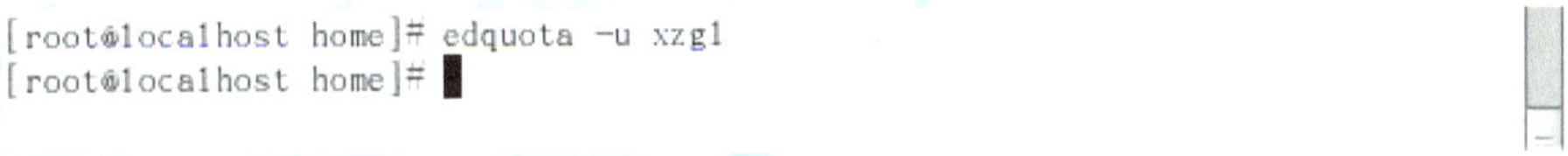

图1-128　对特定用户采用配额限制的命令

图1-129　对特定用户采用配额限制

小结

通过解决本公司的FTP用户空间限制问题，掌握在CentOS 6.4系统中使用quota工具实现磁盘配额限制。

知识拓展

高级配置

1）利用quota工具实现对用户组的磁盘空间限制。

2）在Windows服务器中实现用户和组的磁盘空间限制。

1.2.7 DHCP服务

问题描述

南方某电子信息集团有限公司需要配置一台DHCP服务器，完成局域网内部30个用户的IP地址自动分配功能，省去用户手动配置工作，减少IP地址冲突。DHCP服务器采用CentOS 6.4系统实现，客户端分别用CentOS 6.4和Windows操作系统进行测试。

问题分析

DHCP（Dynamic Host Configuration Protocol，动态主机配置协议）是一个局域网的网络协议，使用UDP工作，主要有2个用途。

1）内部网络或网络服务供应商自动分配IP地址给用户。

2）内部网络管理员将其作为对所有计算机中央管理的手段。

在IP网络中，每个连接Internet的设备都需要分配唯一的IP地址。DHCP使网络管理员能从中心结点监控和分配IP地址。当某台计算机移到网络中的其他位置时，能自动收到新的IP地址。

DHCP使用了租约的概念，也称为计算机IP地址的有效期。租用时间是不定的，主要取决于用户在某地连接Internet需要多久，这对于教育行业和其他用户频繁改变的环境是很实用的。通过较短的租期，DHCP能够在一个计算机比可用IP地址多的环境中动态地重新配置网络。DHCP支持为计算机分配静态IP地址，例如，需要永久性IP地址的Web服务器。

DHCP的网络协议结构如图1-130所示。

协议结构

	8 bits	16 bits	24 bits	32 bits
Op	Htype	Hlen	Hops	
Xid				
Secs	Flags			
Ciaddr				
Yiaddr				
Siaddr				
Giaddr				
Chaddr（16 bytes）				
Sname（64 bytes）				
File（128 bytes）				
Option（variable）				

图1-130　DHCP协议结构

Op：消息操作代码，既可以是引导请求（BOOTREQUEST）也可以是引导答复（BOOTREPLY）。

Htype：硬件地址类型。

Hlen：硬件地址长度。

Xid：处理ID。

Secs：从获取到IP地址或者续约过程开始到现在所消耗的时间。

Flags：标记。

Ciaddr：客户机IP地址。

Yiaddr：“你的”（客户机）IP地址。

Siaddr：在bootstrap中使用的下一台服务器的IP地址。

Giaddr：用于导入的接替代理IP地址。

Chaddr：客户机硬件。

Sname：任意服务器主机名称，空终止符。

File：DHCP发现协议中的引导文件名、空终止符、属名或者空，DHCP供应协议中的受限目录路径名。

Options：可选参数字段。参考定义选择列表中的选择文件。

为了获取并使用一个合法的动态IP地址，在不同阶段，DHCP客户端需要与DHCP服务器之间交互不同的信息，两者的交互过程如图1-131所示。

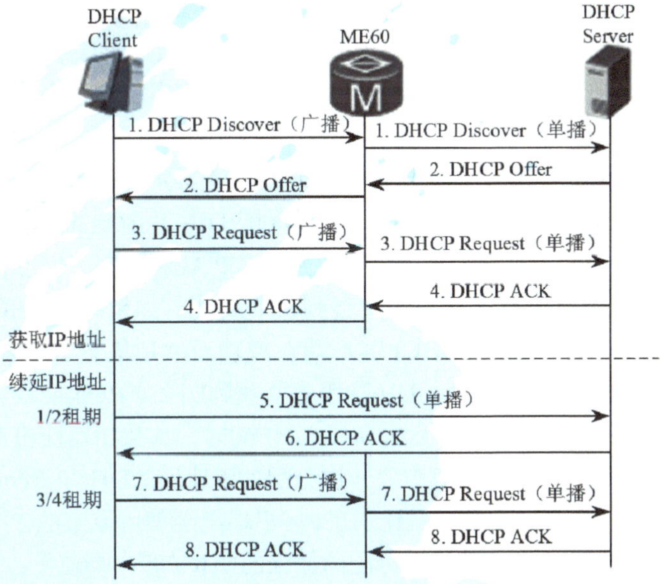

图1-131　DHCP地址分配过程

1）发现阶段，即DHCP客户端寻找DHCP服务器的阶段。因为DHCP服务器的IP地址对于客户端来说是未知的，所以DHCP客户端以广播方式发送DHCP Discover报文来寻找DHCP服务器，只有DHCP Server才会进行响应。

2）提供阶段，即DHCP服务器提供IP地址的阶段。DHCP Server接收到Client的DHCP

Discover报文后，从IP地址池中挑选一个尚未分配的IP地址分配给客户端，向该客户端发送包含出租IP地址和其他设置的DHCP Offer报文。

3）选择阶段，即DHCP Client选择IP地址的阶段。如果有多台DHCP Server向该客户端发来DHCP Offer报文，客户端只接收第一个收到的DHCP Offer报文，然后以广播方式向各DHCP服务器回应DHCP Request报文，该信息中包含向所选定的DHCP服务器请求IP地址的内容。

4）确认阶段，即DHCP服务器确认所提供IP地址的阶段。当DHCP服务器收到DHCP客户端回答的DHCP Request报文后，判断Option字段中的DHCP Server的IP地址是否与自己的相同。如果不相同，则不作任何处理；否则，DHCP Server会向客户端发送包含它所提供的IP地址和其他设置的DHCP ACK确认报文。DHCP Client收到DHCP ACK报文后，检查DHCP Server分配给自己的IP地址是否能够使用，比如在以太网络中，DHCP Client会发送免费的ARP请求来确定IP地址是否已经被其他客户端使用。如果IP地址已经被其他客户端使用，则该DHCP Client会发送DHCP Decline报文通知DHCP Server禁用这个IP地址以免引起冲突；否则，该DHCP Client成功获取IP地址。

5）更新租约，DHCP服务器向DHCP客户端出租的IP地址都有一个租借期限，期满后DHCP服务器便会回收出租的IP地址。如果DHCP客户端要延长其IP租约，须更新其IP租约。DHCP客户端在IP租约期限过一半时，会自动向DHCP服务器单播的DHCP Request报文续延租期。

6）更新租约，DHCP服务器收到DHCP Request续租报文后，根据报文中的Ciaddr信息申请IP地址，如果成功，则给DHCP客户端回应DHCP ACK报文。

7）更新租约，DHCP客户端如果收到DHCP ACK报文，则租期相应向后延长。如果没有收到DHCP ACK报文，则客户端继续使用这个IP地址，在使用租期过去7/8时，向DHCP服务器发送广播的DHCP Request报文。

8）更新租约，如果此IP地址无法再分配给该DHCP客户端，则DHCP服务器给DHCP客户端回应DHCP NAK报文，否则给DHCP客户端回应DHCP ACK报文。DHCP客户端收到DHCP ACK报文后，租期相应延长。如果没有收到DHCP ACK报文，也没有收到DHCP NAK报文，则客户端可以继续使用这个IP地址，直到租期到期。如果收到DHCP NAK报文，则客户端不能继续使用这个IP地址。DHCP客户端在成功获取IP地址后，随时可以通过发送DHCP Release报文释放自己的IP地址，DHCP服务器收到DHCP Release报文后，会回收相应的IP地址重新分配。DHCP客户端断开后重新接入ME60时，如果IP地址租期没到，不会发送DHCP Discover报文，而是直接发送包含前一次分配的IP地址的DHCP Request请求消息。当DHCP服务器收到这一信息时，就会尝试让DHCP客户端继续使用原来的IP地址，并回答一个DHCP ACK报文。如果此IP地址已无法再分配给原来的DHCP客户端使用，则DHCP服务器给DHCP客户端回应一个DHCP NAK报文。当原来的DHCP客户端收到此DHCP NAK报文时，会重新广播发送DHCP Discover发现信息来请求新的IP地址。

解决步骤

根据任务单的安排完成任务。

任　务　单

1	DHCP服务器配置前的准备工作
2	DHCP服务器的进一步配置

任务1　DHCP服务器配置前的准备工作

任务实施

1）安装与DHCP相关联的两个rpm包：dhcp-4.1.1-34.p1.el6.centos.i686.rpm和dhcp-common-4.1.1-34.p1.el6.centos.i686.rpm，如图1-132所示。

```
[root@localhost Packages]# rpm -ivh dhcp-4.1.1-34.P1.el6.centos.i686.rpm
warning: dhcp-4.1.1-34.P1.el6.centos.i686.rpm: Header V3 RSA/SHA1 Signature, key
 ID c105b9de: NOKEY
Preparing...                ########################################### [100%]
        package dhcp-12:4.1.1-34.P1.el6.centos.i686 is already installed
[root@localhost Packages]# rpm -ivh dhcp-
dhcp-4.1.1-34.P1.el6.centos.i686.rpm
dhcp-common-4.1.1-34.P1.el6.centos.i686.rpm
[root@localhost Packages]# rpm -ivh dhcp-common-4.1.1-34.P1.el6.centos.i686.rpm
warning: dhcp-common-4.1.1-34.P1.el6.centos.i686.rpm: Header V3 RSA/SHA1 Signatu
re, key ID c105b9de: NOKEY
Preparing...                ########################################### [100%]
        package dhcp-common-12:4.1.1-34.P1.el6.centos.i686 is already installed
```

图1-132　安装DHCP服务

2）进入/usr/share/doc/dhcp-4.1.1目录中，将DHCP配置文件复制到/etc目录下，如图1-133所示。

```
[root@localhost Packages]# cd /usr/share/doc/dhcp-4.1.1/
[root@localhost dhcp-4.1.1]# cp -p dhcpd.conf.sample /etc/dhcp/dhcpd.conf
cp：是否覆盖"/etc/dhcp/dhcpd.conf"？ y
```

图1-133　复制DHCP配置文件

3）默认配置文件dhcpd.conf的内容如下。

```
# dhcpd.conf
#
# Sample configuration file for ISC dhcpd
#

# option definitions common to all supported networks...
option domain-name “example.org”;
option domain-name-servers ns1.example.org, ns2.example.org;

default-lease-time 600;
max-lease-time 7200;

# Use this to enble / disable dynamic dns updates globally.
#ddns-update-style none;

# If this DHCP server is the official DHCP server for the local
```

```
# network, the authoritative directive should be uncommented.
#authoritative;

# Use this to send dhcp log messages to a different log file (you also
# have to hack syslog.conf to complete the redirection).
log-facility local7;

# No service will be given on this subnet, but declaring it helps the
# DHCP server to understand the network topology.

subnet 10.152.187.0 netmask 255.255.255.0 {
}

# This is a very basic subnet declaration.

subnet 10.254.239.0 netmask 255.255.255.224 {
 range 10.254.239.10 10.254.239.20;
option routers rtr-239-0-1.example.org, rtr-239-0-2.example.org;
}

# This declaration allows BOOTP clients to get dynamic addresses,
# which we don't really recommend.

subnet 10.254.239.32 netmask 255.255.255.224 {
  range dynamic-bootp 10.254.239.40 10.254.239.60;
  option broadcast-address 10.254.239.31;
 option routers rtr-239-32-1.example.org;
}

# A slightly different configuration for an internal subnet.
subnet 10.5.5.0 netmask 255.255.255.224 {
  range 10.5.5.26 10.5.5.30;
 option domain-name-servers ns1.internal.example.org;
option domain-name "internal.example.org";
option routers 10.5.5.1;
option broadcast-address 10.5.5.31;
 default-lease-time 600;
 max-lease-time 7200;
}

# Hosts which require special configuration options can be listed in
# host statements.  If no address is specified, the address will be
# allocated dynamically (if possible), but the host-specific information
# will still come from the host declaration.
```

```
host passacaglia {
  hardware ethernet 0:0:c0:5d:bd:95;
  filename “vmunix.passacaglia”;
server-name “toccata.fugue.com”;
}

# Fixed IP addresses can also be specified for hosts.  These addresses
# should not also be listed as being available for dynamic assignment.
# Hosts for which fixed IP addresses have been specified can boot using
# BOOTP or DHCP.  Hosts for which no fixed address is specified can only
# be booted with DHCP, unless there is an address range on the subnet
# to which a BOOTP client is connected which has the dynamic-bootp flag
# set.
host fantasia {
hardware ethernet 08:00:07:26:c0:a5;
 fixed-address fantasia.fugue.com;
}

# You can declare a class of clients and then do address allocation
# based on that.  The example below shows a case where all clients
# in a certain class get addresses on the 10.17.224/24 subnet, and all
# other clients get addresses on the 10.0.29/24 subnet.

class “foo” {
  match if substring (option vendor-class-identifier, 0, 4) = “SUNW”;
}

shared-network 224-29 {
  subnet 10.17.224.0 netmask 255.255.255.0 {
    option routers rtr-224.example.org;
  }
 subnet 10.0.29.0 netmask 255.255.255.0 {
   option routers rtr-29.example.org;
 }
 pool {
  allow members of “foo”;
  range 10.17.224.10 10.17.224.250;
  }
 pool {
  deny members of “foo”;
  range 10.0.29.10 10.0.29.230;
 }
}
```

任务2　DHCP服务器的进一步配置

任务实施

1）配置DHCP配置文件，如图1-134所示。IP地址分配范围：192.168.10.150～200，子网掩码255.255.255.0，网关192.168.10.1，DNS服务器192.168.10.1，租用时间6h。

#vim dhcpd.conf

图1-134　配置DHCP配置文件

2）重新启动DHCP服务，如图1-135所示。

#/etc/init.d/dhcpd restart

图1-135　重新启动DHCP服务

3）利用Windows测试，将IP地址改为自动获取；在cmd窗口中，利用ipconfig /renew命令重新获取IP地址，如图1-136和图1-137所示。

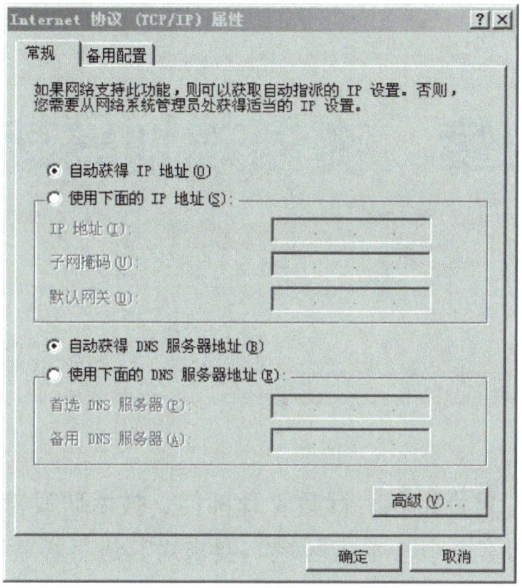

图1-136　客户端自动获取IP地址

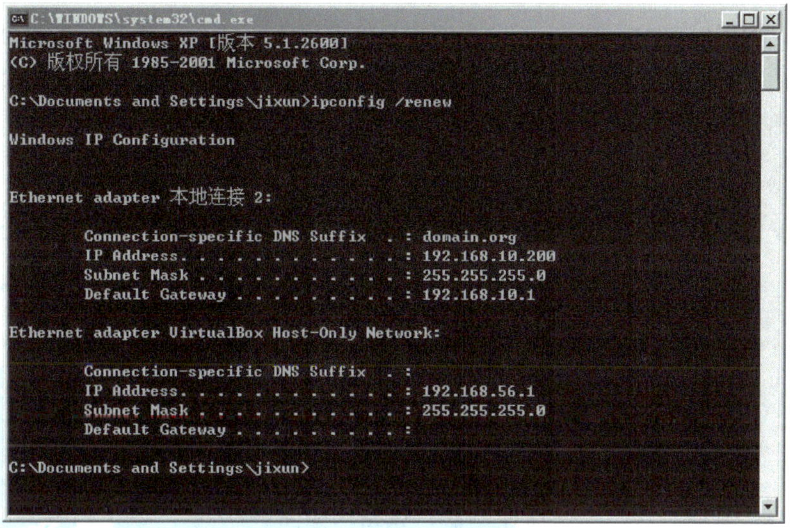

图1-137　自动获取地址效果

小结

通过解决本公司的部分计算机的IP地址自动分配问题，掌握了在CentOS 6.4系统中DHCP服务的配置。

知识拓展

1）实现多网段的IP地址分配。

2）在Windows服务器实现DHCP功能。

第2章　资源规划与建设

2.1　资源规划分析

问题描述

南方某电子信息集团有限公司现有行政管理部门、技术研发部、产品生产部、售后服务部、产品销售部、培训部和信息中心七大区域。要求对其进行域管理。

问题分析

该问题的域结构如图2-1所示，功能需求主要包括建立域、域控制器及辅助域控制器；建立域间信任、树根信任；配置客户端计算机加入域；域用户及组管理；组策略配置与管理；站点及域信息复制管理；Active Directory数据库备份管理等。

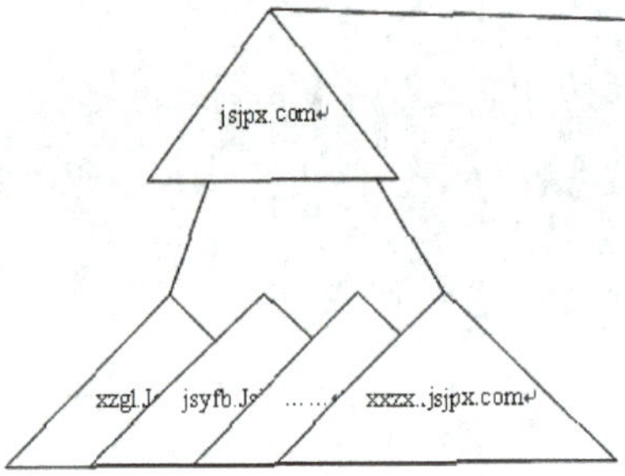

图2-1　域结构

1）建立域、域控制器及辅助域控制器：域结构如图2-1所示，域结构中共设立jsjpx.com和jsjpx.cn两个域，其中jsjpx.com域下按部门分设有七个子域。

2）建立域间信任、树根信任。熟悉域间信任的类型及功能，建立jsjpx.com与jsjpx.cn之间的树根信任。

3）配置客户端计算机加入域。为了便于统一管理，分配客户端的访问权限，实现域资源共享，需将公司各分部门的计算机分别加入到不同子域中。

4）域用户及组管理。域管理员利用“Active Directory用户和计算机”控制台建立并管理组织单位、站点及用户账户。当用户利用域用户账户登录域后，便可以直接连接域内的所有计算机，访问共享资源。

5）组策略配置与管理。域管理员利用“组策略管理”控制台建立分部门链接GPO，根据公司管理的具体需求实现相应的域安全策略、软件限制策略、文件夹重定向策略和组策略等相关配置。

6）站点及域信息复制管理。站点是实现Active Directory复制的逻辑结构，其由一个或数个IP子网组成，通过高速且可靠的链路串接起来，实现有效的Active Directory数据库复制，建立Active Directory数据的冗余存储，保证了Active Directory数据的安全，提高了用户登录的速度。

7）Active Directory数据库备份管理。Active Directory数据库是“系统状态”的一部分，设置定期备份，在灾难性事件发生时，即时恢复Active Directory的运行。

2.2　资源规划与建设

2.2.1　活动目录的搭建

问题描述

根据该公司资源规划的分析，需要建立jsjpx.com和jsjpx.cn两个域，在 jsjpx.com下面根据图2-1所示建立七个部门的子域，各部门的用户能加入到自己部门所在的域。

问题分析

从域结构图中分析得出本项目中有如下的域及子域：jsjpx.com，jsjpx.cn，xzgl.jsjpx.com，jsyfb.jsjpx.com，cpscb.jsjpx.com，shfwb.jsjpx.com，cpxsb.jsjpx.com，pxb.jsjpx.com，xxzx.jsjpx.com。在建立每个域之前必须拥有足够的硬盘空间。实际需要多少硬盘空间，需视Active Directory数据库的对象数量而定，但是建议至少要保留250MB的空间来存储Active Directory数据库。另外，还需要保留250MB的空间来存储日志文件。日志文件可用来协助恢复Active Directory。如果域控制器同时还是“全局编录”，则需要保留更多的可用空间。

如果计算机内有多个硬盘，在条件允许的情况下，建议建立RAID5冗余阵列，分别将Active Directory数据库与日志文件存储在不同的硬盘做备份。一方面，将多个硬盘作为一个硬盘动作可以提高动作的效率；另一方面，备份存储可以预防数据的丢失，提高恢复Active Directory的能力。因为Active Directory域控制器需要一个能够提供安全设置的硬盘分区来存储SYSVOL文件夹，只有NTFS硬盘分区才能提供此安全功能，所以，建议用NTFS硬盘分区来存储Active Directory数据库与日志文件。若当前硬盘中无NTFS分区，则可利用“计算机管理”建立一个NTFS硬盘分区或利用convert命令对某硬盘分区进行转换。

建立域的过程就是在安装好的独立服务器或成员服务器上安装活动目录，并将其升级为域控制器的过程。建立子域的过程就是升级为子域控制器的过程。为了提高用户登录的效率并达到提供容错的功能，在jsjpx.com域内设置多台域控制器同时分担审核用户名与密码的工作，即使其中一台域控制器出现故障，仍然可以由其他域控制器来提供服务，保证客户端能正常登录。

根据问题分析，活动目录的搭建主要包括安装活动目录创建域控制器、创建子域控制器、建立域辅助控制器和如何将计算机加入到域。

任　务　单

1	创建jsjpx.com域控制器
2	创建子域控制器
3	创建jsjpx.cn域控制器
4	建立域辅助控制器
5	将客户端计算机加入到jsjpx.com域

解决步骤

根据任务单的安排完成任务。

任务1 创建jsjpx.com域控制器

任务实施

1）为配置域控制器安装一台独立服务器或成员服务器（Windows Server 2012），配置IP地址为192.168.10.30，DNS服务器的地址192.168.10.1，即公司自建的DNS服务器（见1.2.1节的DNS服务）。

2）单击屏幕左下角的“服务器管理器”，打开“服务器管理器”对话框，如图2-2所示。

图2-2 “服务器管理器”对话框

3）单击“添加角色和功能”链接，打开“添加角色和功能向导”对话框，如图2-3所示。

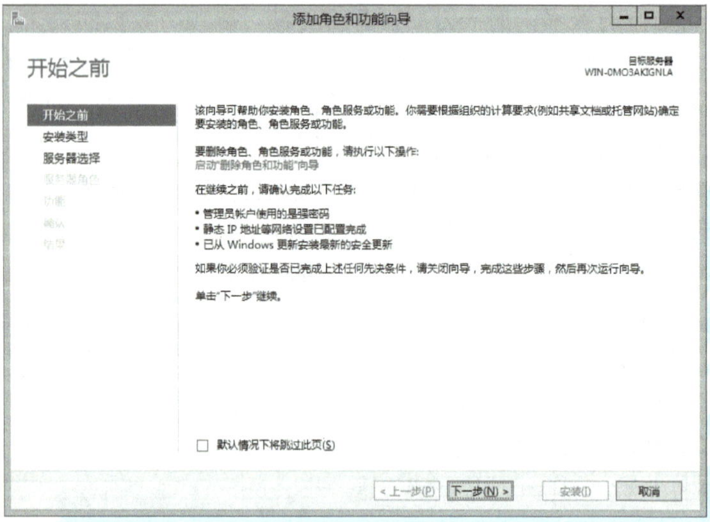

图2-3 “添加角色和功能向导”对话框

4）单击“下一步”按钮，打开“选择安装类型”对话框，选中“基于角色或基于功能的安装”单选按钮，如图2-4所示。

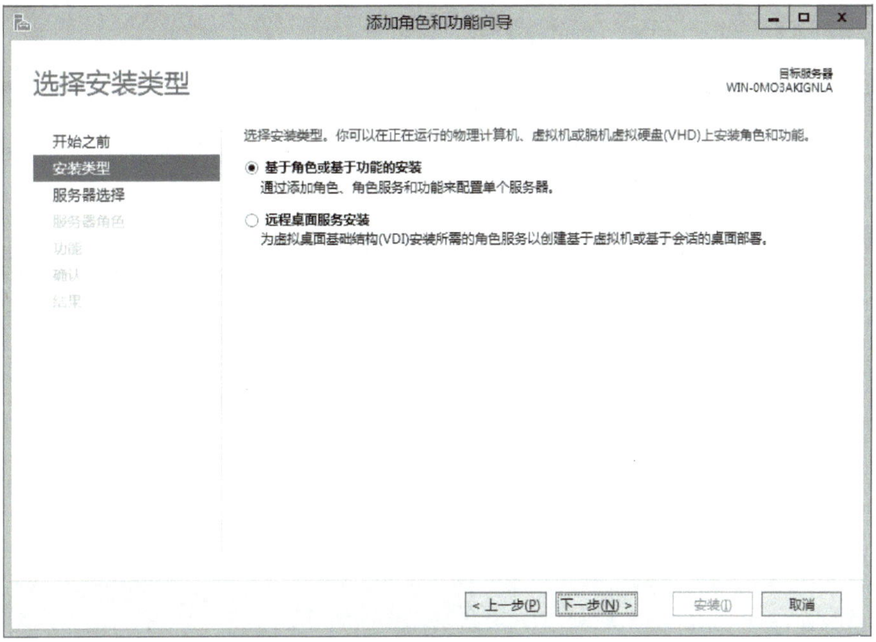

图2-4　“选择安装类型”对话框

5）单击“下一步”按钮，打开“选择目标服务器”对话框，选中“从服务器池中选择服务器”单选按钮，并选择IP地址为192.168.10.30的服务器，如图2-5所示。

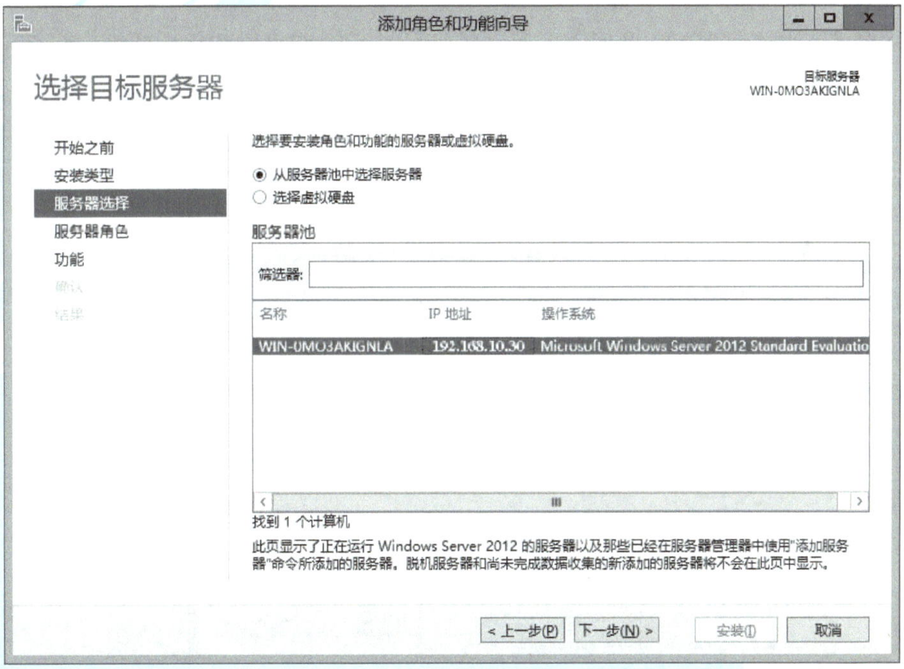

图2-5　“选择目标服务器”对话框

6）单击“下一步”按钮，打开“选择服务器角色”对话框，如图2-6所示。

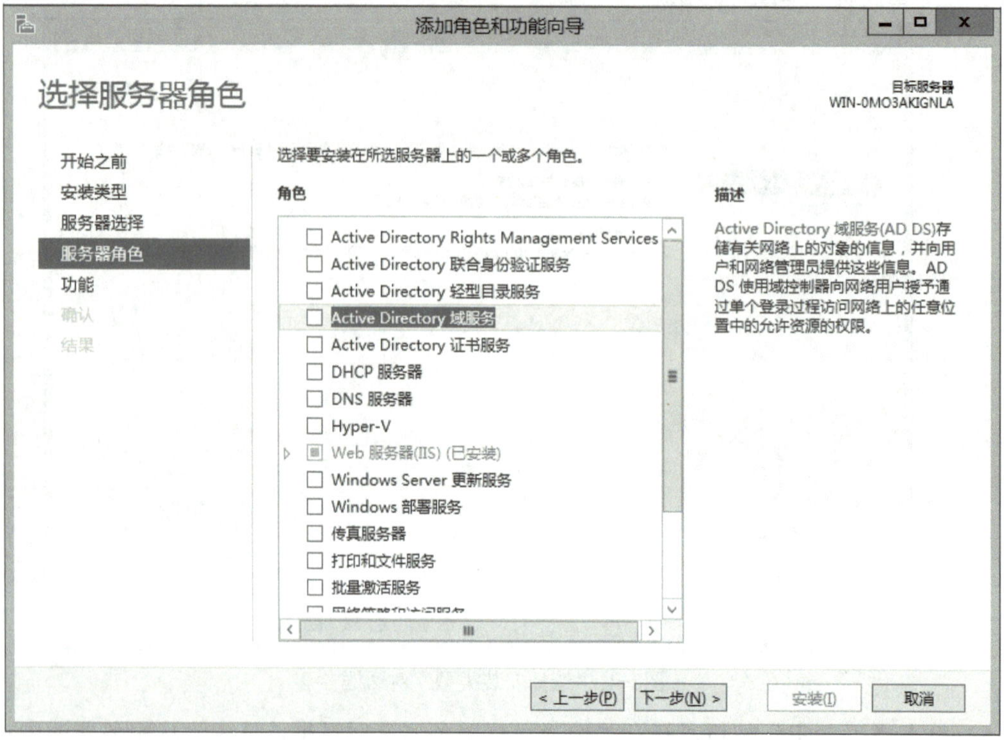

图2-6 “选择服务器角色”对话框

7）选择“Active Directory域服务”复选框，打开“添加角色和功能向导”对话框，如图2-7所示。

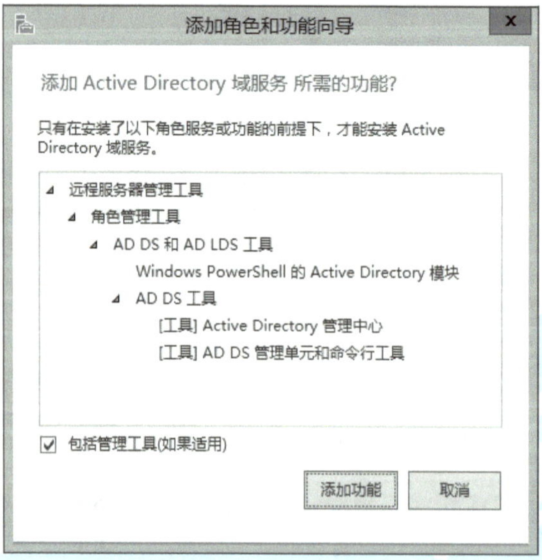

图2-7 “添加角色和功能向导”对话框

8）单击“添加功能”按钮，返回选择“服务器角色”对话框。单击“下一步”按钮，打开“选择功能”对话框，如图2-8所示。

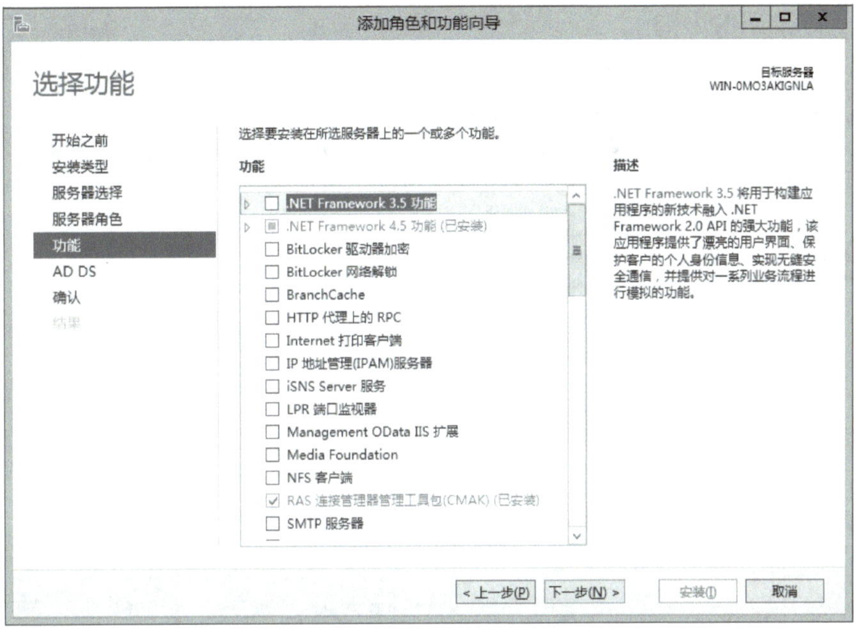

图2-8　“选择功能”对话框

9）单击“下一步”按钮，打开“Active Directory域服务”对话框，如图2-9所示。

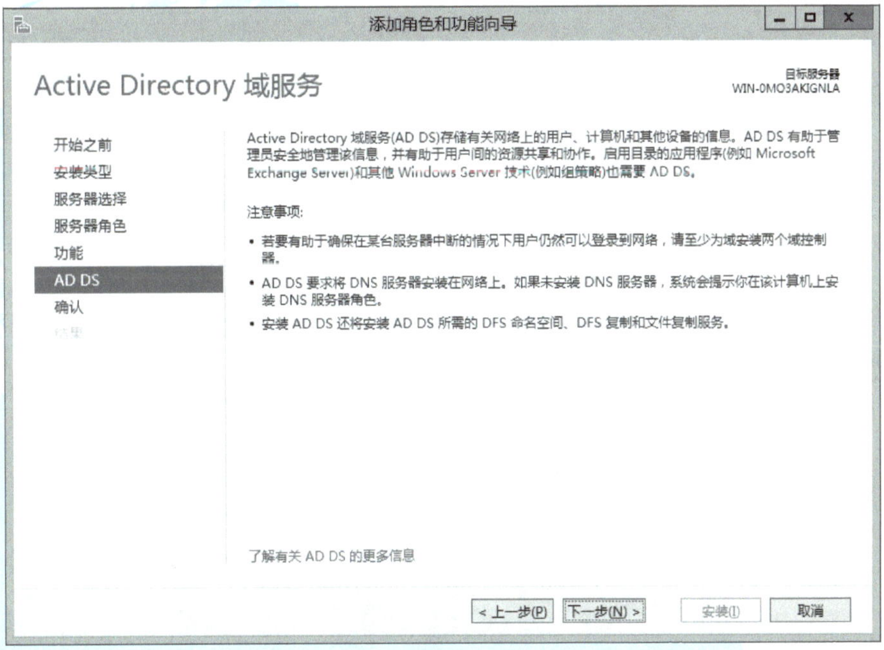

图2-9　“Active Directory域服务”对话框

10）单击“下一步”按钮，打开“确认安装所选内容”对话框，如图2-10所示。

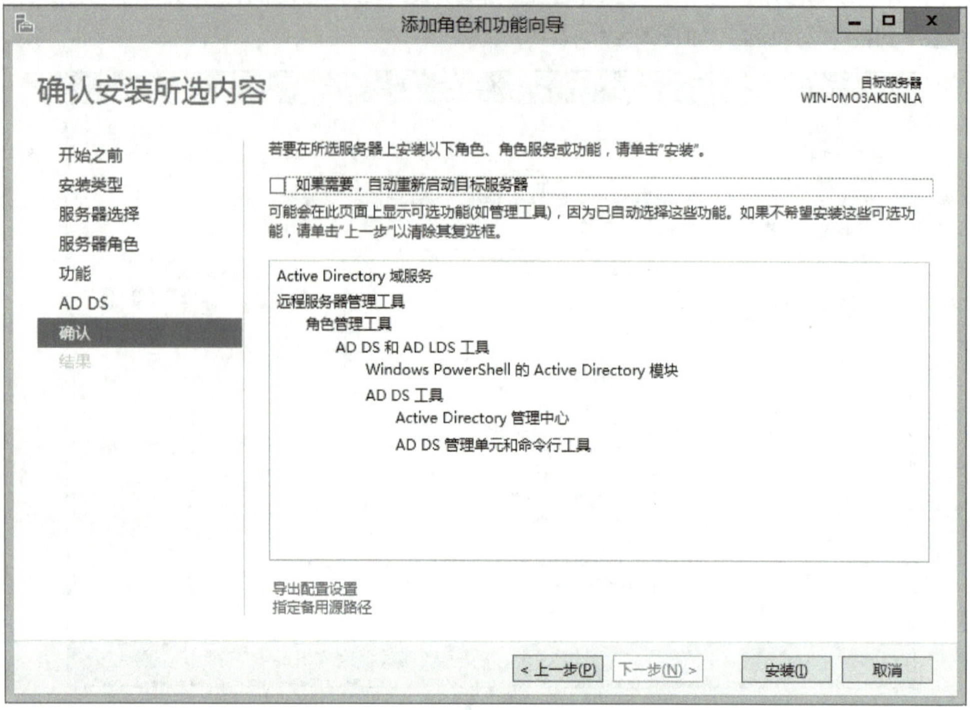

图2-10 “确认安装所选内容”对话框

11）单击“安装”按钮，打开“安装进度”对话框，如图2-11所示。

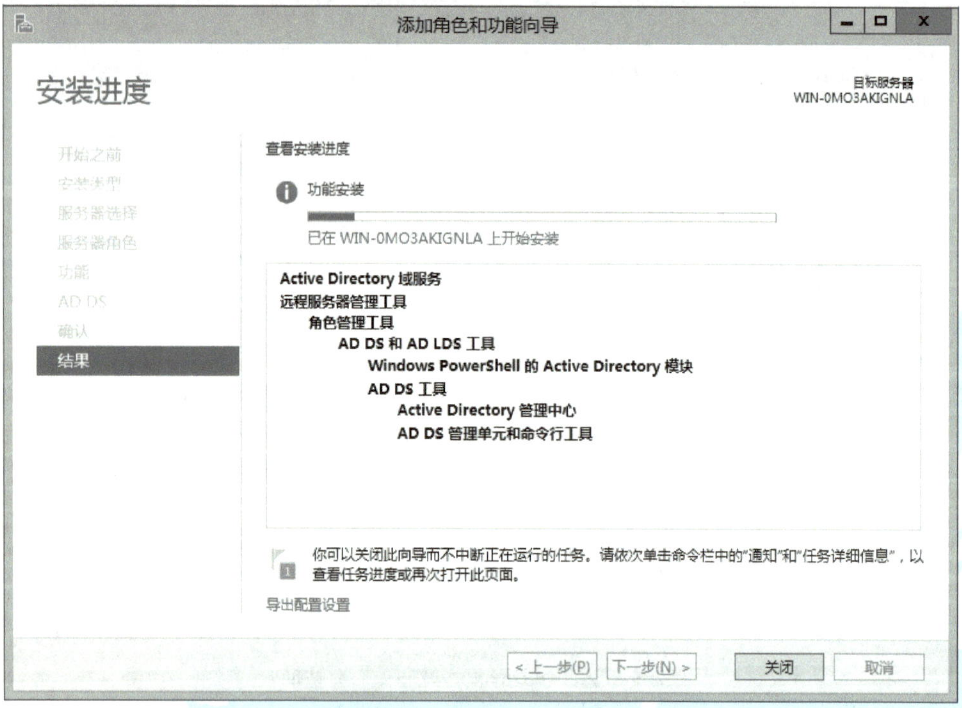

图2-11 “安装进度”对话框

12）安装完成后，单击“关闭”按钮。

13）单击“仪表板”右上角的“通知”标签，打开如图2-12所示的对话框，单击“将此服务器提升为域控制器”超链接，打开“部署配置”对话框。在“部署配置”对话框中，选中“添加新林”单选按钮，同时在“根域名”文本框中输入“jsjpx.com”，如图2-13所示。

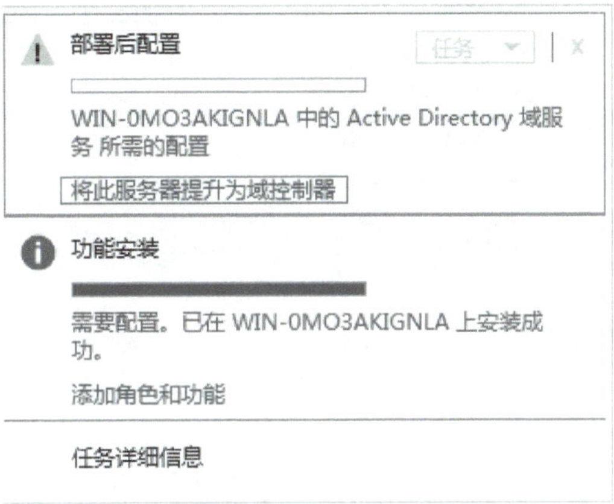

图2-12　仪表板通知

图2-13　“部署配置”对话框

14）单击“下一步”按钮，打开“域控制器选项”对话框，分别选择“林功能级别”及“域功能级别”为“Windows Server 2012”，选择“域名系统（DNS）服务器”复选框，输入目录服务还原密码，如图2-14所示。

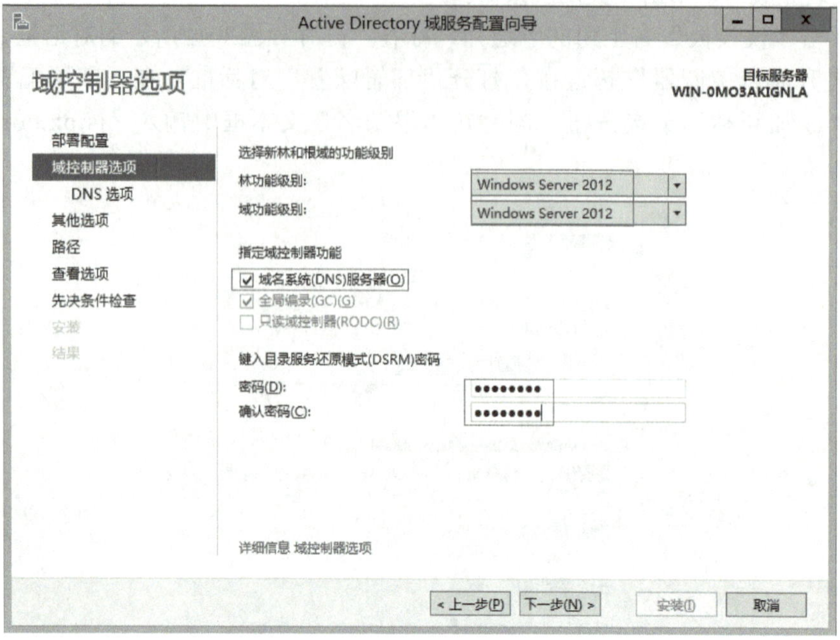

图2-14 “域控制器选项”对话框

15）单击“下一步”按钮，打开“DNS选项”对话框，因为此域服务器是域内唯一的DNS服务器，所以无法指定DNS委派，如图2-15所示。

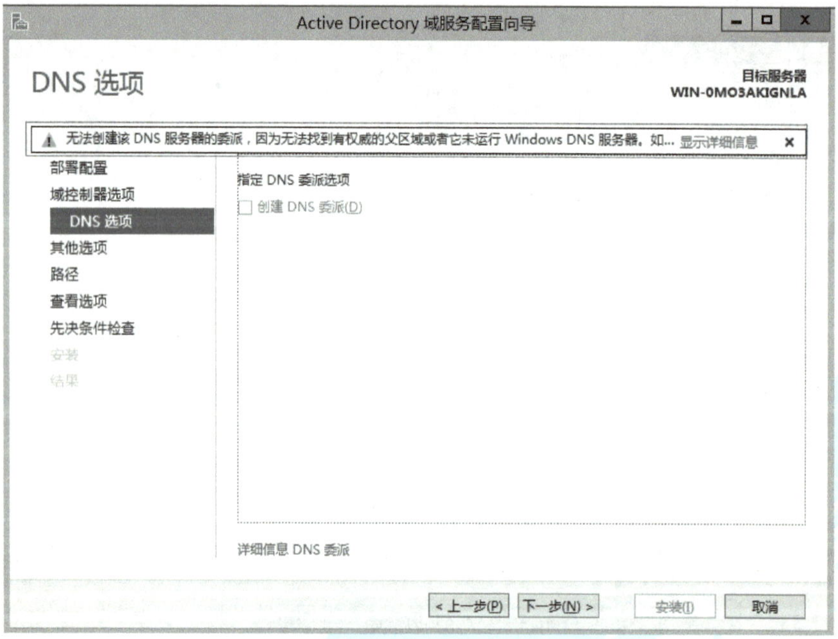

图2-15 “DNS选项”对话框

16）单击“下一步”按钮，打开“其他选项”对话框，可设定一个符合NetBIOS格式的域名，默认是DNS域名的前一部分（JSJPX），可让不支持DNS域名的Windows 98、Windows

NT等早期的操作系统利用NetBIOS域名来访问此域内的资源，如图2-16所示。

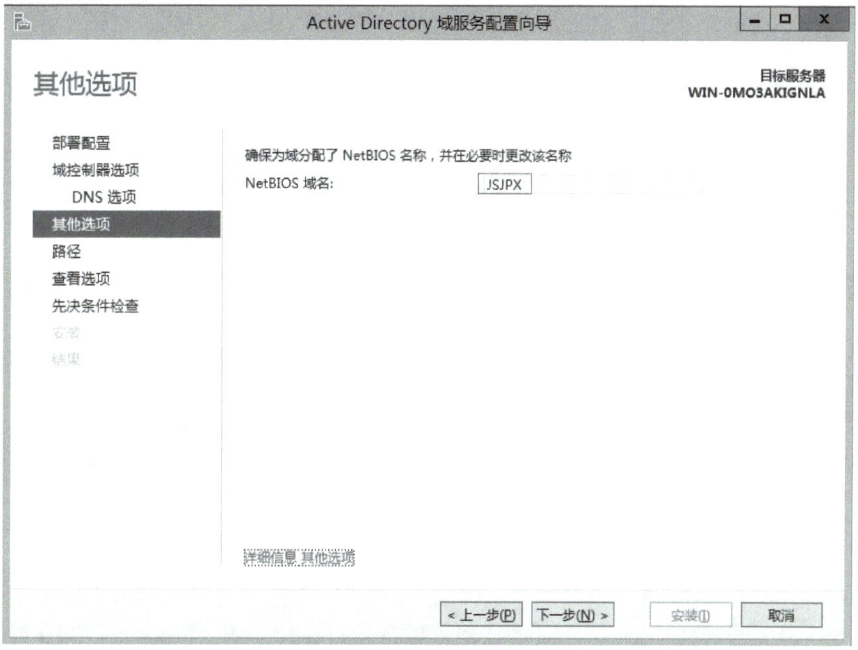

图2-16　“其他选项”对话框

17）单击“下一步”按钮，打开“路径”对话框，页面中显示数据库文件夹、日志文件文件夹及SYSVOL文件夹对应的目录，如图2-17所示。

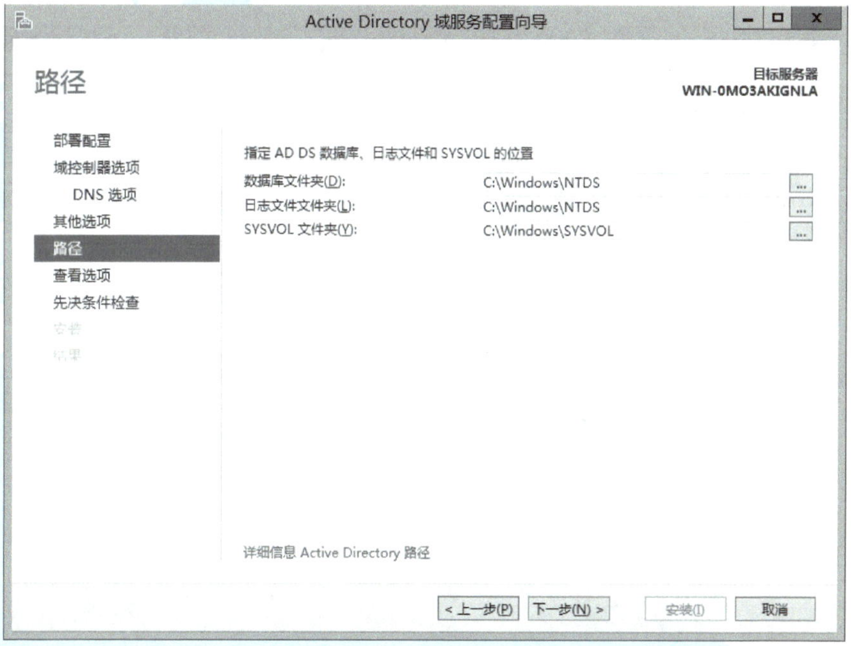

图2-17　“路径”对话框

18）单击“下一步”按钮，打开“查看选项”对话框，页面显示Active Directory域服务配置的所有信息，如图2-18所示。

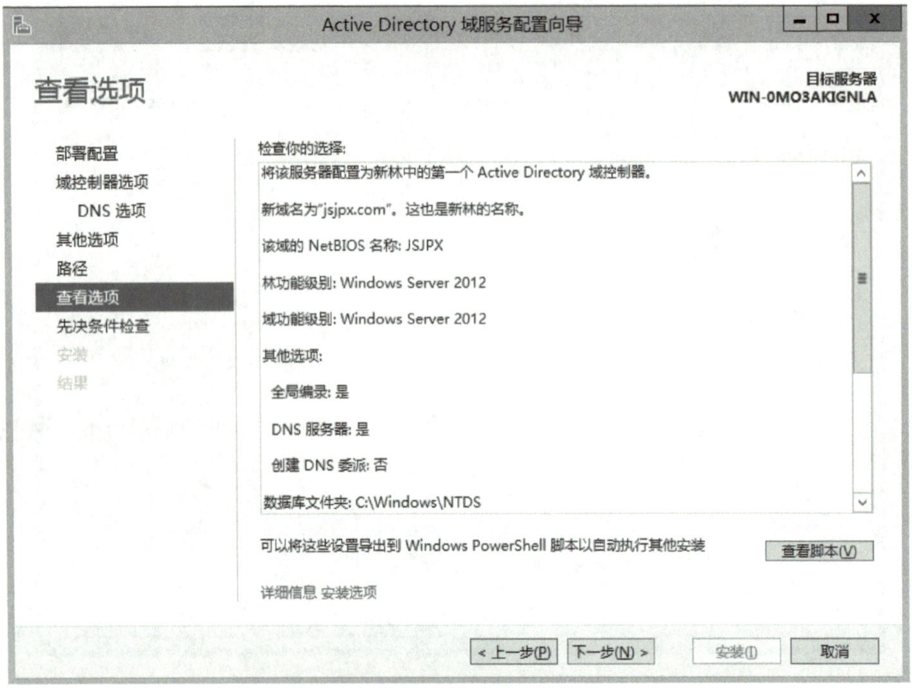

图2-18 “查看选项”对话框

19）单击“下一步”按钮，打开“先决条件检查”对话框，配置向导对安装Active Directory域服务配置进行先决条件检查并显示检查结果，如图2-19所示。

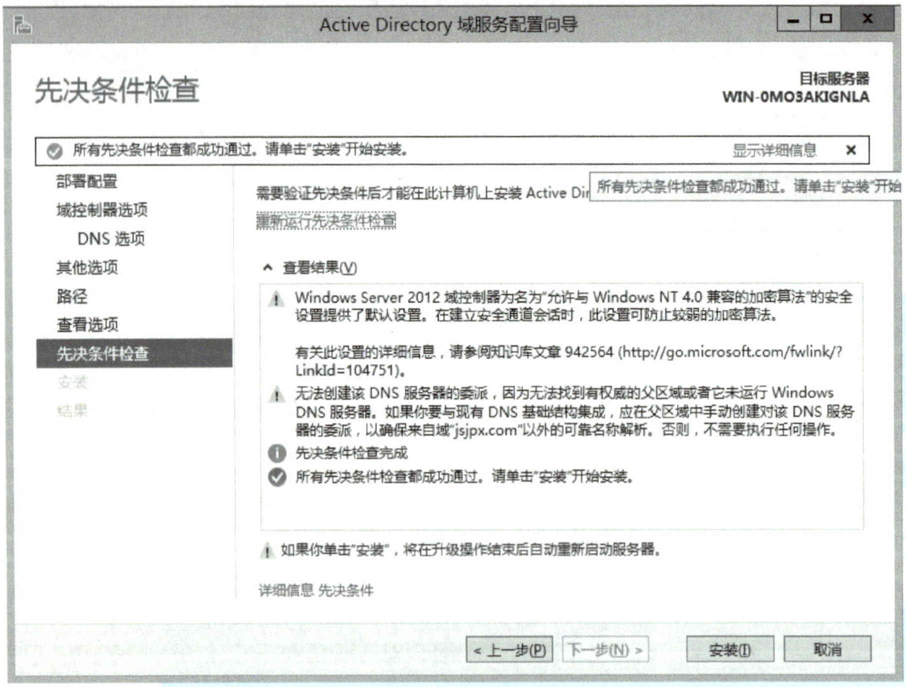

图2-19 “先决条件检查”对话框

20）单击“安装”按钮，安装向导启动安装进程并显示详细操作结果，如图2-20所示。

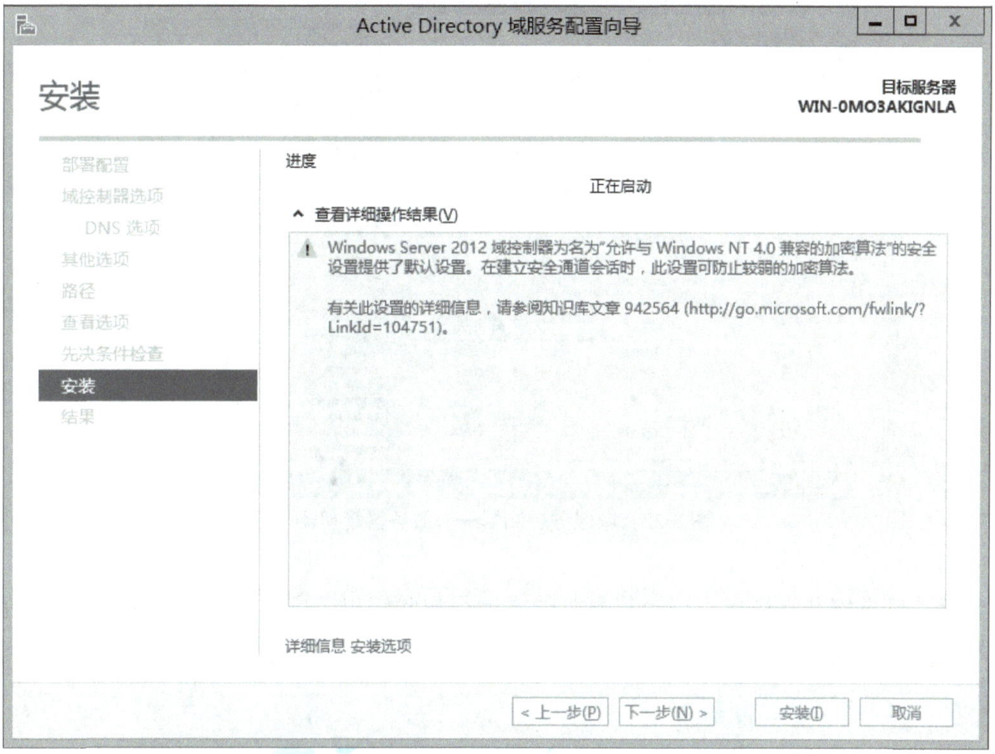

图2-20　“安装”对话框

21）安装完成后，系统将自动重新启动计算机。重启登录对话框如图2-21所示。

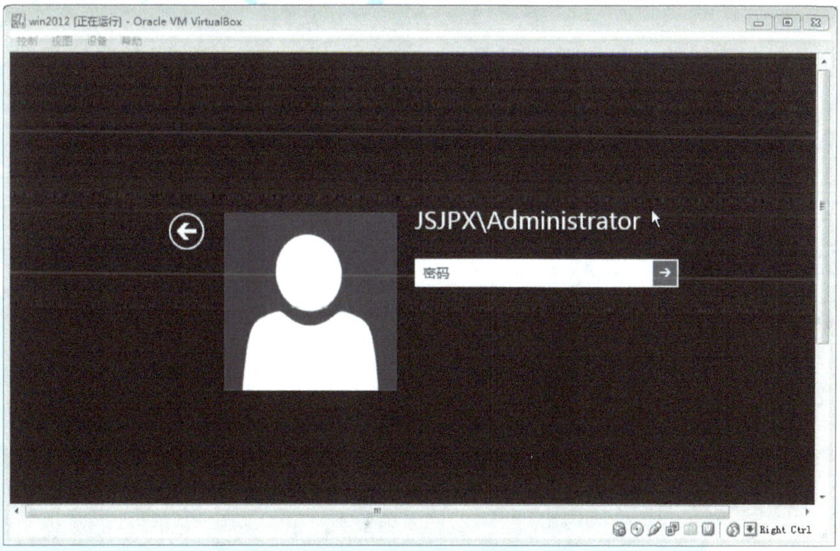

图2-21　JSJPX域登录对话框

22）打开域控制器“服务器管理器”页面，工具菜单中出现如图2-22所示的功能列表，表示域控制器添加成功。

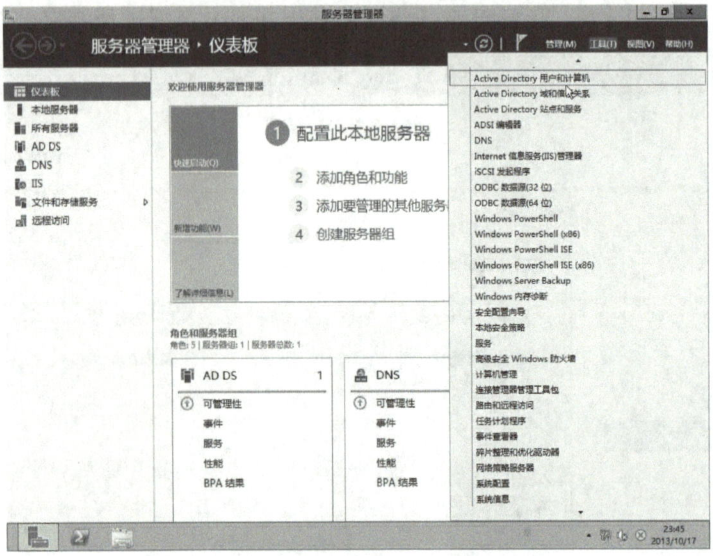

图2-22　域服务控制器——服务器管理器

说明

当活动目录安装完毕后，这台计算机的本地用户和组出于安全的原因将被禁用，取而代之的是域用户和组。

任务2　创建子域控制器

任务实施

1）为配置子域控制器安装一台独立服务器或成员服务器（Windows Server 2012），配置IP地址为192.168.10.31，DNS服务器的地址192.168.10.30，即公司自建域环境下的DNS服务器。

2）单击屏幕左下角的“服务器管理器”，打开如图2-23所示的服务器管理器。

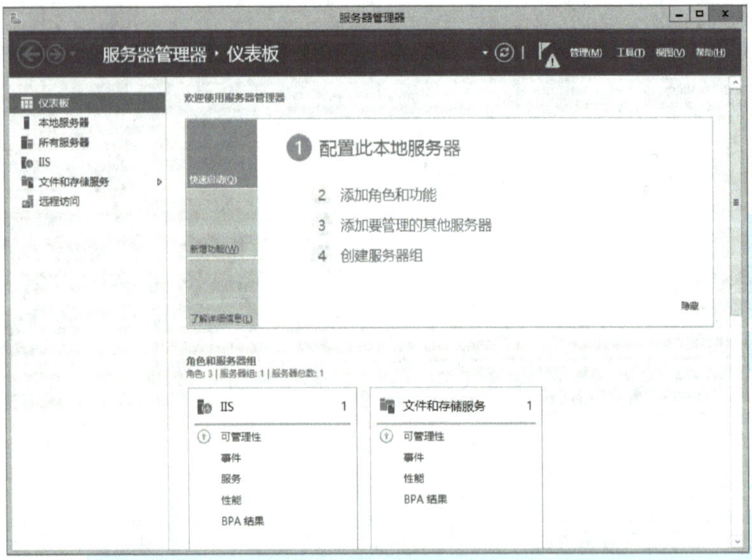

图2-23　服务器管理器

3）单击“添加角色和功能”链接，打开“添加角色和功能向导”对话框，如图2-24所示。

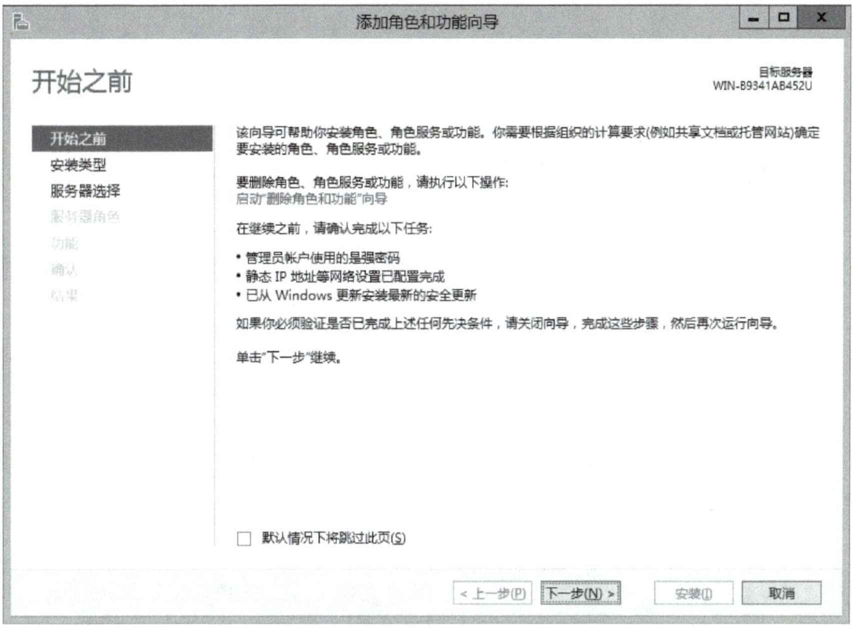

图2-24　“添加角色和功能向导”对话框

4）单击“下一步”按钮，打开“选择安装类型”对话框，选中“基于角色或基于功能的安装”单选按钮，如图2-25所示。

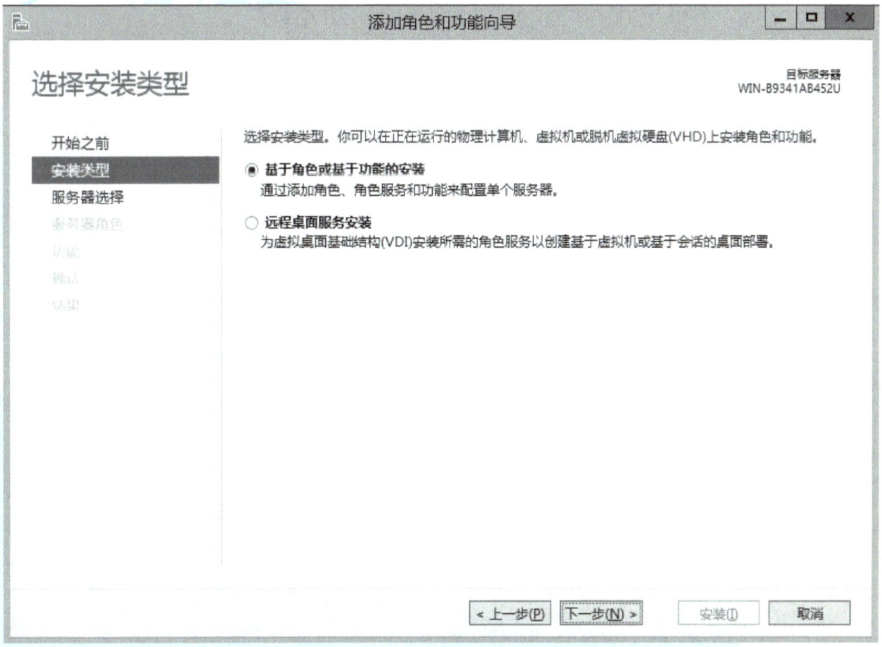

图2-25　“选择安装类型”对话框

5）单击“下一步”按钮，打开“选择目标服务器”对话框，选中“从服务器池中选择服务器”单选按钮，并选择IP地址为192.168.10.31的服务器，如图2-26所示。

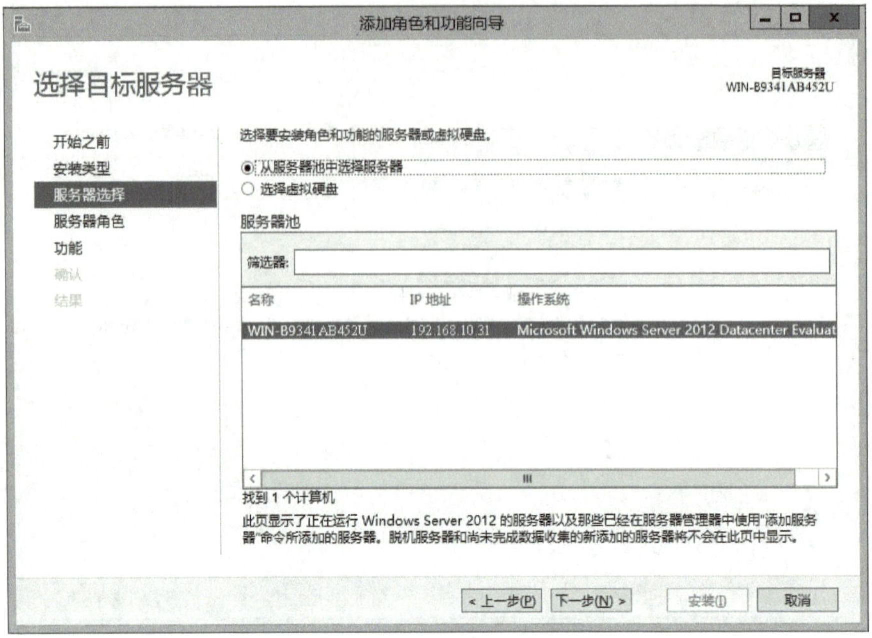

图2-26 “选择目标服务器”对话框

6）Active Directory安装成功后，通过仪表板将此域提升为域控制器，打开“部署配置”对话框，选中“将新域添加到现有林”单选按钮，在“选择域类型”下拉列表中选择“子域”，在“新域名”文本框中输入“xzgl”，如图2-27所示。

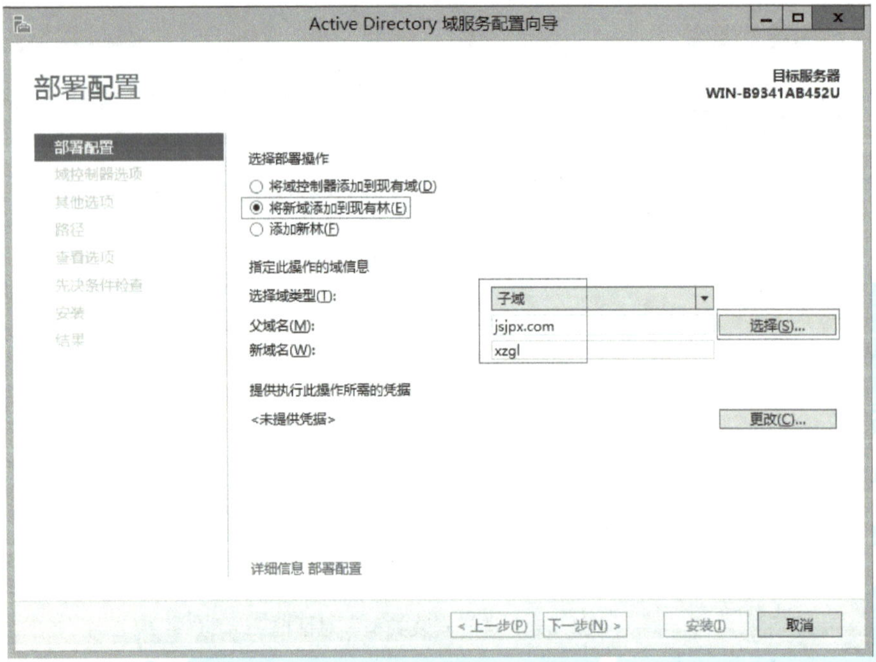

图2-27 “部署配置”对话框

7）单击“提供执行此操作所需的凭据”后面的“更改”按钮，打开“Windows安全”对话框，输入隶属于jsjpx.com域控制器内Enterprise Admins组的用户名和密码，如图2-28所示。

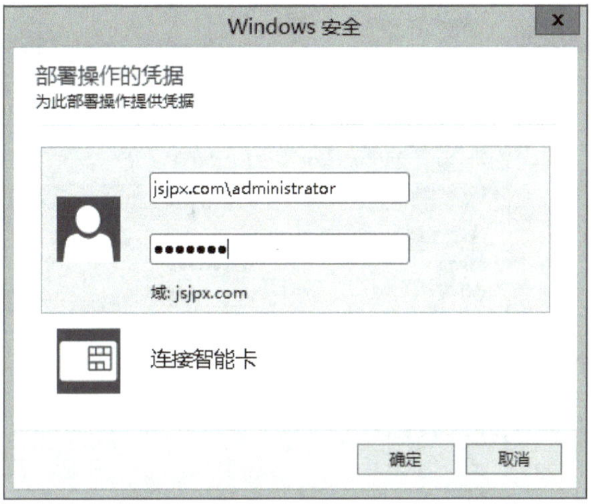

图2-28 “Windows安全”对话框

8）单击“确定”按钮，返回“部署配置”对话框，如图2-29所示。

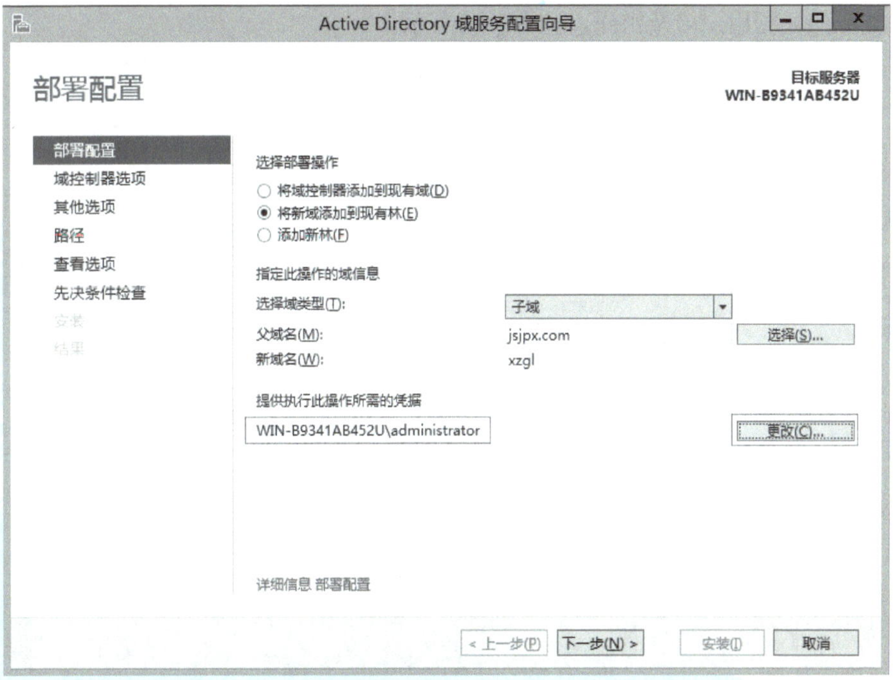

图2-29 “部署配置”对话框

9）单击“下一步”按钮，打开“域控制器选项”对话框，选择新域功能级别为“Windows Server 2012”，选择“域名系统（DNS）服务器”及“全局编录（GC）”复选框，输入目录服务还原模式密码，如图2-30所示。

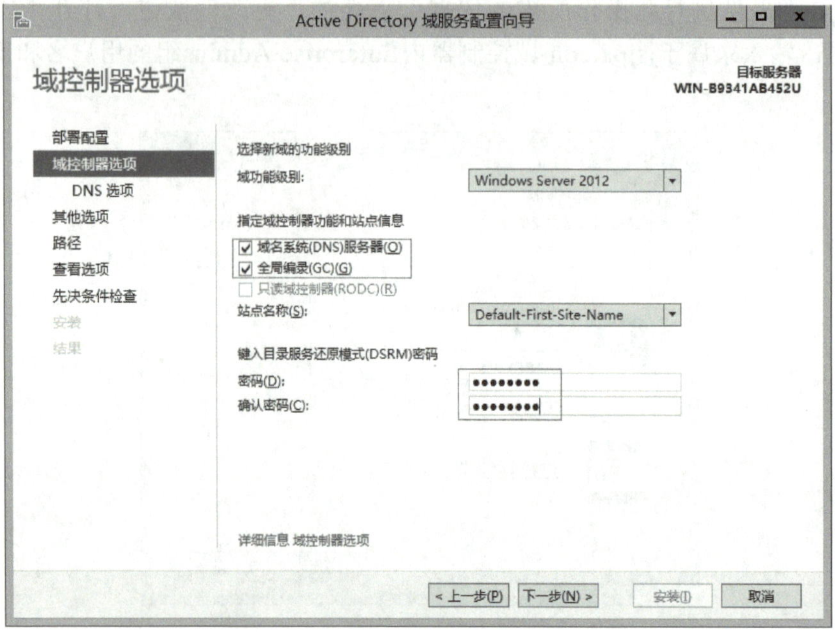

图2-30 “域控制器选项”对话框

10）单击“下一步”按钮，打开“DNS选项”对话框，选择“创建DNS委派”复选框，输入创建委派的凭据用户名及密码，如图2-31所示。

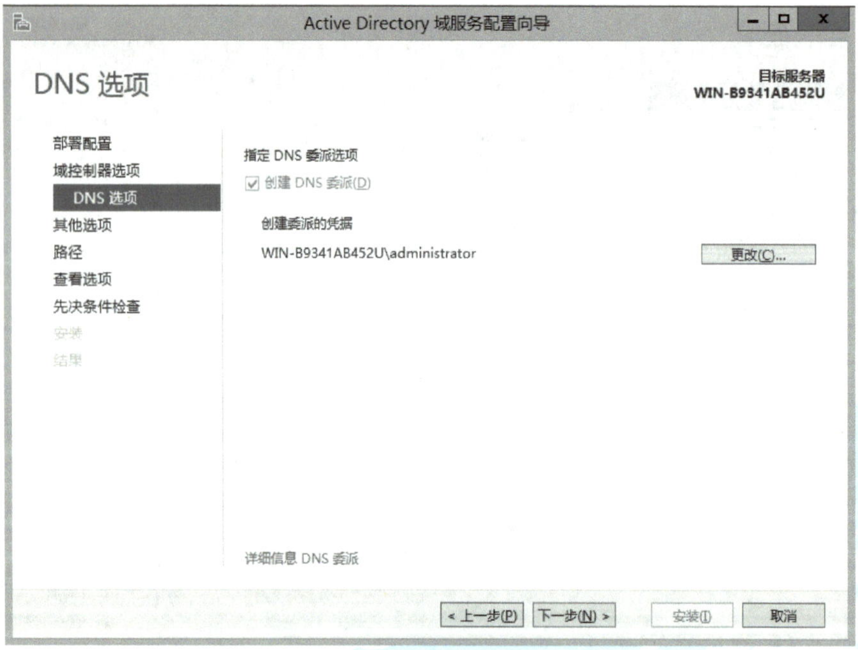

图2-31 “DNS选项”对话框

11）单击“下一步”按钮，打开“其他选项”对话框，可设定一个符合NetBIOS格式的域名，默认是DNS域名的前一部分（XZGL），可让不支持DNS域名的Windows 98、Windows NT等早期的操作系统利用NetBIOS域名来访问此域内的资源，如图2-32所示。

图2-32　“其他选项”对话框

12）单击“下一步”按钮，打开“路径”对话框，系统给出数据库文件夹、日志文件文件夹及SYSVOL文件夹对应的存储位置，用户也可以自行设定，建议采用系统默认目录进行安装，如图2-33所示。

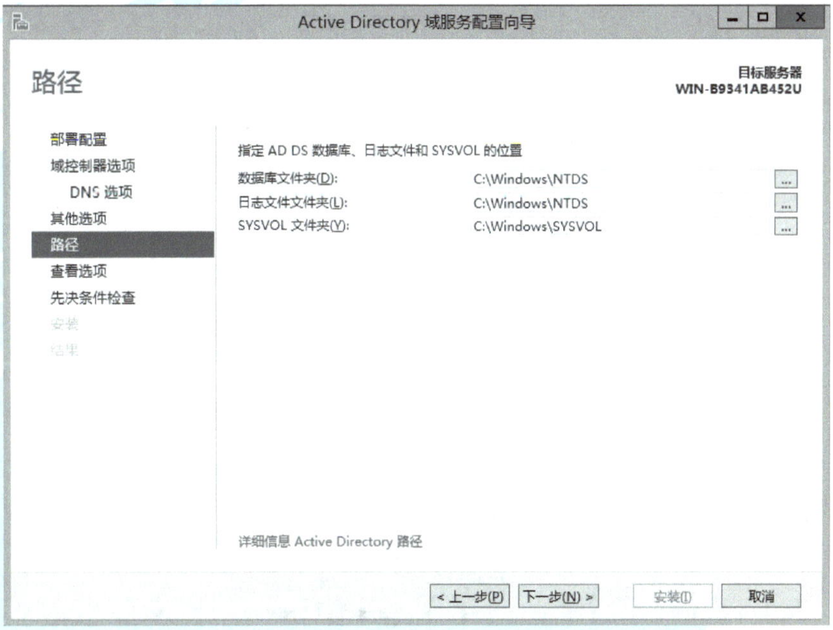

图2-33　“路径”对话框

13）单击“下一步”按钮，打开“查看选项”对话框，系统显示Active Directory服务器安装详细信息，如图2-34所示。

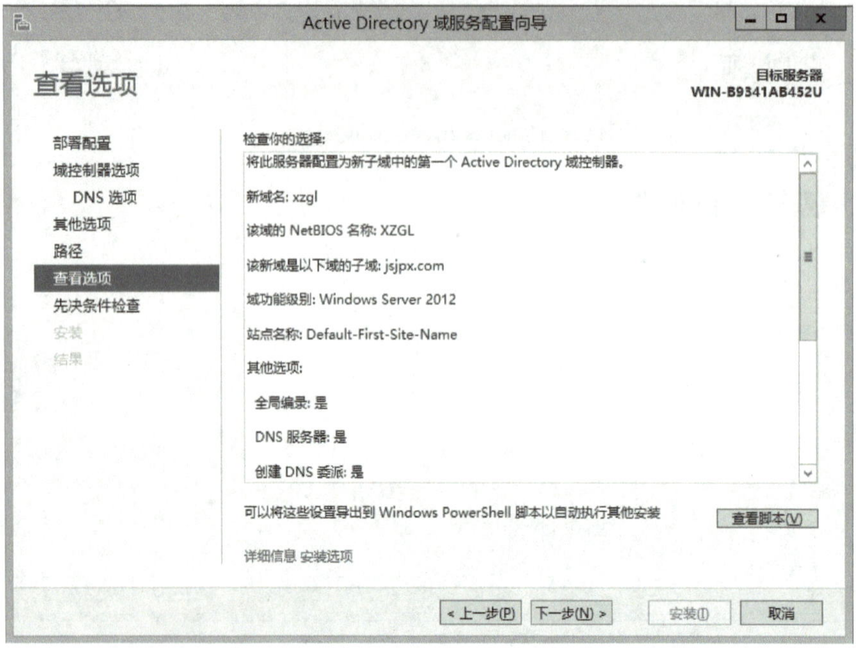

图2-34 “查看选项”对话框

14）单击“下一步”按钮，打开“先决条件检查”对话框，系统将对详细安装信息进行先决条件检查，查看结果中显示具体先决条件检查情况，如图2-35所示。

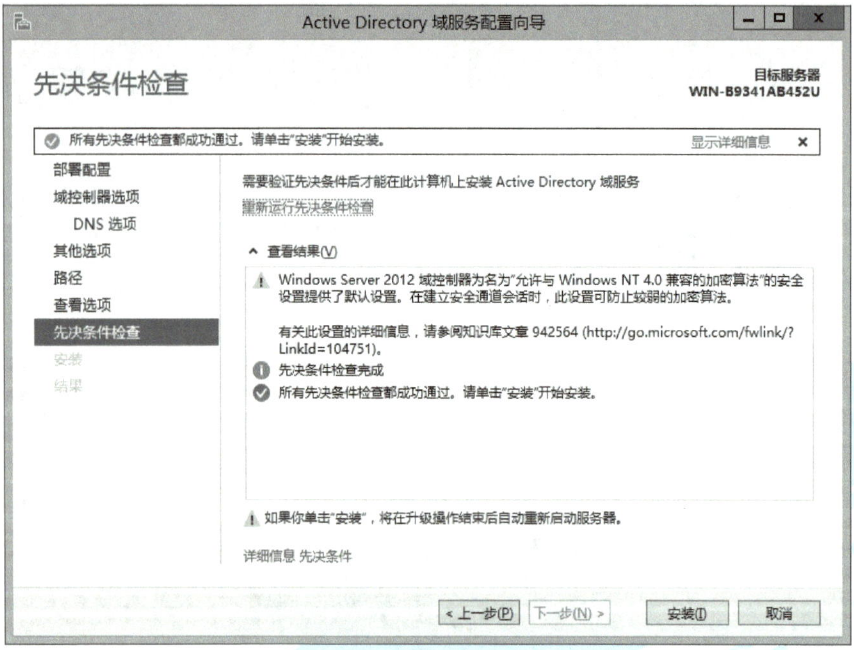

图2-35 “先决条件检查”对话框

15）单击“安装”按钮，打开“安装”对话框，配置向导对域服务进行安装，如图2-36所示。

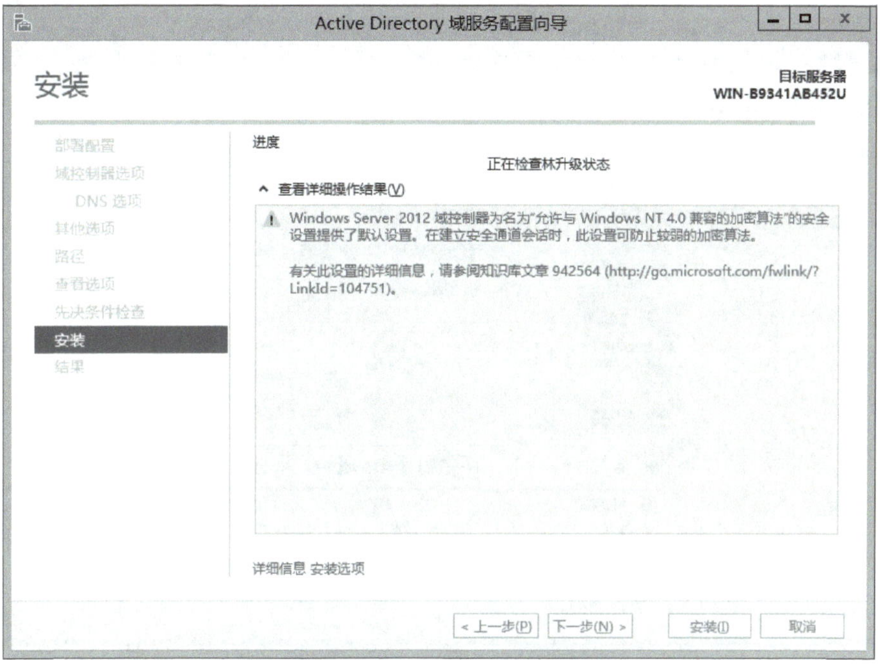

图2-36 “安装”对话框

16）安装完成后，系统将自动重新启动服务器。

17）系统重新启动后，域服务器登录对话框如图2-37所示。

图2-37 域服务器登录对话框

任务3 创建jsjpx.cn域控制器

任务实施

1）为配置域控制器安装一台独立服务器或成员服务器（Windows Server 2012），配置IP地址为192.168.10.40，DNS服务器的地址为192.168.10.40，即此服务器本身的IP地址。

2）单击屏幕左下角的“服务器管理器”，打开“服务器管理器”对话框，如图2-38所示。

图2-38 “服务器管理器”对话框

3）单击“添加角色和功能”链接，打开“添加角色和功能向导”对话框，如图2-39所示。

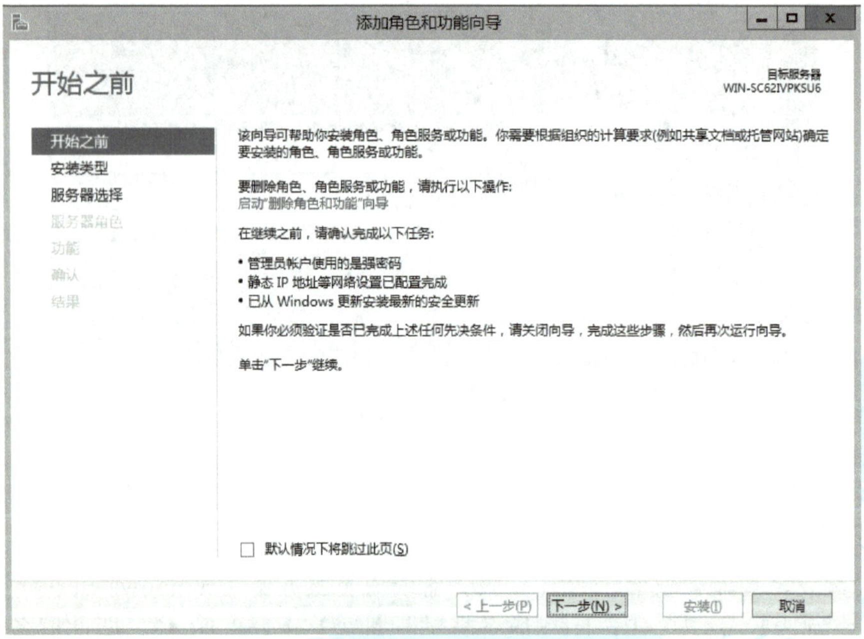

图2-39 “添加角色和功能向导”对话框

4）单击“下一步”按钮，打开“选择安装类型”对话框，选中“基于角色或基于功能的安装”单选按钮，如图2-40所示。

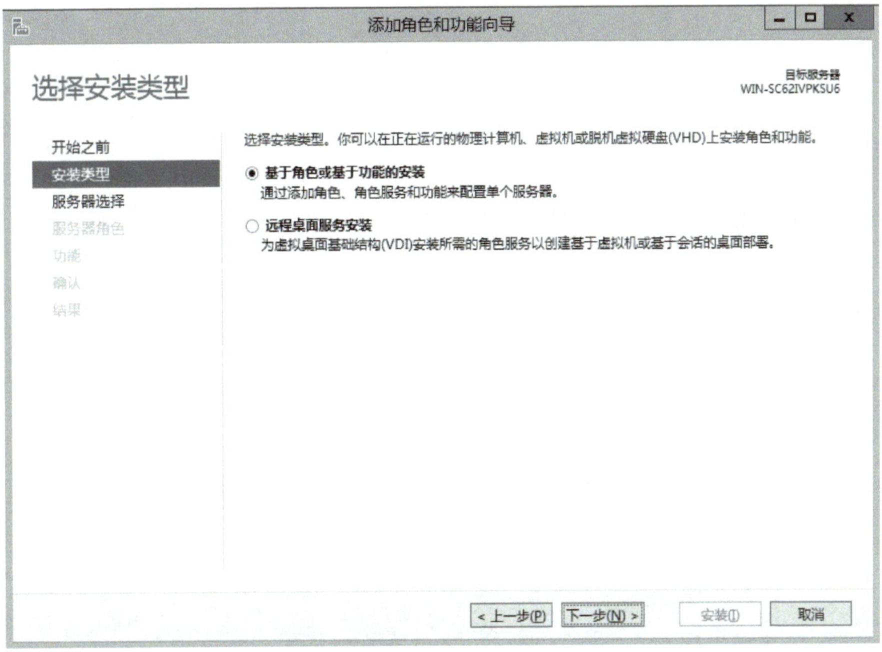

图2-40　“选择安装类型”对话框

5）单击“下一步”按钮，打开“选择目标服务器”对话框，选中“从服务器池中选择服务器”单选按钮，并选择IP地址为192.168.10.40的服务器，如图2-41所示。

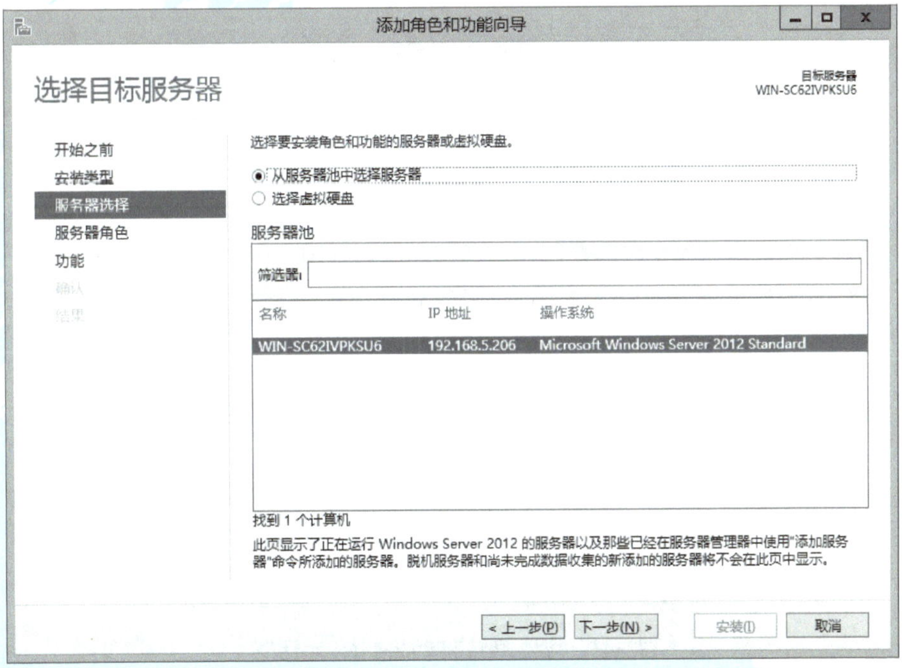

图2-41　“选择目标服务器”对话框

6）单击“下一步”按钮，打开“选择服务器角色”对话框，如图2-42所示。

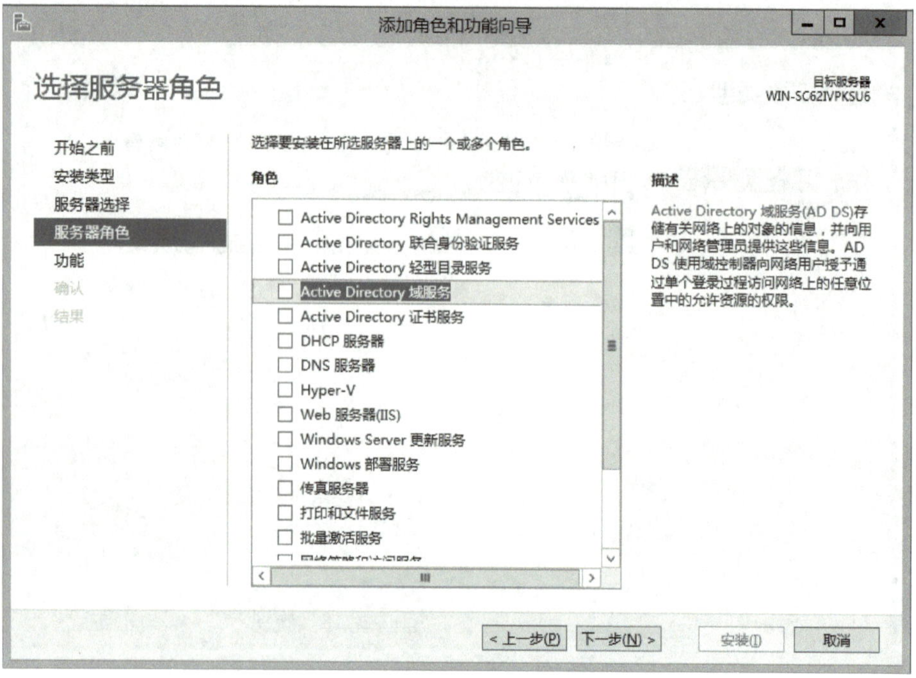

图2-42 “选择服务器角色”对话框

7）选择“Active Directory域服务”复选框，打开“添加角色和功能向导”对话框，如图2-43所示 。

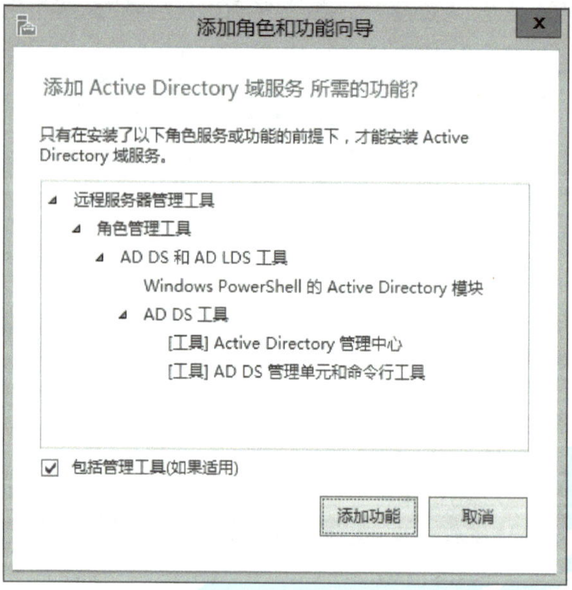

图2-43 “添加角色和功能向导”对话框

8）单击“添加功能”按钮，返回“选择服务器角色”对话框，单击“下一步”按钮，打开“选择功能”对话框，如图2-44所示。

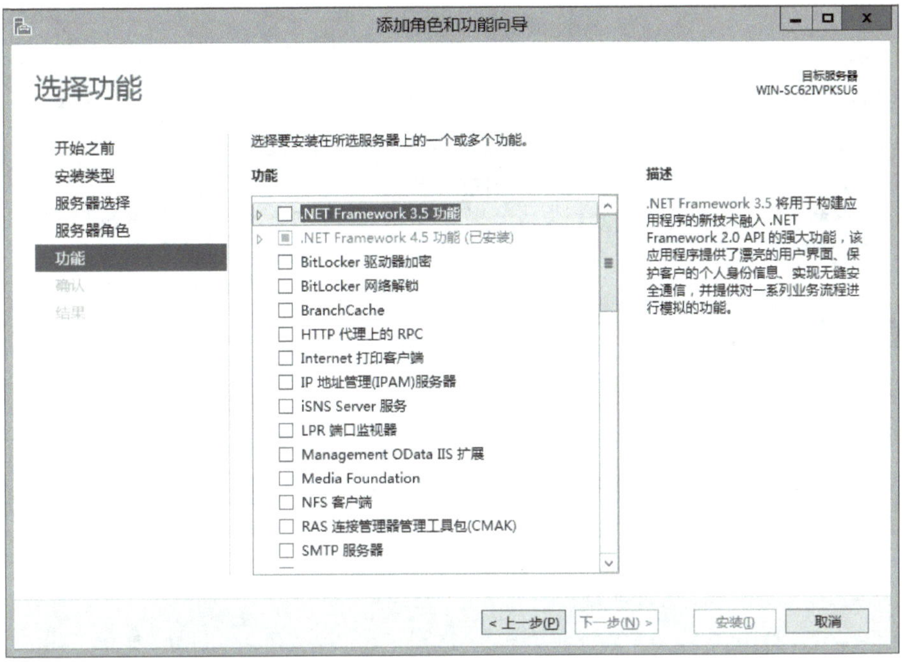

图2-44　“选择功能”对话框

9）单击“下一步”按钮，打开“Active Directory域服务”对话框，如图2-45所示。

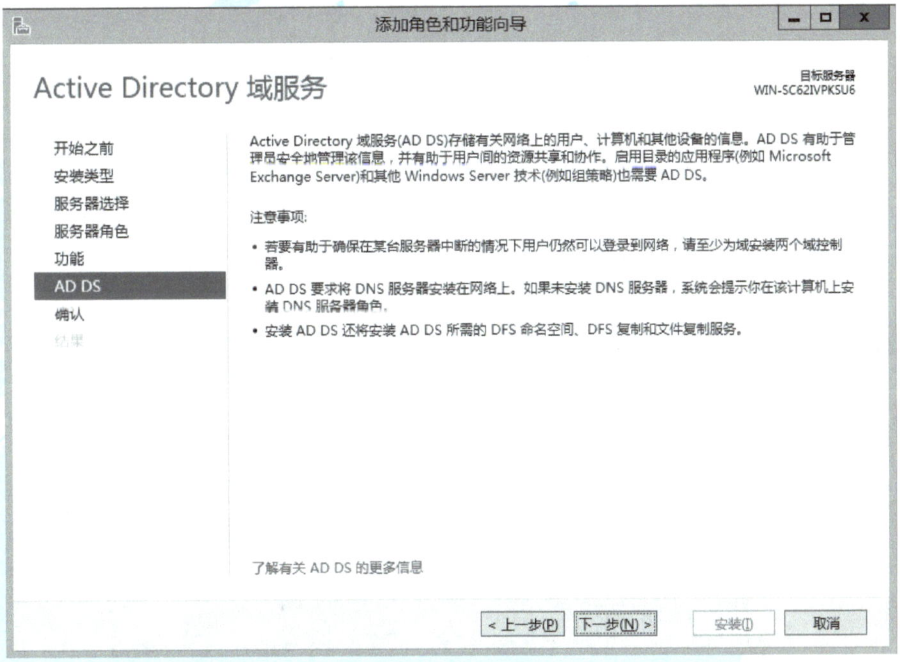

图2-45　“Active Directory域服务”对话框

10）单击“下一步”按钮，打开“确认安装所选内容”对话框，如图2-46所示。

11）单击“安装”按钮，打开“安装进度”对话框，如图2-47所示。

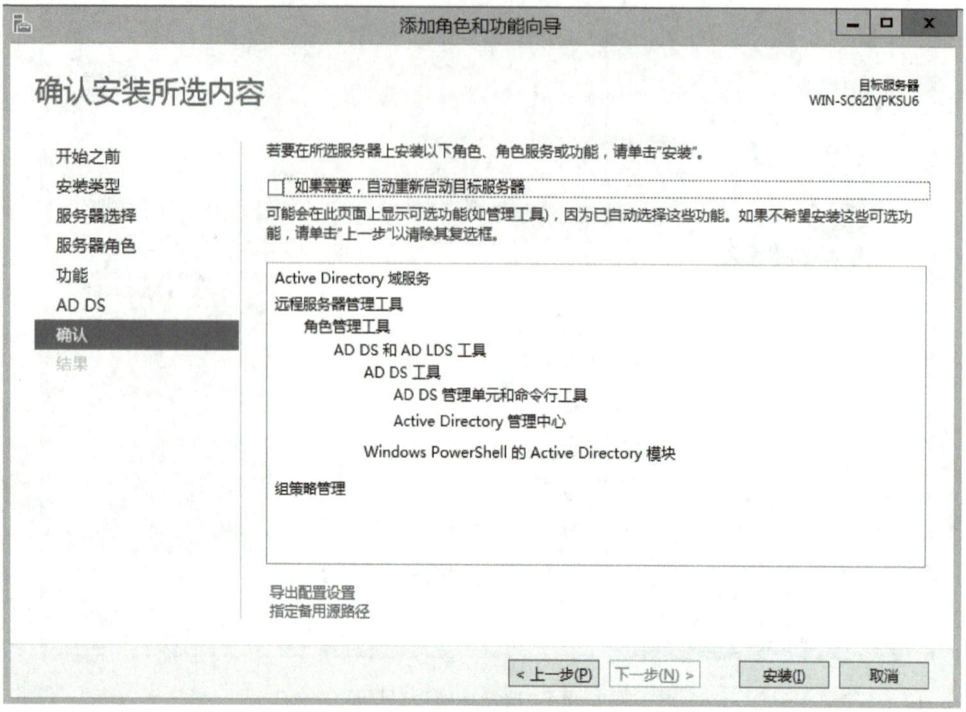

图2-46 “确认安装所选内容”对话框

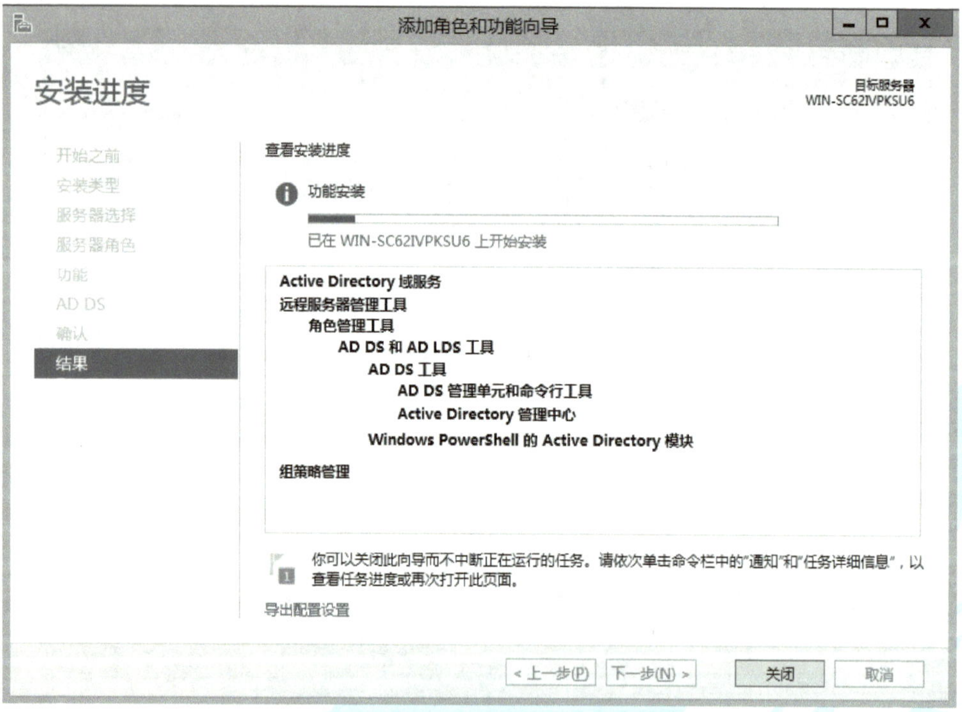

图2-47 “安装进度”对话框

12）安装完成后，单击“关闭”按钮。

13）单击“仪表板”右上角的“通知”标签，打开如图2-48所示的对话框，单击“将此服务器提升为域控制器”超链接，打开“部署配置”对话框，如图2-49所示。

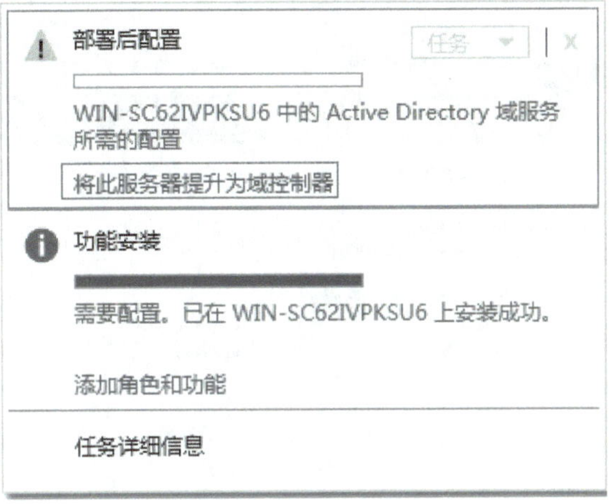

图2-48 仪表板通知

图2-49 “部署配置”对话框

14）单击“下一步”按钮，打开“域控制器选项”对话框，分别选择“林功能级别”及“域功能级别”为“Windows Server 2012”，选择“域名系统（DNS）服务器”复选框，输入目录服务还原模式密码，如图2-50所示。

15）单击“下一步”按钮，打开“DNS选项”对话框，如图2-51所示。

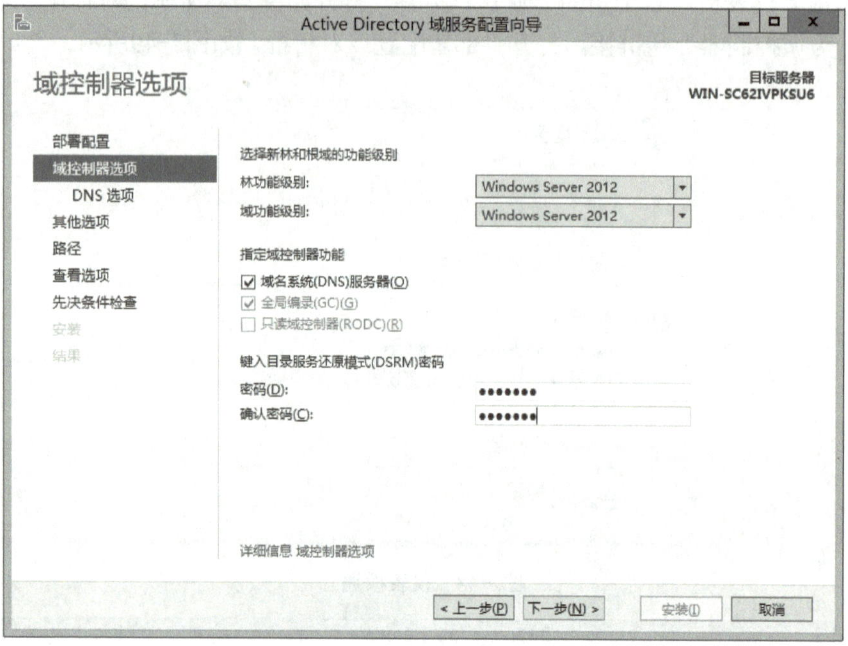

图2-50 “域控制器选项”对话框

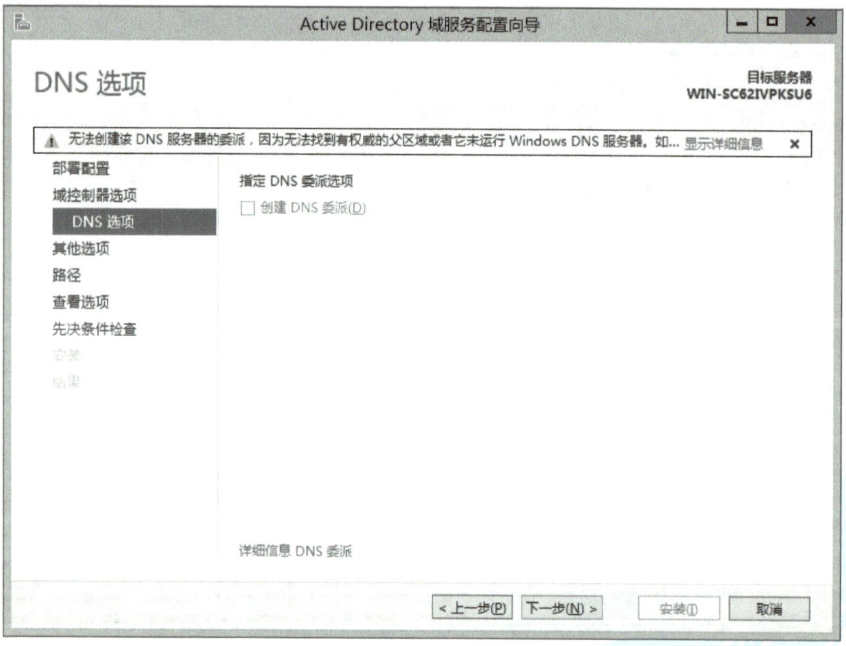

图2-51 “DNS选项”对话框

16）单击“下一步”按钮，打开“其他选项”对话框，可设定一个符合NetBIOS格式的域名，默认是DNS域名的前一部分，重复出现将在后面添加数字（JSJPX0），可让不支持DNS域名的Windows 98、Windows NT等早期的操作系统利用NetBIOS域名来访问此域内的资源，如图2-52所示。

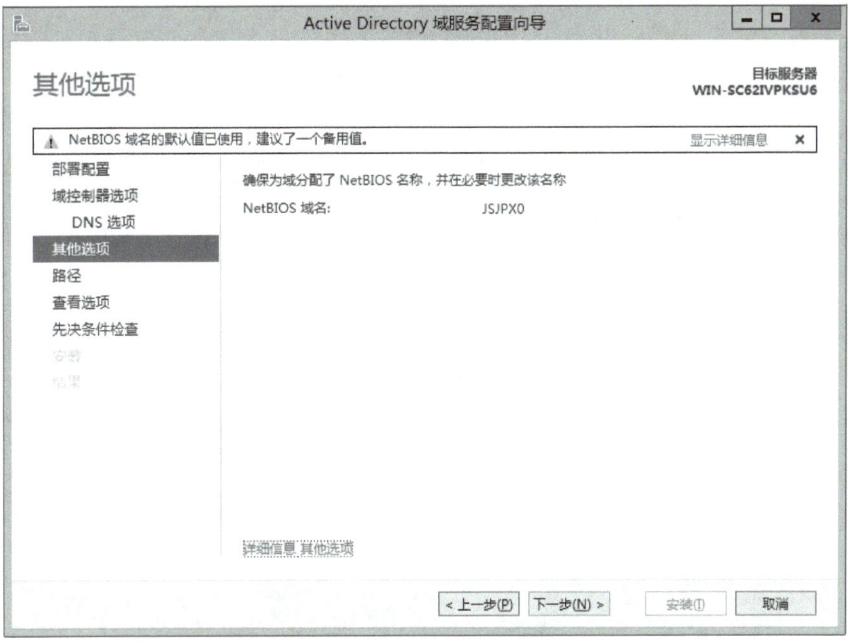

图2-52 “其他选项”对话框

17）单击“下一步”按钮，打开“路径”对话框，显示数据库文件夹、日志文件文件夹及SYSVOL文件夹对应的目录，建议采用默认设置，用户也可以自行修改，如图2-53所示。

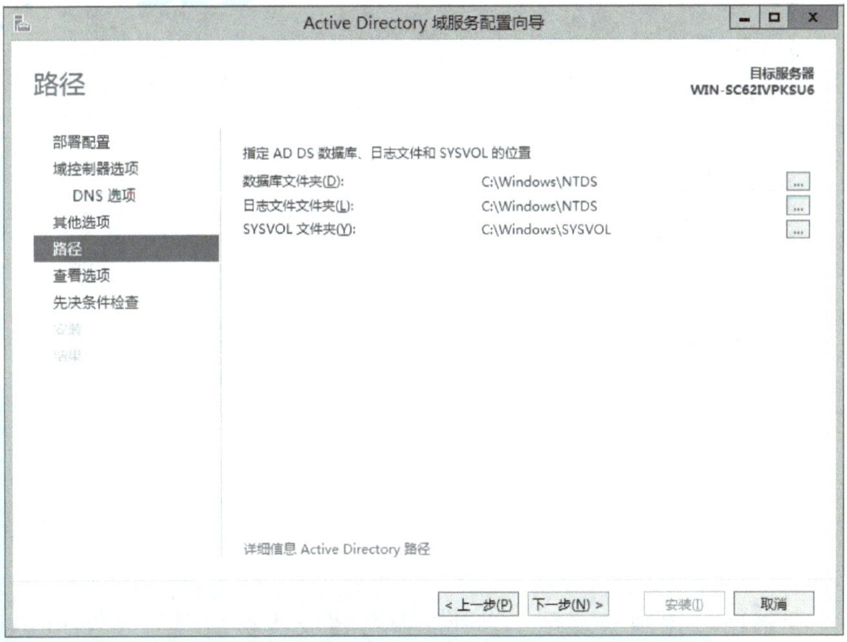

图2-53 “路径”对话框

18）单击“下一步”按钮，打开“查看选项”对话框，显示Active Directory域服务配置信息，如图2-54所示。

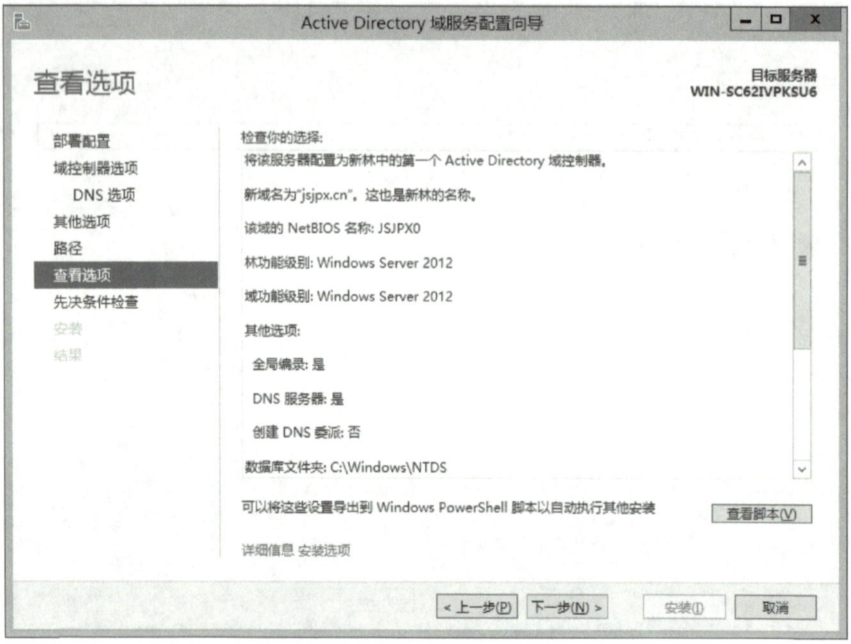

图2-54 “查看选项”对话框

19）单击“下一步”按钮，向导进行安装操作，安装完成后，系统自动重新启动。

20）系统重新启动后，用户登录界面如图2-55所示。

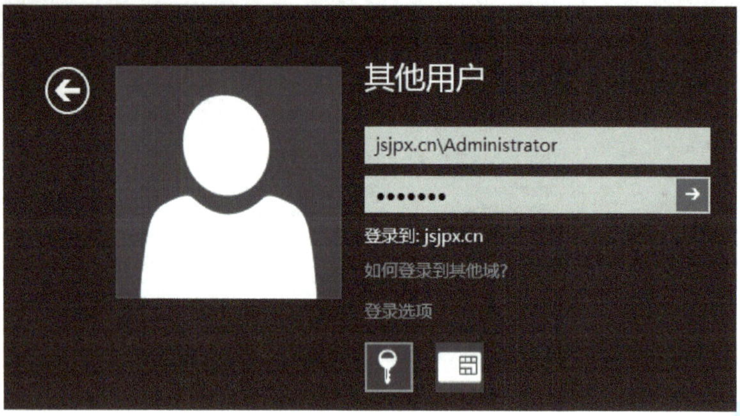

图2-55 域用户登录界面

任务4 建立辅助域控制器

任务实施

1）为配置辅助域控制器安装一台独立服务器或成员服务器（Windows Server 2012），配置IP地址为192.168.10.37，DNS服务器的地址为192.168.10.30，即此域控制器的IP地址。

2）单击屏幕左下角的“服务器管理器”，打开“服务器管理器”对话框，如图2-56所示。

图2-56　“服务器管理器”对话框

3）单击“添加角色和功能”链接，打开“添加角色和功能向导”对话框，如图2-57所示。

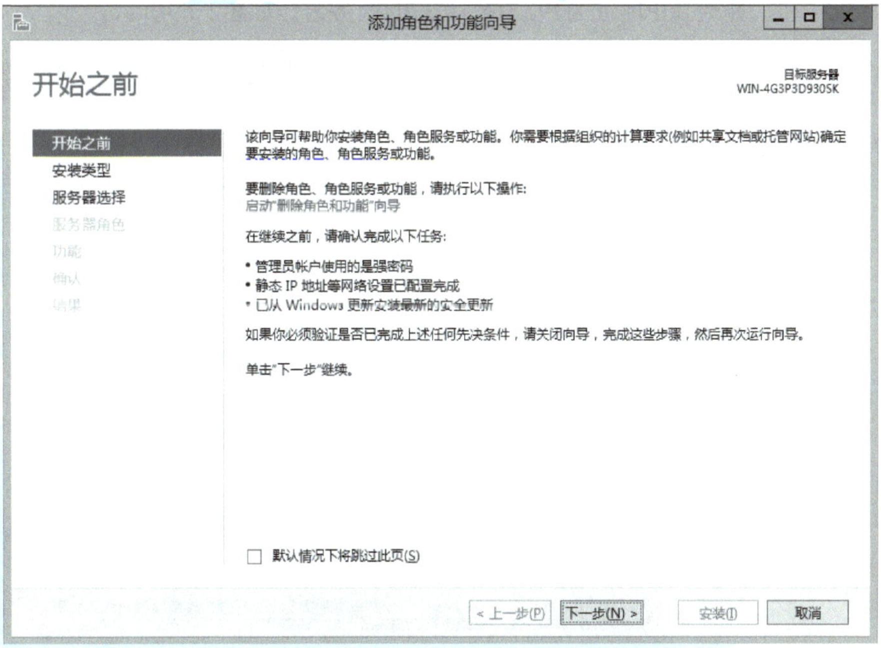

图2-57　“添加角色和功能向导”对话框

4）单击“下一步”按钮，打开“选择安装类型”对话框，选中“基于角色或基于功能的安装”单选按钮，如图2-58所示。

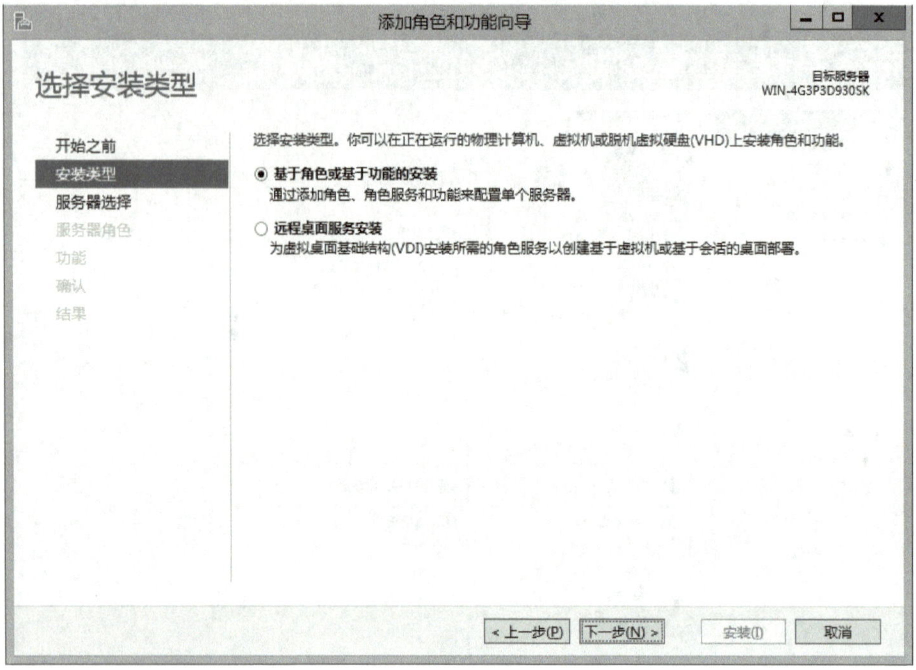

图2-58 “选择安装类型”对话框

5）单击“下一步”按钮，打开“选择目标服务器”对话框，选中“从服务器池中选择服务器”单选按钮，并选择IP地址为192.168.10.37的服务器，如图2-59所示。

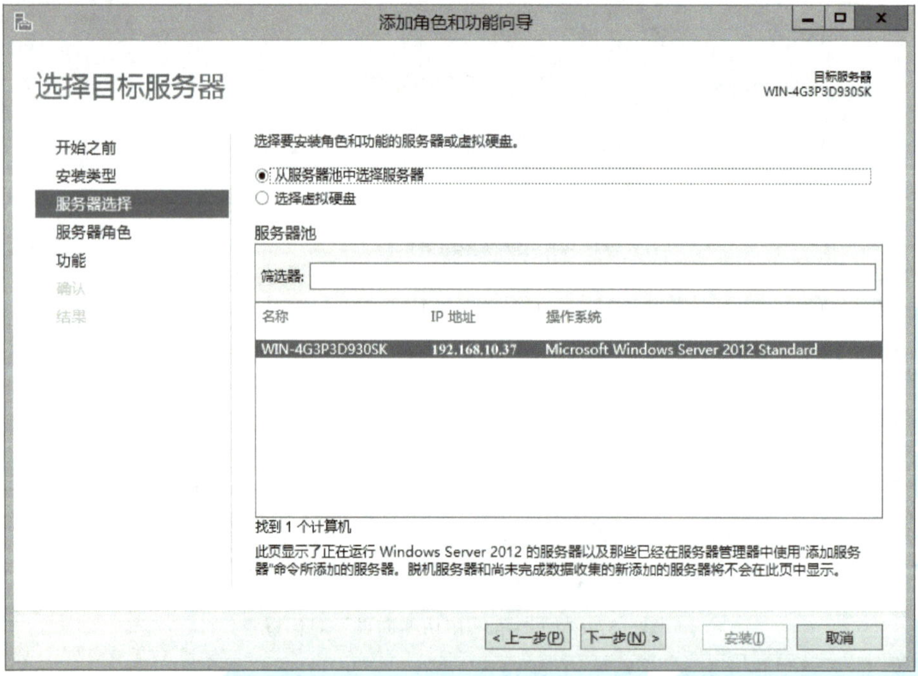

图2-59 “选择目标服务器”对话框

6）单击“下一步”按钮，打开 “部署配置”对话框，选中“将域控制器添加到现有域”单选按钮，并在指定此操作的域信息的“域”中输入“jxjpx.com”，如图2-60所示。

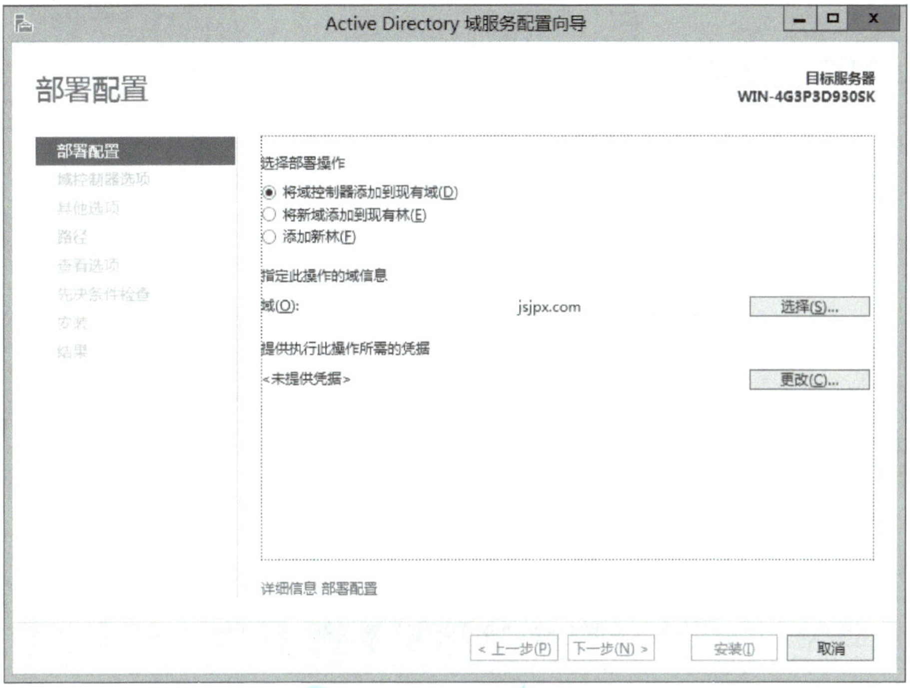

图2-60 “部署配置”对话框

7）单击“提供执行此操作所需的凭据”后面的“更改”按钮，打开“Windows安全”对话框，输入隶属于jsjpx.com域控制器内Enterprise Admins组的用户名及密码，如图2-61所示。

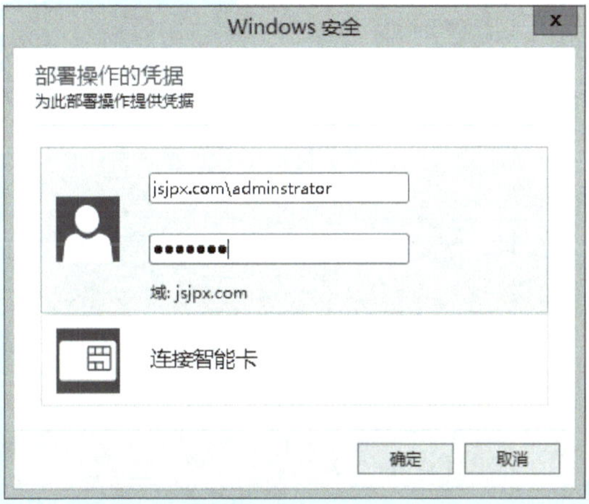

图2-61 “Windows安全”对话框

8）单击“确定”按钮，返回“部署配置”对话框，如图2-62所示。

9）单击“下一步”按钮，打开“域控制器选项”对话框，选择“域名系统（DNS）服务器”及“全局编录（GC）”复选框，输入目录服务还原模式密码，如图2-63所示。

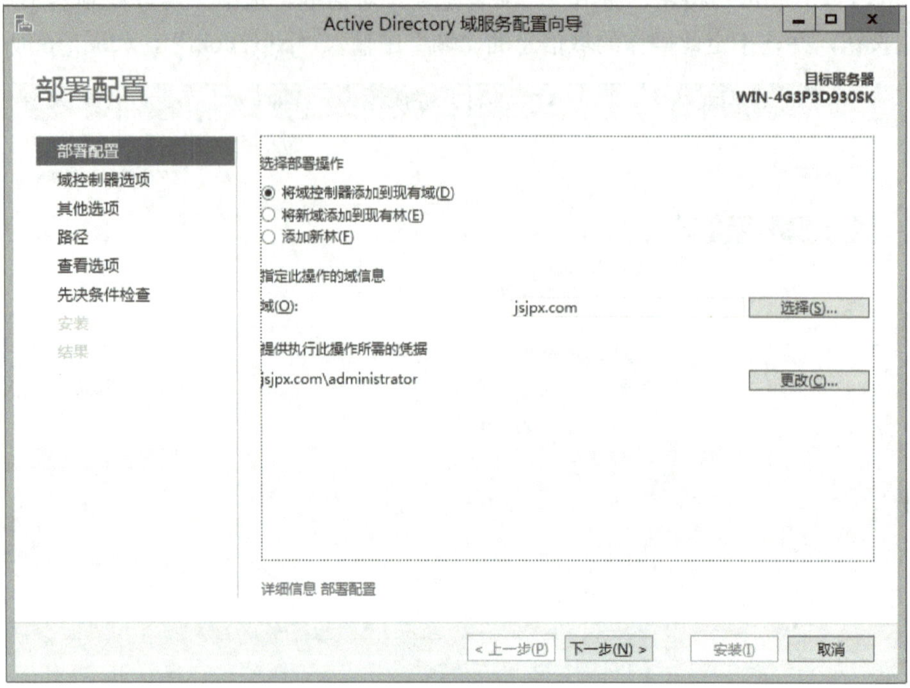

图2-62 “部署配置”对话框

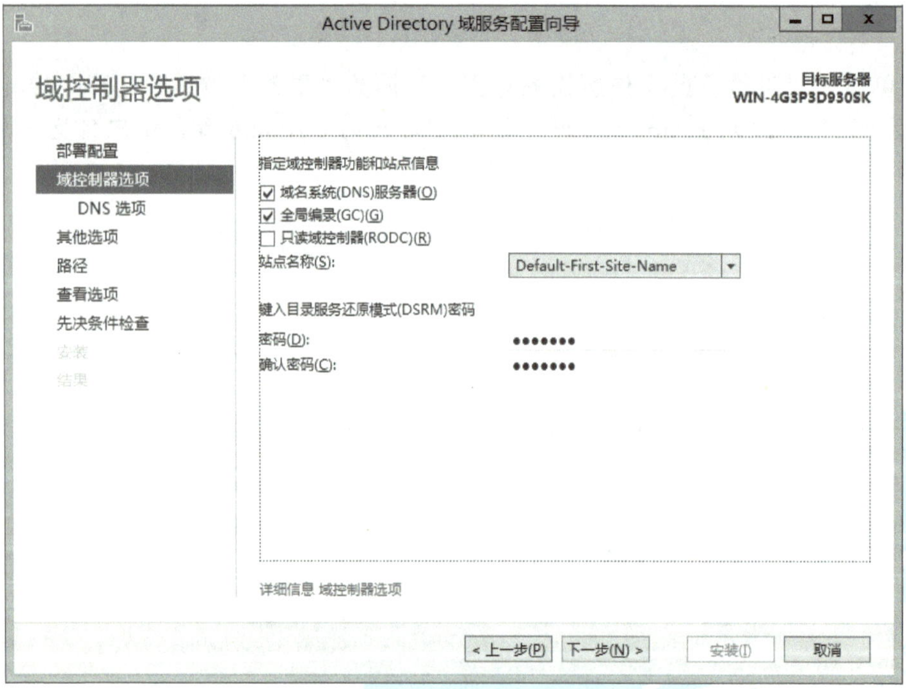

图2-63 “域控制器选项”对话框

10）单击“下一步”按钮，打开“DNS选项”对话框，因为此服务器为辅助域服务器，没有下属DNS服务器，所以“指定DNS委派选项”不可以选择，如图2-64所示。

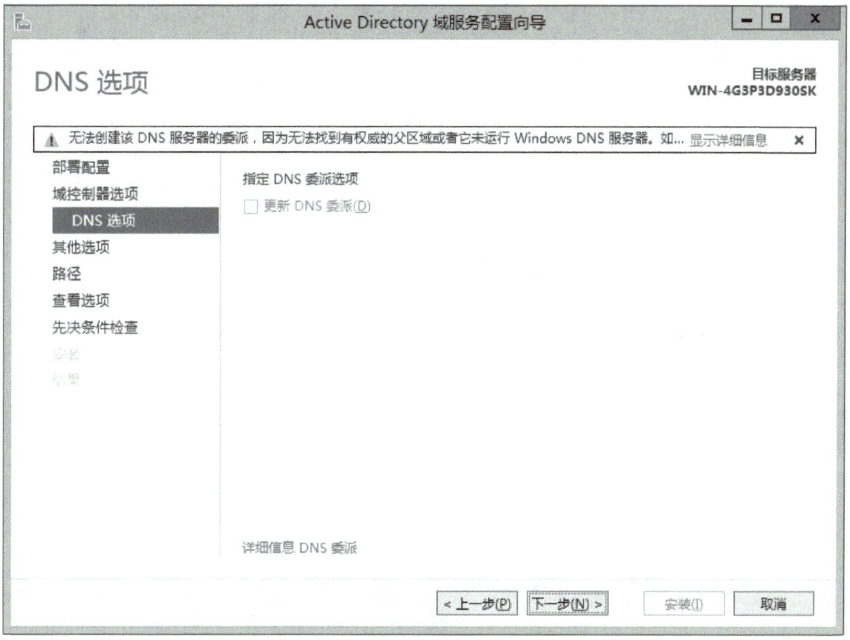

图2-64　“DNS选项”对话框

11）单击“下一步”按钮，打开“其他选项”对话框，在“指定其他复制选项”中的“复制自”下拉列表框中选择“jsjxp.com”的DC服务器名称，如图2-65所示。

注：从介质安装（IFM）是Windows Server 2003引入的功能，其主要解决在将服务器提升为DC时允许使用备份介质来进行数据复制。解决拥有大型备份文件的全局编录服务器（GC）跨越广域网进行复制重建的问题。

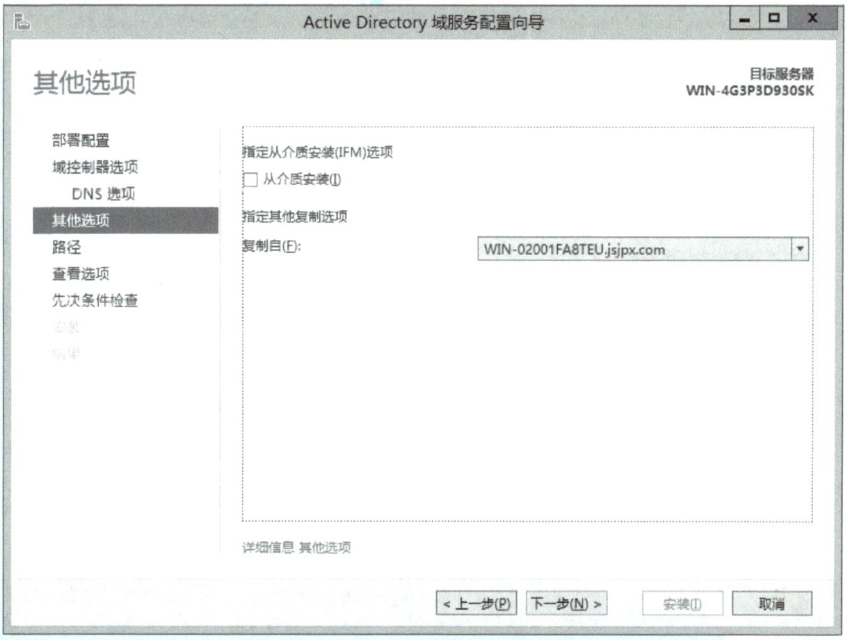

图2-65　“其他选项”对话框

12）单击“下一步”按钮，打开“路径”对话框，页面显示数据库文件夹、日志文件文件夹及SYSVOL文件夹所对应的目录，如图2-66所示。

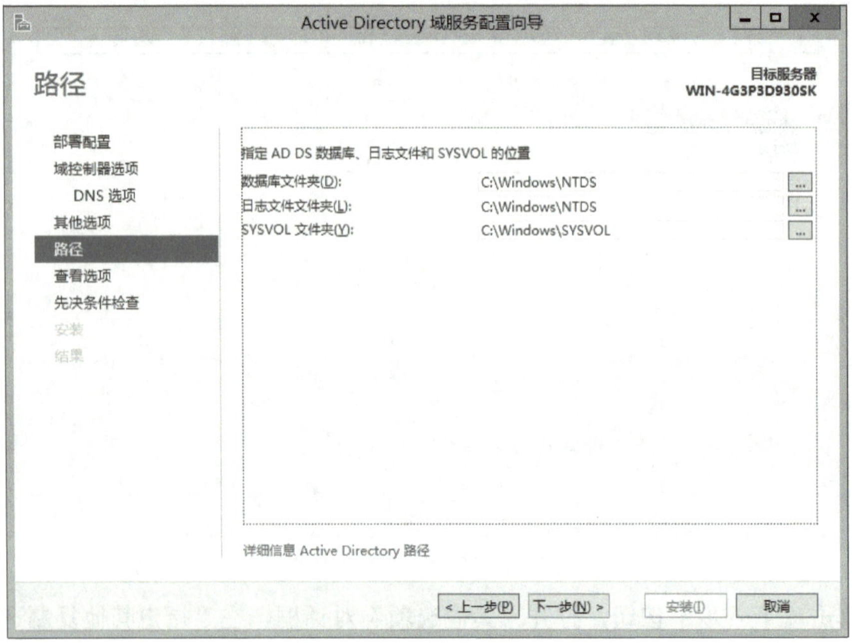

图2-66 “路径”对话框

13）单击“下一步”按钮，打开“查看选项”对话框，显示域服务配置信息，如图2-67所示。

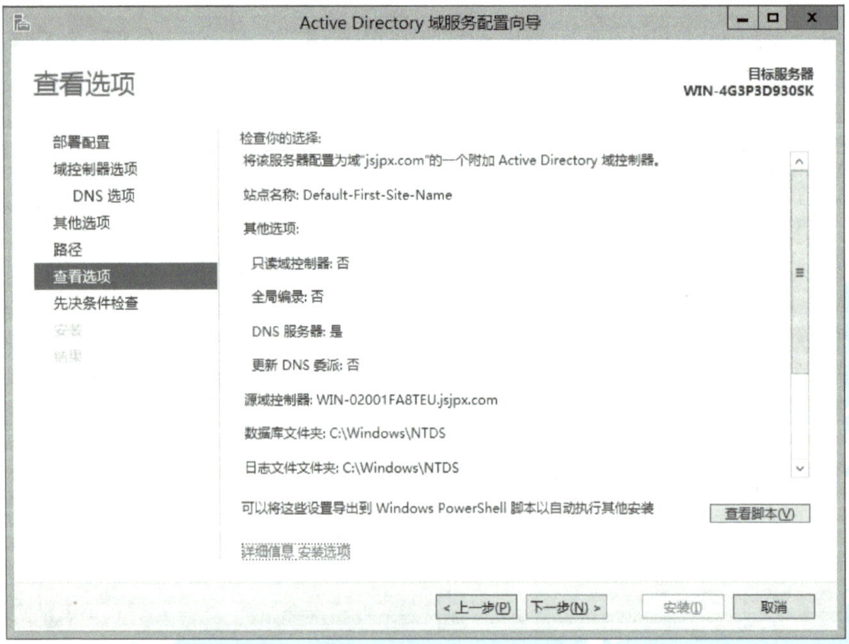

图2-67 “查看选项”对话框

14）单击“下一步”按钮，打开“先决条件检查”对话框，向导对先决条件进行检查，并显示检查结果，如图2-68所示。

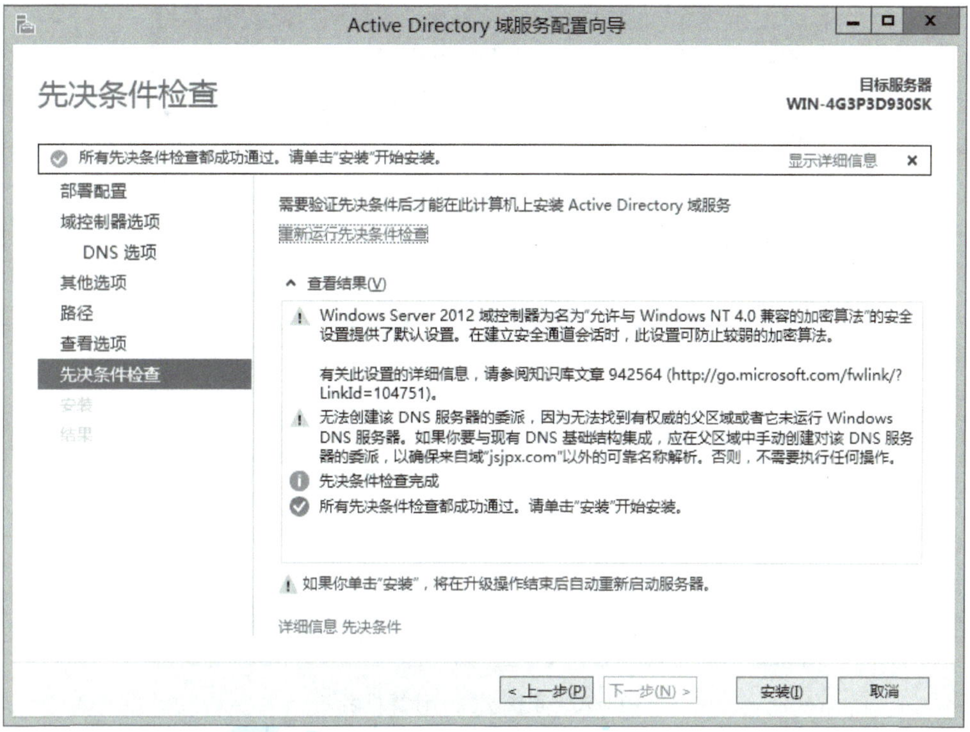

图2-68　“先决条件检查”对话框

15）单击“安装”按钮，配置向导对Active Directory进行安装，安装完成后，将重新启动计算机。重启后用户登录界面如图2-69所示。

图2-69　域用户登录界面

任务5　将客户端计算机加入到jsjpx.com域

任务实施

1）启动要加入到域的计算机，配置本地连接的TCP/IP参数，设定DNS为192.168.10.30。

2）在要加入到域的计算机上右键单击“我的电脑”，选择“属性”命令，打开“系统属性”对话框，选择“计算机名”选项卡，如图2-70所示。

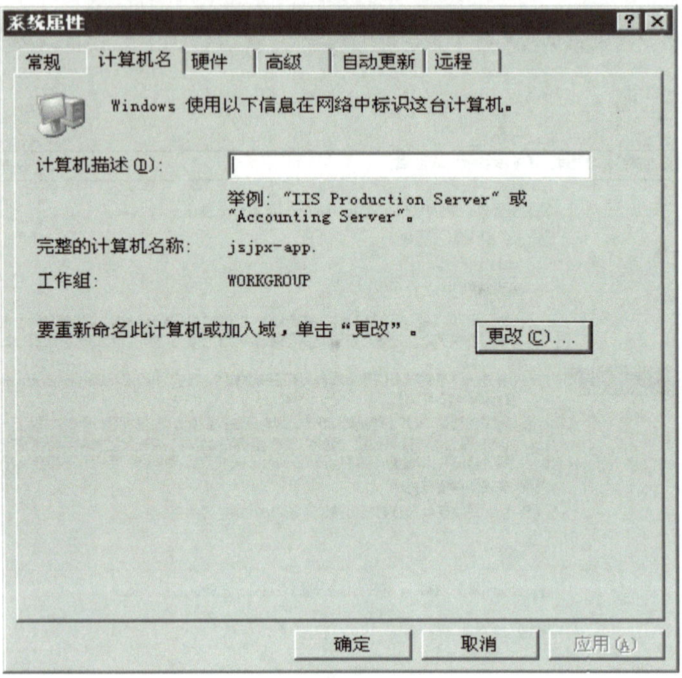

图2-70　系统属性—计算机名

3）在“计算机名”选项卡中单击“更改”按钮，打开如图2-71所示的“计算机名称更改”对话框。

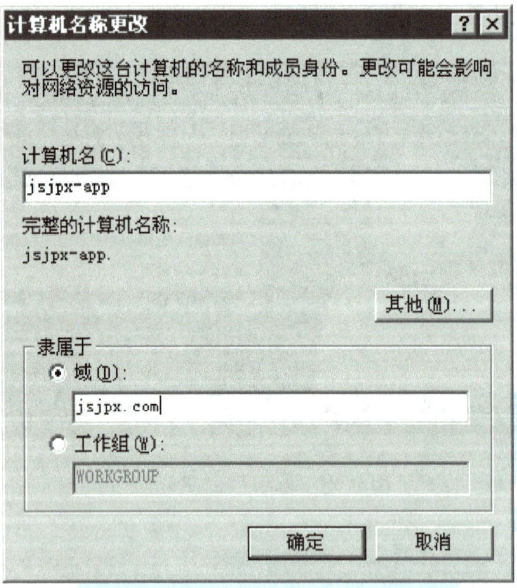

图2-71　“计算机名称更改”对话框

4）在域文本框中输入“jsjpx.com”，单击“确定”按钮，打开“计算机名称更改”对话框，输入隶属于jsjpx.com域内Enterprise Admins组成员的用户名及密码，如图2-72所示。

5）单击“确定”按钮，弹出如图2-73所示的“欢迎加入jsjpx.com域”提示信息。

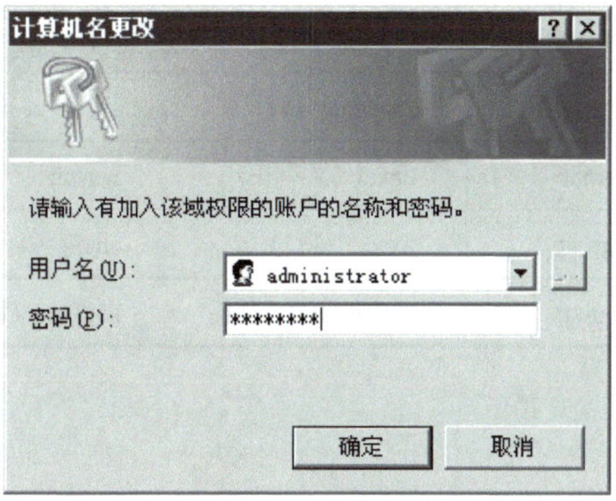

图2-72　权限确认

图2-73　加入域成功提示

6）单击“确定”按钮，重新启动计算机，完成操作。

说明

一旦一台计算机加入到域后，域管理员就会自动加入到这台计算机的本地管理员组。

2.2.2　活动目录用户与组管理

问题描述

在安装完成活动目录，建立域后，将客户端计算机加入域，客户端计算机登录域时使用的用户需要进行有效规划和管理。

问题分析

公司共分为行政管理部、技术研发部、产品生产部、售后服务部、产品销售部、培训部和信息中心七个部门，分别建立与部门名同名的组织单位，并建立相应的全局组及用户，见表2-1。最后，在产品生产部发布位于\\SoftServer\soft下名称为“软件”的共享文件夹，为了便于域用户查找资源，设置关键字为“软件”。

任　务　单

1	建立组织单位
2	添加用户
3	将用户添加到组
4	发布共享文件夹

解决步骤

根据任务单的安排完成任务。

表2-1 用户和组列表

部 门	OU	全 局 组	隶 属 用 户	
行政管理部	行政管理部	xzgl-group	zhangjun（科长）	zhangyue（科员）
技术研发部	技术研发部	jsyf-group	linkai（总科长）	wuyun（科员）
产品生产部	产品生产部	cpsc-group	lixue（科长）	zhujie（科员）
售后服务部	售后服务部	shfw-group	renhuaming（科长）	xiatian（科员）

任务1 建立组织单位

任务实施

组织单位是可将用户、组、计算机和组织单位放入其中的Active Directory容器。它不能容纳来自其他域的对象。组织单位中可包含其他组织单位。可使用组织单位创建可缩放到任意规模的管理模型。正因为如此，一般在企业中大量使用组织单位来和企业的职能部门关联，然后将部门中的员工、小组、计算机以及其他设备统一在组织单位中管理。

1）在“服务器管理器仪表板”中执行“工具”→“Active Directory用户和计算机”命令，在“jsjpx.com”上单击鼠标右键，在弹出的快捷菜单中，选择“新建”→“组织单位”命令，如图2-74所示。

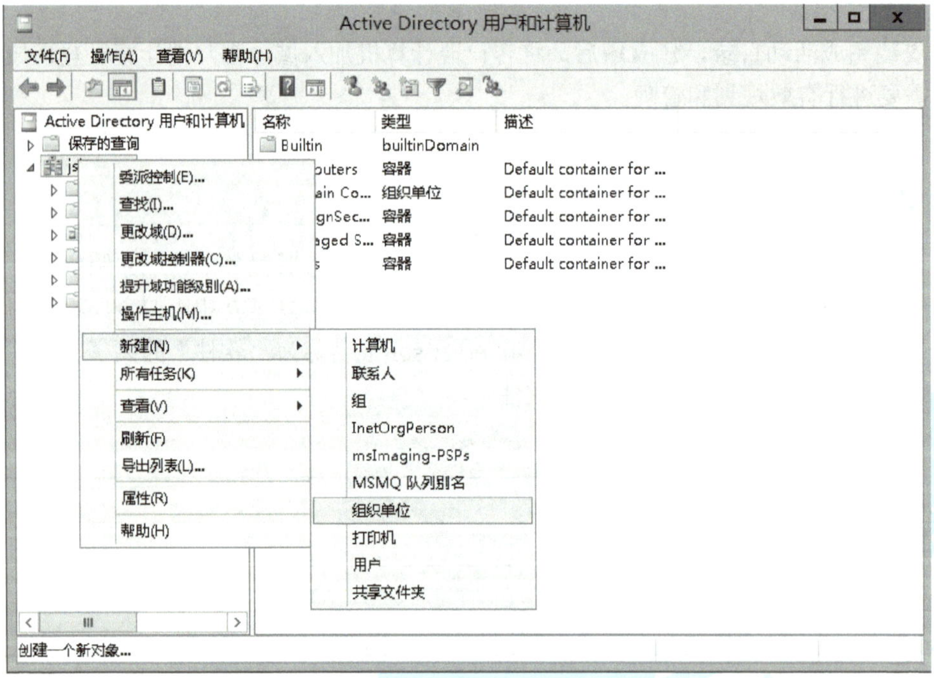

图2-74 新建组织单位

2）在打开的“新建对象－组织单位”对话框中输入组织单位的名称“行政管理部”，如图2-75所示，单击“确定”按钮，完成组织单位的创建。

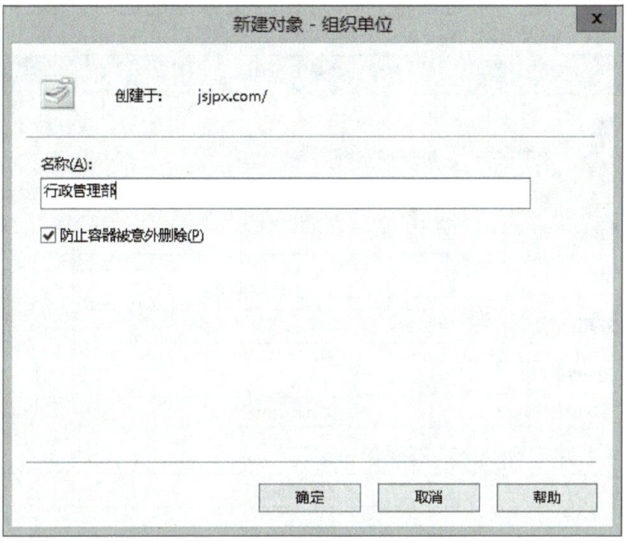

图2-75 新建对象－组织单位

3）按照步骤1）和步骤2）操作，完成“技术研发部”“产品生产部”“售后服务部”等组织单位的建立。

任务2 添加用户和组

任务实施

1）打开“Active Directory用户和计算机”窗口，单击新创建的组织单位，在右侧空白处单击鼠标右键，在弹出的快捷菜单中，选择“新建”→“用户”命令，如图2-76所示。

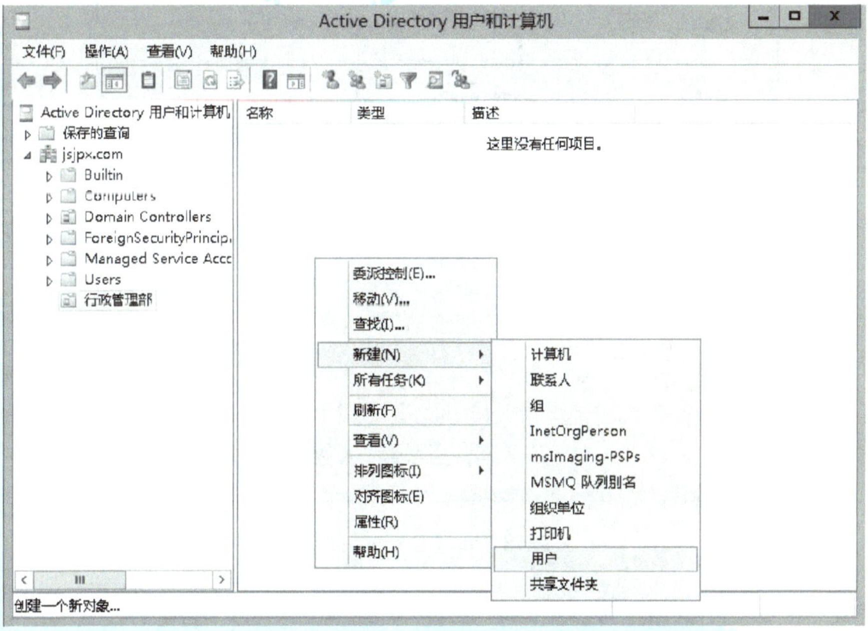

图2-76 新建用户

2）打开“新建对象－用户”对话框，填写相应文本框的内容，如图2-77所示。

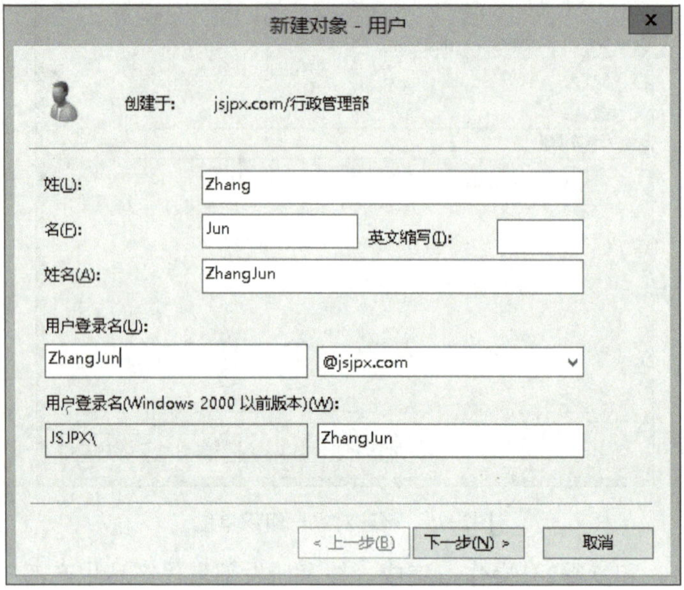

图2-77　新建对象－用户1

3）单击“下一步”按钮，设置密码与确认密码，选择“用户下次登录时须更改密码”复选框，如图2-78所示。

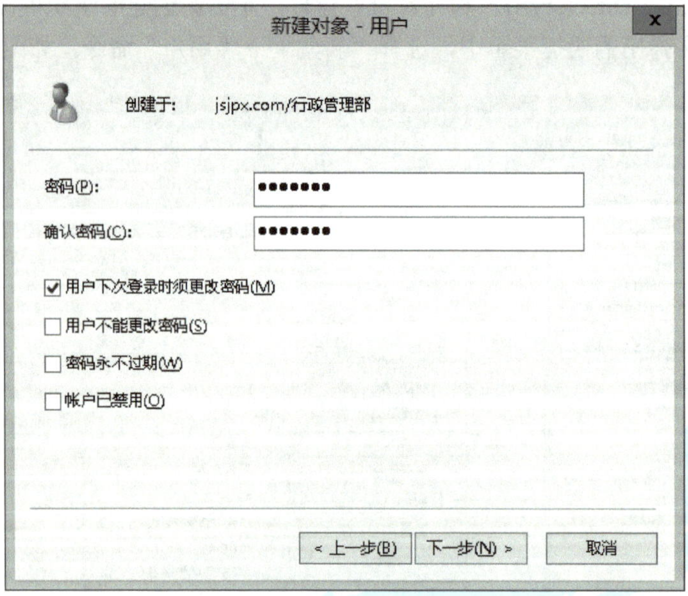

图2-78　新建对象－用户2

4）单击“下一步”按钮，可以看到新建用户的摘要，如图2-79所示。

5）单击“完成”按钮，操作结果如图2-80所示。

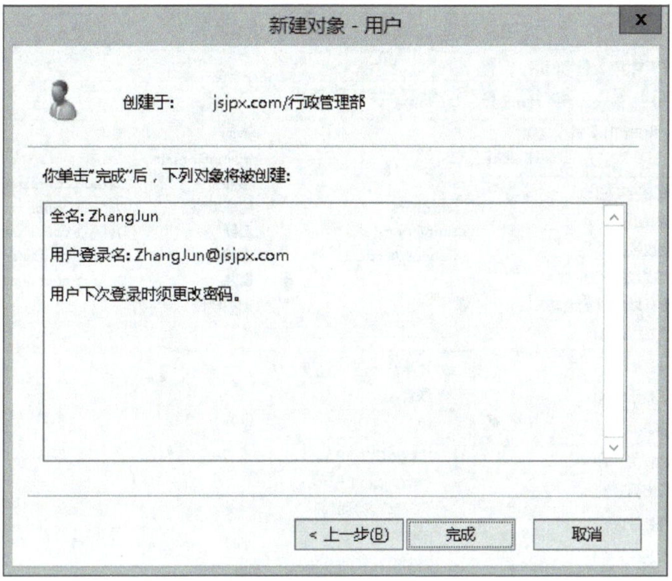

图2-79　新建用户的摘要

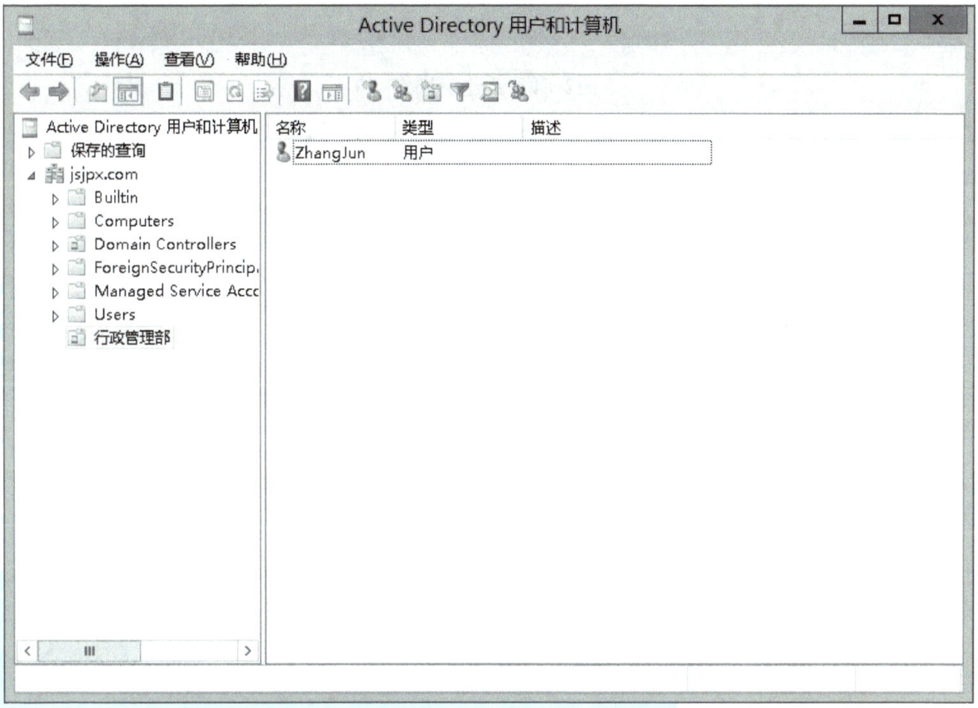

图2-80　新建用户操作结果显示

6）表2-1中其余用户的添加按照步骤1）～步骤5）完成。

7）技术研发部、产品生产部、售后服务部各账户添加依照步骤1）～步骤5）进行操作。

8）在“jsjpx.com”上单击鼠标右键，在弹出的快捷菜单中，选择“新建”→“组”命令，如图2-81所示。

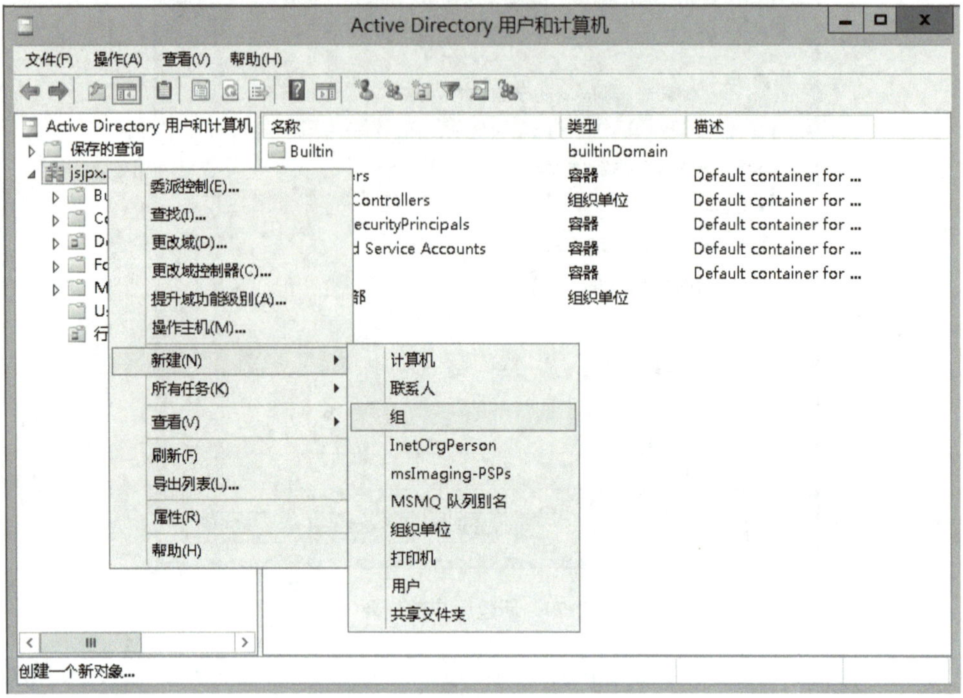

图2-81　新建组操作

9）打开“新建对象—组”对话框，根据要求输入组名“xzgl-group”，选择组作用域为“全局”，组类型为“安全组”，如图2-82所示。

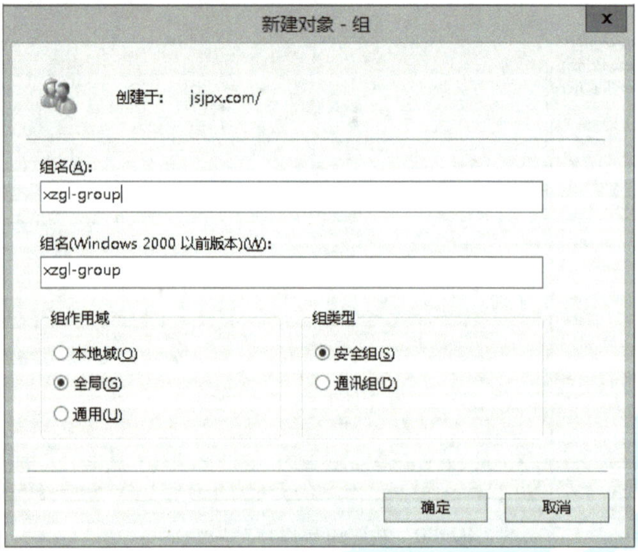

图2-82　新建对象—组

10）单击“确定”按钮，完成操作，操作结果如图2-83所示。

11）技术研发部、产品生产部、售后服务部各组信息的添加依照步骤8）～步骤10）进行操作。

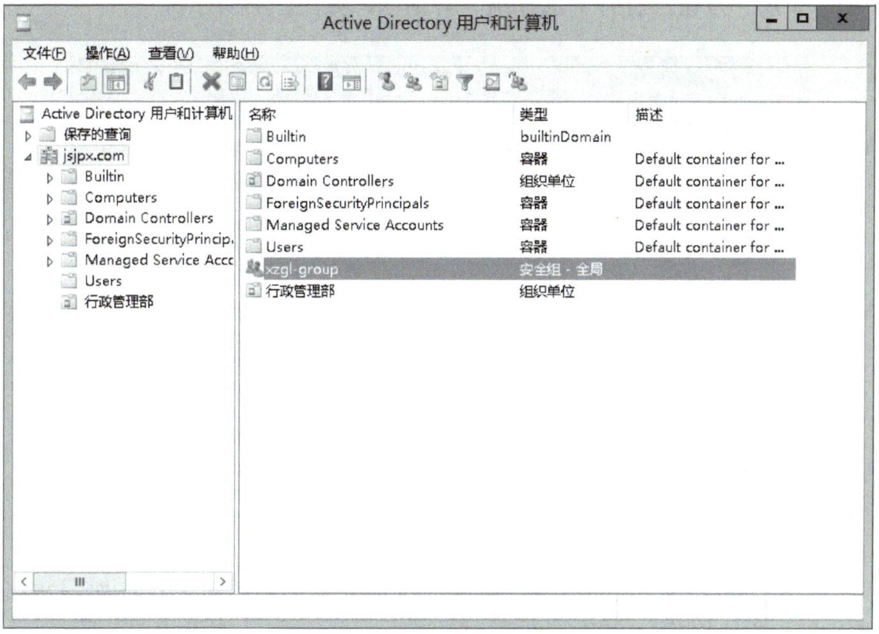

图2-83　新建组操作结果显示

任务3　将用户添加到组

任务实施

1）打开“Active Directory用户和计算机”窗口，双击要添加的用户，打开“用户属性”对话框，选择“隶属于”选项卡，如图2-84所示。

图2-84　用户属性—隶属于

2）单击“添加”按钮，打开“选择组”对话框，如图2-85所示。

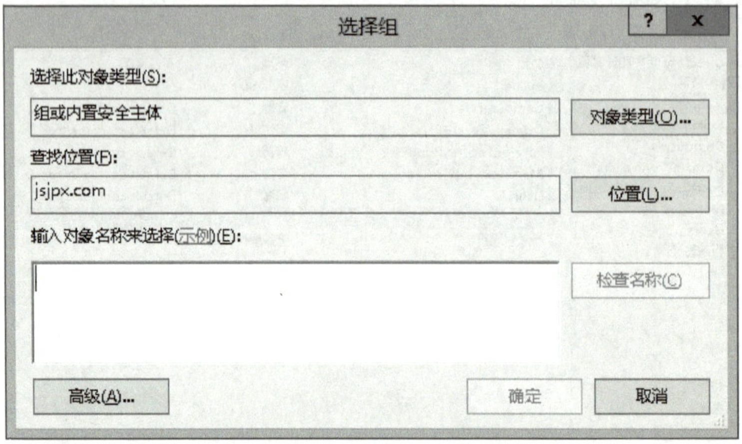

图2-85　添加用户至组—选择组

3）依次单击“高级”“立即查找”按钮，选中需要添加的组名称，如图2-86所示。单击“确定”按钮，完成操作，结果如图2-87所示。

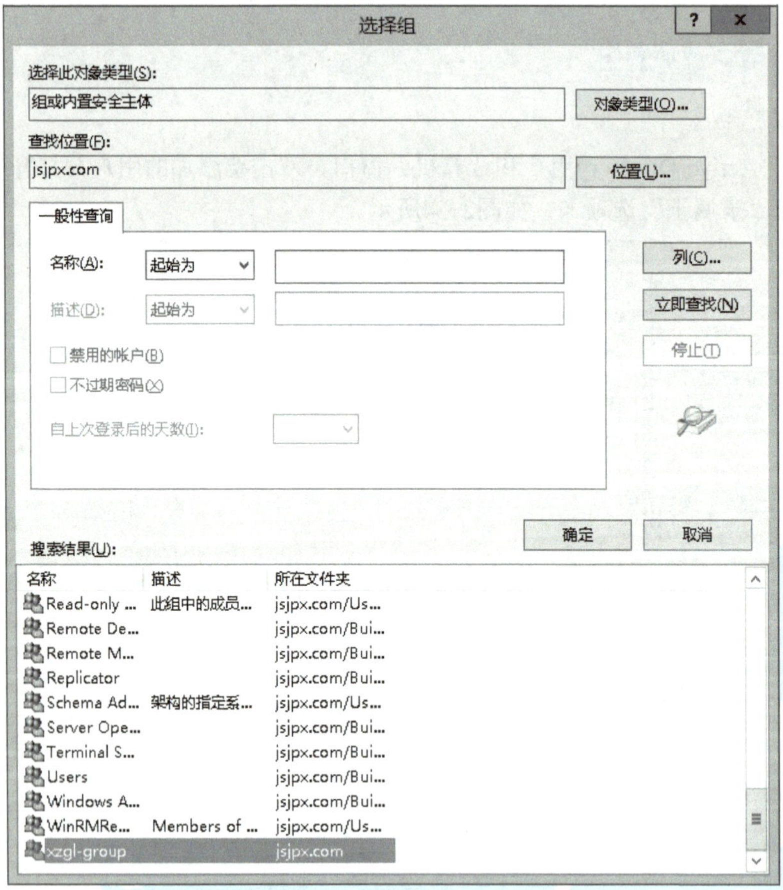

图2-86　选择要添加的组

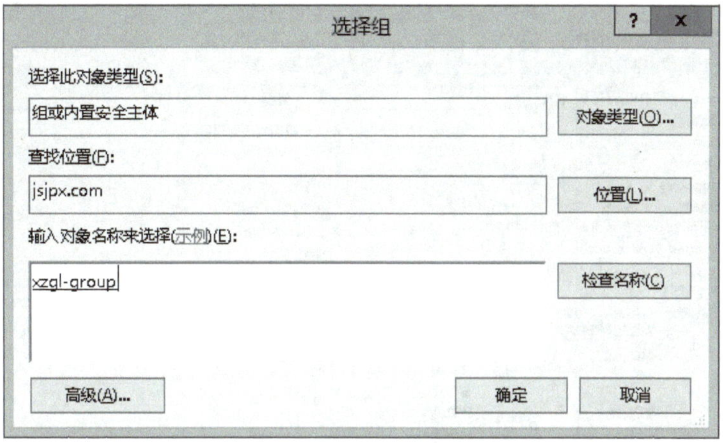

图2-87　操作完成后的结果

4）查看组内成员信息，可双击“xzgl-group”全局组名，选择“成员”选项卡即可，如图2-88所示。

图2-88　查看组内成员信息

任务4　发布共享文件夹

任务实施

1）在计算机SoftServer中将soft目录设为共享文件夹。

2）在“Active Directory用户和计算机”管理界面中的“产品生产部”上单击鼠标右键，在弹出的快捷菜单中，选择“新建”→“共享文件夹”命令，如图2-89所示。

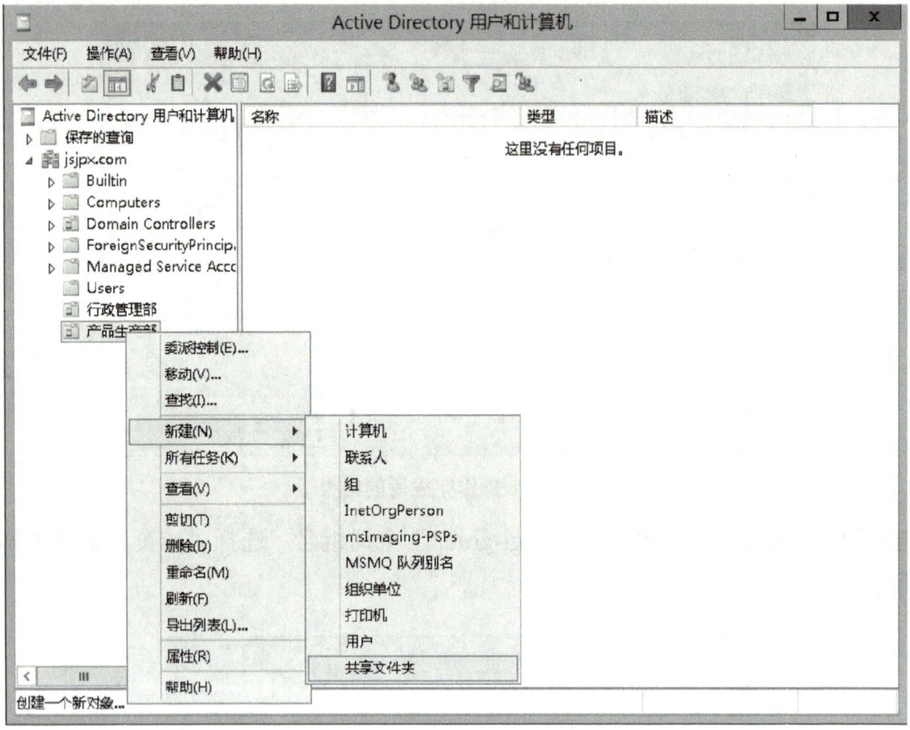

图2-89　Active Directory用户和计算机—发布资源

3）打开“新建对象—共享文件夹”对话框中，分别在名称和网络路径中输入“软件”和“\\SoftServer\Soft”，如图2-90所示。

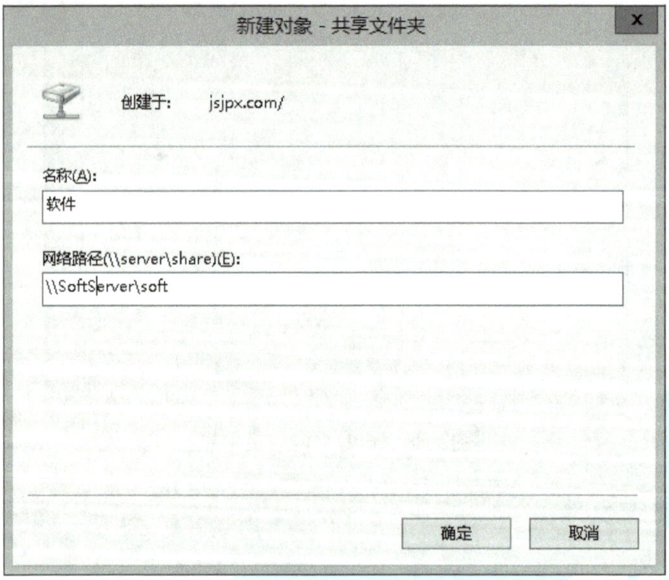

图2-90　新建对象—共享文件夹

4）在“Active Directory用户和计算机”界面中，在“软件”上单击鼠标右键，在弹出的快捷菜单中，选择“属性”命令，如图2-91所示。

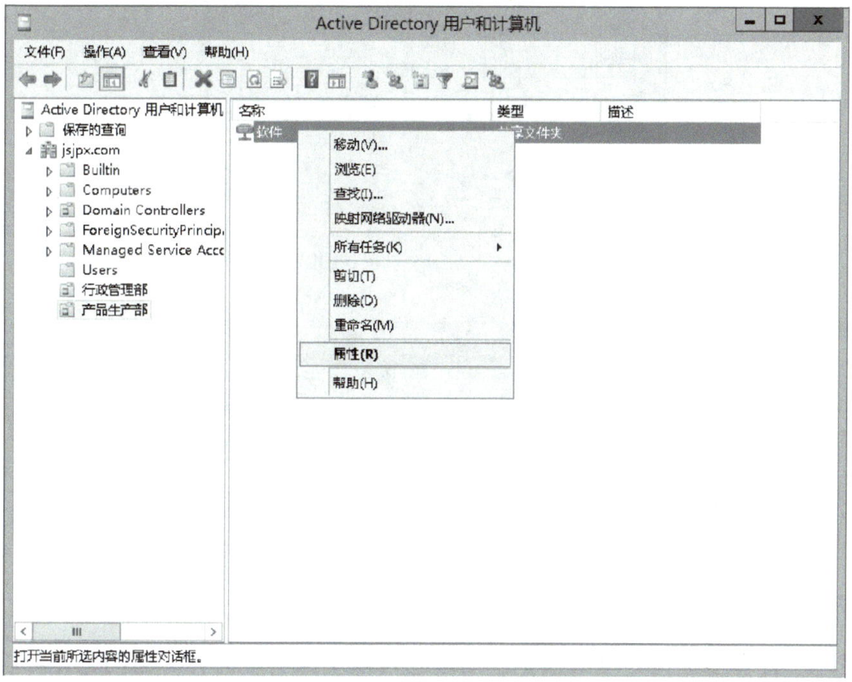

图2-91　Active Directory用户和计算机—共享文件夹设置

5）打开“软件属性”对话框，如图2-92所示。

图2-92　“软件属性”对话框

6）单击“关键字”按钮，打开“关键字”对话框，在“新值”文本框中输入“软件”，单击“添加”按钮，添加至“当前值”列表中，如图2-93所示。

7）单击“确定”按钮，返回图2-92。单击“确定”按钮，完成操作。

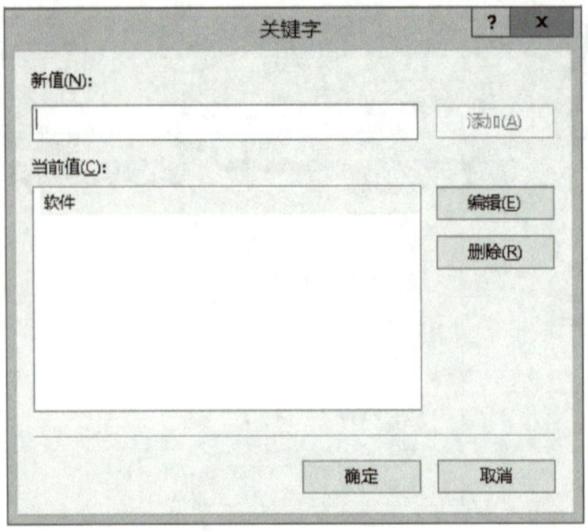

图2-93　关键字设置

2.2.3　活动目录组策略管理

问题描述

组策略是一种管理工作环境的技术，通过它可以确保用户拥有所需的工作环境，也可以通过它来限制用户，这不仅让用户拥有适当的环境，也减轻了系统管理员的管理负担。根据公司管理的具体需求可实现相应的域安全策略、软件限制策略、文件夹重定向策略和组策略等相关配置。与Windows Server 2008及早期版本相比，Windows Server 2012将组策略管理设定为独立模式运行。除了独立模式运行以外，Windows Server 2012组策略还提供了“远程组策略更新”“组策略结果报告更新”及“组策略基础结构状态”三个改进功能，见表2-2。

表2-2　组策略新功能列表

特性/功能	功 能 类 型	描　　述
远程组策略更新	新功能	计划一台或多台计算机的组策略更新
组策略结果报告更新	更新功能	突出显示可更新组策略应用于计算机或用户的方式的不同功能
组策略基础结构状态	新功能	当涉及组策略时，显示Active Directory和SYSVOL的状态

问题分析

对站点、域或组织单位配置组策略，设置计算机配置、用户配置及组策略配置，在组策略配置中完成域安全策略、密码策略、本地安全策略、软件限制策略和文件重定向策略等管理功能；在组策略管理中提供组策略继承、禁用计算机配置或用户配置、组策略委派等管理功能。

任　务　单

1	配置域安全策略
2	配置系统策略
3	配置文件夹重定向策略
4	组策略配置

解决步骤

根据任务单的安排完成任务。

任务1　配置域安全策略

任务实施

配置域安全策略：密码长度最小为9位，密码最长存留期为一周，账户锁定阈值为5次，如果超过阈值则需要锁定30min。

1. 配置密码长度最小为9位

1）在“服务器管理器仪表板”对话框中，选择“工具”→“组策略管理”命令，如图2-94所示。

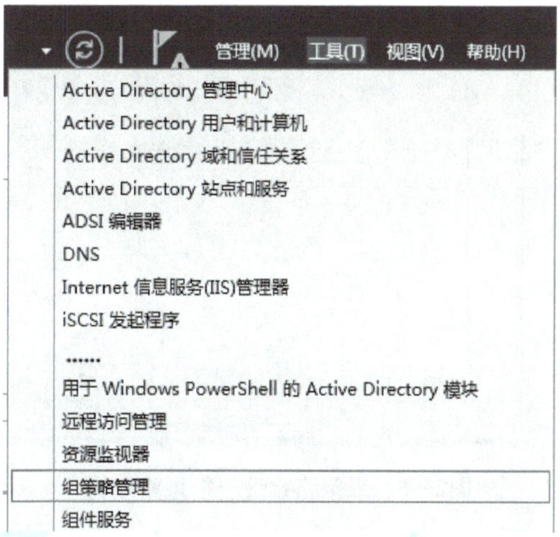

图2-94　组策略管理

2）在打开的“组策略管理”窗口中依次打开“林：jsjpx.com”→“域”→“jsjpx.com”，选择“链接的组策略对象”选项卡，如图2-95所示。

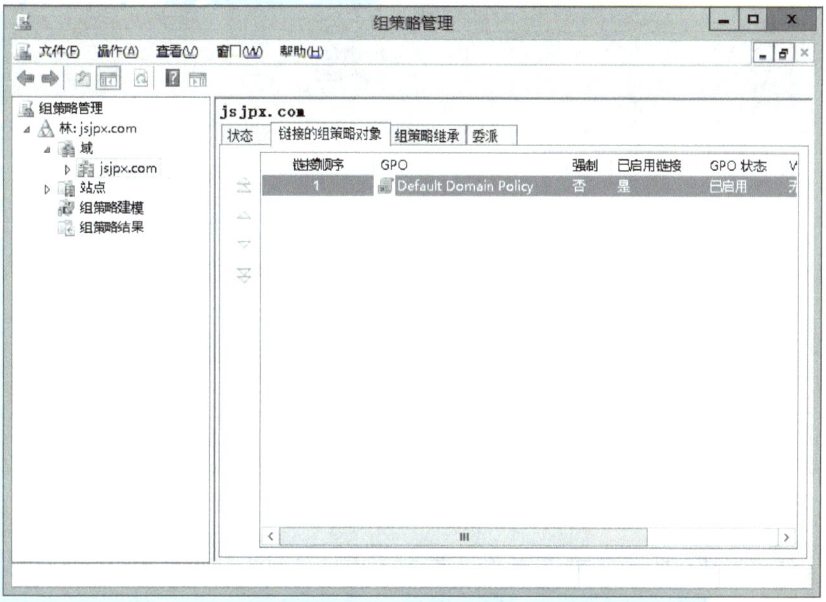

图2-95　组策略管理—链接的组策略对象

3）在“Default Domain Policy”上单击鼠标右键，在弹出的快捷菜单中，选择“编辑”命令，如图2-96所示。打开“组策略管理编辑器”，如图2-97所示。

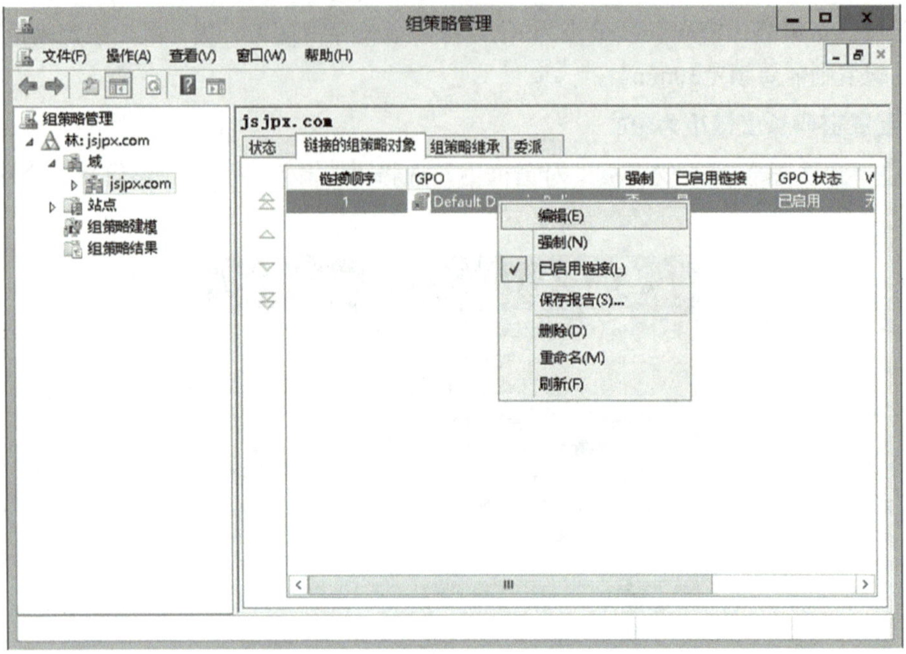

图2-96　组策略管理—组策略编辑

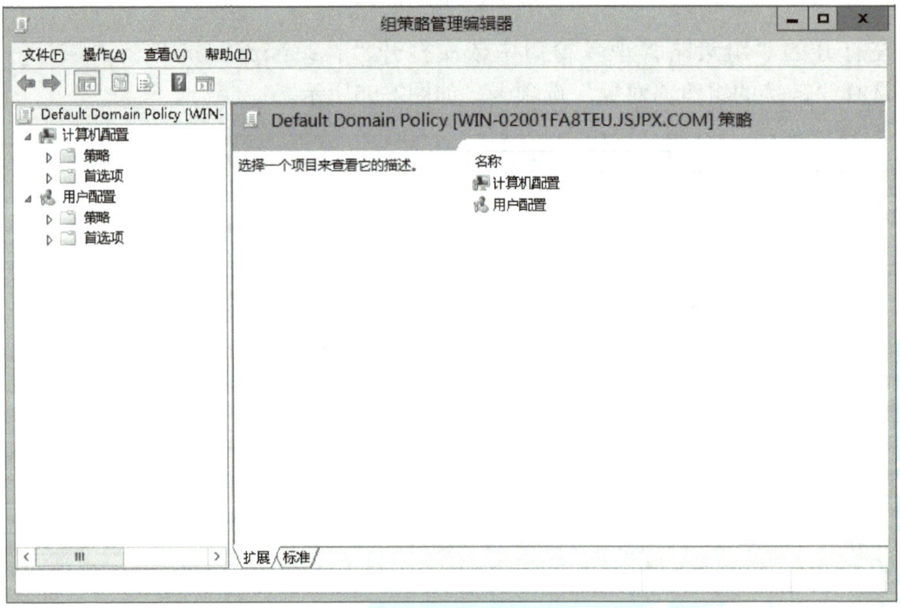

图2-97　组策略编辑器

4）在“组策略管理编辑器”中依次展开左侧栏中的“计算机配置”→“策略”→“Windows设置”→“安全设置”→“账户策略”→“密码策略”，如图2-98所示。

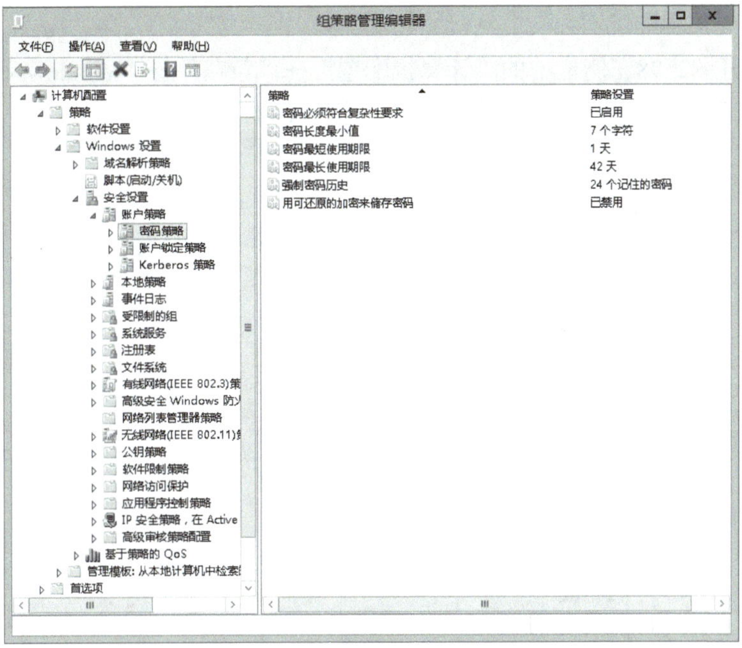

图2-98　组策略编辑器—密码策略

5）双击图2-98右侧的“密码长度最小值”，打开“密码长度最小值属性”对话框，在“密码必须至少是”文本框中输入“9”，如图2-99所示。

6）单击“确定”按钮，完成操作。

2. 配置密码最长存留期为一周

1）与任务一中第1步的步骤1）～步骤4）相同。

2）双击图2-98右侧的“密码最长使用期限”，出现“密码最长使用期限属性”对话框，在“密码过期时间”文本框中输入“7”，如图2-100所示，单击“确定”按钮。

图2-99　设置密码长度最小值

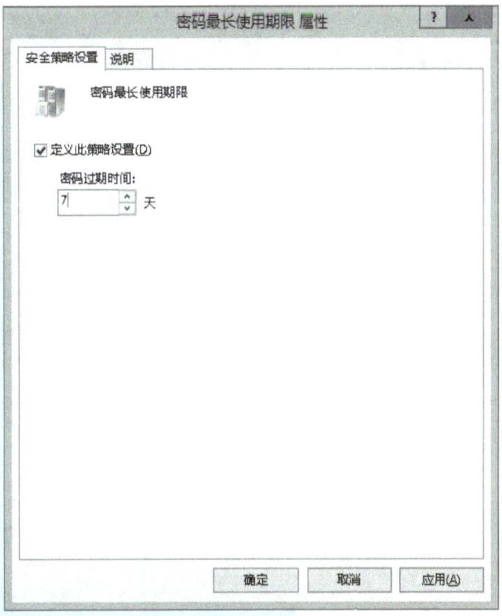

图2-100　设置密码最长使用期限

3. 配置账户锁定阈值为5次

1）依次展开图2-98左侧栏中的“计算机配置”→“策略”→“Windows设置”→“安全设置”→“账户策略”→“账户锁定策略”，如图2-101所示。

图2-101 组策略编辑器—账户锁定策略

2）双击图2-101右侧的“账户锁定阀值”，打开“账户锁定阀值属性”对话框，在“在发生以下情况之后，锁定账户”文本框中输入“5”，如图2-102所示，单击“确定”按钮。

4. 配置密码超过阈值锁定30min

双击图2-101右侧的“账户锁定时间”，打开“账户锁定时间属性”对话框，在“账户锁定时间”文本框中输入“30”，如图2-103所示，单击“确定”按钮。

图2-102 账户锁定阈值属性—阈值设置

图2-103 设置账户锁定时间

任务2　配置系统策略

任务实施

配置系统策略：关闭自动播放，限制使用Windows Messenger软件。

1. 配置关闭自动播放

1）打开“组策略编辑器”，依次单击左侧栏中的“用户配置”→“策略”→“管理模板”→“Windows组件”→“自动播放策略”，如图2-104所示。

2）双击图2-104右侧栏中的“关闭自动播放”，打开“关闭自动播放”对话框，选择“已启用”单选按钮，在“关闭自动播放”下拉列表框中选择相应的驱动器，单击“确定”按钮完成操作，如图2-105所示。

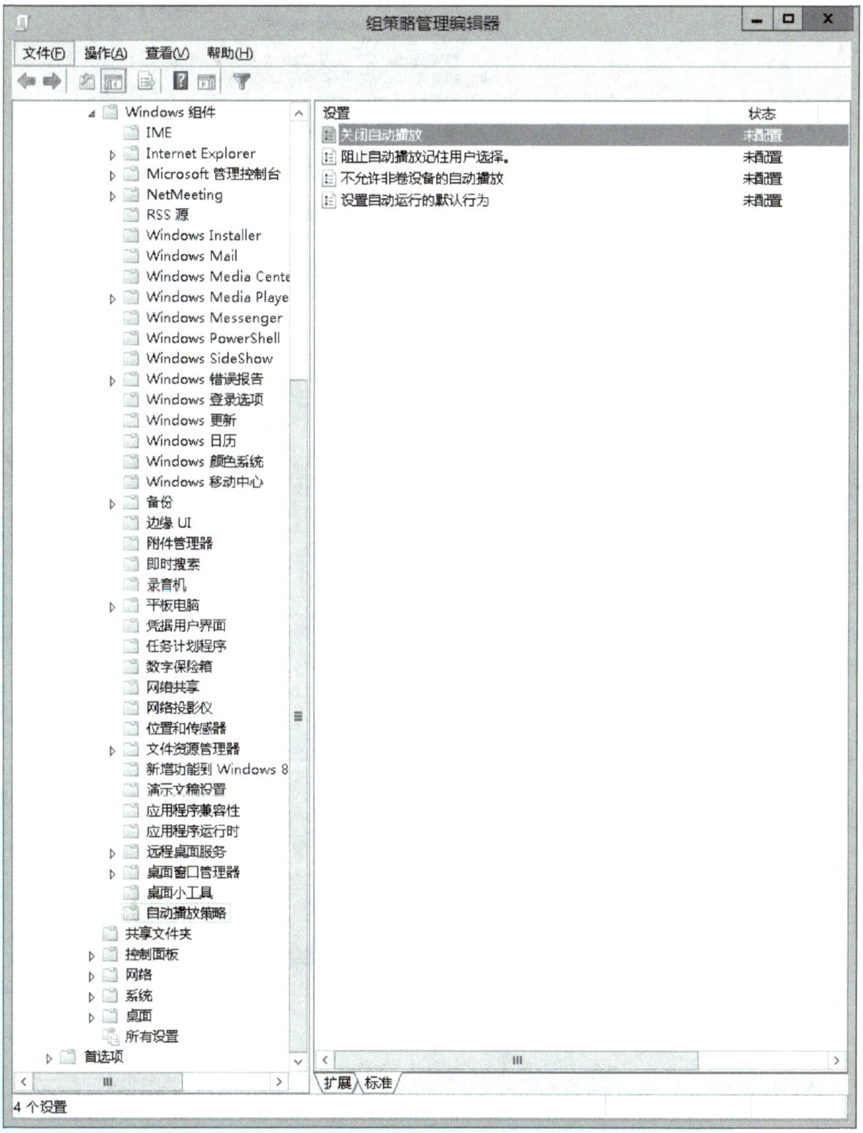

图2-104　关闭自动播放

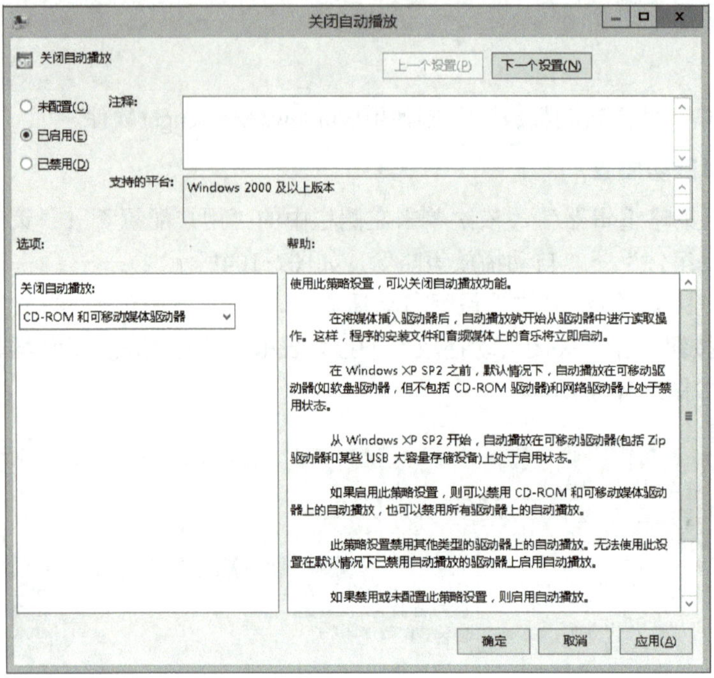

图2-105 “关闭自动播放”对话框

2. 配置限制使用Windows Messenger软件

1）打开“组策略编辑器”，依次单击左侧栏中的“用户配置”→“策略”→“管理模板”→“系统”，如图2-106所示。

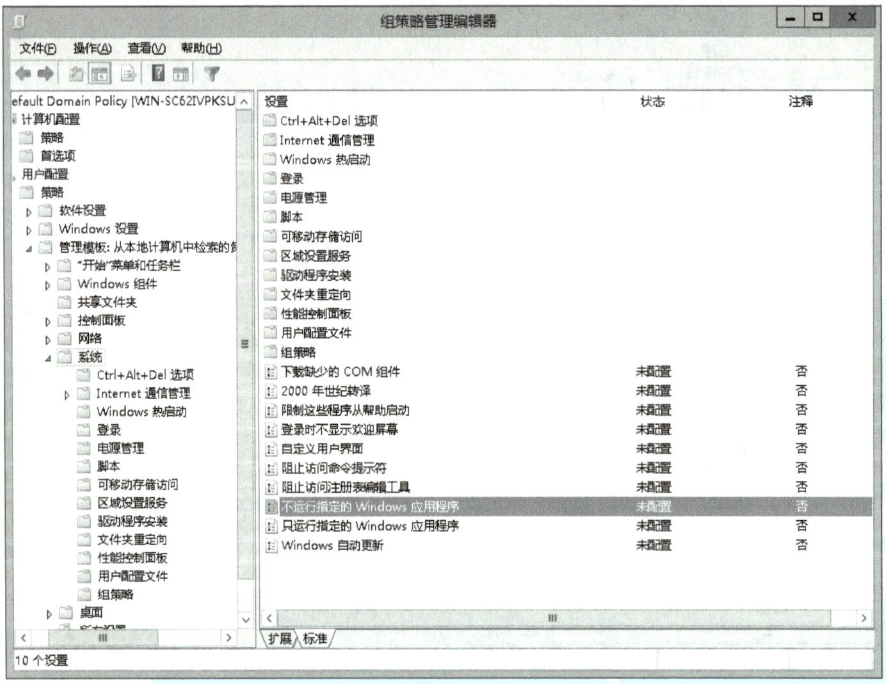

图2-106 不运行指定的Windows应用程序

2）双击图2-106右侧栏中的“不运行指定的Windows应用程序”，打开“不运行指定的Windows应用程序”对话框，选择“已启用”单选按钮，在图2-107中单击“显示”按钮，添加相关软件，如图2-108所示。单击“确定”按钮，完成操作。

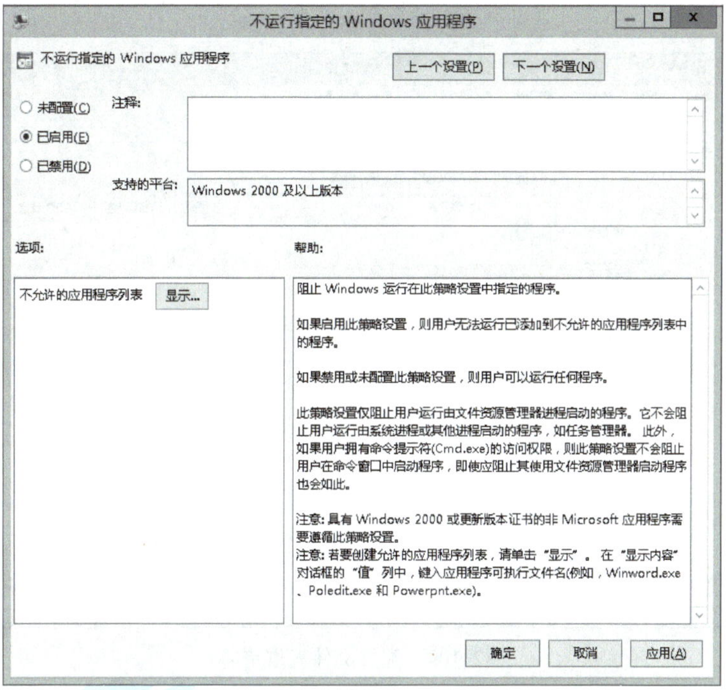

图2-107　“不运行指定的Windows应用程序”对话框

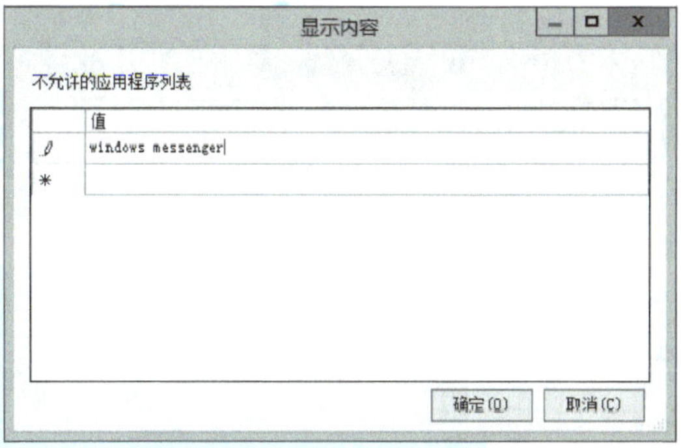

图2-108　不允许的应用程序列表

任务3　配置文件夹重定向策略

任务实施

配置文件夹重定向策略：将域内“产品生产部”OU内的所有用户“桌面”文件夹重定向至网络中指定计算机的“桌面”文件夹。

1）在域内的任何一台计算机上建立一个共享文件夹，如D：\桌面，同时确认SYSTEM与CREATOR OWNER账户对其拥有“完成控制”权限。“产品生产部”内所有用户“桌面”文件夹将重定向至此文件夹下。

2）在域控制器上，打开“Active Directory用户和计算机”管理界面，依次展开“林：jsjpx.com”→“域”→“jsjpx.com”，在“产品生产部”上单击鼠标右键，在弹出的快捷菜单中，选择“在这个域中创建GPO并在此链接”命令，如图2-109所示。

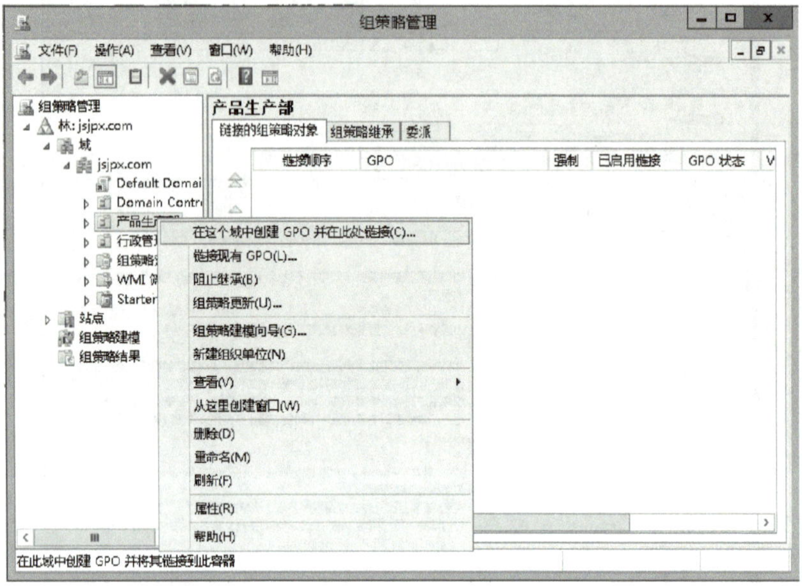

图2-109　配置文件夹重定向

3）打开“用户配置”→“策略”→“Windows设置”→“文件夹重定向”，在“桌面”上单击鼠标右键，在弹出的快捷菜单中，选择“属性”命令，如图2-110所示。

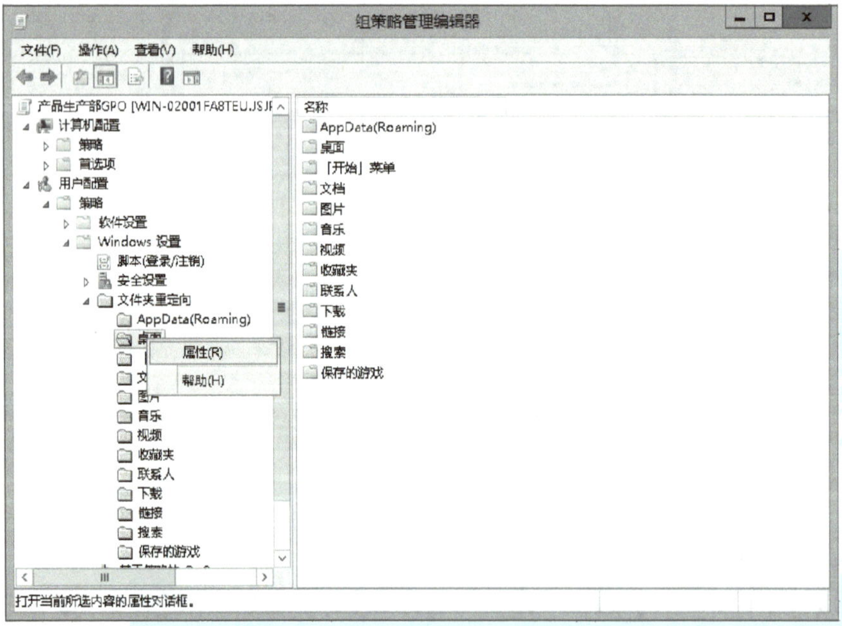

图2-110　组策略编辑器—文件夹重定向—桌面属性选择

4）打开“桌面属性”对话框，分别在“设置”下拉列表中选择“基本－将每个人的文件夹重定向到同一个位置”，在“目标文件夹位置”下拉列表中选择“在根目录路径下为每一用户创建一个文件夹”，在“根路径”中的选择域中出现已经建立的共享目录，如图2-111所示。

“设置”下拉列表框中各选项的功能如下：

①“基本－将每个人的文件夹重定向到同一个位置”，即将“产品生产部”内所有用户的“桌面”文件夹都重定向。

②“高级－为不同用户组指定设置”，即将“产品生产部”内属于某个组内的用户的“桌面”文件夹重定向。

③“未被配置”，即文件夹不重定向。

5）单击“确定”按钮，完成操作。

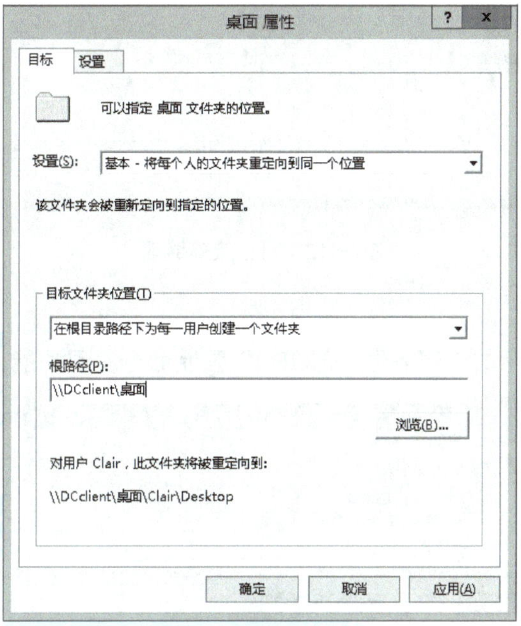

图2-111　桌面属性－目标

任务4　组策略配置

任务实施

组策略配置：阻止策略继承、强制策略继承、过滤组策略配置、禁用整个GPO、禁用GPO中的计算机配置、禁用GPO中的用户配置、组策略的委派等。域控制器与成员服务器在处理、应用组策略时有一定的程序与规则，主要包括一般的继承与处理规则、特殊的继承与处理规则、例外的继承配置。

1. 阻止策略继承

通过选择图2-112所示产品生产部内的“阻止策略继承”选项来设置不继承由父容器传递过来的所有GPO配置，直接让产品生产部的GPO配置作用于产品生产部OU。

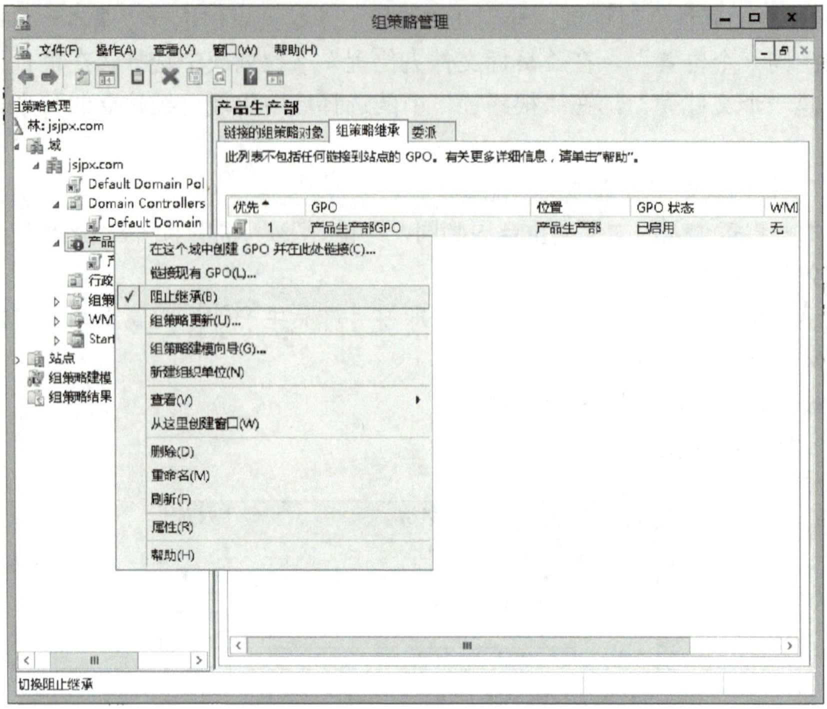

图2-112　阻止策略继承

2. 强制策略继承

通过选择图2-113所示的“产品生产部GPO”强制命令实现功能。

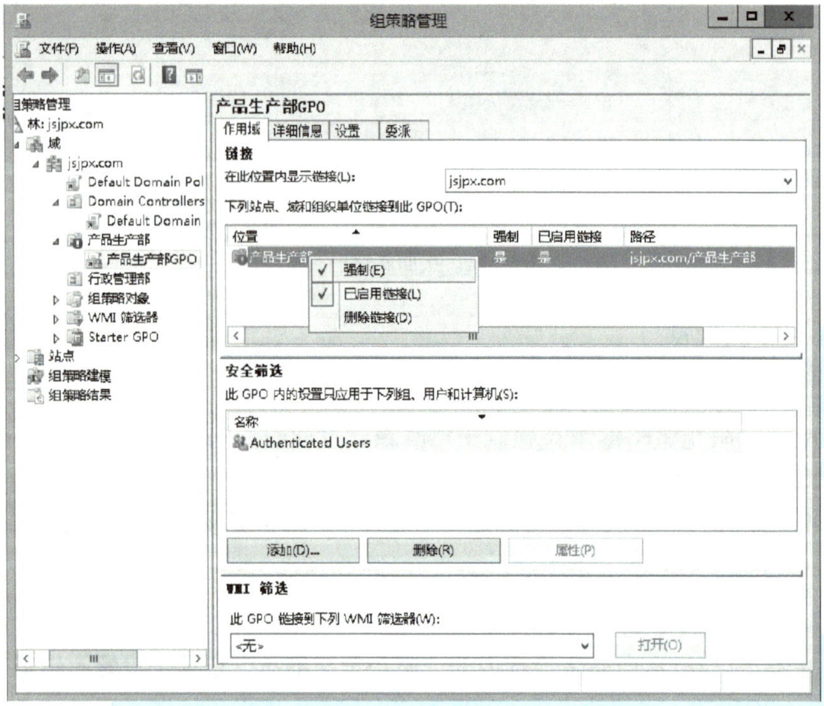

图2-113　强制策略继承

3. 过滤组策略配置

设置产品生产部Zhangjun对所在产品生产部的GPO配置不作限制。

1）打开如图2-114所示的“组策略管理－产品生产部GPO”窗口。

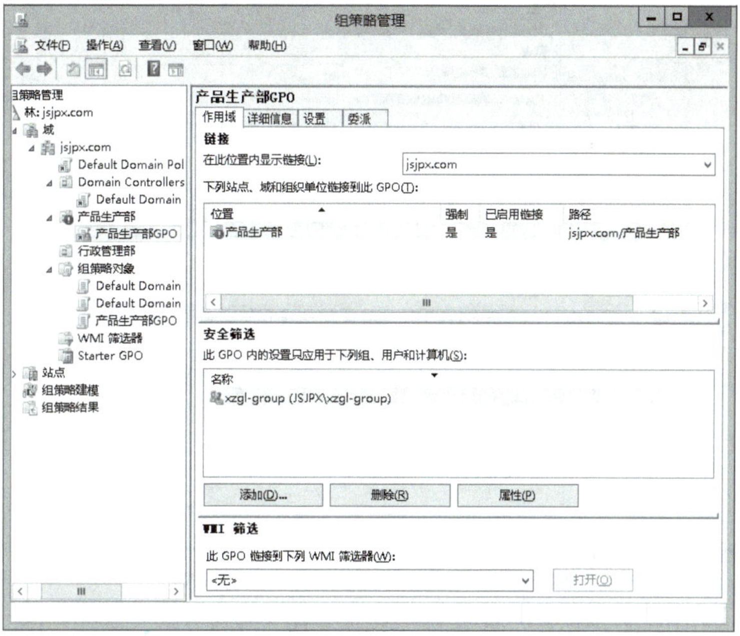

图2-114　组策略管理

2）单击“安全筛选”区域内的“添加”按钮，打开“选择用户、计算机或组”对话框，如图2-115所示。

3）单击“高级”→“立即查找”，选择“ZhangJun”，如图2-116所示。

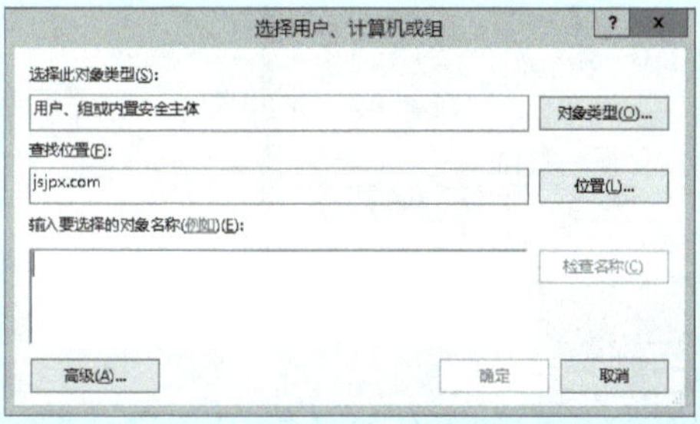

图2-115　“选择用户、计算机或组”对话框

图2-116　选择用户、计算机或组－查询

4）单击“确定”按钮，返回“组策略管理－产品生产部GPO”窗口，如图2-117所示。

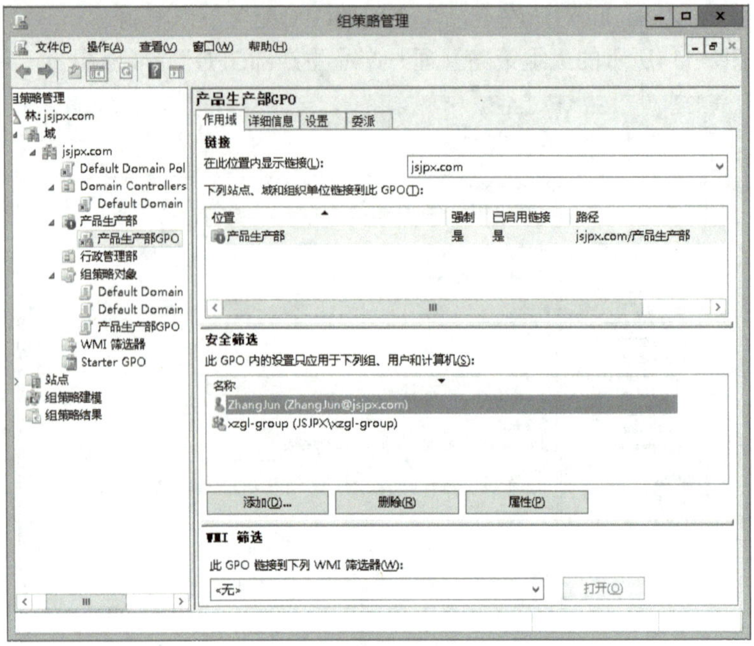

图2-117 组策略管理－产品生产部GPO

5）在图2-117中选择“委派”选项卡，选中“ZhangJun（ZhangJun@jsjpx.com）”列表项，如图2-118所示。

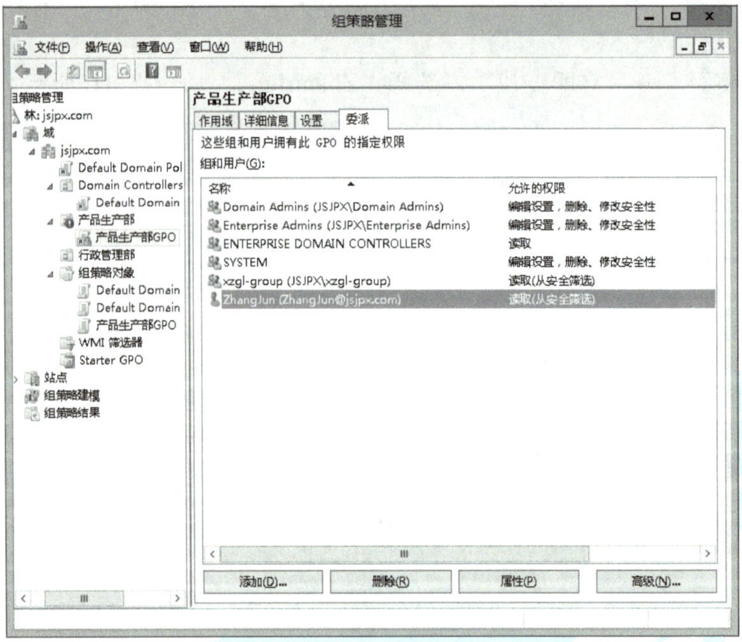

图2-118 产品生产部GPO－委派

6）单击“高级”按钮，打开“产品生产部GPO安全设置”对话框，选中“ZhangJun

(ZhangJun@jsjpx.com)”用户，再选中“读取”和“应用组策略”的“拒绝”复选框，如图2-119所示。

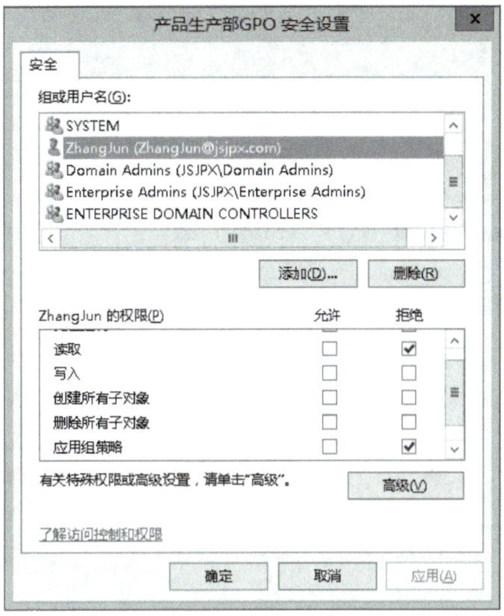

图2-119　产品生产部GPO安全设置

7）单击“确定”按钮，返回“组策略管理—产品生产部GPO—委派”窗口，操作结果如图2-120所示。

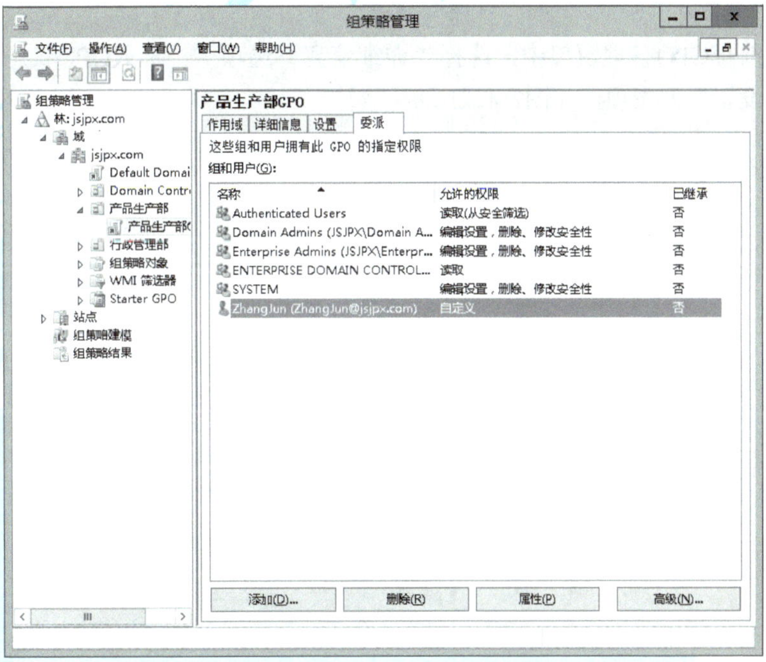

图2-120　产品生产部GPO—委派

4. 禁用产品生产部整个GPO

在产品生产部GPO管理页面中，选择“详细信息”选项卡，选取GPO状态列表的“已禁用所有设置”列表项，如图2-121所示。

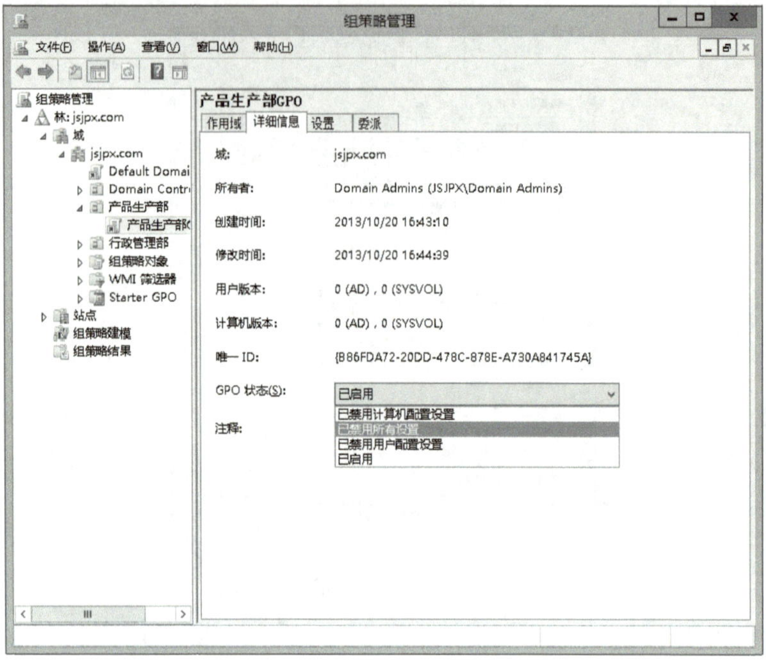

图2-121　禁用产品生产部GPO

5. 禁用产品生产部GPO中的“计算机配置”

在产品生产部GPO管理窗口中，选择“详细信息”选项卡，选取GPO状态列表的“已禁用计算机配置设置”列表项，如图2-122所示。

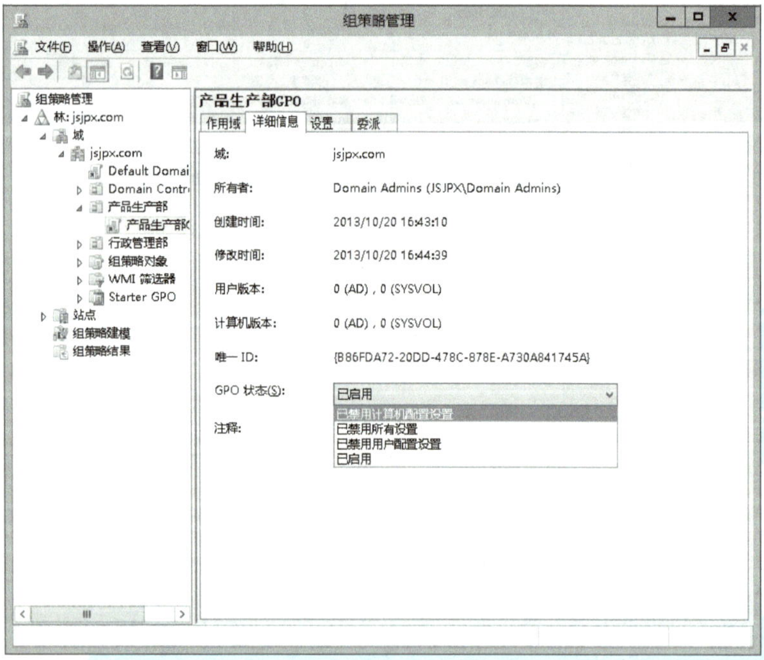

图2-122　禁用产品生产部GPO－计算机配置

6. 禁用产品生产部GPO中的“用户配置”

在产品生产部GPO管理窗口中，选择“详细信息”选项卡，选取GPO状态列表的“已禁用用户配置设置”列表项，如图2-123所示。

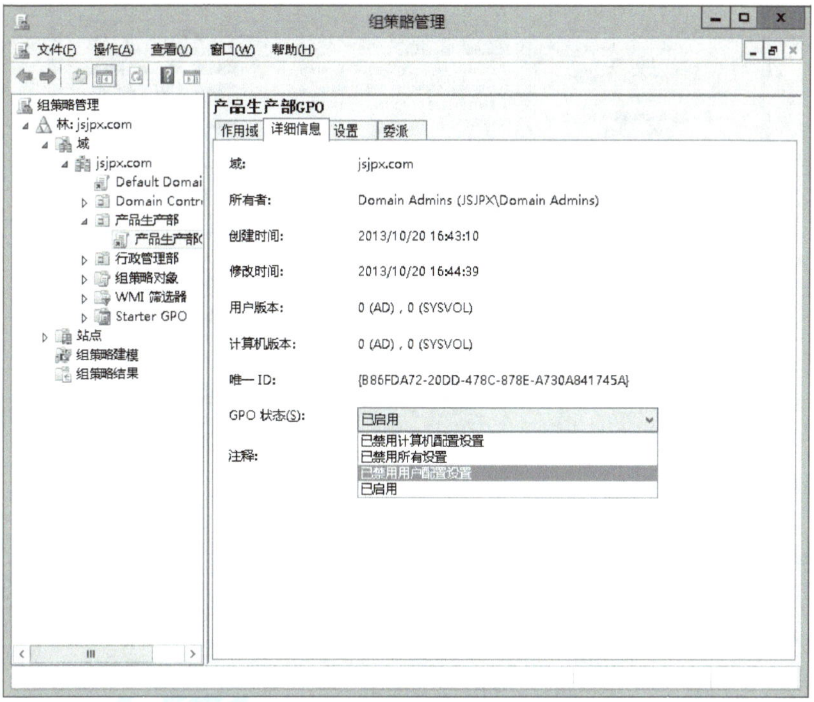

图2-123　禁用产品生产部GPO—用户配置

7. 组策略的委派

Windows Server 2012组策略管理中可以将GPO的链接、添加与编辑等管理工作委派给不同的用户管理，以分散、减轻GPO管理任务。

组策略的委派：将“产品生产部”的“管理组策略链接”功能委派给ZhangYue。

1）在图2-120中单击“添加”按钮，打开“添加组或用户”对话框，选择“JSJPX\zhangyue”用户，权限选择“编辑设置”，如图2-124所示。

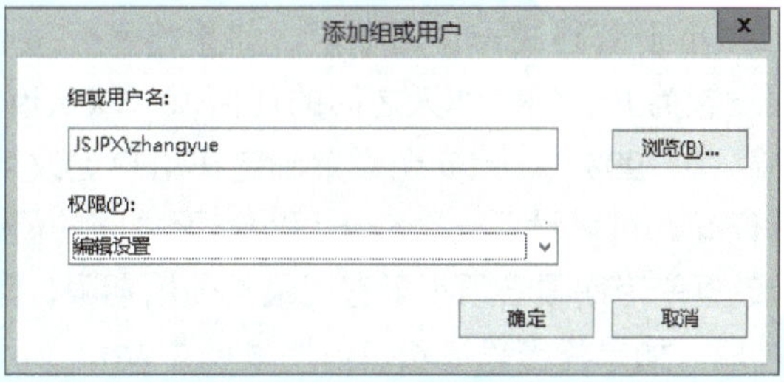

图2-124　添加组或用户

2）单击“确定”按钮，返回“组策略管理—产品生产部GPO—委派”窗口，操作结果如图2-125所示。

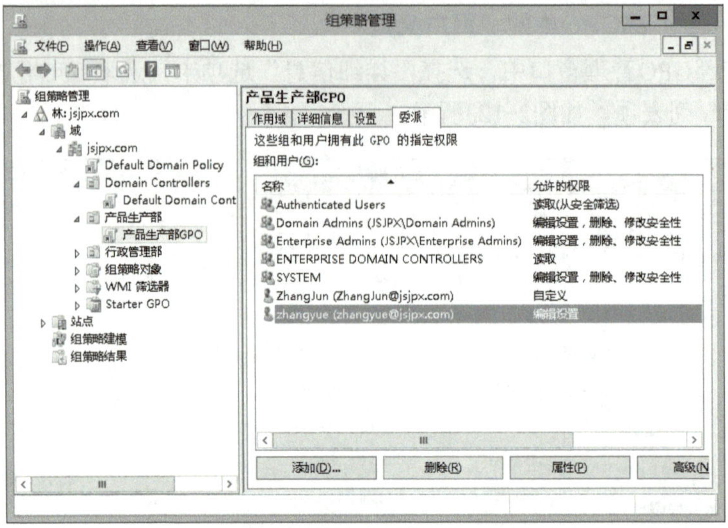

图2-125　组策略管理－产品生产部GPO－委派

知识拓展

1. 密码策略设置选项

1）密码必须符合复杂性要求（域控制器默认启用此策略，独立服务器默认禁用此策略），启用此功能，密码必须至少满足如下要求：

①不可包含用户账户名称的全部或部分文字。

②至少要6个字符。

③至少要包含A～Z、a～z、0～9、非字母字符（如￥、#、@）4组字符中的3组。

2）密码长度最小值（0～14）。此安全设置确定用户账户密码包含的最少字符数。可以将值设置为1～14个字符之间，或者将字符数设置为0以确定不需要密码。域控制器默认为7，独立服务器默认为0。

3）密码最长使用期限（0～999）。此安全设置确定在系统要求用户更改某个密码之前可以使用该密码的期限（以天为单位）。可以将密码设置为在某些天数（介于1到999之间）后到期，或者将天数设置为0，指定密码永不过期。如果密码最长使用期限介于1和999天之间，密码最短使用期限必须小于密码最长使用期限。如果将密码最长使用期限设置为0，则可以将密码最短使用期限设置为介于0和998天之间的任何值，默认值为42天。

4）密码最短使用期限（0～998）。此安全设置确定在用户更改某个密码之前必须使用该密码一段时间（以天为单位）。可以设置一个介于1和998天之间的值，或者将天数设置为0，允许立即更改密码。密码最短使用期限必须小于密码最长使用期限，除非将密码最长使用期限设置为0，指明密码永不过期。如果将密码最长使用期限设置为0，则可以将密码最短使用期限设置为介于0和998天之间的任何值。如果希望“强制密码历史”有效，则需要将密码最短使用期限设置为大于0的值。如果没有设置密码最短使用期限，用户则可以循环选择密码，直到获得期望的旧密码。默认设置没有遵从此建议，以便管理员能够为用户指定密码，然后要求用户在登录时更改管理员定义的密码。如果将密码历史设置为0，用户将不必选择新密码。因此，默认情况下将“强制密码历史”设置为1。域控制器的默认值为1，独立服务器的默认值为0。

5）强制密码历史（0～24）。此安全设置确定再次使用某个旧密码之前必须与某个用户账户关联的唯一新密码数。该值必须介于0和24个密码之间。此策略使管理员能够通过确保旧密码不被连续重新使用来增强安全性。域控制器默认为24，独立服务器默认为0。

6）用可还原的加密来储存密码。此策略为某些应用程序提供支持，这些应用程序使用的协议需要用户密码来进行身份验证。使用可还原的加密储存密码与储存纯文本密码在本质上是相同的。因此，除非应用程序需求比保护密码信息更重要，否则绝不要启用此策略。

7）账户锁定策略。复位账户锁定计数器（1～99 999），此安全设置确定在某次登录尝试失败之后将登录尝试失败计数器重置为0次错误登录尝试之前需要的时间。可用范围为1～99 999 min。如果定义了账户锁定阈值，此重置时间必须小于或等于账户锁定时间。

8）账户锁定时间（0～99 999）。此安全设置确定锁定账户在自动解锁之前保持锁定的分钟数。可用范围为0～99 999 min。如果将账户锁定时间设置为0，账户将一直被锁定，直到管理员明确解除对它的锁定。如果定义了账户锁定阈值，则账户锁定时间必须大于或等于重置时间。

9）账户锁定阈值（0～999）。此安全设置用于确定导致用户账户被锁定的登录尝试失败的次数。在管理员重置锁定账户或账户锁定时间期满之前无法使用该锁定账户。可以将登录尝试失败次数设置为0～999之间的值。如果将值设置为0，则永远不会锁定账户。在使用<Ctrl+Alt+Del>组合键或密码保护的屏幕保护程序锁定的工作站或成员服务器上的密码尝试失败将计作登录尝试失败。

2. 计算机配置→Windows设置→安全设置→本地策略→用户权限分配

1）允许在本地登录。允许用户直接在本地计算机上按<Ctrl+Alt+Del>组合键登录。

2）拒绝本地登录。拒绝用户直接在本地计算机上按<Ctrl+Alt+Del>组合键登录。这个权限优先于“允许在本地登录”权限。

3）域中添加工作站。允许用户将Windows Server 2003、Windows XP、Windows 2000、Windows NT等计算机加入到域。这些计算机必须在加入域后，用户才可以在这些计算机上利用域用户账户登录域，访问域内资源。

4）关闭系统。允许用户关闭计算机系统。

5）从网络上访问这台计算机。允许用户通过网络上的其他计算机来链接、访问此计算机内的资源。

6）拒绝从网络上访问这台计算机。拒绝用户通过网络上的其他计算机来链接、访问此计算机内的资源。这个权限优先于“从网络访问这台计算机”的权限。

7）从远程系统强制关机。允许用户从远程计算机对此台计算机执行关机操作。

8）备份文件和目录。允许用户备份硬盘内的文件与文件夹。

9）还原文件及目录。允许用户还原所备份的文件与文件夹。

10）管理审核和安全日志。允许用户来审核事件，也允许用户查询与清除安全日志。

11）更改系统时间。允许用户改变计算机内部的系统日期和时间。

12）装载和制裁设备驱动程序。允许用户添加与删除硬件。

13）取得文件或其他对象的所有权。允许用户取得其他用户所拥有的文件、文件夹或其他对象的所有权。

3. 计算机配置→Windows设置→安全设置→本地策略→安全选项

1）交互式登录：不需按<Ctrl+Alt+Del>组合键

在计算机启动时，直接出现“登录Windows”的对话框，不需要再显示“请按Ctrl+Alt+Del开始”的对话框。

2）交互式登录：不显示上次的用户名

每一次用户按<Ctrl+Alt+Del>组合键后所出现的“登录Windows”对话框中都将自动显示上次登录者的用户名称，通过此选项可以不显示，为保证系统登录安全提供了防护措施。

3）交互式登录：用户试图登录时的消息文字、标题

每次当计算机启动时，它都将显示“请按Ctrl+Alt+Del开始”的消息，如果想让用户在按这3个键后，对话框上显示一些其他消息，则可以利用这两个设置，其一用来设置标题，其一用来设置对话框内显示的文本。

4）关机：允许系统在未登录前关机

让按<Ctrl+Alt+Del>组合键后所出现的“登录Windows”对话框中的“关机”按钮可以使用，以便在不登录系统的情况下直接进行关机操作。

2.2.4 备份Active Directory数据库

问题描述

Active Directory数据库是否正常是Active Directory域能否正常工作的关键，因此，必须定期进行备份和维护Active Directory数据库。

问题分析

Active Directory数据库与SYSVOL文件夹都属于“系统状态（System State）”，需要通过备份“系统状态”的方式来备份Active Directory数据库与SYSVOL文件夹。要求每日3点对Active Directory数据库进行增量备份，文件名为DC—Backup，关闭验证，不使用硬件压缩。

任 务 单

1	安装Windows Server Backup功能
2	备份Active Directory数据库

解决步骤

根据任务单的安排完成任务。

任务1 安装Windows Server Backup功能

任务实施

说明：系统状态数据包含Active Directory、启动文件、COM+类别注册数据库、登录、

SYSVOL文件夹等。

1）在“服务器管理器仪表板”窗口中单击“添加角色和功能”超链接，打开“添加角色和功能向导”对话框，如图2-126所示。

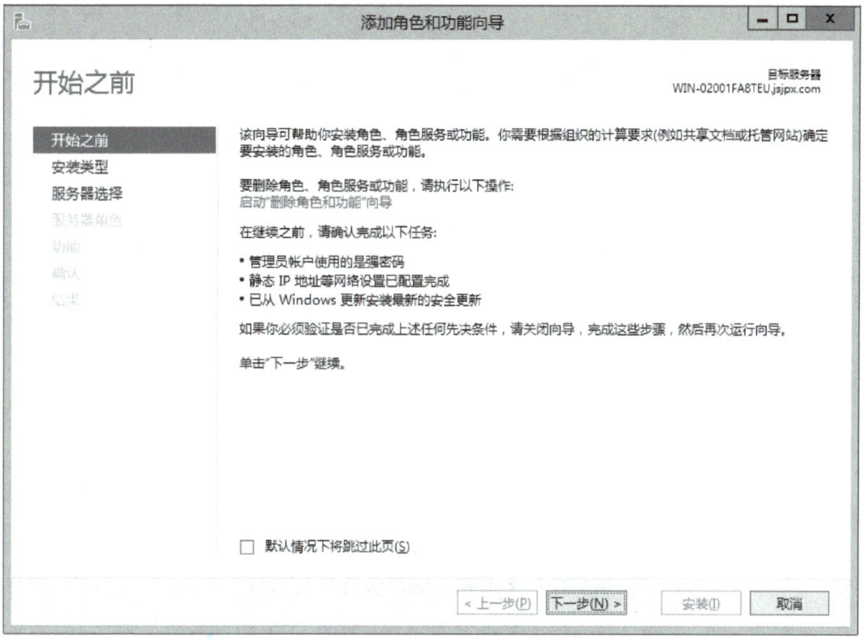

图2-126 “添加角色和功能向导”对话框

2）单击“下一步”按钮，打开“选择安装类型”对话框，选中“基于角色或基于功能的安装”单选按钮，如图2-127所示。

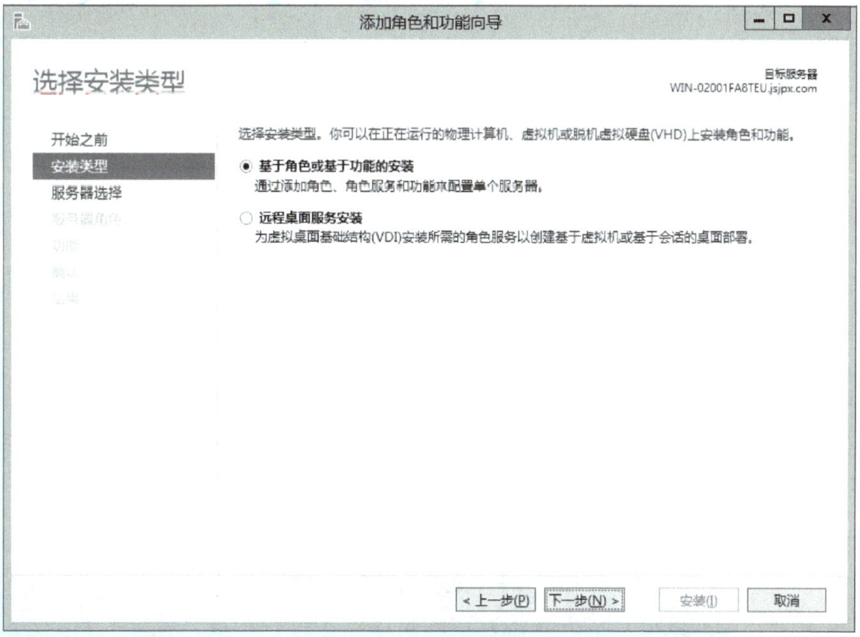

图2-127 “选择安装类型”对话框

3）单击“下一步”按钮，打开“选择目标服务器”对话框，如图2-128所示。

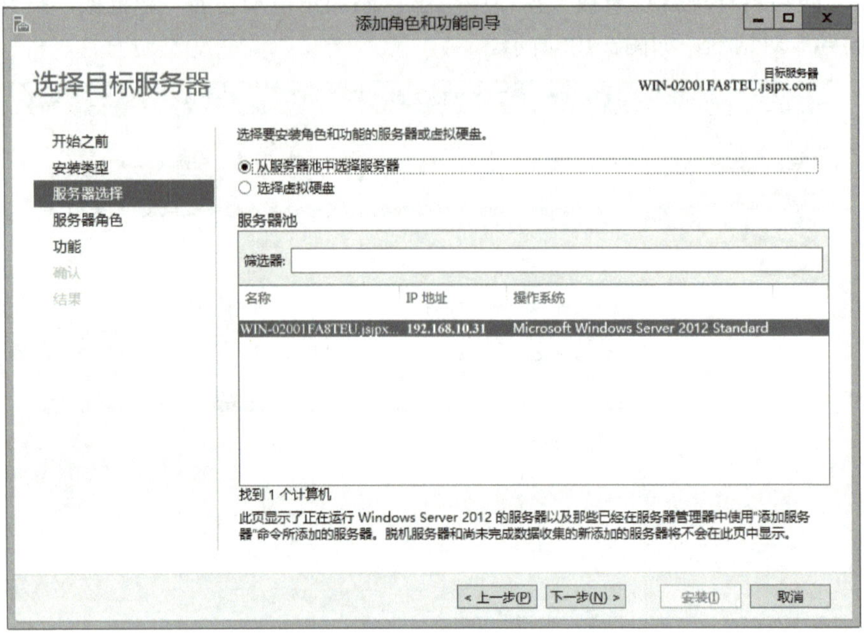

图2-128 “选择目标服务器”对话框

4）单击“下一步”按钮，打开“选择功能”对话框，选择“Windows Server Backup”复选框，如图2-129所示。

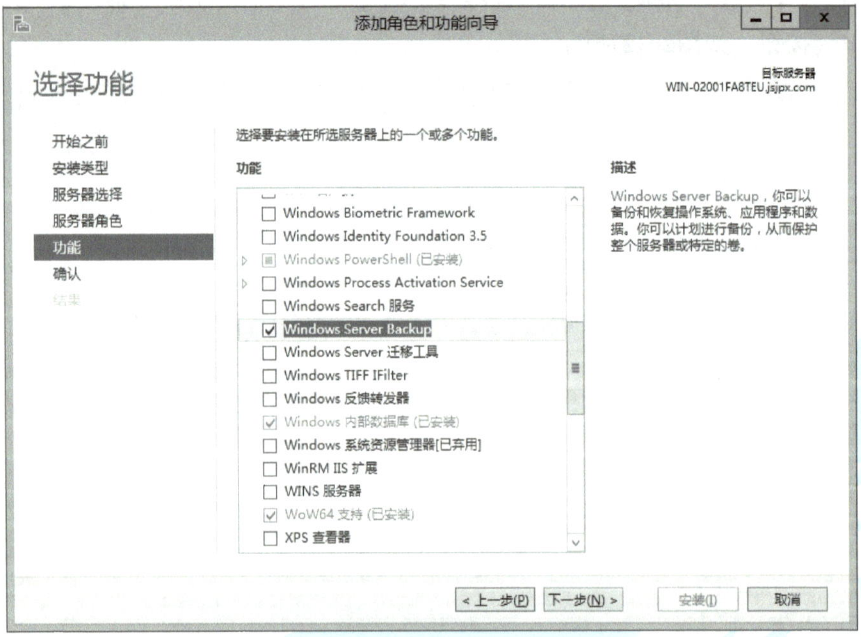

图2-129 “选择功能”对话框

5）单击“下一步”按钮，打开“确认安装所选内容”对话框，如图2-130所示。

图2-130　“确认安装所选内容”对话框

6）单击“安装”按钮，打开“安装进度”对话框，向导进行Windows Server Backup功能的安装，如图2-131所示。安装完成，如图2-132所示。

图2-131　Windows Server Backup安装进度

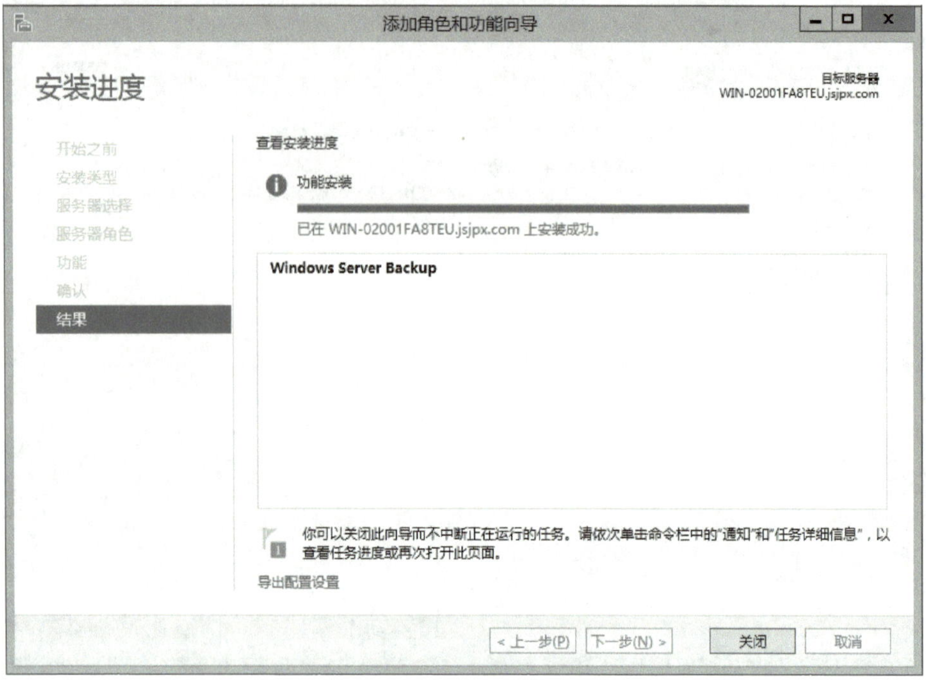

图2-132　安装完成

任务2　备份Active Directory数据库

任务实施

1）在"服务器管理器仪表板"窗口中单击"Windows Server Backup"链接，打开"Windows Server Backup"窗口，如图2-133所示。

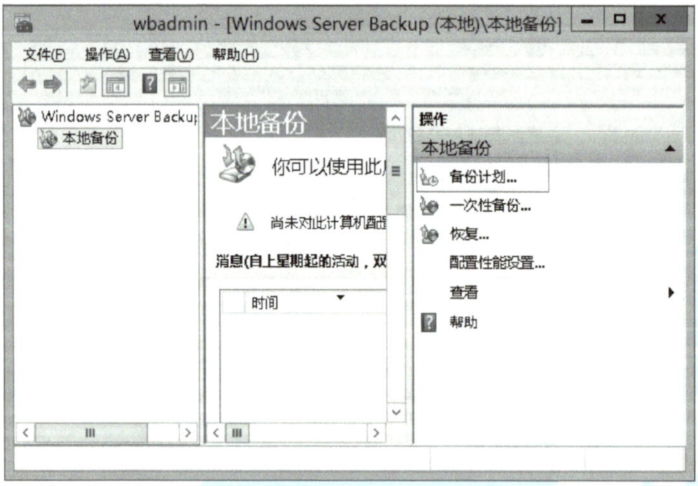

图2-133　"Windows Server Backup"窗口

2）单击"备份计划"链接，打开"备份计划向导"对话框，如图2-134所示。

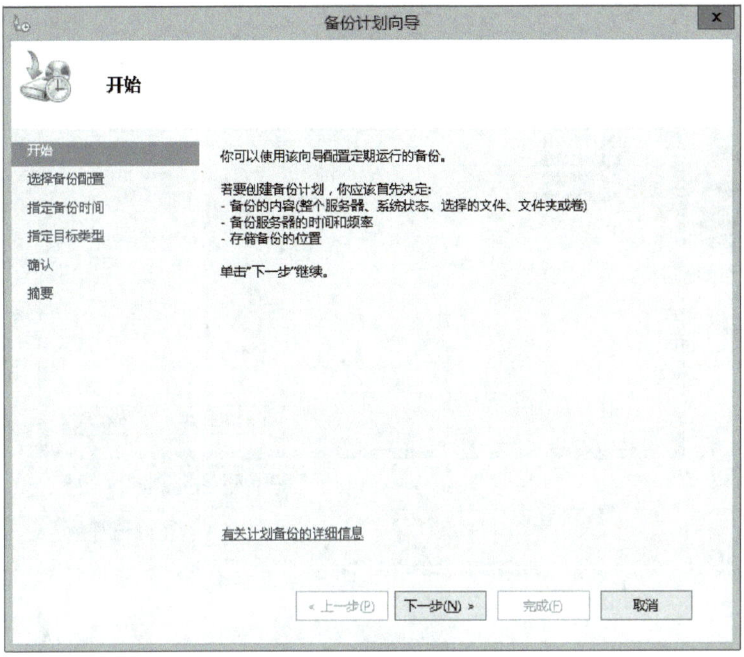

图2-134　“备份计划向导”对话框

3）单击“下一步”按钮，打开“选择备份配置”对话框，选中“自定义”单选按钮，如图2-135所示。

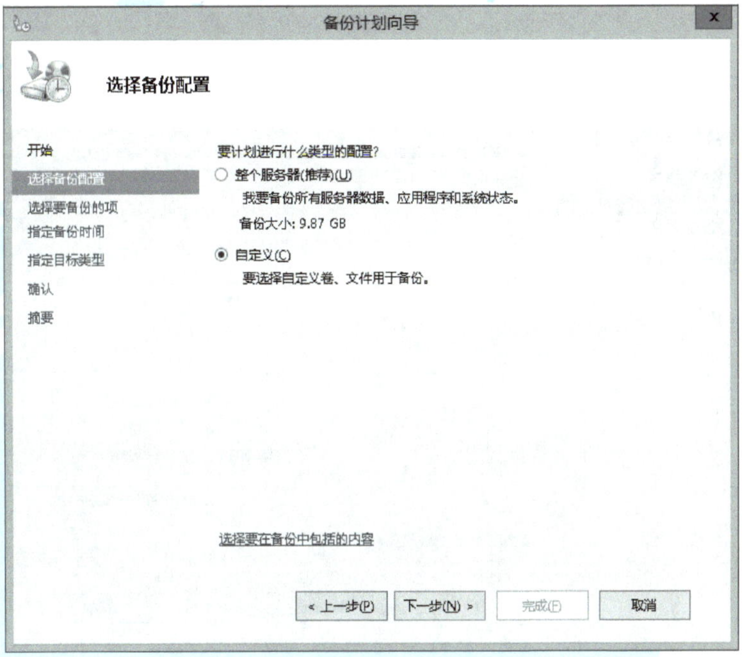

图2-135　“选择备份配置”对话框

4）单击“下一步”按钮，打开“选择要备份的项”对话框，单击“添加项目”按钮，打开“选择项”对话框，选择“系统状态”复选框，如图2-136所示。

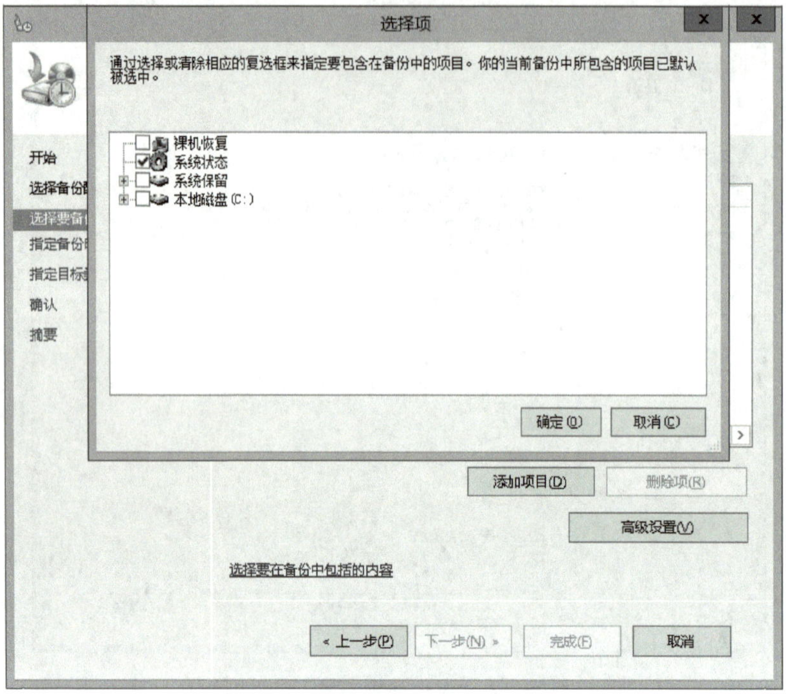

图2-136　选择要备份的项—选择项

5）单击“确定”按钮，返回“选择要备份的项”对话框，操作结果如图2-137所示。

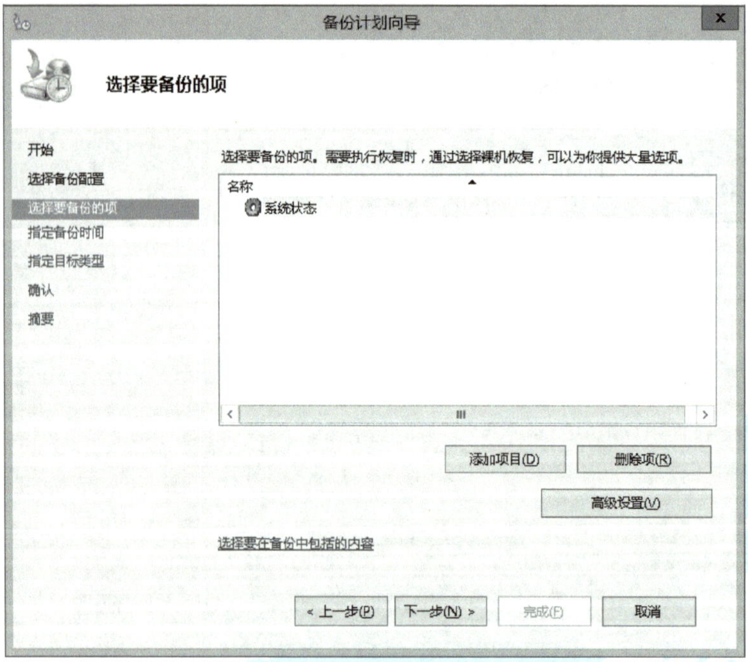

图2-137　“选择要备份的项”对话框

6）单击“下一步”按钮，打开“指定备份时间”对话框，选中“每日一次”单选按钮，并选择时间为“3:00”，如图2-138所示。

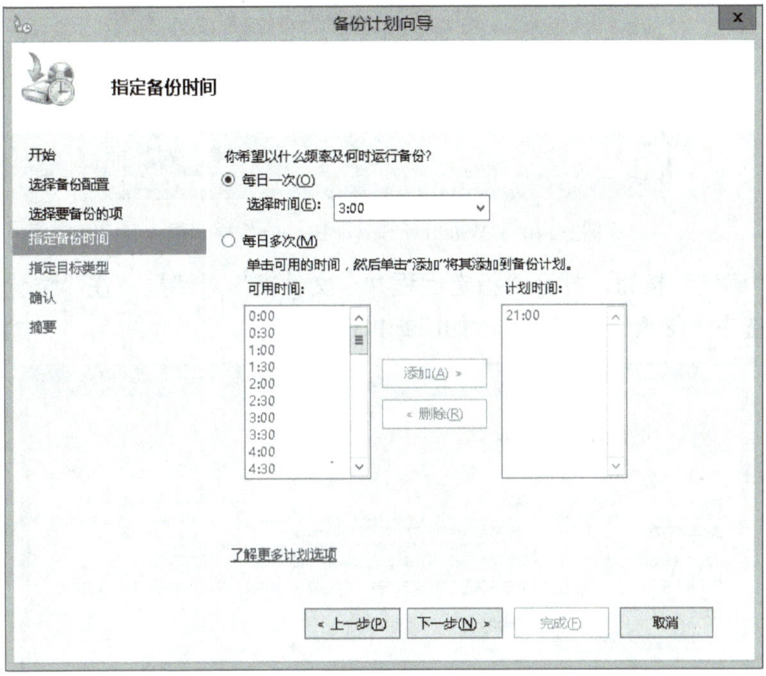

图2-138　“指定备份时间”对话框

7）单击“下一步”按钮，打开“指定目标类型”对话框，选中“备份到共享网络文件夹”单选按钮，如图2-139所示。

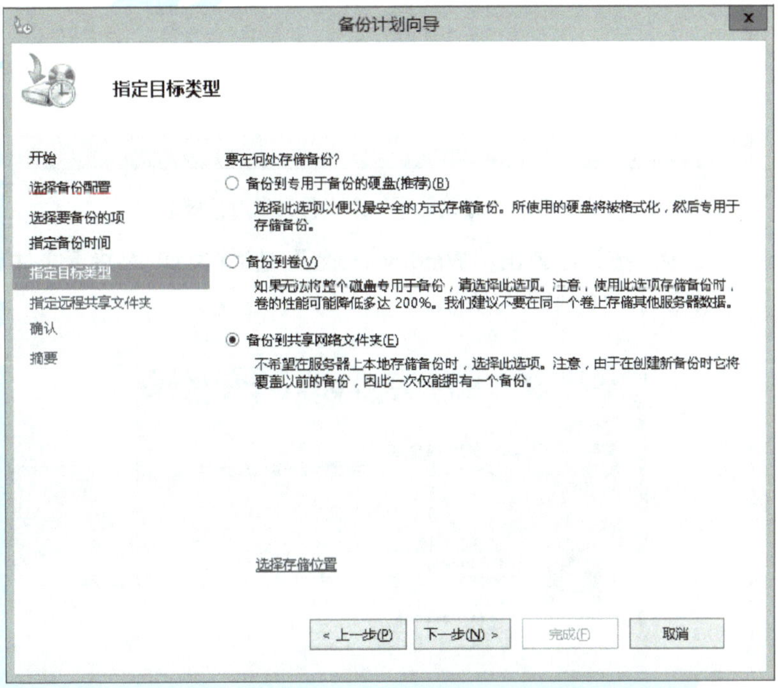

图2-139　“指定目标类型”对话框

8）单击“下一步”按钮，向导弹出“Windows Server Backup”提示框，如图2-140所示。

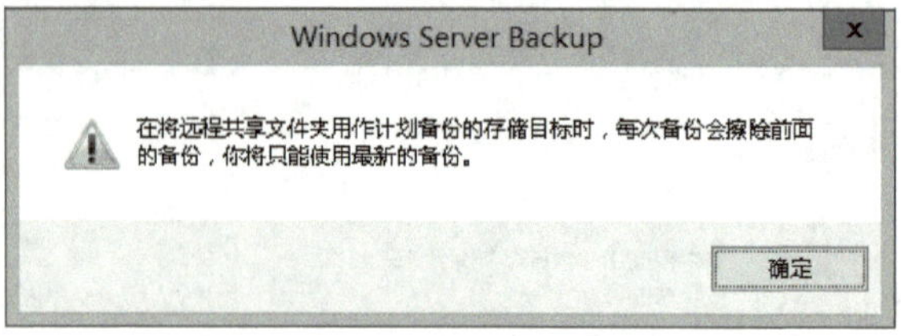

图2-140　“Windows Server Backup”提示框

9）单击“确定”按钮，打开“指定远程共享文件夹”对话框，在“位置”文本框内输入网络位置，选中“继承”单选按钮，如图2-141所示。

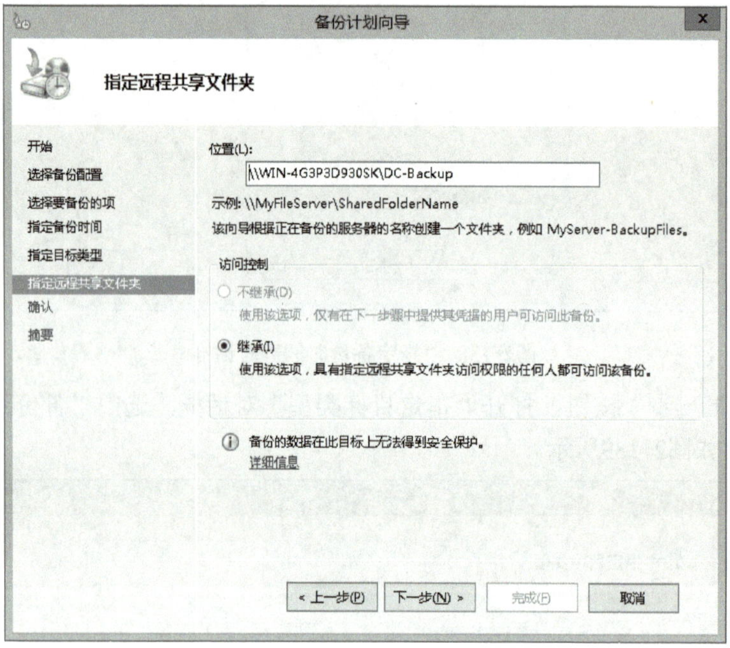

图2-141　“指定远程共享文件夹”对话框

10）单击“下一步”按钮，弹出“Windows安全”对话框，输入共享文件夹所在计算机的有效登录用户名及密码，如图2-142所示。

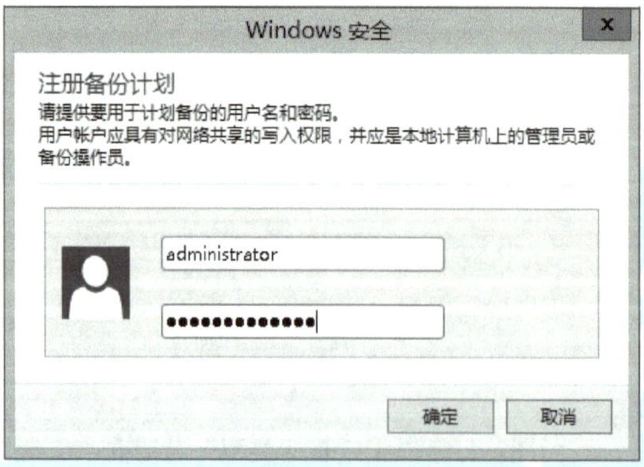

图2-142　“Windows 安全”对话框

11）单击“确定”按钮，返回“确认”对话框，如图2-143所示。

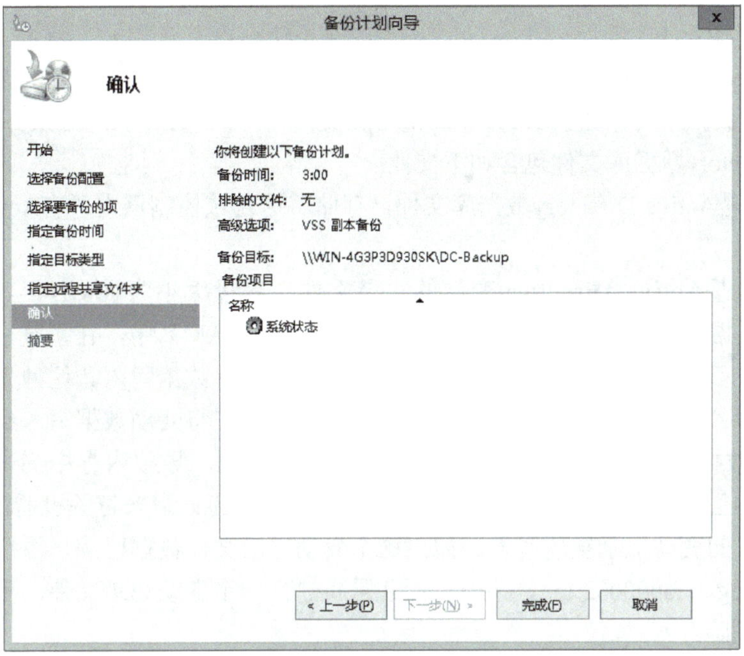

图2-143　“确认”对话框

12）单击“完成”按钮，打开“摘要”对话框，如图2-144所示。

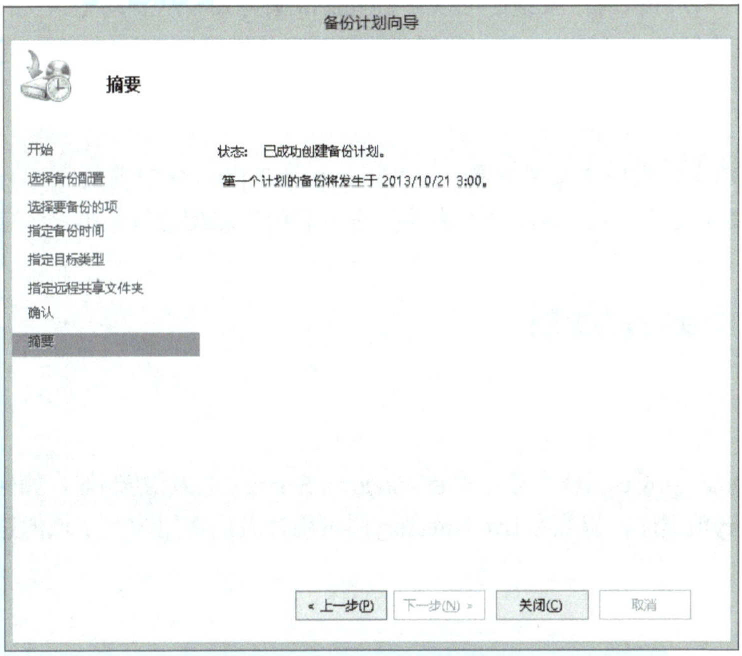

图2-144　“摘要”对话框

13）单击“关闭”按钮，完成操作。

知识拓展

Active Directory的数据分为Active Directory数据库文件与SYSVOL文件夹两部分。其中Active Directory数据库文件位于C：\Windows\ntds文件夹内；SYSVOL位于%systemroot%内。

Active Directory数据库文件包含如下文件：

1）ntds.dit是Active Directory数据库文件，存储着这台域控制器内所有Active Directory的对象数据。

2）edb.log是Active Directory变动的记录文件，容量大小为10MB。当要改变Active Directory内的数据时，系统会先将变动数据写入到内存（RAM）中，在系统空闲或关机时，再根据内存中的变动记录将更新数据写入到Active Directory数据库内。这种先在内存中处理的方式可以提高Active Directory的动作效率。但是，系统在将变动数据写入到内存的同时，它也会将变动数据写到变动记录文件内。如果不正常关机，导致内存中尚未写入到Active Directory的数据丢失时，系统就可以利用变动记录文件内的记录来将关机前尚未写入Active Directory数据库的变动记录重新写入。如果这个变动记录文件数据已满，系统就会将其改名（如edb00001.log、edb00002.log、……），并重新建立一个变动记录文件。不需要的旧记录文件会被自动删除。

3）edb.chk 是“检查点（Check Point）”文件，每当系统将内存里的数据写到Active Directory时，都会更新edb.chk，以便记录现在内存相对应的变动记录文件内有哪些数据已经写入到Active Directory内。如果系统不正常关机，导致内存中尚未被写入到Active Directory的数据丢失，下一次开机时，系统便可以根据edb.chk来得知要从变动记录文件的哪个数据开始，将关机前尚未写入Active Directory数据库的变动记录继续写入。

4）res1.log与res2.log是预留文件，当硬盘空间不够时，可以使用这两个文件，它们的大小都是10MB。

5）SYSVOL文件夹内主要包含脚本、Windows NT4.0（含以前的版本）的系统策略配置、NETLOGON共享文件夹、SYSVOL共享文件夹和组策略配置等数据。

2.2.5 Active Directory的复制

问题描述

如图2-1所示，jsjpx.com林中存在多台Windows Server 2012域控制器，如何才能有效地复制Active Directory数据库，提高Active Directory的可用性且提高用户登录域的速度呢？

问题分析

站点之间逻辑分组的Active Directory数据库复制功能，能够实现问题描述中的所有功能。新建jsjpxcom与jsjpxcn两个站点，同时将域服务器移至子网络中，然后实现两个子网络的站点链接，完成Active Directory的复制。

任　务　单

1	建立两个新站点
2	新建IP子网络
3	新建站点链接
4	将域控制器移至所属站点

解决步骤

根据任务单的安排完成任务。

任务1　建立两个新站点

任务实施

1）在“服务器管理器仪表板”窗口中单击“Active Directory站点和服务”链接，打开“Active Directory站点和服务”窗口，在“Sites”上单击鼠标右键，在弹出的快捷菜单中，选择“新站点”命令，如图2-145所示。

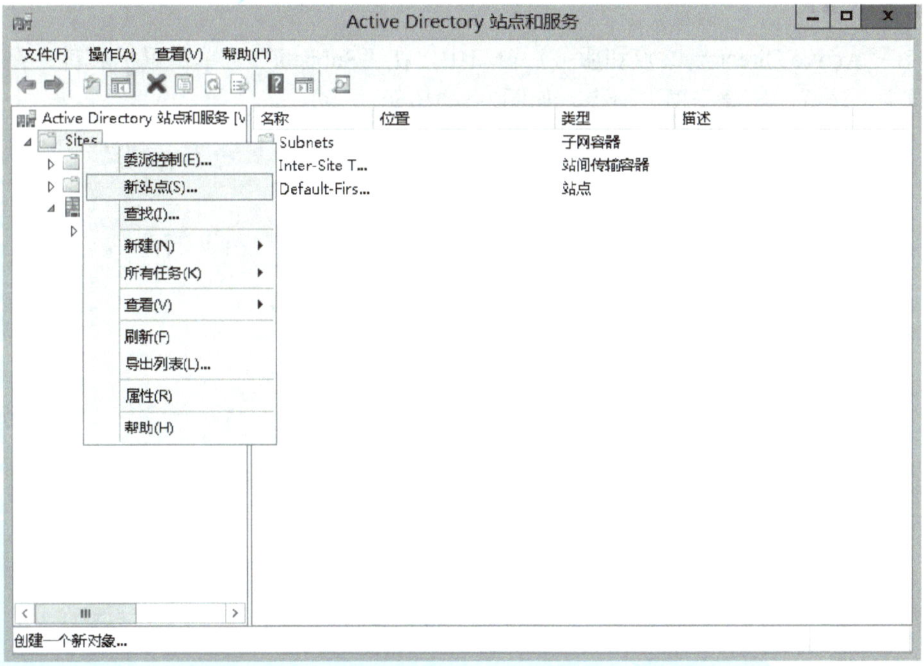

图2-145　“Active Directory站点和服务”对话框

2）在“新建对象－站点”对话框内输入新建站点的名称“jsjpxcom”，同时选择相应的“站点链接”。由于现在只有“DEFAULTIPSITELINK”系统默认站点链接，先将其置于此默认站点链接中，如图2-146所示。

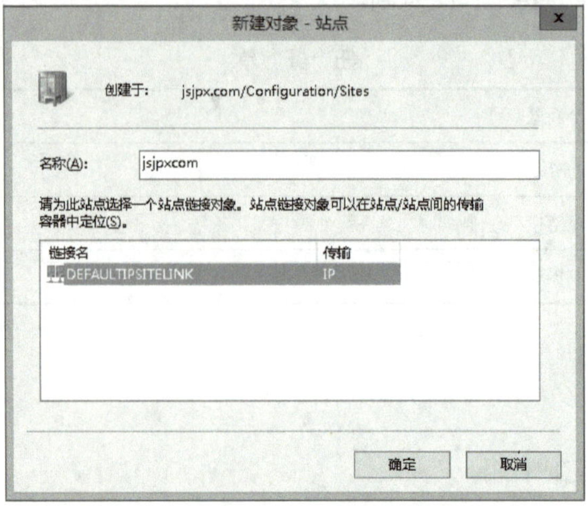

图2-146　新建对象一站点

3）单击“确定”按钮，弹出站点创建成功信息，再次单击“确定”按钮，完成新建jsjpxcom站点操作。

4）按照步骤1）和步骤2），创建jsjpxcn站点。

任务2　新建IP子网络

任务实施

1）在“Active Directory站点和服务”窗口中，在“Subnets”上单击鼠标右键，在弹出的快捷菜单中，选择“新建子网”命令，如图2-147所示。

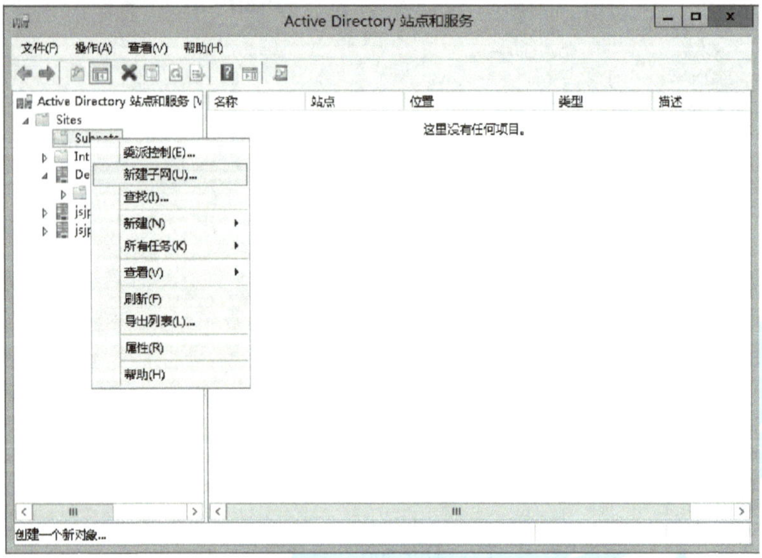

图2-147　新建子网

2）在“新建对象一子网”对话框中，输入地址及掩码，并选择站点对象jsjpxcom，如图2-148所示。

图2-148　Active Directory站点和服务—新建子网络

3）单击“确定”按钮，完成创建子网jsjpxcom的操作。

4）按照步骤1）～步骤3）创建子网jsjpxcn。

任务3　新建站点链接

任务实施

1）在“Active Directory站点和服务”界面中，展开“Inter-Site Transports”，在“IP”上单击鼠标右键，在弹出的快捷菜单中，选择“新站点链接”命令，如图2-149所示。

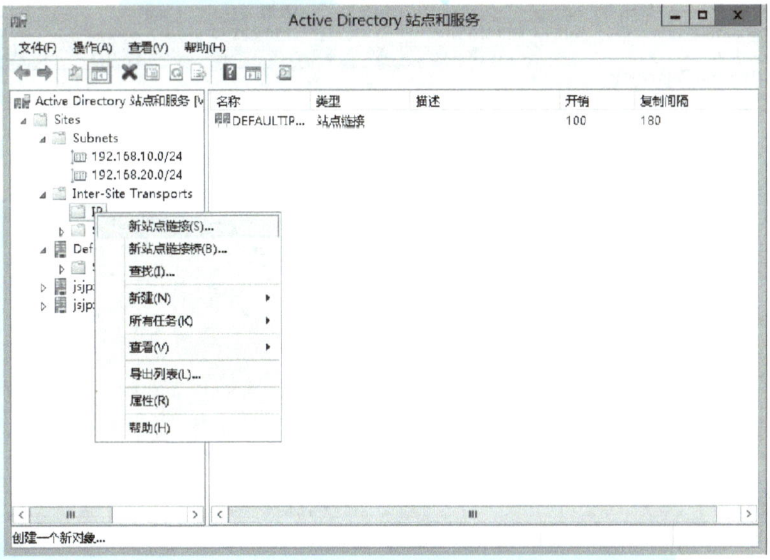

图2-149　Active Directory站点和服务—新建站点链接

2）打开“新建对象一站点链接”对话框，输入站点链接名称，选择jsjpxcom、jsjpxcn站点，添加至“在此站点链接中的站点”列表框中，如图2-150所示。

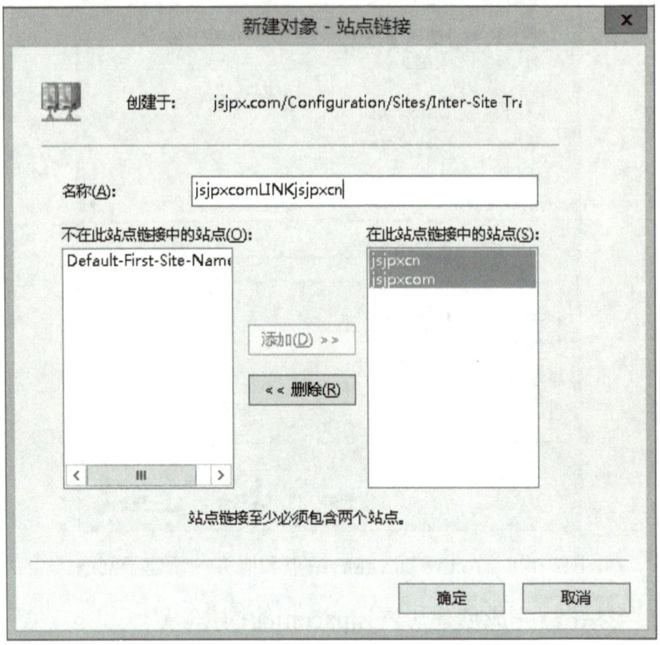

图2-150　新建对象一站点链接

3）单击“确定”按钮，如图2-151所示，完成“站点链接”创建操作。

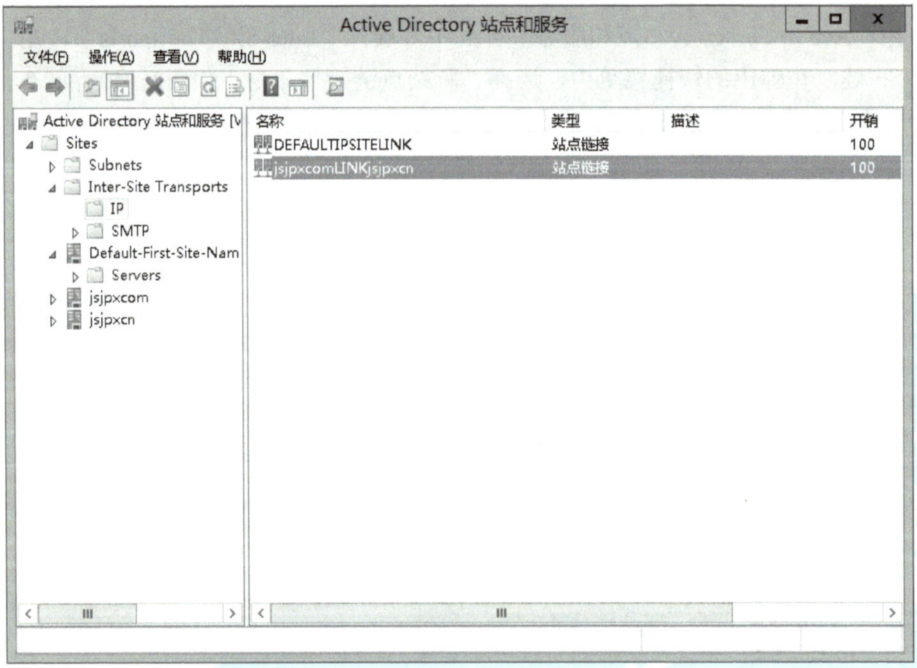

图2-151　Active Directory站点链接

任务4　将域控制器移至所属站点

任务实施

1）在“Active Directory站点和服务”窗口中，展开“Default-First-Site-Name”→“Servers”，在右侧框架内jsjpx.com的DC服务器主机上单击鼠标右键，在弹出的快捷菜单中，选择“移动”命令，如图2-152所示。

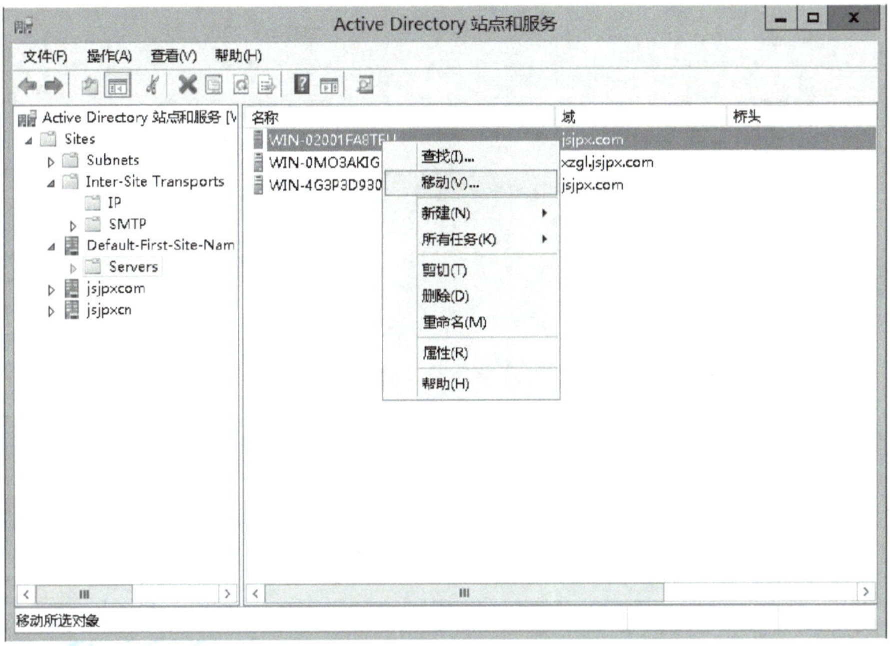

图2-152　移动域控制器

2）打开“移动服务器”对话框，选择“jsjpxcom”，如图2-153所示。

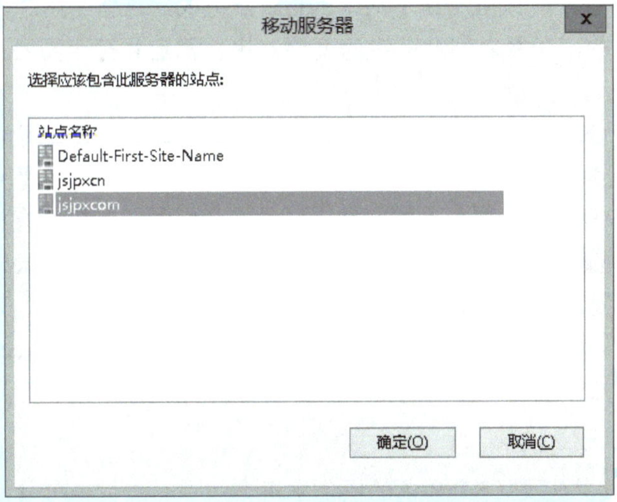

图2-153　移动服务器—选择站点

3）单击“确定”按钮，完成jsjpxcom站点内域控制器的移动操作。

4）按照步骤1）和步骤2）将JSJPXASSIT移动至jsjpxcom站点，JSJPXCN移动至jsjpxcn站点，结果如图2-154所示。

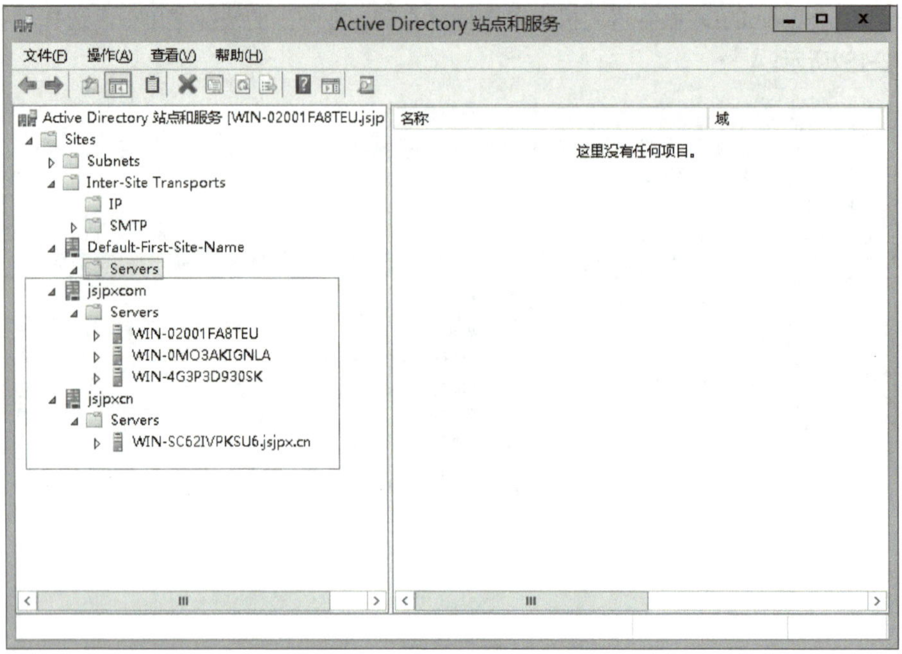

图2-154 移动服务器操作完成

知识拓展

1. 站点

“站点（Site）”由一个或数个IP子网（Subnet）组成，这些子网之间是通过“高速且可靠的链接”串接起来的，子网之间的链接速度要够快、稳定且符合需要，否则应该将它们分别规划为不同的站点。

一般地，一个LAN之内的各个子网之间的链接都符合速度快且高可靠度的要求，因此可以将一个LAN规划为一个站点；而WAN内的各个LAN之间的链接速度一般都不快，因此WAN之中的各个LAN应分别规划为不同的站点。站点之间的复制模式有如下几种：

1）多主机复制模式。在此模式中，当一台域控制器内的Active Directory对象更新后，这个更新的对象将自动复制到其他域控制器。

2）单主机复制模式。在此模式中，当一台域控制器内的Active Directory对象更新后，这个更新的对象会被“操作主机”直接复制，然后再将其复制到其他域控制器。

2. 操作主机

Active Directory内共定义了5个角色的操作主机。

1）架构主机。此域控制器负责更新与修改架构（Schema）内的对象与属性数据。只有

Schema Admins组内的成员才有权限修改Schema内的数据。注意：同一时间内，整个林中只可以拥有一台“架构主机”。

2）域命名主机。此域控制器负责管理林内域的添加与删除工作。同一时间内，整个林中也只可以拥有一台“域命名主机”。

3）RID（相对ID）主机。此域控制器负责发放RID给所属域内的所有域控制器；在移动域对象时，系统也将移动位于“RID主机”内的对象，然后通知其他域控制器该对象已经被转移。同一时间内，整个林中只可以拥有一台“RID主机”。

4）PDC（主域控制器）模拟主机。此域控制器负责模拟旧客户端计算机、预防密码复制延迟、负责整个域的时间同步等工作。

5）基础结构主机。此域控制器负责更新通过“全局编录”得到参考数据的最新版本，为不同域内的对象参考更新提供依据。同一时间内，整个林中也只可以拥有一台“基础结构主机”。

3. 复制伙伴

每台域控制器内都有一个被称为“Knowledge Consistency Checker（KCC）”的程序，它会自动建立最有效率的“复制拓扑”，即决定哪些域控制器是它的“直接复制伙伴”，哪些域控制器是它的“间接复制伙伴”。直接复制伙伴是指在建立“复制拓扑”的Active Directory复制的逻辑链接路径中，直接与拥有此“复制拓扑”的域控制器相邻的域控制器。间接复制伙伴是指在“复制拓扑”的Active Directory复制的逻辑链接路径中，经过3台域控制器拥有的“复制拓扑”达到的域控制器。当有新的域控制器加入时，KCC会重新建立“复制拓扑”，且仍然会依照跃点不超过3台的原则分配“间接复制伙伴”。

域控制器内的Active Directory数据有变动时，默认15s后会通知同一个站点的“直接复制伙伴”进行数据复制操作；即使未进行数据变动，也默认每隔一小时运行一次复制操作，保证了数据的完整性；当然，用户也可自行设定更新时间间隔，如图2-155所示可设定每小时一次、两次或四次的复制频率。若急需更新，可以手动实现，如图2-156所示，在需要立即更新的服务器上单击鼠标右键，在弹出的快捷菜单中，选择“立即复制副本”命令即可。

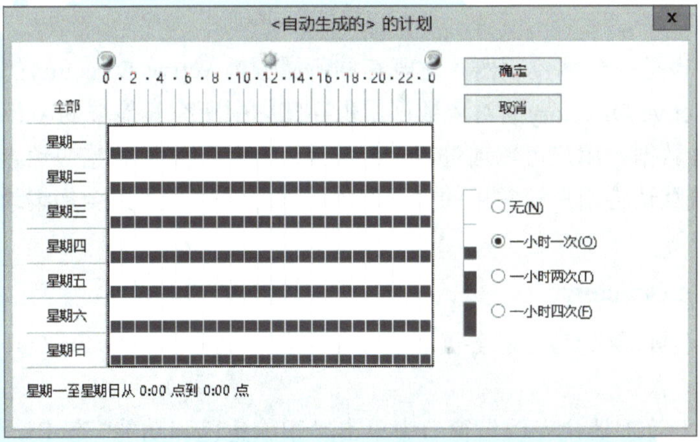

图2-155　Active Directory复制计划

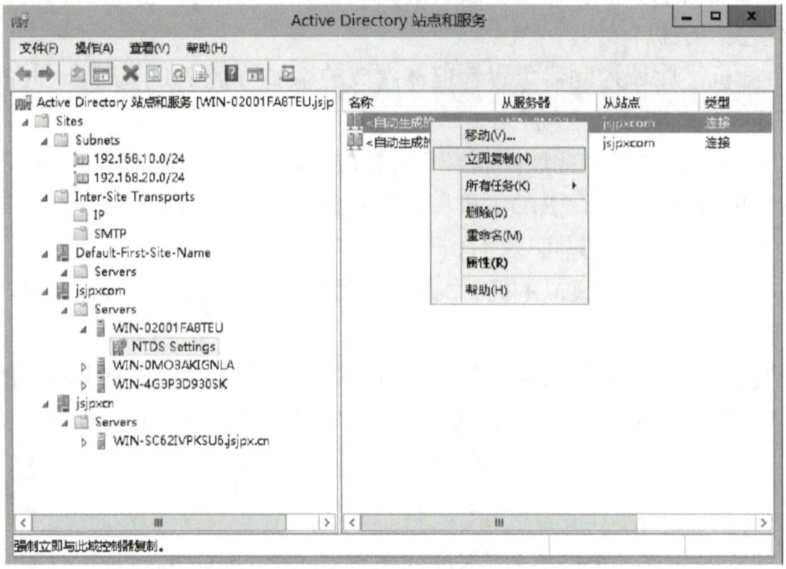

图2-156　Active Directory复制—立即复制副本

4. 域信任——信任的种类

Windows Server 2012 Active Directory内的域有父子信任、树根目录信任、快捷方式信任、林信任、外部信任和领域信任6种信任种类。域信任种类见表2-3。

表2-3　域信任种类

信任类型	传递性	单/双向	自动/手动建立
父子	是	双向	自动
树根目录	是	双向	自动
快捷方式	是	单向或双向	手动
林	否	单向或双向	手动
外部	是	单向或双向	手动
领域	是或否	单向或双向	手动

5. 全局编录

“全局编录”也是一台域控制器，它既存储所属域内Active Directory的所有对象的完整数据，林中所有Active Directory的对象数据，也存储林中所有其他域的Activer Directory的所有对象的部分属性数据。用户可以通过“全局编录”存储的属性数据快速查询所属域或其他域内的对象。系统默认将用户较常用的搜索对象的部分属性加入到全局编录内，如用户名－姓、名及登录账户等。

6. 删除Active Directory

只要将域控制器降级为独立服务器或成员服务器，就可以将Active Directory从此计算机中删除。

1）在“服务器管理器仪表板”窗口中单击“删除角色和功能”链接，打开“删除角色和功能向导”对话框，如图2-157所示。

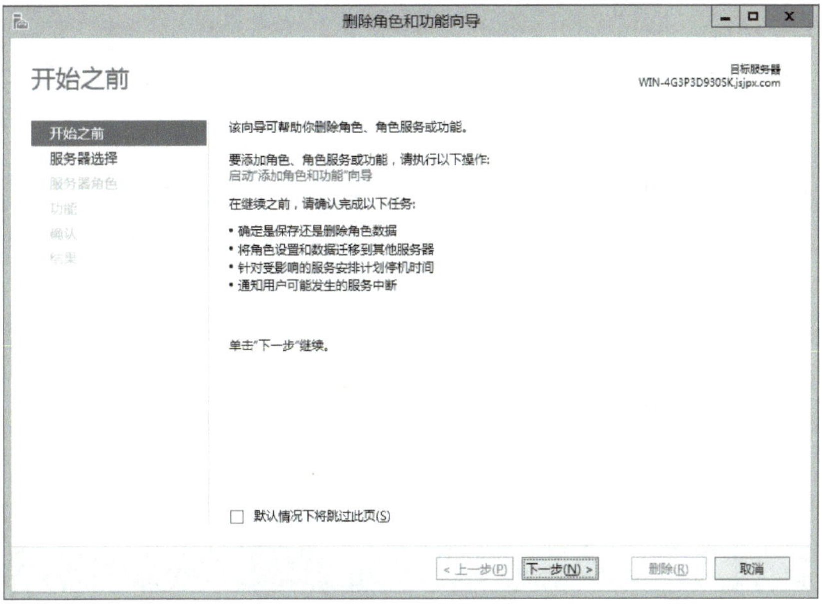

图2-157 删除角色和功能向导

2）单击“下一步”按钮，打开“选择目标服务器”按钮，选中“从服务器池中选择服务器”单选按钮，同时选择相应的服务器，如图2-158所示。

3）单击“下一步”按钮，打开“删除服务器角色”对话框，如图2-159所示。去除“Active Directory域服务”复选框前面的勾选信息，弹出“删除角色和功能向导”对话框，如图2-160所示。

4）单击“下一步”按钮，向导对服务器功能进行验证，验证结果如图2-161所示。

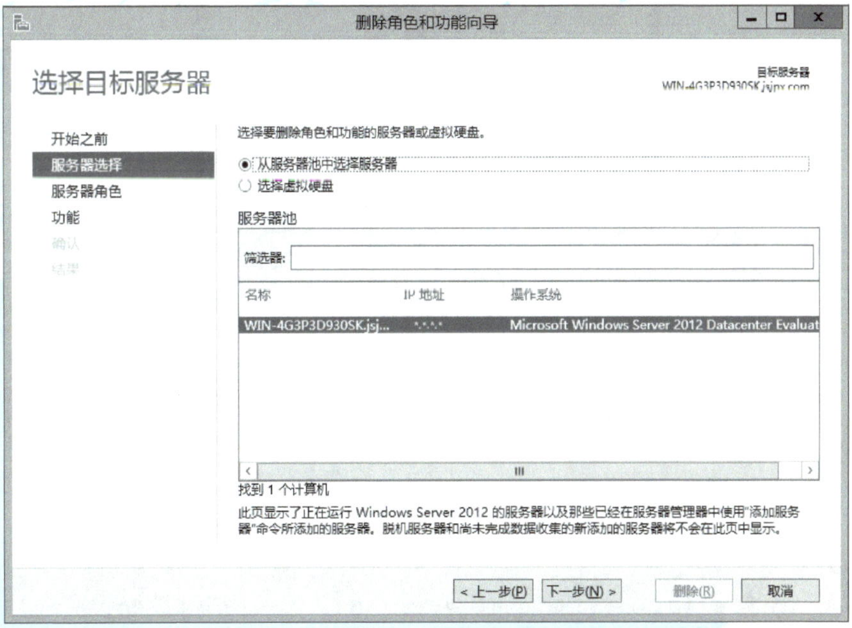

图2-158 选择目标服务器

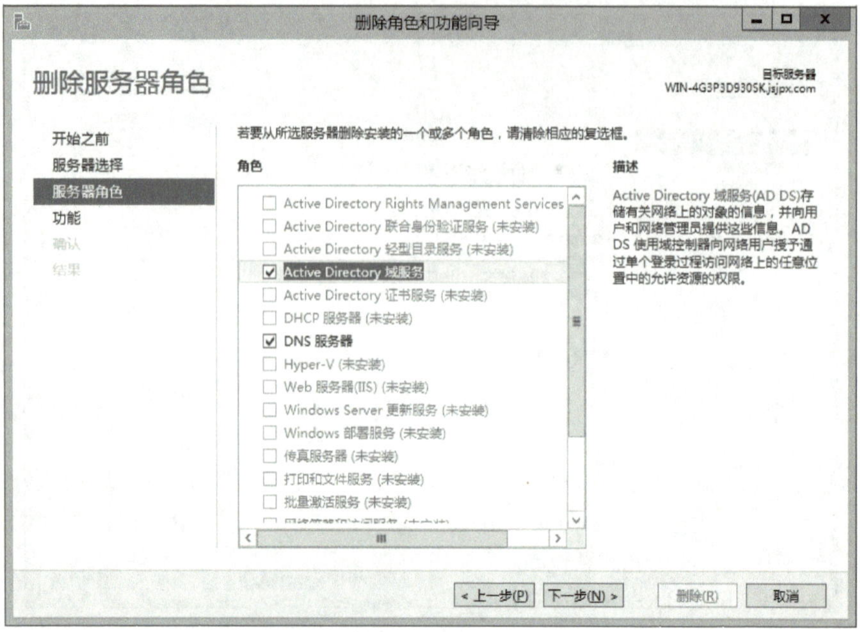

图2-159 “删除服务器角色”对话框

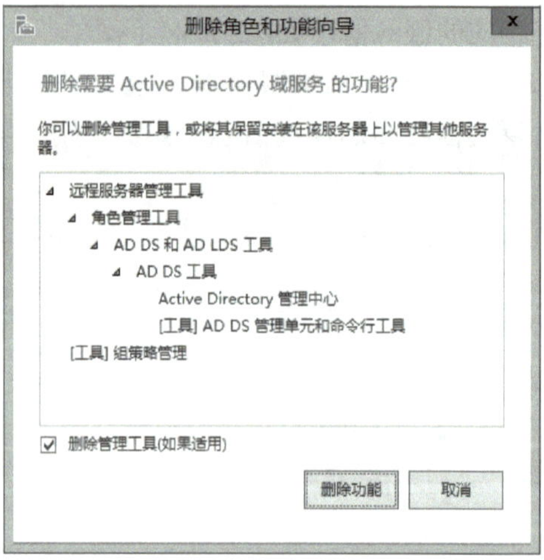

图2-160 “删除角色和功能向导”对话框

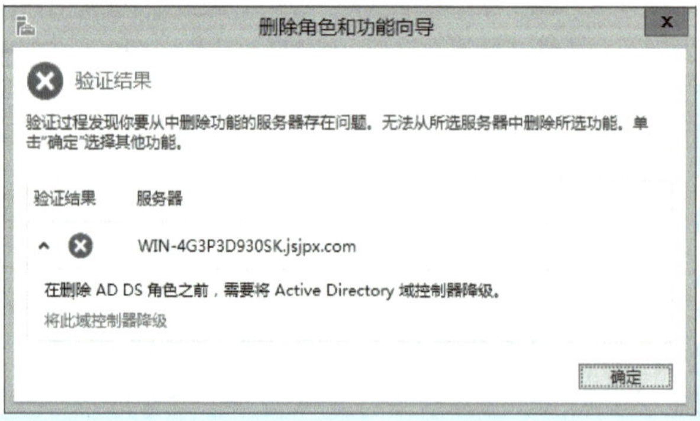

图2-161 删除AD—验证结果

5）单击“确定”按钮，打开“凭据”对话框，如图2-162所示。

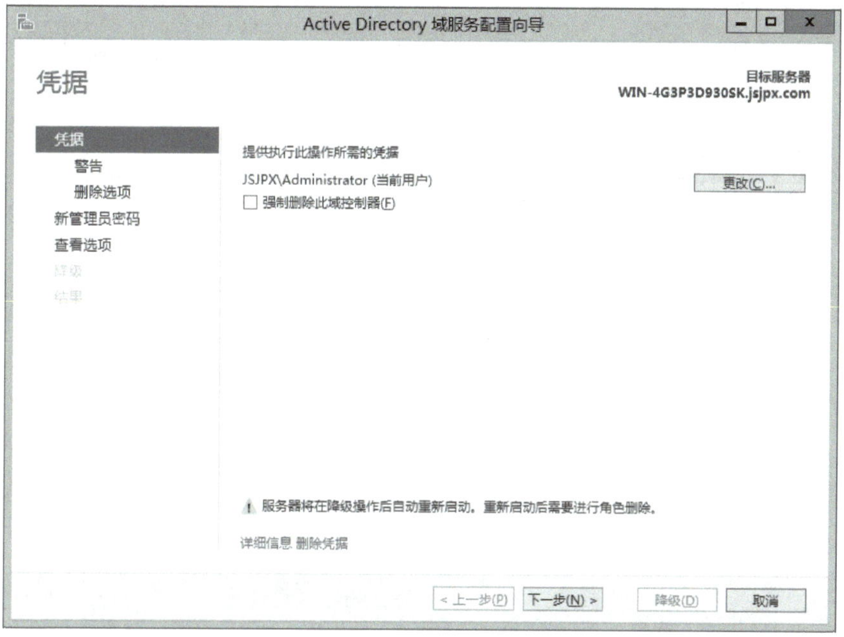

图2-162　Active Directory域服务配置向导—凭据

6）单击“下一步”按钮，打开“警告”对话框，选择“继续删除”复选框，如图2-163所示。

7）单击“下一步”按钮，打开“删除选项”对话框，选择“删除DNS委派”复选框，如图2-164所示。

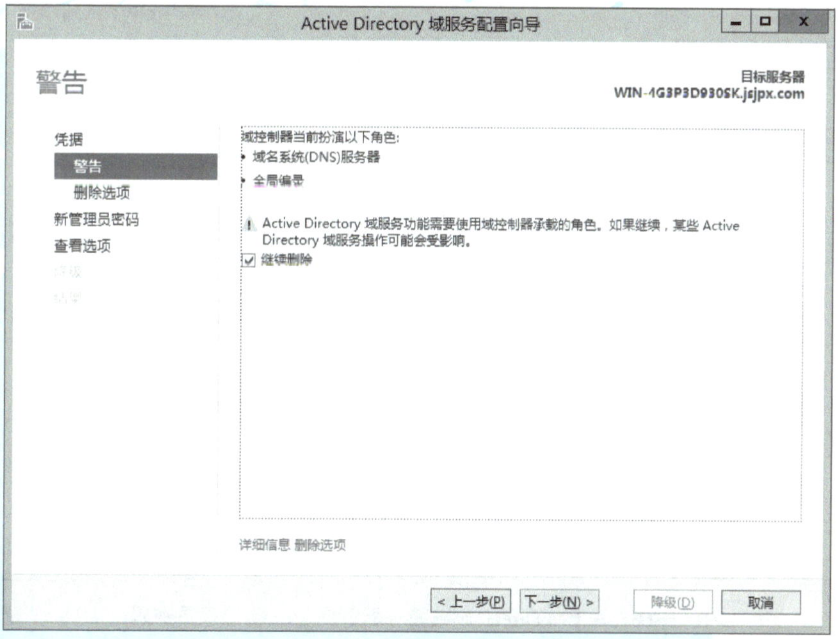

图2-163　Active Directory域服务配置向导—警告

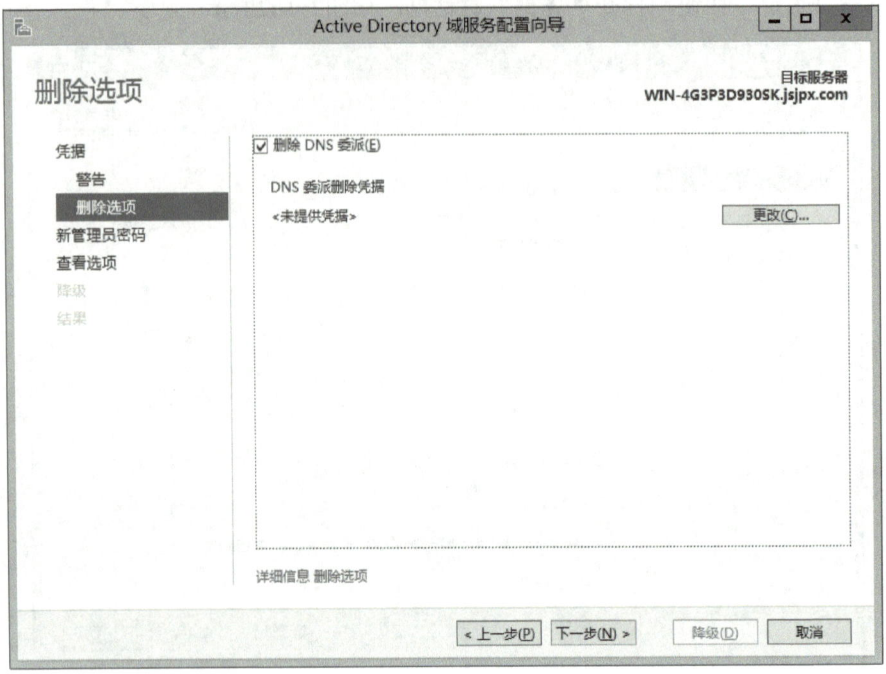

图2-164　Active Directory域服务配置向导—删除选项

8）单击“下一步”按钮，打开“新管理员密码”对话框，输入“密码”及“确认密码”，如图2-165所示。

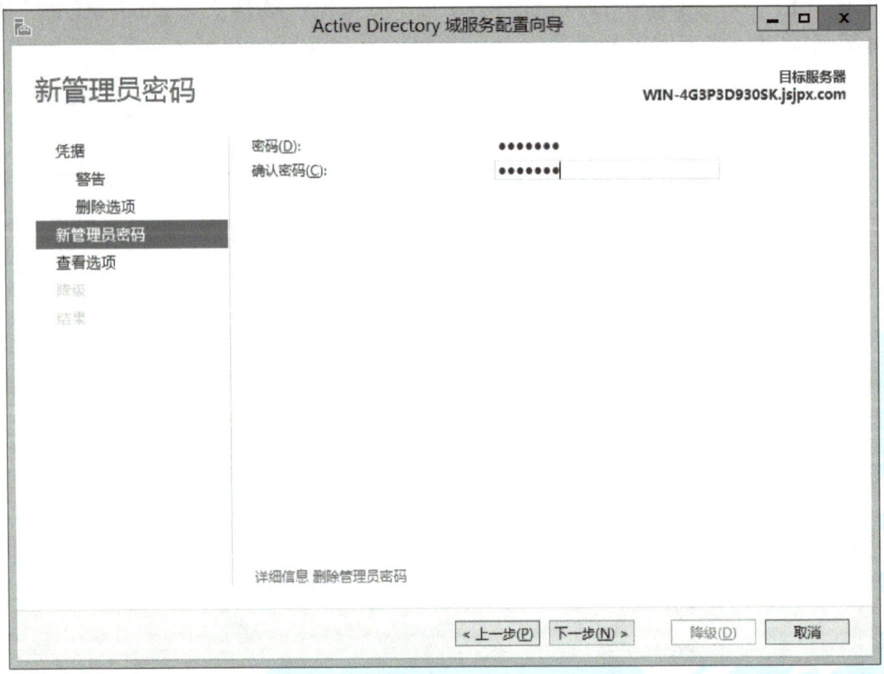

图2-165　Active Directory域服务配置向导—新管理员密码

9）单击“下一步”按钮，打开“查看选项”对话框，如图2-166所示。

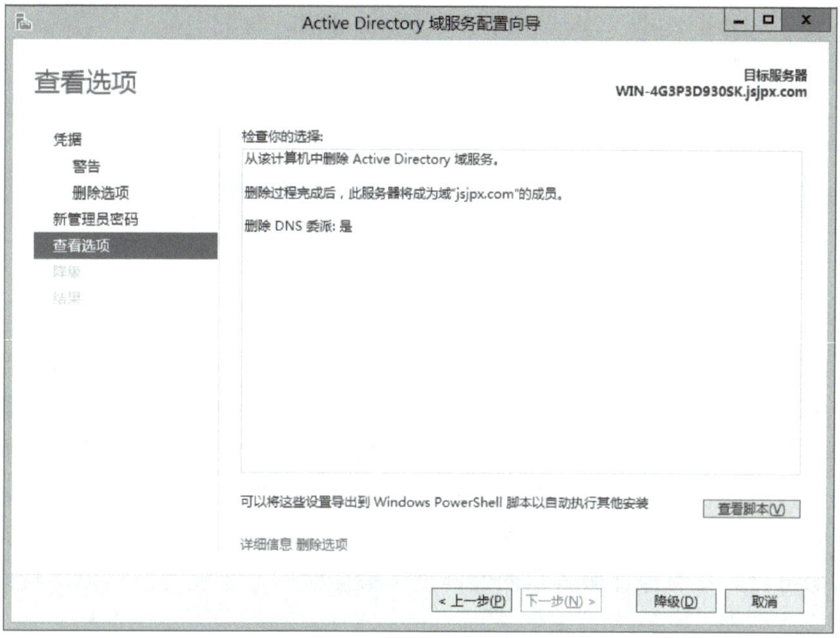

图2-166　Active Directory域服务配置向导—查看选项

10）单击“降级”按钮，向导对AD服务器进行降级操作，操作完成结果如图2-167所示。

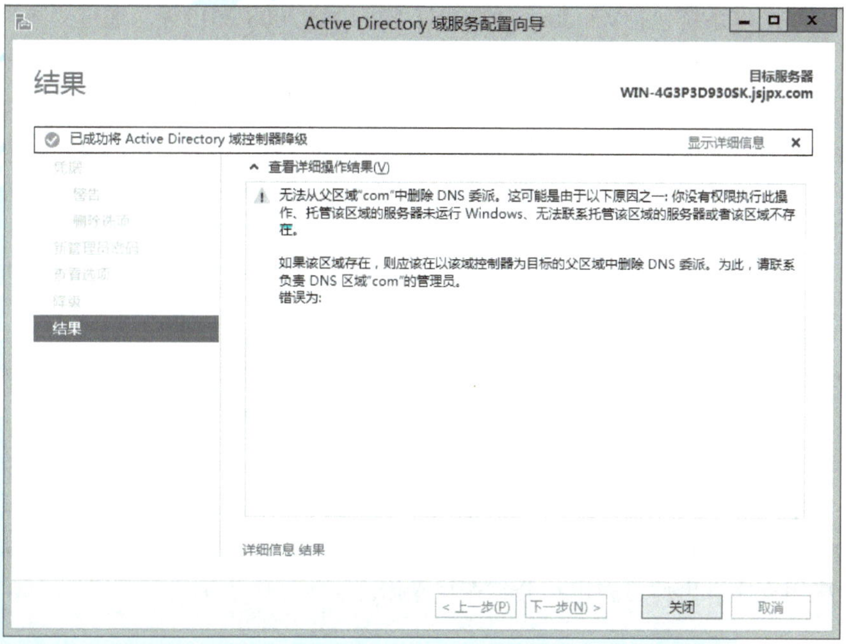

图2-167　Active Directory域服务配置向导—AD降级结果

11）重新启动计算机，完成操作。

第3章　服务性能优化

服务器的性能会影响到整个网络的工作效率，因此在选择服务器硬件时，服务器的性能始终是一个不可忽略的因素。服务器在应用过程中的日常维护也是非常重要的，有时看似简单的一个小问题随着时间的积累都有可能导致整个网络的瘫痪。因此，网络中的服务器经常需要远程监控软件，随时监控机器的运行状态。另外，服务器性能优化软件也是必不可少的，普通的个人计算机使用时间长了，处理速度都会变慢，更何况是每天24小时不间断工作的服务器。只有保证服务器的性能处于最佳状态，才能为网络提供最优质的网络服务。

3.1　事件查看器

事件查看器也就是系统日志。微软在以Windows NT为内核的操作系统中集成了事件查看器的功能，这些操作系统包括Windows 2000/NT/XP/2003/2008/2012等。通过“事件查看器”中的事件日志，用户可以收集到硬件、软件和系统问题的信息。通常情况下，运行Windows Server 2012的计算机日志中记录的事件可以分为应用程序、系统和安全3类，如果安装了Active Directory服务、DNS服务和文件服务等网络组件，还会自动增加相应的事件日志记录。事件查看器主要是管理员用来管理事件日志的工具，但用户也可以用它来查看自己计算机上的应用程序和系统日志。需要注意的是，只有管理员可以访问安全日志。

问题描述

随着公司内部服务器的架设越来越多，各操作系统内部是否安全，其硬件、软件包括系统运行是否正常，事件查看器是记录相应事件的日志记录。利用事件日志查看器可完成清除DNS服务器的所有事件日志，另存文件复制服务事件日志为FileCopy.evt；设置“安全性”事件日志大小上限为131MB，日志满时将其存档，不覆盖事件；对“安全性”中来源于IIS的时间介于“2012年9月24日”至“2012年9月25日”的事件做“审核成功”与“审核失败”筛选操作；对“应用程序”事件日志进行分类查找操作。

问题分析

利用事件查看器查看事件日志记录，管理事件日志，配置事件日志的选项及筛选事件，最后根据部分信息对事件日志进行查找操作。

任　务　单

1	查看事件日志的详细信息
2	删除、导出事件日志，查看存档事件日志
3	配置事件日志的选项及筛选事件
4	事件日志的查找

解决步骤

根据任务单的安排完成任务。

任务1　查看事件日志的详细信息

任务实施

在“事件查看器”窗口中，当选中事件查看器左侧树形结构图中的日志类型时，在右侧的详细资料框中将会显示出系统中该类的全部日志，双击其中一个日志，便可查看其详细信息。在日志属性窗口中可以查看事件发生的日期、事件的发生源、种类和ID，以及事件的详细描述，这对寻找解决错误的措施是非常重要的。

1）在“服务器管理器仪表板”窗口中单击“事件查看器”链接，打开“事件查看器”窗口，如图3-1所示。

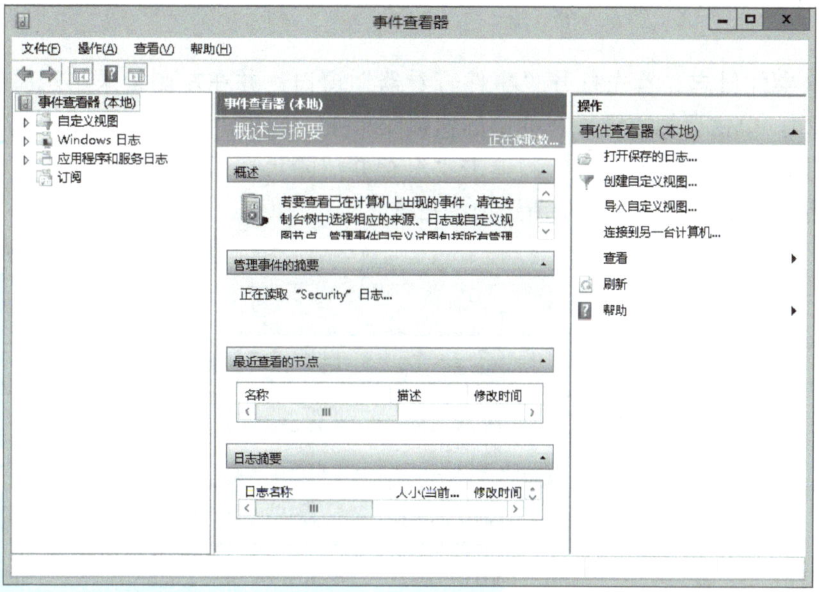

图3-1　事件查看器

2）在左侧的“事件查看器”目录中单击想要查看的事件类型，在右侧主窗口中将会显示该类型所有的事件日志及日期。根据事件日志的发生日期和具体时间，选择并双击日志记录，打开如图3-2所示的“事件属性”窗口。

“事件属性”窗口显示出该事件的相关描述信息、事件ID和用户类别等。如果需要了解更多的信息，则可单击相关链接，输入“事件日志联机帮助”或者寻求在线帮助等方式。有些事件日志还可以生成二进制数据，单击“数据”类型后面的“字节”或“字”单选项即可进行切换。

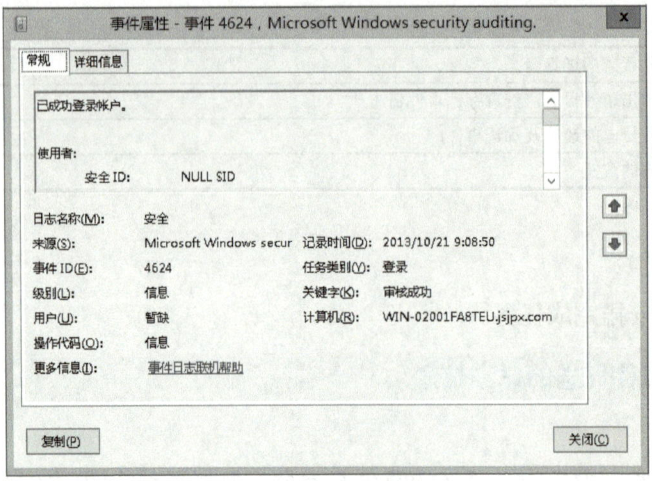

图3-2　事件属性

任务2　删除、导出事件日志，查看存档事件日志

任务实施

事件日志的产生是自动的，日积月累占用的系统空间越来越多，不仅严重影响服务器的运行速度，甚至会丢失早期重要的事件日志。管理事件日志主要就是清除陈旧的信息，并导出重要信息。

1）删除事件日志。首先打开“事件查看器”窗口，并在左侧目录中选择需要删除的事件日志类型，单击鼠标右键，在弹出的快捷菜单中，选择“清除日志”命令，如图3-3所示。打开如图3-4所示的提示窗口，单击“保存并清除”按钮将导出该日志，然后清除日志；单中“清除”按钮将直接清除所选类型日志。

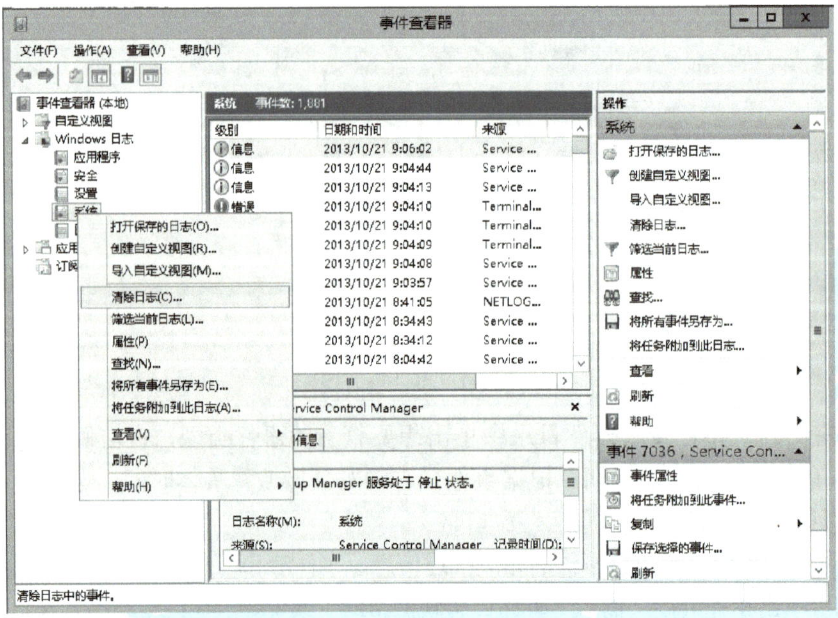

图3-3　事件查看器—清除日志

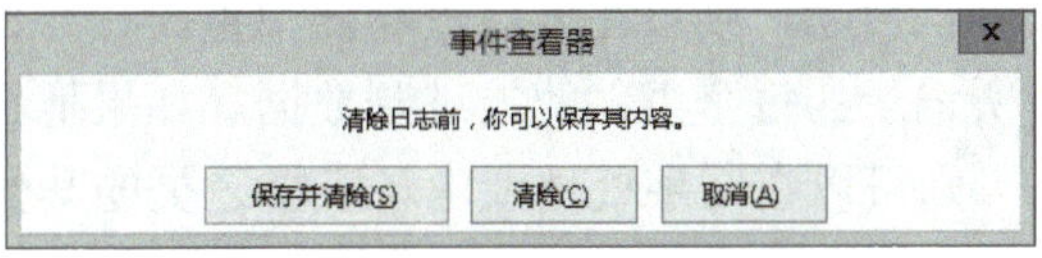

图3-4　清除事件确认提示对话框

2）导出事件日志。在“事件查看器”窗口中单击需要导出保存的事件类型，如“系统”，然后单击鼠标右键，在弹出的快捷菜单中，选择“将所有事件另存为”命令，如图3-5所示。在“文件名”文本框中输入文件名，如图3-6所示。单击“保存”按钮即可。

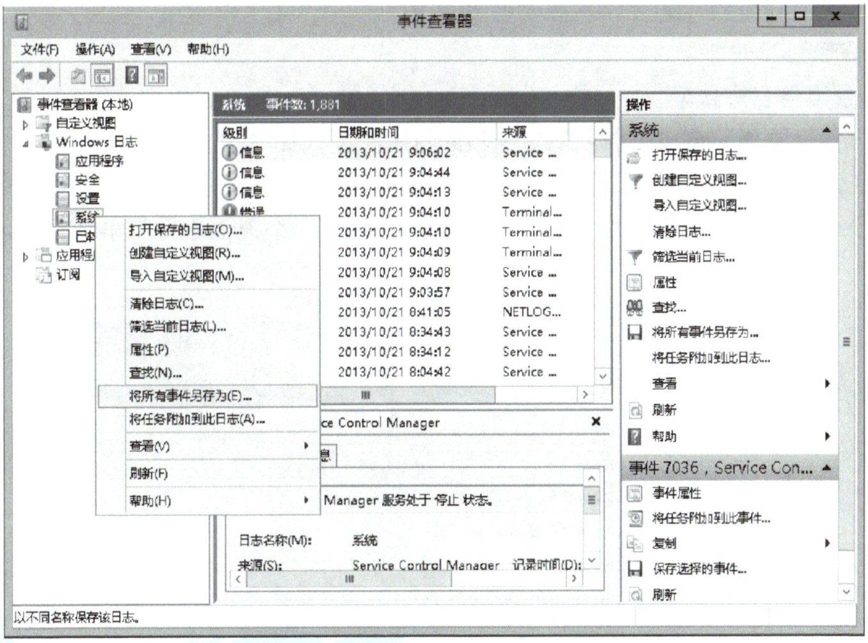

图3-5　事件查看器—另存日志文件

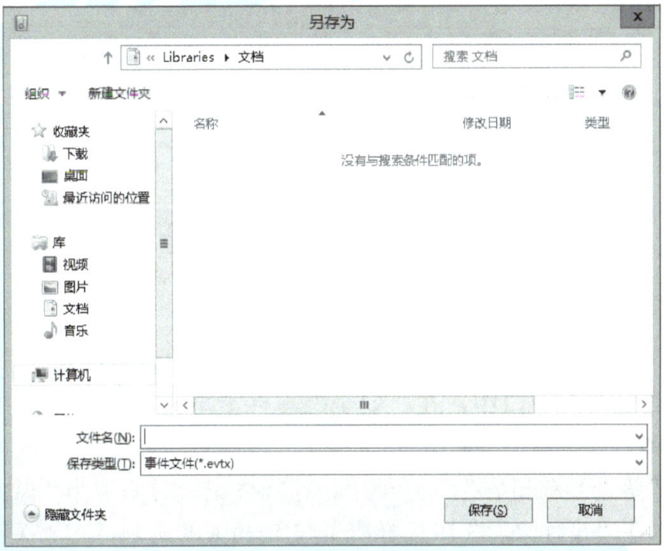

图3-6　“另存为”对话框

如果以日志文件格式存档日志，则可在事件查看器中重新打开日志。另存为事件日志文件（*.evt）的日志将保留所记录的每个事件的二进制数据。如果把日志存档为文本或逗号分隔的格式（*.txt、*.csv），则可以在文字处理或电子表格之类的其他程序中重新打开。以文本或逗号分隔的格式存储的日志文件不保留二进制数据。

3）查看存档事件日志。首先必须打开“事件查看器”窗口，选择“操作”→“打开日志文件”命令，选择与“文件类型”相符合的日志文件，只有当日志以.evt保存时，才可在“事件查看器”中查看，对存档的事件日志不可进行刷新或删除操作。

任务3　配置事件日志的选项及筛选事件

任务实施

1. 设置事件日志选项

在“事件查看器”窗口中需要配置选项的日志类型（如“安全性”事件日志）上单击鼠标右键，在弹出的快捷菜单中，选择“属性”命令，打开“日志属性—安全”对话框。设置“日志大小上限”为131MB，选中“日志满时将其存档，不覆盖事件”单选按钮，如图3-7所示。

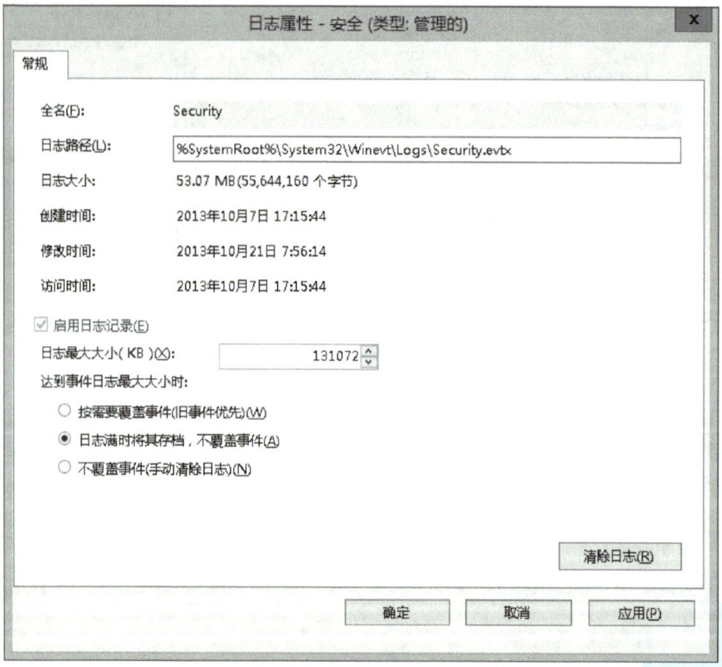

图3-7　日志属性—安全

2. 筛选事件

1）在“事件查看器”窗口中，在“安全”事件上单击鼠标右键，在弹出的快捷菜单中，选择“筛选当前日志”命令，如图3-8所示。

2）在打开的“筛选当前日志”对话框中，选择“记录时间”为“从2012/9/24 0:0:0 到2012/9/25 0:0:0”，在“事件来源”中选择所有与IIS相关的选项，在“关键字”下拉列表中选择“审核成功，审核失败”，如图3-9所示。

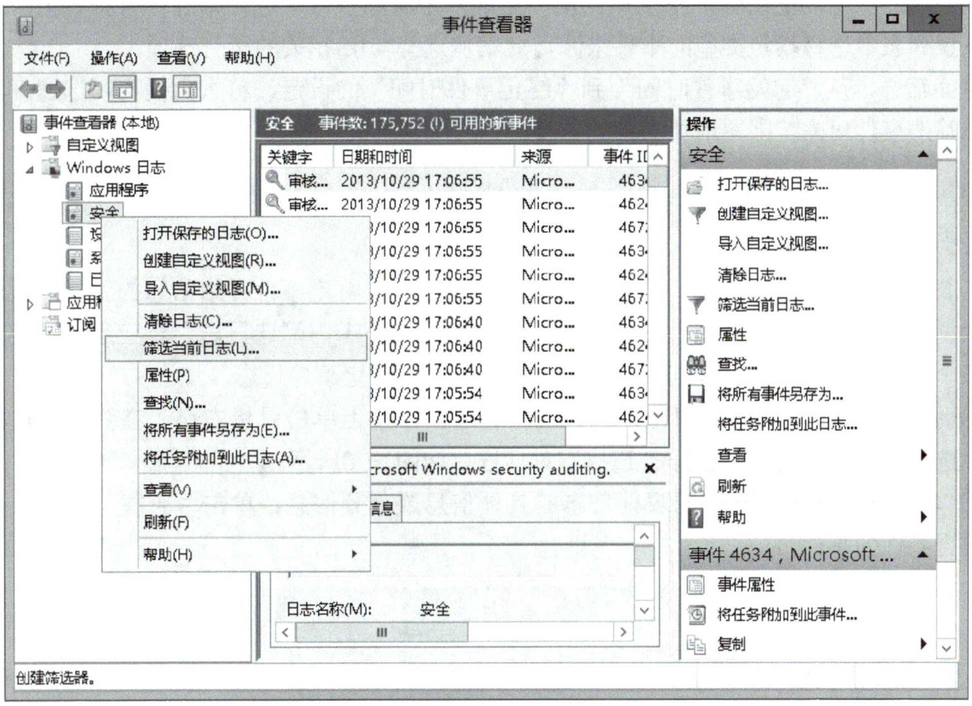

图3-8　事件查看器—筛选当前日志

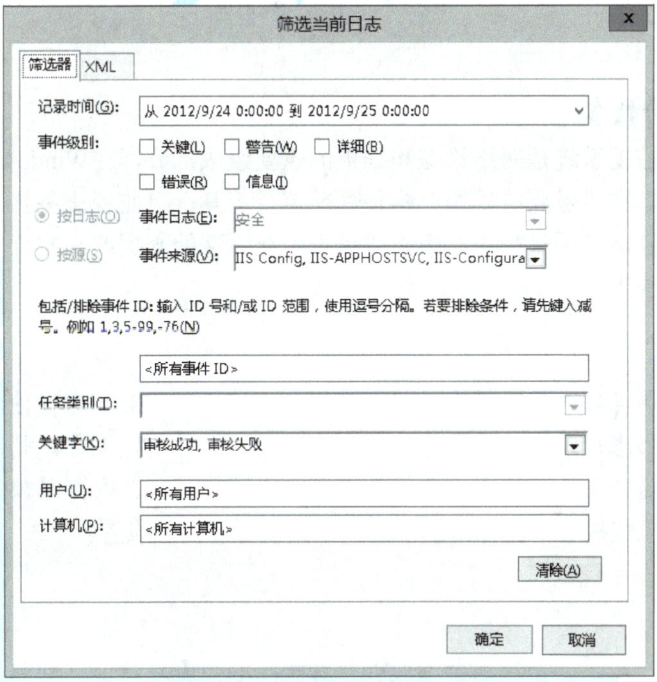

图3-9　筛选当前日志

3）单击“确定”按钮，完成操作。

注：“事件来源”主要用于标识产生指定事件的软件，该软件可以是一个应用程序，也

可以是系统的一个功能组件，系统默认从“全部”来源的事件中进行筛选；有特殊需求时，可从下拉列表中选择指定类型的事件来源，此案例选择与IIS相关的所有选项。

时间筛选，从“起始事件时间”到“终止事件时间”的设定，将大大提高筛选速度，同时缩小筛选事件日志范围，增加了筛选效率。

任务4　事件日志的查找

任务实施

查找事件是“事件查看器”为用户提供的用于查看某特定事件详细信息的工具，适用于查阅大型日志数据库。查找事件与筛选事件的主要区别在于，筛选日志主要应用查看某种类型的多个事件日志；查找事件则应用于查看符合条件的特定事件日志。

1）打开“事件查看器”窗口，在“应用程序”事件上单击鼠标右键，在弹出的快捷菜单中，选择“查找”命令，打开“查找”对话框，如图3-10所示。

2）填写或选择需要查找的事件日志的具体信息或部分信息，单击“查找下一个”按钮查找符合条件的事件日志。

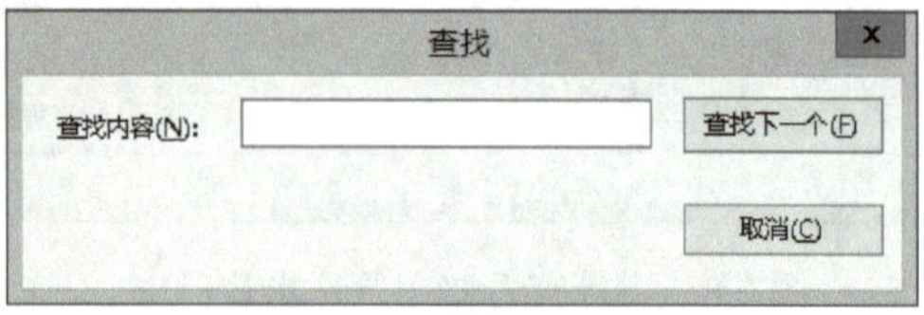

图3-10　“查找”对话框

3.2　服务器的性能监视

服务器的性能监视系统是网络管理和维护的重要组成部分，在Windows Server 2012中提供了“性能监视器”和“资源监视器”两种性能监视工具。可监视服务器活动或监视所选时间段内的服务器的性能；同时在实时图表或报告中显示性能数据或在文件中收集数据及当关键事件发生时生成警告。

问题描述

随着公司内部服务器的架设越来越多，各操作系统内部CPU、内存使用情况、发布服务运行情况以及运行日志记录情况都是管理员必须了解并熟悉的知识点。利用简单性能监视可完成CPU、内存的监视工作；利用“性能”控制台可添加CPU、内存对象的相关计数器，并进行监视；对“系统监视器”进行常规设置、数据设置和图表设置。

问题分析

利用Windows Server 2012任务管理器完成基本CPU和内存监视；利用“性能监视器”管理计数器，添加名为“ICMP性能监视”的数据收集器集，对ICMP信息进行收集；利用“资源监视器”进行CPU资源监视、内存监视、磁盘监视、网络监视，最后实现利用监视信息发现并结束非法进程。

任　务　单

1	简单性能监视
2	性能监视器管理
3	资源监视器管理

解决步骤

根据任务单的安排完成任务。

任务1　简单性能监视

任务实施

不同用途的网络服务器管理方式和要求也有所不同，通常情况下管理员只需了解CPU和内存的实时数据，可使用任务管理器进行简单性能监视。任务管理器的性能监视功能强，灵活易用，对系统影响很小。任务管理器提供的CPU利用率和内存使用率等数据，对判断系统当前状态、了解系统繁忙程度等都是非常实用的。

在“任务管理器”窗口中，提供了进程、性能、用户、详细信息及服务分项数据显示。“性能”选项卡中提供CPU和内存的利用率及实时图形窗口，以曲线形式显示当前的CPU利用率和内存占用数量，如图3-11所示。

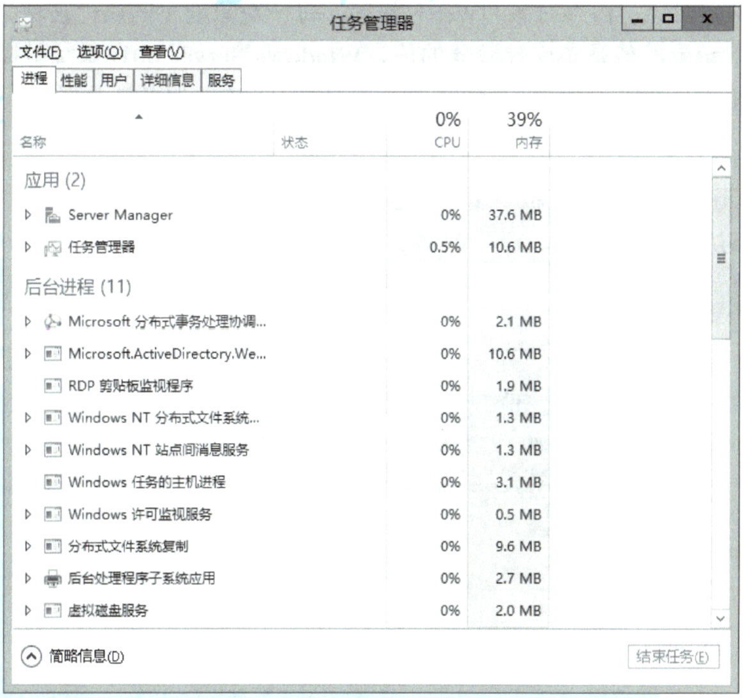

图3-11　Windows 任务管理器

单击“性能”选项卡，在选择CPU单选项后，再选择以“逻辑处理器”形式显示利用率曲线，如图3-12所示。

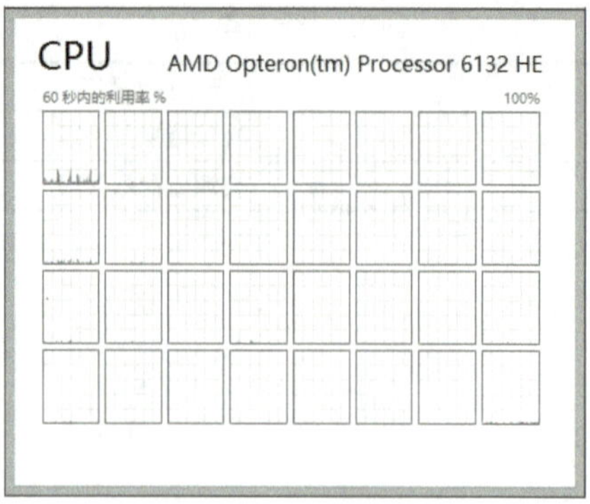

图3-12　CPU性能显示

任务2　性能监视器管理

任务实施

性能监视器相对于简单的任务管理器而言，功能更加强大。因此，通常应用于重要的、功能强大的服务器性能监视。性能监视器以图形或报表形式实时监测本地计算机或网络其他计算机的性能对象，通过对实时采集到的系统数据进行分析，显示当前的性能状况，并且可对异常的性能状况进行报警操作。

使用性能监视器可以收集和查看大量有关硬件资源的使用以及所管理的计算机上系统服务的活动数据。性能监视器监视的基本单位就是“对象”，即特定的控制服务器资源的服务或机制，如处理器对象、内存对象和Web对象等。每一对象的不同属性被称为“计数器”，性能监视器真正记录的就是实用计数器的值，Windows Server 2012系统中提供了许多计数器，如安装IIS组件后的IIS计数器中包括Web服务计数器和FTP服务计数器等。

1. 添加数据收集器集

1）在“服务器管理器仪表板”窗口中执行“性能监视器“命令，打开“性能监视器”窗口，如图3-13所示。

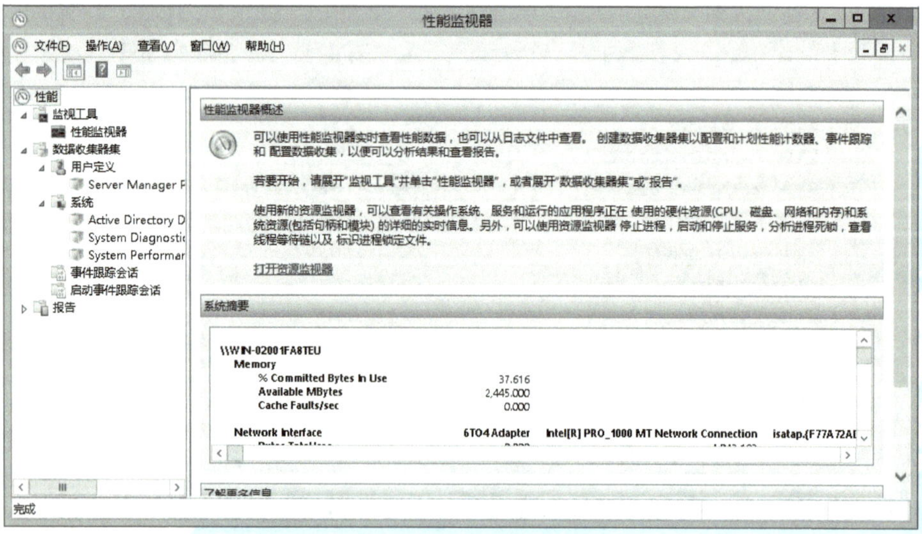

图3-13　性能监视器

2）在窗口左侧选择“性能”→“监视工具”→“性能监视器”，在窗口右侧显示系统生成的默认计数器性能曲线，如图3-14所示。

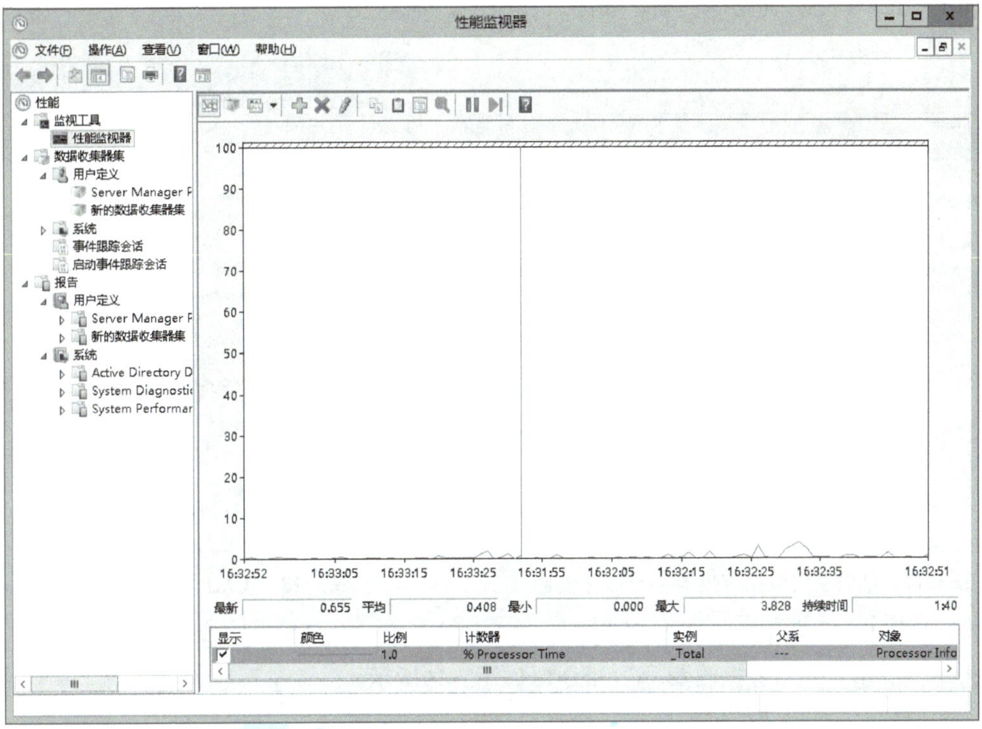

图3-14　性能监视器—内容页

3）选中“性能监视器”左侧列表的“监视工具”中的“性能监视器”，单击鼠标右键，在弹出的快捷菜单中，选择“新建”→“数据收集器集”命令，如图3-15所示。

4）在打开的“创建新的数据收集器集”对话框中，在“名称”文本框中输入“ICMP性能监视”，如图3-16所示。

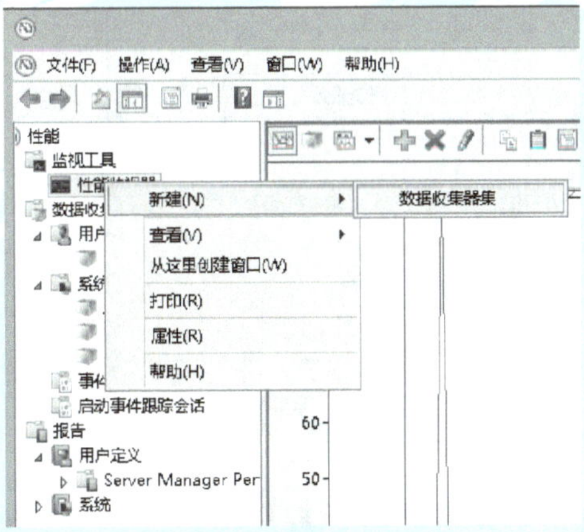

图3-15　新建数据收集器集

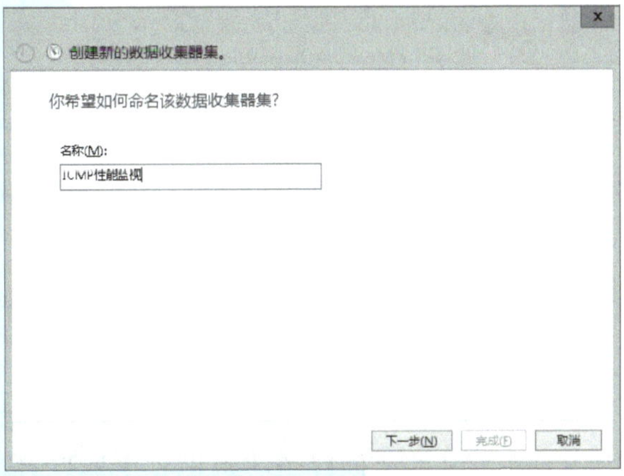

图3-16　创建新的数据收集器集—命名

5）单击“下一步”按钮，设置保存位置，建议采用系统默认生成指定的根目录，如图

3-17所示。

6）单击“完成”按钮，在“性能监视器”窗口中的“数据收集器集”→“用户定义”中增加了“ICMP性能监视”表项，如图3-18所示。

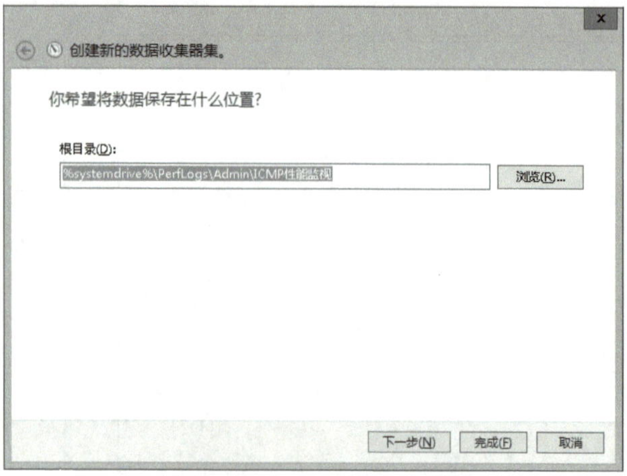

图3-17　创建新的数据收集器集—保存位置

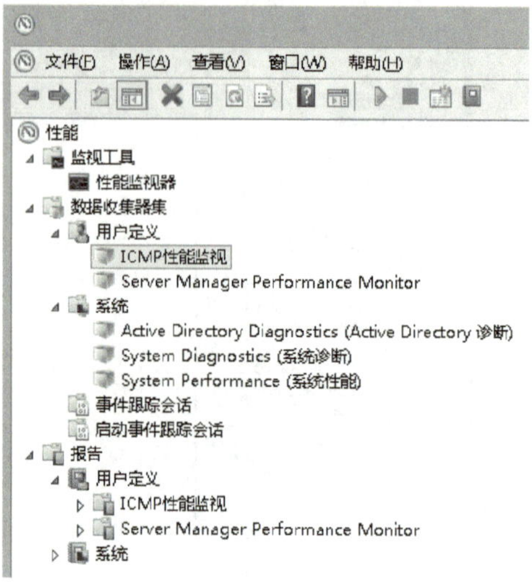

图3-18　ICMP性能监视

7）选中“ICMP性能监视”列表项，在右侧空白处单击鼠标右键，在弹出的快捷菜单中，选择“新建”→“数据收集器”命令，如图3-19所示。

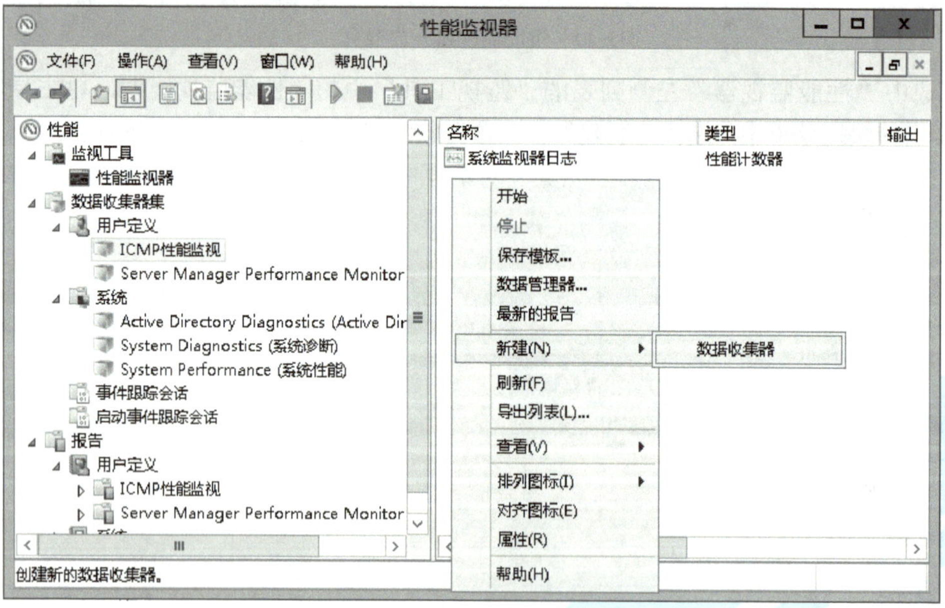

图3-19　新建数据收集器

8）在打开的“创建新的数据收集器”对话框中设置数据收集程序类型，选中“性能计数器数据收集程序”单选按钮，在“名称”文本框中输入“ICMP性能监视”，如图3-20所示。

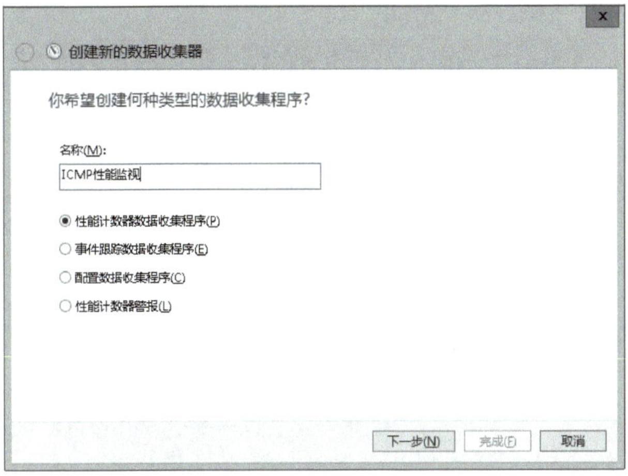

图3-20　创建新的数据收集器—数据收集程序类型

9）单击“下一步”按钮，在“创建新的数据收集器”对话框中设置性能计数器，添加“\ICMP*”性能计数器，示例间隔时间设置为“15s”，如图3-21所示。

10）单击“完成”按钮，完成操作。

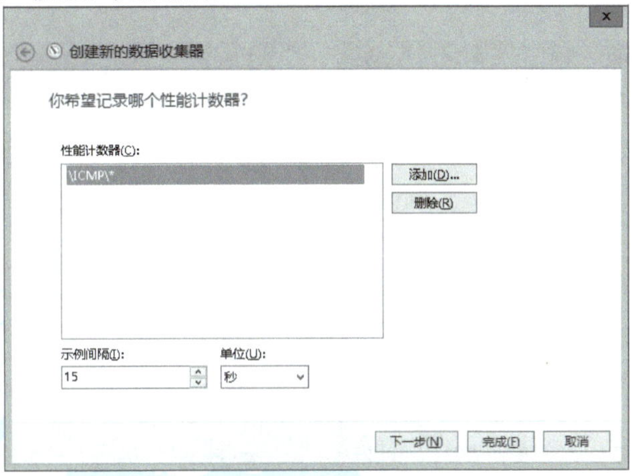

图3-21　创建新的数据收集器—性能计数器

说明

添加计数操作只能由本地计算机Administrators组、Performance Log Users组的成员或被委派适当权限的用户完成。若计算机已加入域，Domain Admins组的成员亦可完成操作。

2. 性能监视器的属性设置（常规设置、数据设置、图表设置）

性能监视器的默认设置通常可以满足大多数用户的应用，当然也可以对其进行自定义。

1）常规设置。在“性能监视器属性”对话框中选择“常规”选项卡，打开如图3-22所示的窗口。

2）数据设置。在“性能监视器属性”对话框中选择“数据”选项卡，打开如图3-23所示的对话框。此选项卡用于设置各计数器的显示状态，如颜色、宽度、样式等。

3）图表设置。在“性能监视器属性”对话框中选择“图表”选项卡，打开如图3-24所示的对话框。此选项卡中可设置“标题”与“垂直轴”显示信息；另外，为了查看更为精确的结果可选择“垂直格线”和“水平格线”。

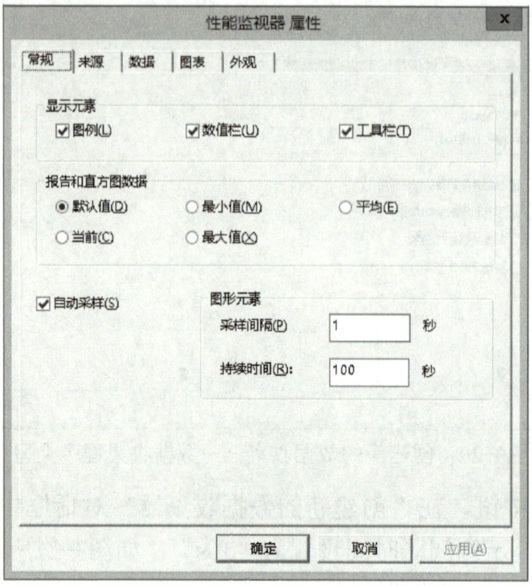

图3-22　性能监视器属性—常规

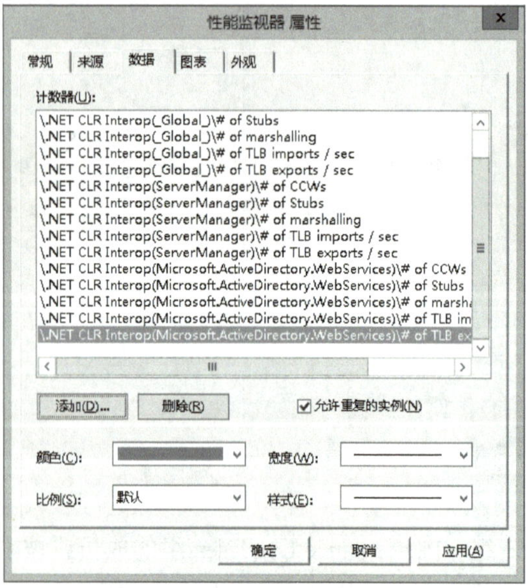

图3-23　性能监视器属性—数据

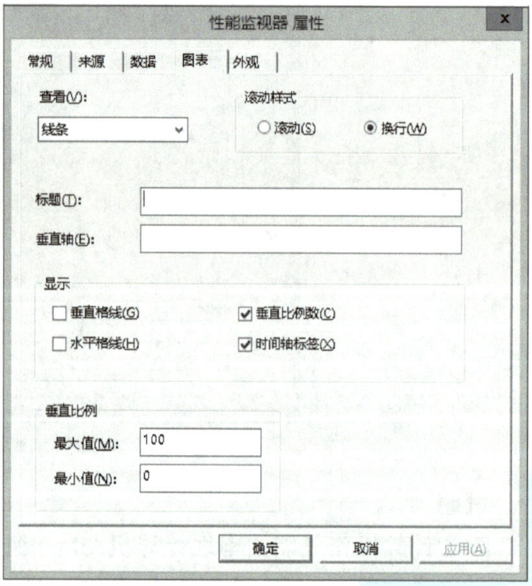

图3-24　性能监视器属性—图表

任务3　资源监视器的使用

在“服务器管理器仪表板”窗口中执行“资源监视器”命令，打开“资源监视器”主窗口，如图3-25所示。打开资源监视器后，资源监视器中包括CPU、内存、磁盘、网络四大资源模块当前的运行情况，同时还有一个“概述”选项卡可以浏览全部四大类别的资源占用情况。

（1）CPU资源监视

CPU资源监视功能直观显示CPU的每个内核的占有率，同时还能详细看到每个程序占用多少资源，另外还可以查看某个程序关联的服务、句柄和模块，如图3-26所示。

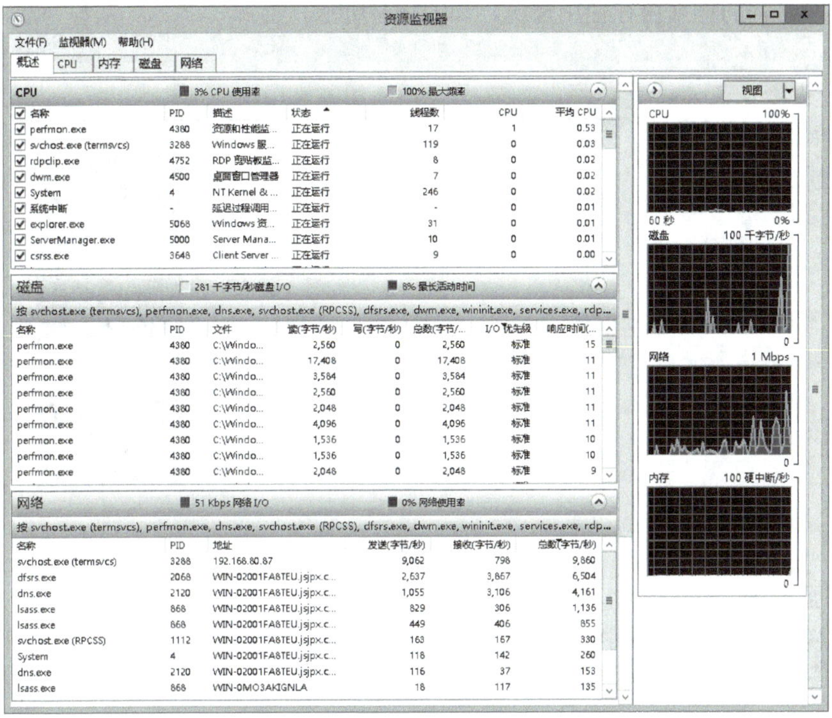

图3-25　资源监视器

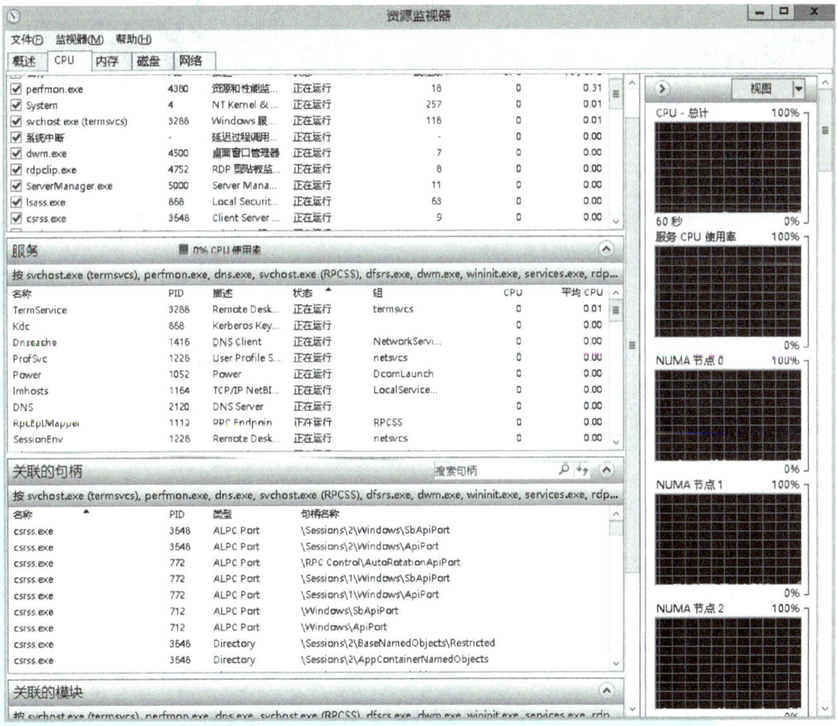

图3-26　资源监视器—CPU资源监视

（2）内存监视

内存监视功能允许用户很直观地看到已经被使用的物理内存以及剩余内存，同时也可以单独查看某个进程的详细内存使用情况，如图3-27所示。

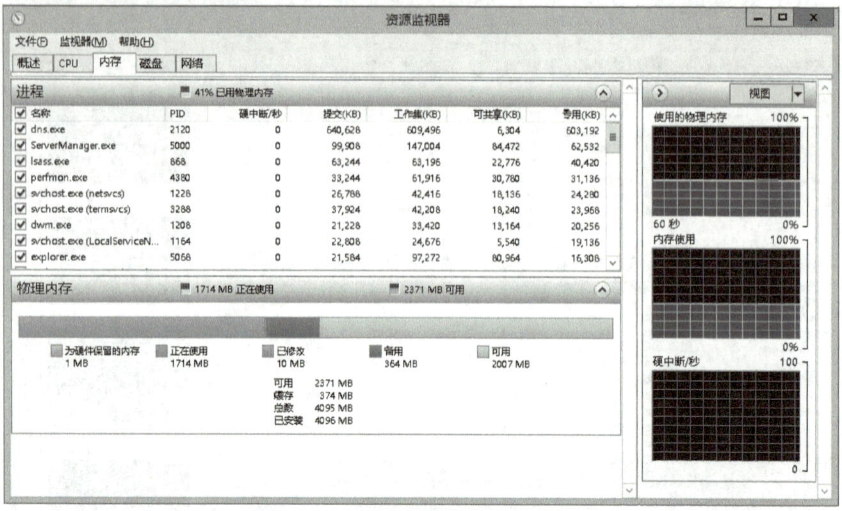

图3-27　资源监视器—内存监视

（3）磁盘监视

磁盘监视功能可显示系统中某个软件正在使用或查看计算机中的文件列表，如图3-28所示。

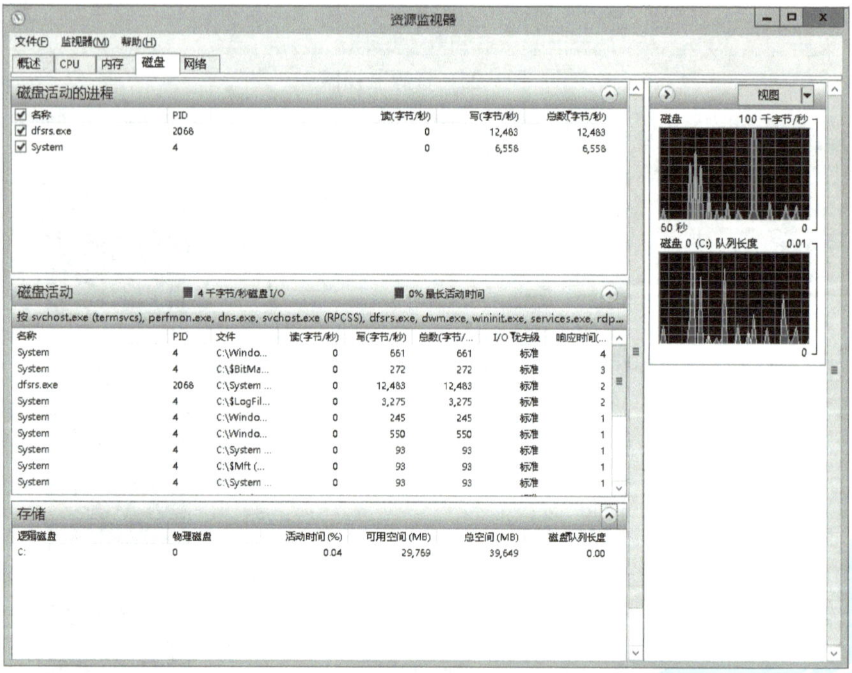

图3-28　资源监视器—磁盘监视

（4）网络监视

网络监视功能显示所有程序占用网络资源的情况，包括下载和上传情况，如图3-29所示。

（5）应用：结束无法正常关闭的程序或进程

某个程序无法正常关闭，经过对资源监视器显示信息的详细分析，选择“CPU”选项卡，选择相关的软件或者程序，在“关联的句柄”中搜索并选择相关的文件，然后单击鼠标右键，在弹出的快捷菜单中，选择“结束进程”命令即可，如图3-30所示。

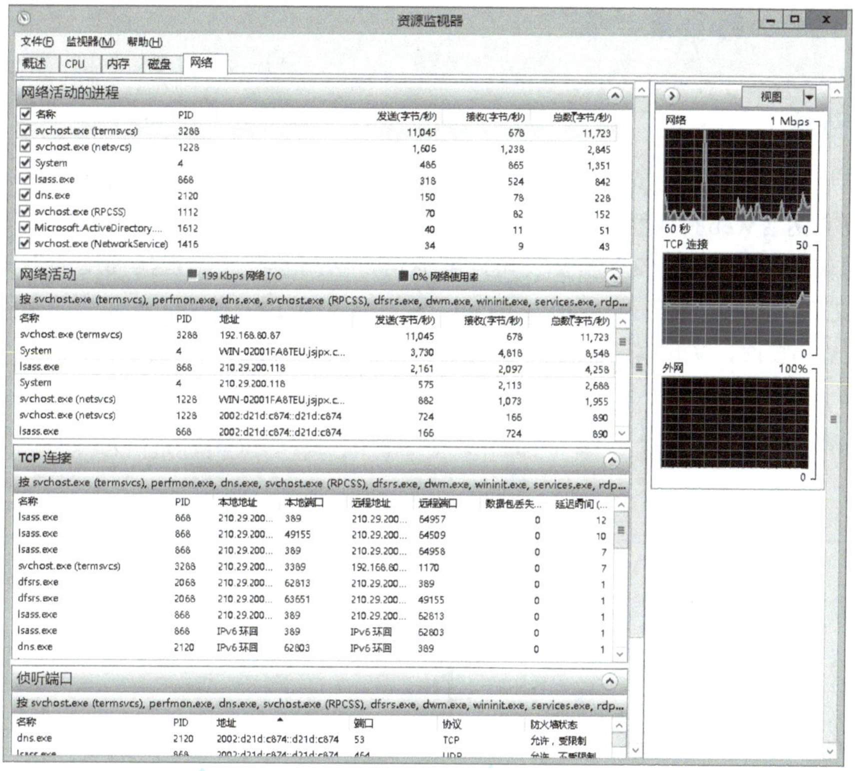

图3-29　资源监视器—网络监视

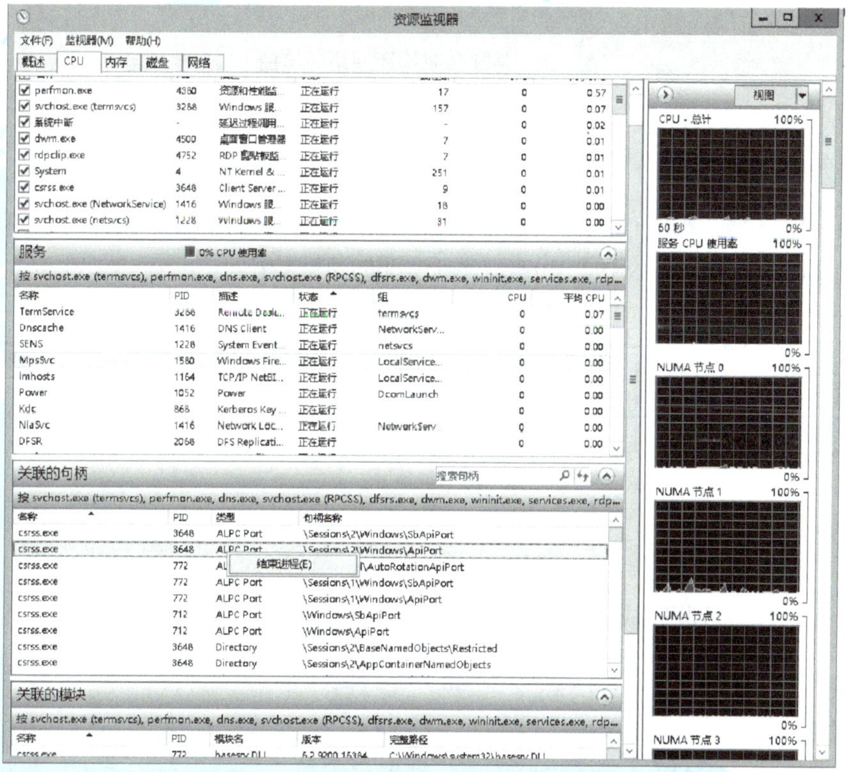

图3-30　资源监视器—结束程序或进程

3.3 基于Web的负载均衡

问题描述

为了满足南方某电子信息集团有限公司自建基于Web的负载均衡，网络环境如图3-31所示。同时设立两台Web服务器，其主机名为BALANCE_A和BALANCE_B，“本地连接”负责与外网通信，“本地连接2”负责公司内部通信，网络负载平衡群集使用的群集虚拟IP为210.29.192.230，对应的域名为cluster.jsjpx.cn。在BALANCE_A和BALANCE_B服务器上分别发布相同的Web页面，实现客户端使用域名或IP地址访问时的负载均衡。

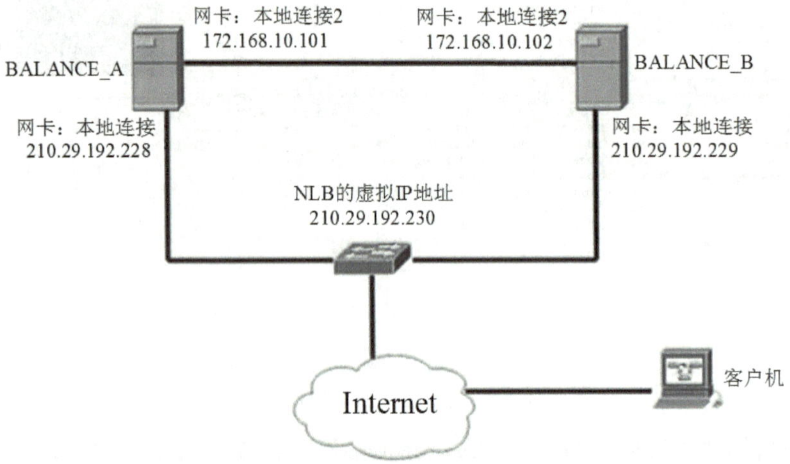

图3-31　Web负载均衡网络环境图

问题分析

设立两台服务器，配置信息见表3-1，安装IIS，发布相同的Web页面，利用网络负载平衡管理器建立以虚拟IP 210.29.192.230实现基于Web的负载均衡。

表3-1　服务器配置信息

主 机 名	本地连接IP地址	本地连接2 IP地址
BALANCE_A	210.29.192.228	172.168.10.101
BALANCE_B	210.29.192.229	172.168.10.102

解决步骤

根据下面的任务步骤完成任务。

任务　安装与配置网络负载均衡，发布Web页面

任务实施

1）在BALANCE_A服务器的“服务器管理器仪表板”窗口中单击“添加角色和功能”

链接，打开“添加角色和功能向导”对话框，如图3-32所示。

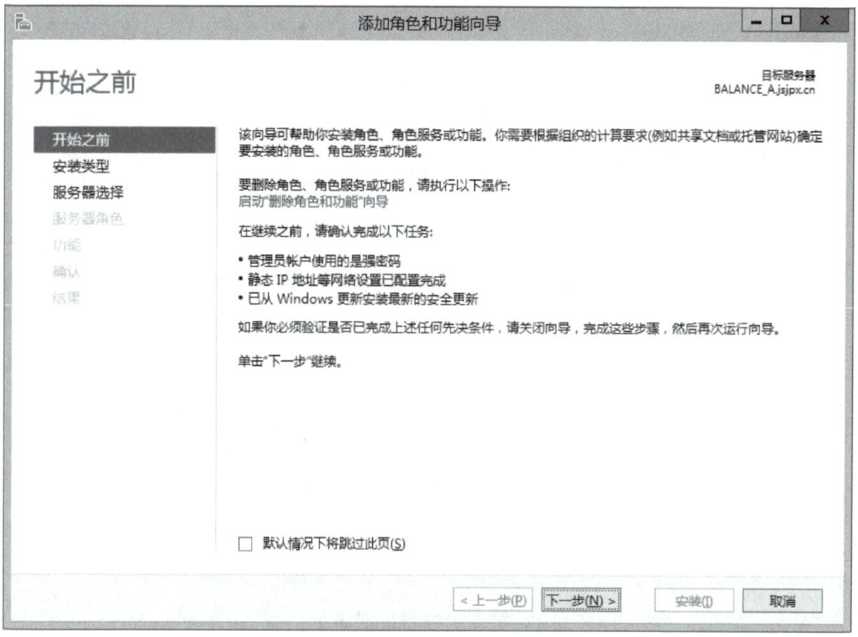

图3-32　“添加角色和功能向导”对话框

2）单击“下一步”按钮，打开“选择安装类型”对话框，选中“基于角色或基于功能的安装”单选按钮，如图3-33所示。

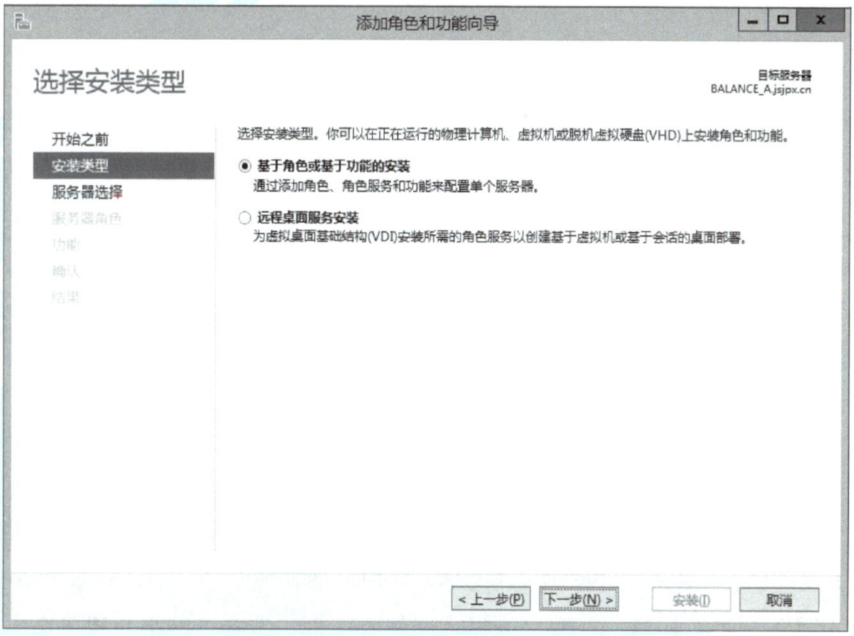

图3-33　“选择安装类型”对话框

3）单击“下一步”按钮，打开“选择目标服务器”对话框，选中“从服务器池中选择服务器”单选按钮，并选择名称为“BALANCE_A”的服务器，如图3-34所示。

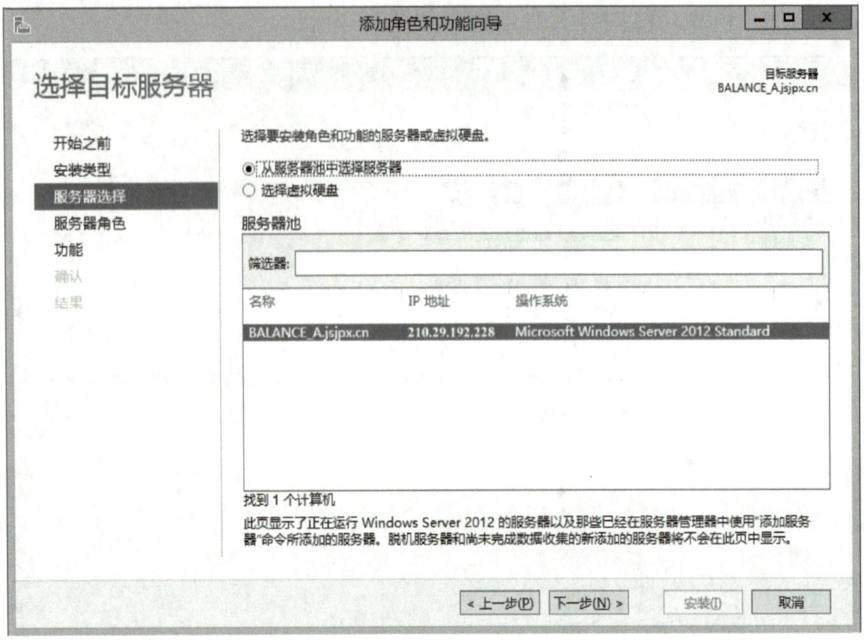

图3-34　选择目标服务器

4）单击“下一步”按钮，打开“选择服务器角色”对话框，如图3-35所示。

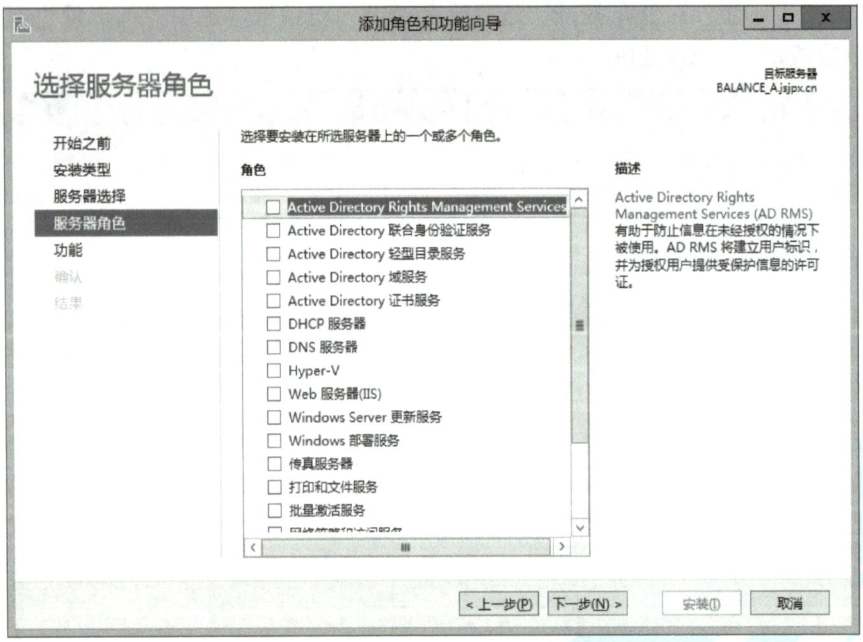

图3-35　“选择服务器角色”对话框

5）单击“下一步”按钮，打开“选择功能”对话框，选择“网络负载平衡”复选框，弹出“网络负载平衡”功能列表，如图3-36所示。

6）单击“添加功能”按钮，返回“选择功能”对话框，如图3-37所示。

7）单击“下一步”按钮，打开“确认安装所选内容”对话框，如图3-38所示。

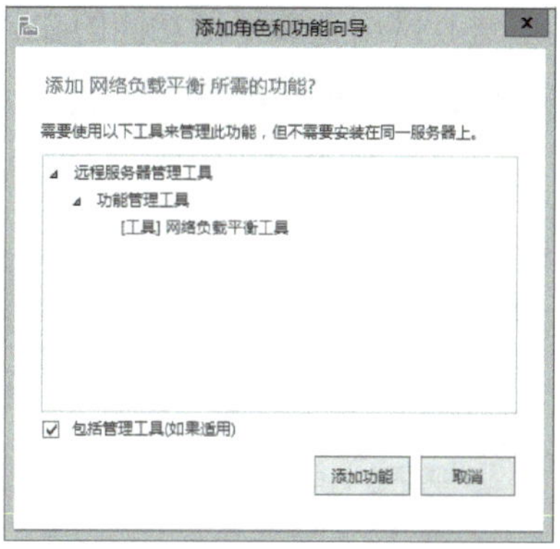

图3-36 网络负载平衡功能列表

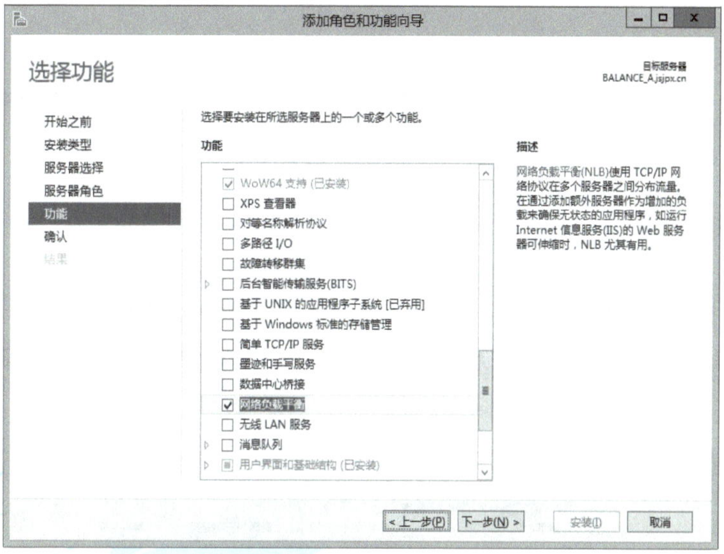

图3-37 “选择功能”对话框

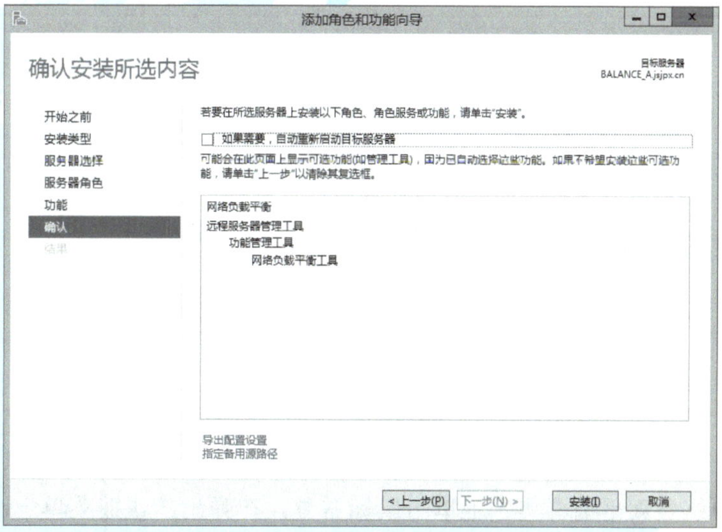

图3-38 “确认安装所选内容”对话框

8）单击“安装”按钮，向导进行网络负载平衡功能的安装，如图3-39所示。

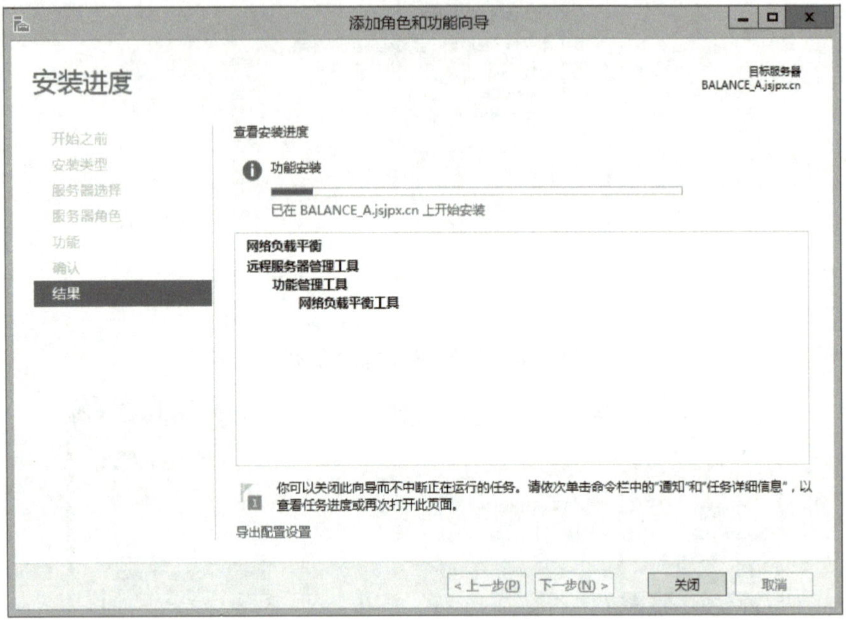

图3-39　安装进度

9）依照上述安装步骤，对“BALANCE_B”进行“网络负载平衡”功能的安装。

10）在“BALANCE_A”服务器中打开“网络负载平衡管理器”窗口，如图3-40所示。

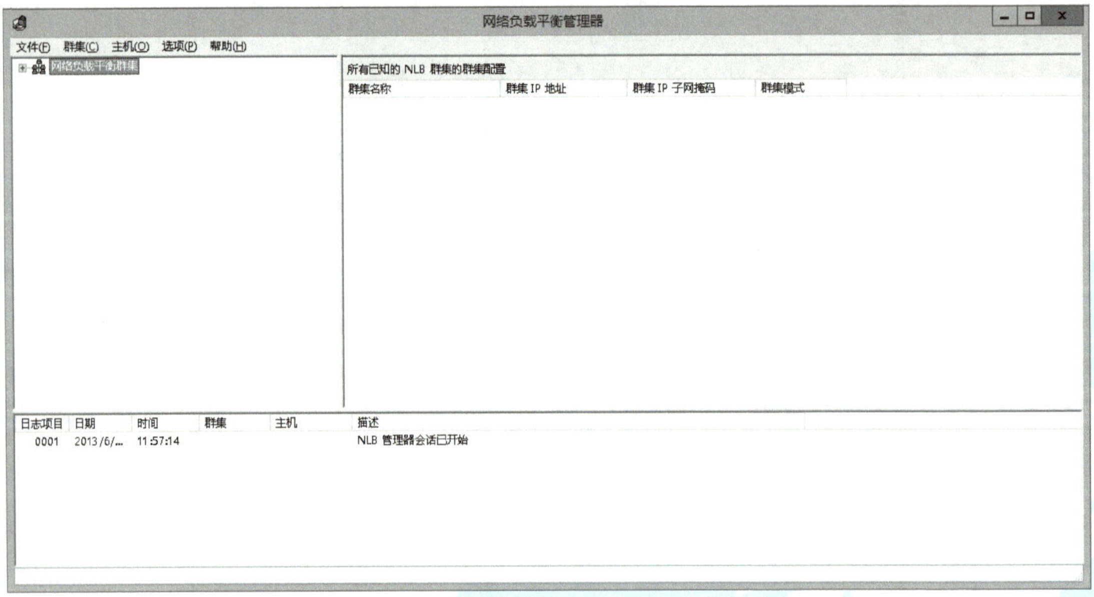

图3-40　网络负载平衡管理器

11）在“网络负载平衡群集”上单击鼠标右键，在弹出的快捷菜单中，选择“新建群集”命令，如图3-41所示。

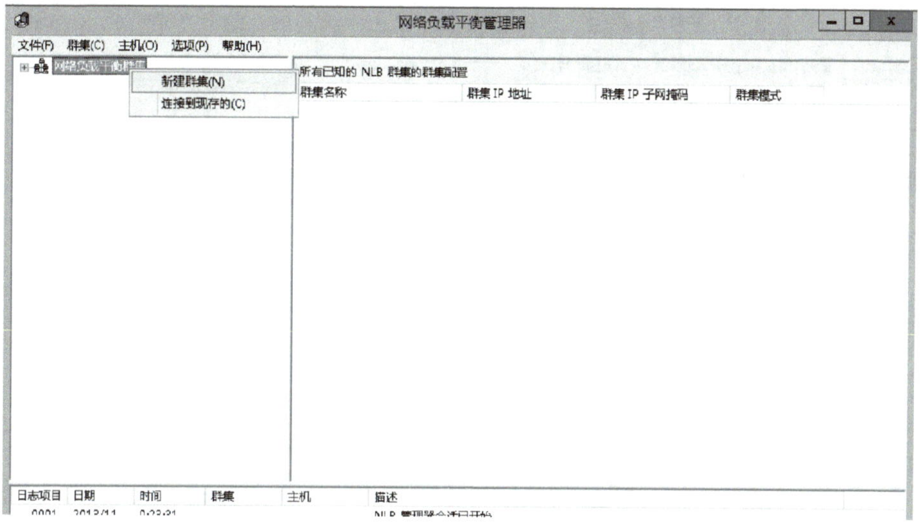

图3-41　新建群集

12）在打开的“新群集：连接”对话框中，输入“BALANCE_A”的服务IP地址，单击“连接”按钮，在“可用于配置新群集的接口”列表框中将显示BALANCE_A两块网卡的信息，选择其中的服务发布地址，如图3-42所示。

13）单击“下一步”按钮，打开“新群集：主机参数”对话框，选择“专用IP地址”列表框中的指定IP地址，如图3-43所示。

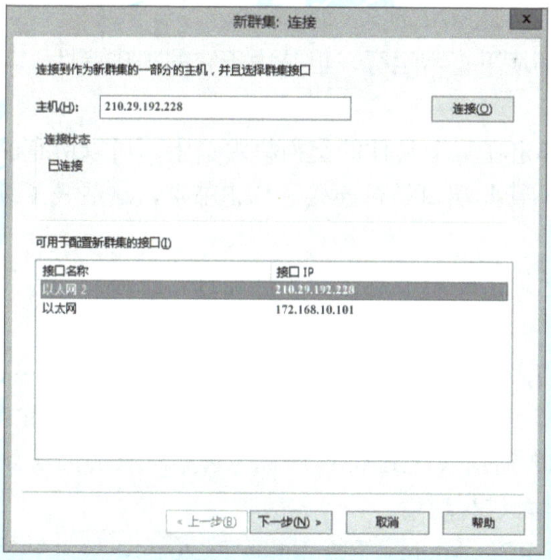

图3-42　“新群集：连接”对话框

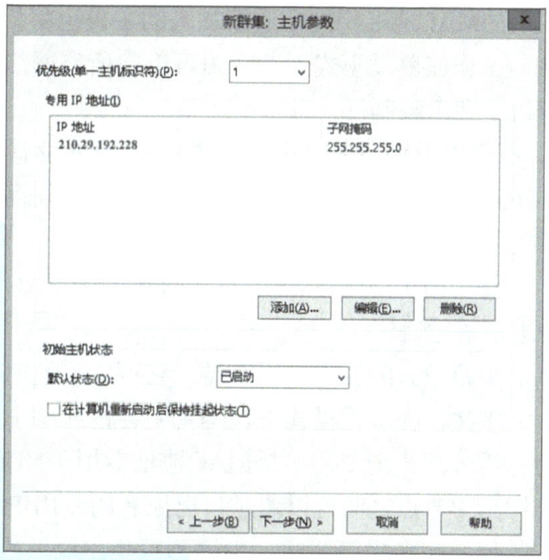

图3-43　“新群集：主机参数”对话框

14）单击“下一步”按钮，打开“新群集：群集IP地址”对话框，单击“添加”按钮，输入“210.29.192.230”的群集地址，如图3-44所示。

15）单击“下一步”按钮，打开“新群集：群集参数”对话框，选择群集操作模式为“多播”方式，如图3-45所示。

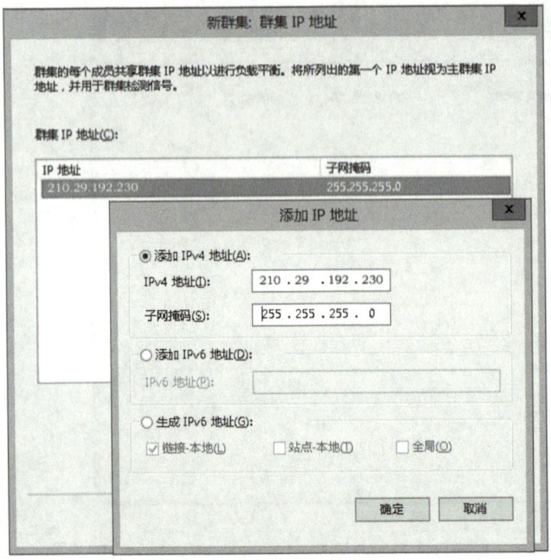

图3-44 “新群集：群集IP地址”对话框

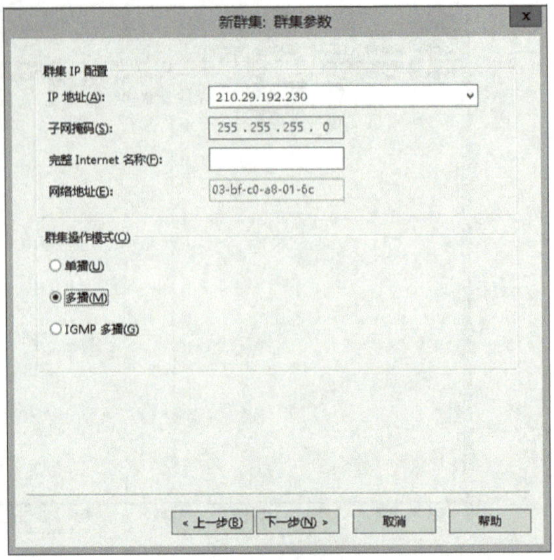

图3-45 “新群集：群集参数”对话框

单播：在单播模式下，网络负载平衡（NLB）重新对每个NLB节点中启用NLB的网络适配器分配MAC地址（此MAC地址称为群集MAC地址），并且所有的NLB节点均使用相同的MAC地址（群集MAC地址）进行通信，同时NLB修改所有发送的数据包中的源MAC地址，确保交换机不能将此群集MAC地址绑定在某个端口上。配置单播模式，在“群集IP配置”中的“网络地址”是以“02-BF”开头，后面紧跟IP地址的十六进制表示，该网络地址与实际主机的MAC地址相同，后续加入的主机也将修改为此MAC地址。

工作在单播模式下的NLB可以在所有网络环境下正常运行，但是由于它的工作特性，具有以下两个限制：

① 由于NLB所使用的群集MAC地址没有绑定在某个具体的交换机端口上，所以所有的NLB通信均通过交换机所有端口广播发送，而不管此端口是否连接了NLB节点，这造成了额外的网络流量负担；

② 由于所有的NLB节点具有相同的MAC地址，NLB节点之间不能通过自己原有的专用IP地址进行通信。

单播模式的优点也很明显：它可以无缝地与大多数路由器和交换机协同工作。

多播：在多播模式下，NLB不会修改NLB节点启用NLB的网络适配器的MAC地址，而是为它再分配一个二层多播MAC地址专用于NLB的通信（此MAC地址称为群集MAC地址），这样NLB节点之间可以通过自己原有的专用IP地址进行通信。

但是在多播模式中，当遇到群集IP地址的ARP（Address Resolution Protocol，地址解析协议）回复请求时，回复的将是群集IP地址的多播MAC地址，而许多路由器或者交换机会拒绝这一行为。当出现这种情况时，必须在路由器或交换机上手动添加静态映射，将群集IP地址映射到群集的多播MAC地址。配置单播模式，在“群集IP配置”中的“网络地址”是以“03-BF”开头，后面紧跟IP地址的十六进制表示。

多播模式的优点是可以通过交换机的“内容可寻址存储器”（CAM）表中创建静态项，

从而使得入站流量仅到达群集中的主机。

16）单击“下一步”按钮，打开“新群集：端口规则”对话框，如图3-46所示。

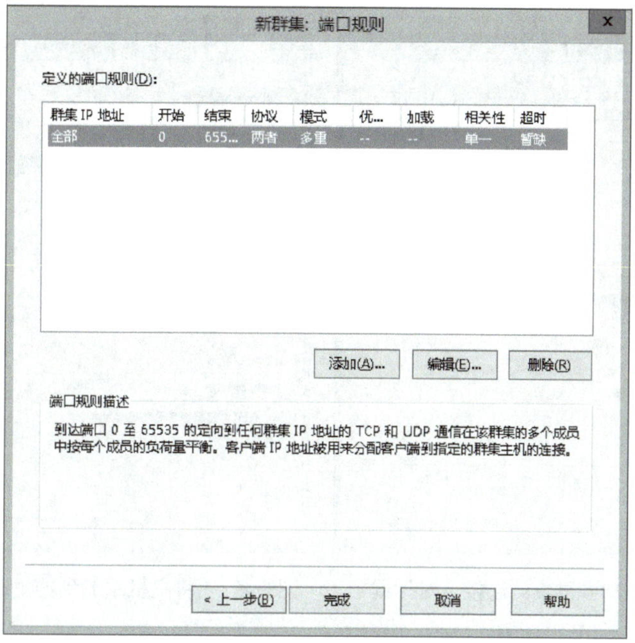

图3-46　“新群集：端口规则”对话框

17）单击“完成”按钮，添加BALANCE_A主机成功，状态显示为“已聚合”，在群集IP地址上单击鼠标右键，在弹出的快捷菜单中，选择“添加主机到群集”命令，如图3-47所示。

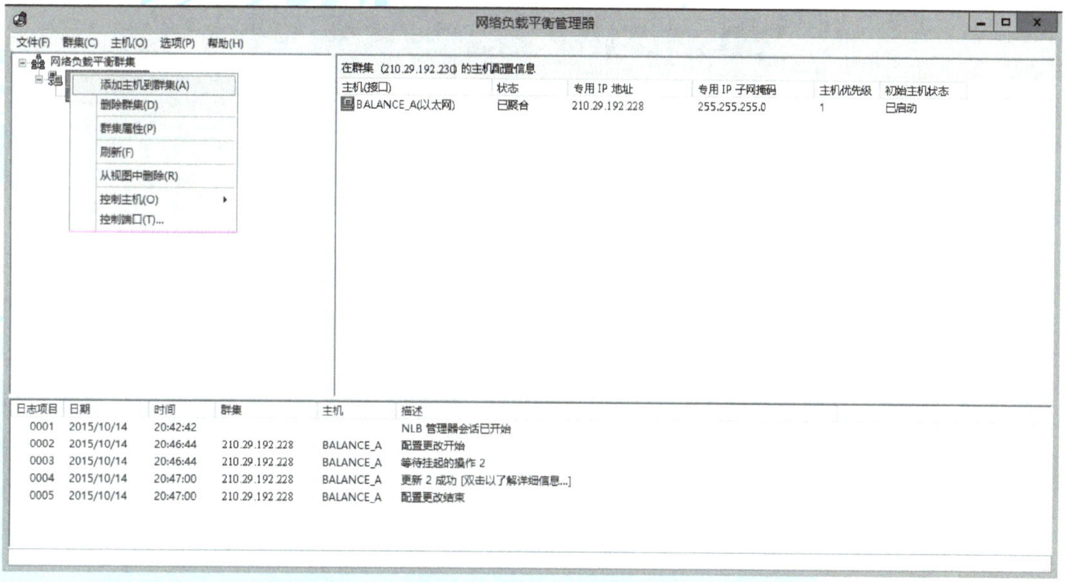

图3-47　添加主机到群集

18）在打开的“将主机添加到群集：连接”对话框中，输入BALANCE_B的服务IP地址，单击“连接”按钮，在“可用于配置群集的接口”中选择服务IP地址，如图3-48所示。

19）单击“下一步”按钮，打开“将主机添加到群集：主机参数”对话框，选择“专用IP地址”列表框中的相应IP地址，如图3-49所示。

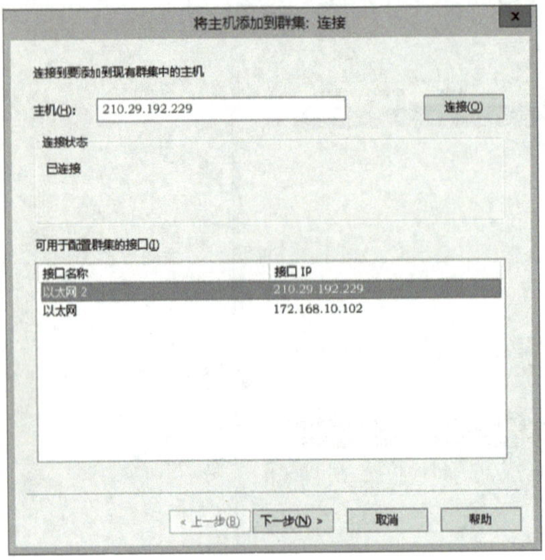

图3-48 “将主机添加到群集：连接”对话框

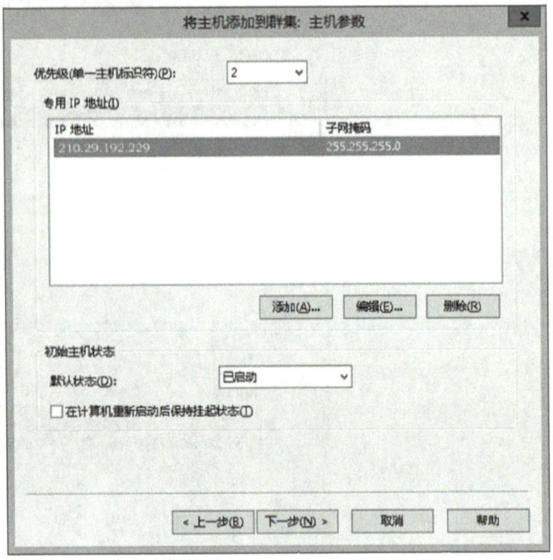

图3-49 “将主机添加到群集：主机参数”对话框

20）单击“下一步”按钮，打开“将主机添加到群集：端口规则”对话框，如图3-50所示。

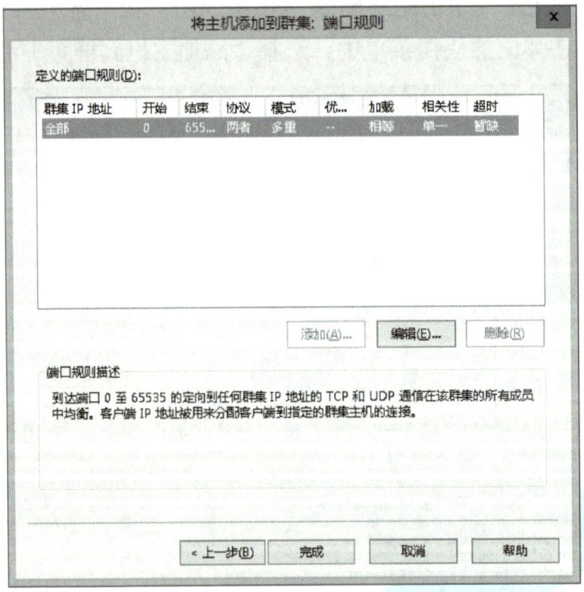

图3-50 “将主机添加到群集：端口规则”对话框

21）单击“完成”对话框，返回“网络负载平衡管理器”管理界面，BALANCE_A与BALANCE_B服务器状态均显示为“已聚合”，操作成功，如图3-51所示。

22）分别在BALANCE_A与BALANCE_B的IIS管理器中发布相同的网站，实现基于Web

的网络负载均衡。

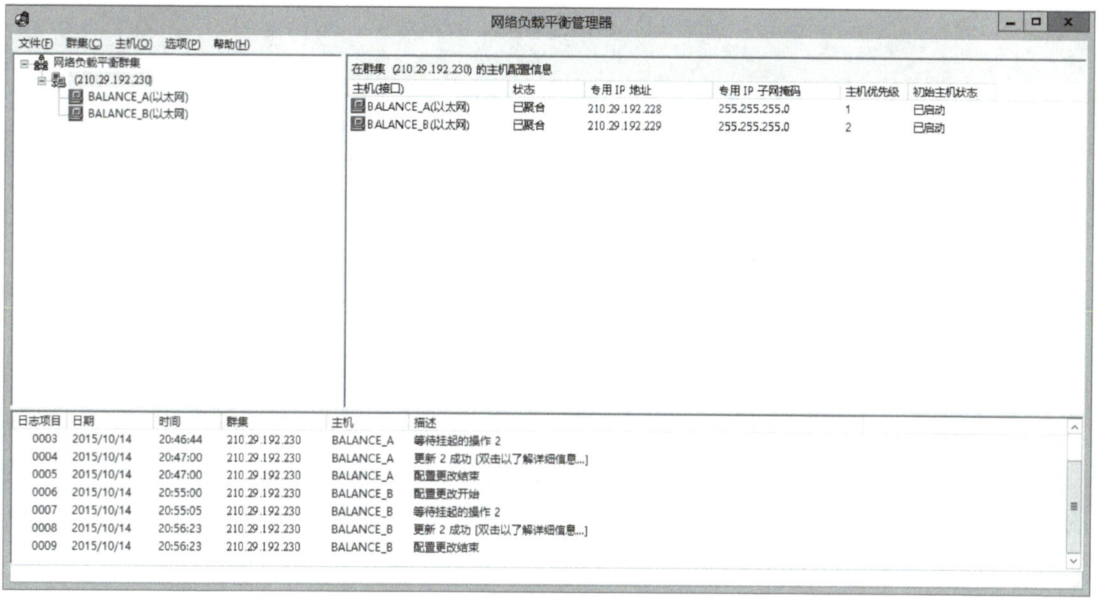

图3-51　网络负载平衡管理器—已聚合

第4章 系统安全

4.1 系统安全分析

问题描述

南方某电子信息集团有限公司的网络基础服务器建设已基本完成，但作为网络操作系统，无论是Windows系统还是Linux系统都不同程度地存在一定的安全隐患，如何为应用系统提供一个安全的操作平台是必须解决的问题。

问题分析

Windows系统（以Windows Server 2012为例）中主要包括防火墙安全、本地策略、服务安全、默认共享、系统垃圾清理和服务器状态监控等问题；Linux（以CentOS 6.4为例）中主要包括Linux系统安全设置、系统开启服务的安全、系统端口的安全和日志文件的安全等问题。由此，系统安全应主要完成如下任务：

任　务　单

1	Windows Server 2012的防火墙安全
2	Windows Server 2012的本地策略
3	Windows Server 2012的服务安全
4	Windows Server 2012的默认共享
5	Windows Server 2012的系统垃圾清理
6	Windows Server 2012的服务器状态监控
7	CentOS 6.4的系统安全设置
8	CentOS 6.4的系统开启服务的安全
9	CentOS 6.4的系统端口的安全
10	CentOS 6.4的日志文件的安全

任务1　Windows Server 2012的防火墙安全

任务实施

1）Windows系统自带的防火墙设置是服务器的最基本的防火墙安全。设置“本地连接”的防火墙，应将防火墙启用，将所有需要使用的端口（视具体的应用来定）添加到“例外”中。

可用netstat –a –p tcp查看端口状态（这里查看的仅是TCP的），如图4-1所示。

设置好防火墙，将修改后的远程桌面和IIS中的应用服务端口开启后，测试结果如图4-2所示。

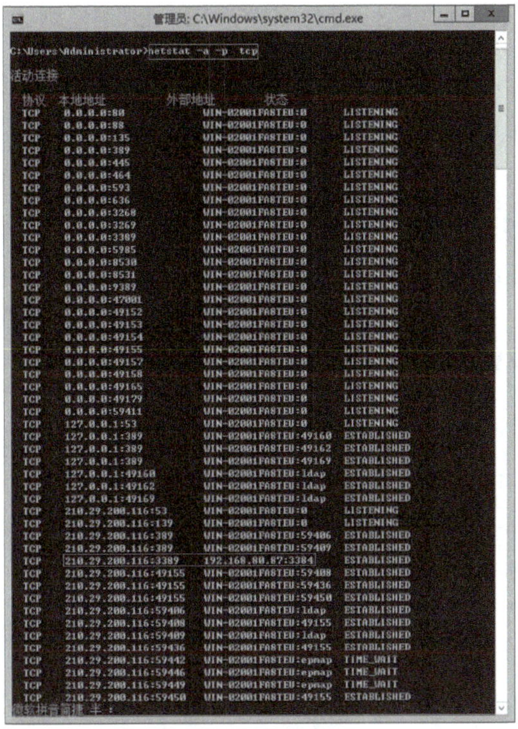

图4-1 端口状态

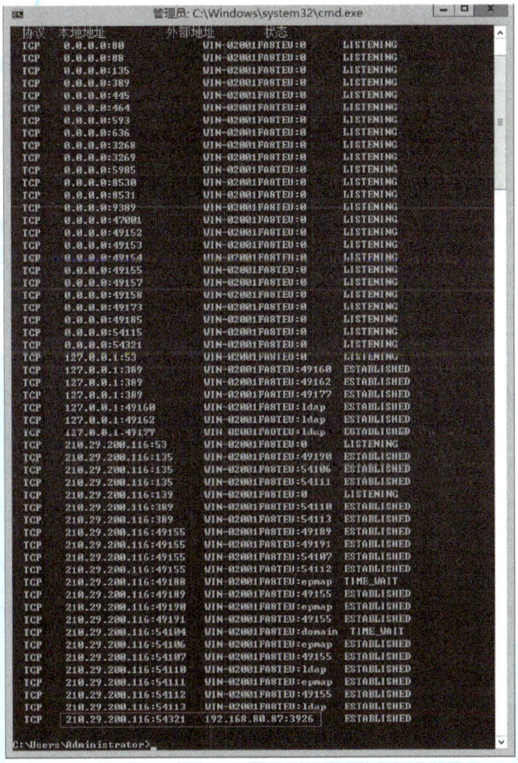

图4-2 启用防火墙查看端口状态

2）专业的防火墙工具软件一般需要24小时不间断运行的企业级服务器，需装有专业的防火墙工具软件，如ZoneAlarm、F-Secure、KFW和BlackICE等都是专业的防火墙软件，有较好的安全性能。防火墙软件的安装和使用方法这里不再介绍。

任务2　Windows Server 2012的本地策略

任务实施

1）密码策略需要启用，密码必须符合复杂性要求：不能包含用户的账户名，也不能包含用户姓名中超过两个连续字符的部分，至少有8个字符长，且须包含以下4类字符中的3类字符：英文大写字母（A～Z）、英文小写字母（a～z）、10个基本数字（0～9）和非字母字符（如!、$、#、%），在更改或创建密码时执行复杂性要求。

说明

启动密码策略，按照上述要求修改密码（最好将默认的系统管理员用户administrator的用户名也进行更改）。另外，升级成DC后，如创建用户提示复杂性要求时可对照本地策略的设置。

2）账户锁定策略。此安全设置用于确定导致用户账户被锁定的登录尝试失败的次数。一般设置成3次尝试失败则锁定，它可以防止恶意猜测密码等。

可将账户锁定时间设置为0，账户将一直被锁定直到管理员明确解除对它的锁定为止。这样可以防止非法用户过一段时间利用工具再尝试，管理员可去查看账户（如果是域账户，则可以设置一定的时间，如120 min后自动解除账户锁定），可将复位账户锁定计数器也设置为120。

3）审核策略中主要包括审核策略更改、审核登录事件、审核对象访问、审核过程跟踪、审核目录服务访问、审核权限使用、审核系统事件、审核账户登录事件和审核账户管理。实际上，针对独立服务器主要需要将“审核登录事件、审核系统事件、审核账户登录事件”这3个事件的操作记录下来即可，这样可在事件查看器上查阅是否有异常。另外，如果有对用户权限分配进行特定设置的话，可考虑记录下“审核策略更改和审核账户管理”。

4）用户权限分配，如关闭系统功能只有Administrators组拥有此权限，其他全部删除。服务器中默认的Backup Operators、Power Users删除。通过终端服务拒绝登录可加入ASPNET、IUSR_、IWAM_、NETWORK SERVICE，其他均已修改为正常值。

5）安全选项，将网络访问中以下4项的默认用户均删除：可匿名访问的共享、可匿名访问的命名管道、可远程访问的注册表路径、可远程访问的注册表路径和子路径。

将不允许SAM账户的匿名枚举、不允许SAM账户和共享的匿名枚举、不允许存储网络身份验证的凭据或.NET Passports、限制匿名访问命名管道和共享，均更改为“已启用”。其他项设置为默认值。

6）配置自动更新，详见4.2节。

7）如果存储资源紧张或有为用户分配磁盘资源的系统运行的话，则可考虑启用磁盘配额，并对其进行配置。如果启用磁盘配额，则需要在“系统”→“组策略”→“磁盘配额策略处理”中进行相应的配置。

任务3　Windows Server 2012的服务安全

任务实施

Windows Server 2012的服务安全主要是禁用不必要的服务，直接在命令提示符下逐条运行如下命令：

```
sc config AeLookupSvc start= AUTO
sc config Alerter start= DISABLED
sc config ALG start= DISABLED
sc config AppMgmt start= DEMAND
sc config aspnet_state start= DEMAND
sc config AudioSrv start= DISABLED
sc config BITS start= DEMAND
sc config Browser start= DEMAND
sc config CiSvc start= DISABLED
sc config ClipSrv start= DISABLED
sc config clr_optimization_v2.0.50727_32 start= DEMAND
sc config COMSysApp start= DEMAND
sc config CryptSvc start= AUTO
sc config DcomLaunch start= AUTO
sc config Dfs start= DEMAND
sc config Dhcp start= AUTO
sc config dmadmin start= DEMAND
sc config dmserver start= AUTO
sc config Dnscache start= AUTO
sc config ERSvc start= DISABLED
sc config Eventlog start= AUTO
sc config EventSystem start= AUTO
sc config helpsvc start= DISABLED
sc config HidServ start= AUTO
sc config HTTPFilter start= DEMAND
sc config IISADMIN start= AUTO
sc config ImapiService start= DISABLED
sc config IsmServ start= DISABLED
sc config kdc start= DISABLED
sc config lanmanworkstation start= DISABLED
sc config LicenseService start= DISABLED
sc config LmHosts start= DISABLED
sc config Messenger start= DISABLED
sc config mnmsrvc start= DISABLED
sc config MSDTC start= AUTO
sc config MSIServer start= DEMAND
sc config MSSEARCH start= AUTO
sc config MSSQLSERVER start= AUTO
sc config MSSQLServerADHelper start= DEMAND
sc config NetDDE start= DISABLED
sc config NetDDEdsdm start= DISABLED
sc config Netlogon start= DEMAND
sc config Netman start= DEMAND
sc config Nla start= DEMAND
sc config NtFrs start= DEMAND
sc config NtLmSsp start= DEMAND
sc config NtmsSvc start= DEMAND
sc config PlugPlay start= AUTO
sc config PolicyAgent start= AUTO
```

```
sc config ProtectedStorage start= AUTO
sc config RasAuto start= DEMAND
sc config RasMan start= DEMAND
sc config RDSessMgr start= DEMAND
sc config RemoteAccess start= DISABLED
sc config RemoteRegistry start= DISABLED
sc config RpcLocator start= DEMAND
sc config RpcSs start= AUTO
sc config RSoPProv start= DEMAND
sc config sacsvr start= DEMAND
sc config SamSs start= AUTO
sc config SCardSvr start= DEMAND
sc config Schedule start= AUTO
sc config seclogon start= AUTO
sc config SENS start= AUTO
sc config SharedAccess start= DISABLED
sc config ShellHWDetection start= AUTO
sc config SMTPSVC start= AUTO
sc config Spooler start= DISABLED
sc config SQLSERVERAGENT start= AUTO
sc config stisvc start= DISABLED
sc config swprv start= DEMAND
sc config SysmonLog start= AUTO
sc config TapiSrv start= DEMAND
sc config TermService start= AUTO
sc config Themes start= DISABLED
sc config TlntSvr start= DISABLED
sc config TrkSvr start= DISABLED
sc config TrkWks start= AUTO
sc config Tssdis start= DISABLED
sc config UMWdf start= DEMAND
sc config UPS start= DEMAND
sc config vds start= DEMAND
sc config VSS start= DEMAND
sc config W32Time start= AUTO
sc config W3SVC start= AUTO
sc config WebClient start= DISABLED
sc config WinHttpAutoProxySvc start= DEMAND
sc config winmgmt start= AUTO
sc config WmdmPmSN start= DEMAND
sc config Wmi start= DEMAND
sc config WmiApSrv start= DEMAND
sc config wuauserv start= DISABLED
sc config WZCSVC start= DISABLED
sc config xmlprov start= DEMAND
```

当然，也可以运行“service.msc”命令，在图形界面上逐条修改每项服务。

任务4 Windows Server 2012的默认共享

任务实施

Windows Server 2012的默认共享可以直接删除，也可编辑一个批处理文件deleteShare.

bat直接运行批处理文件完成删除。批处理文件的核心语句主要如下：

```
for %%a in (C D E F G H I J K L M N O P Q R S T U V W X Y Z) do @(
if exist %%a:\nul (
net share %%a$ /delete>nul 2>nul && echo 成功删除名为 %%a$ 的默认共享 || echo 名为 %%a$ 的默认共享不存在))
net share admin$ /delete>nul 2>nul && echo 成功删除名为 admin$ 的默认共享 || echo 名为 admin$ 的默认共享不存在
net stop Server /y>nul 2>nul && echo Server服务已停止.
net start Server>nul 2>nul && echo Server服务已启动.
echo 修改注册表以更改系统默认设置.
echo 正在创建注册表文件.
echo Windows Registry Editor Version 5.00> c:\delshare.reg
[HKEY_LOCAL_MACHINE\SYSTEM\CurrentControlSet\Services\lanmanserver\parameters]>> c:\delshare.reg
echo "AutoShareWks"=dword:00000000>> c:\delshare.reg
echo "AutoShareServer"=dword:00000000>> c:\delshare.reg
echo [HKEY_LOCAL_MACHINE\SYSTEM\CurrentControlSet\Control\Lsa]>> c:\delshare.reg
echo "restrictanonymous"=dword:00000001>> c:\delshare.reg
echo 正在导入注册表文件以更改系统默认设置.
regedit /s c:\delshare.reg
del c:\delshare.reg && echo 临时文件已经删除.
```

删除默认共享后的效果如图4-3所示。

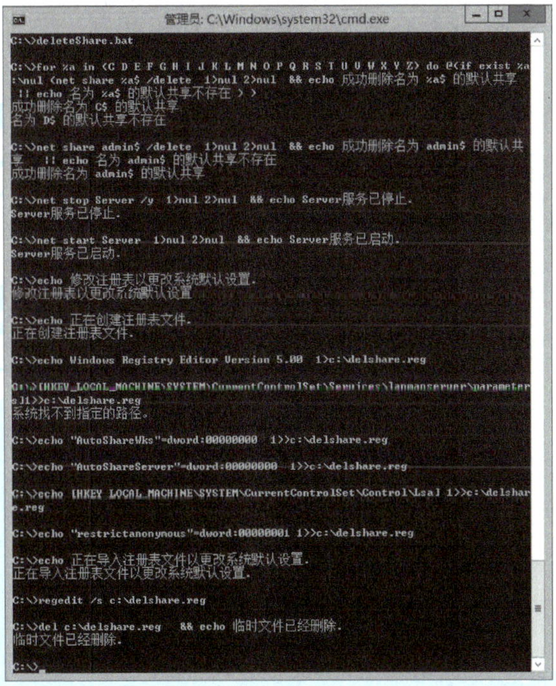

图4-3 删除默认共享后的效果

任务5 Windows Server 2012的系统垃圾清理

任务实施

可以借助如360安全卫士之类的软件，也可以对诸如*.??~、*.??!、*.tmp、*.temp、

.$$$、.@@@等文件手动清除。

任务6 Windows Server 2012的服务器状态监控

任务实施

服务器状态监控可利用端口监控工具Port Reporter完成。下面是对某台服务器状态监控情况的一个实录：

```
Active Connections
  Proto  Local Address          Foreign Address         State
  TCP    0.0.0.0:80             0.0.0.0:0               LISTENING
  TCP    0.0.0.0:135            0.0.0.0:0               LISTENING
  TCP    0.0.0.0:445            0.0.0.0:0               LISTENING
  TCP    0.0.0.0:1027           0.0.0.0:0               LISTENING
  TCP    0.0.0.0:1433           0.0.0.0:0               LISTENING
  TCP    0.0.0.0:3306           0.0.0.0:0               LISTENING
  TCP    0.0.0.0:8080           0.0.0.0:0               LISTENING
  TCP    0.0.0.0:34571          0.0.0.0:0               LISTENING
  TCP    0.0.0.0:34572          0.0.0.0:0               LISTENING
  TCP    0.0.0.0:53856          0.0.0.0:0               LISTENING
  TCP    127.0.0.1:1025         127.0.0.1:1026          ESTABLISHED
  TCP    127.0.0.1:1026         127.0.0.1:1025          ESTABLISHED
  TCP    222.185.229.8:80       58.61.164.218:34942     CLOSE_WAIT
  TCP    222.185.229.8:80       58.61.164.218:36408     CLOSE_WAIT
  TCP    222.185.229.8:80       58.61.164.218:37990     CLOSE_WAIT
  TCP    222.185.229.8:80       58.61.164.218:41254     CLOSE_WAIT
  TCP    222.185.229.8:80       58.61.164.218:48435     CLOSE_WAIT
  TCP    222.185.229.8:80       58.61.164.218:48669     CLOSE_WAIT
  TCP    222.185.229.8:80       58.61.164.218:50650     CLOSE_WAIT
  TCP    222.185.229.8:80       58.61.164.218:53063     CLOSE_WAIT
  TCP    222.185.229.8:80       58.61.164.218:57421     CLOSE_WAIT
  TCP    222.185.229.8:80       58.61.164.218:57847     CLOSE_WAIT
  TCP    222.185.229.8:80       58.220.232.66:39619     ESTABLISHED
  TCP    222.185.229.8:80       58.220.232.66:39620     ESTABLISHED
  TCP    222.185.229.8:80       58.220.232.66:39621     ESTABLISHED
  TCP    222.185.229.8:80       58.220.232.66:39622     ESTABLISHED
  TCP    222.185.229.8:80       58.220.232.66:39623     ESTABLISHED
  TCP    222.185.229.8:80       58.220.232.66:39624     ESTABLISHED
  TCP    222.185.229.8:80       58.220.232.66:39625     ESTABLISHED
  TCP    222.185.229.8:80       58.220.232.66:39626     ESTABLISHED
  TCP    222.185.229.8:80       58.220.232.66:39627     ESTABLISHED
  TCP    222.185.229.8:80       58.220.232.66:39628     ESTABLISHED
  TCP    222.185.229.8:80       58.220.232.66:39629     ESTABLISHED
  TCP    222.185.229.8:80       58.241.85.158:1488      ESTABLISHED
  TCP    222.185.229.8:80       58.241.85.158:1492      ESTABLISHED
  TCP    222.185.229.8:80       60.208.148.175:1116     ESTABLISHED
  TCP    222.185.229.8:80       61.135.220.158:11540    CLOSE_WAIT
  TCP    222.185.229.8:80       61.135.220.158:18427    CLOSE_WAIT
  TCP    222.185.229.8:80       61.135.220.158:32716    CLOSE_WAIT
  TCP    222.185.229.8:80       61.135.220.158:62408    CLOSE_WAIT
```

```
TCP    222.185.229.8:80       72.30.79.113:38526     TIME_WAIT
TCP    222.185.229.8:80       114.80.93.71:32926     CLOSE_WAIT
TCP    222.185.229.8:80       114.80.93.71:36785     CLOSE_WAIT
TCP    222.185.229.8:80       114.80.93.71:41576     CLOSE_WAIT
TCP    222.185.229.8:80       114.80.93.71:50409     CLOSE_WAIT
TCP    222.185.229.8:80       114.80.93.71:50957     CLOSE_WAIT
TCP    222.185.229.8:80       114.80.93.71:51130     CLOSE_WAIT
TCP    222.185.229.8:80       114.80.93.71:59525     CLOSE_WAIT
TCP    222.185.229.8:80       114.80.93.73:36840     CLOSE_WAIT
TCP    222.185.229.8:80       114.80.93.73:38228     CLOSE_WAIT
TCP    222.185.229.8:80       114.80.93.73:42195     CLOSE_WAIT
TCP    222.185.229.8:80       114.80.93.73:48685     CLOSE_WAIT
TCP    222.185.229.8:80       114.80.93.73:51975     CLOSE_WAIT
TCP    222.185.229.8:80       114.80.93.73:53864     CLOSE_WAIT
TCP    222.185.229.8:80       114.80.93.73:57602     CLOSE_WAIT
TCP    222.185.229.8:80       114.80.93.73:58721     CLOSE_WAIT
TCP    222.185.229.8:80       114.80.93.73:60671     CLOSE_WAIT
TCP    222.185.229.8:80       119.180.33.181:57567   ESTABLISHED
TCP    222.185.229.8:80       119.180.33.181:57568   LAST_ACK
TCP    222.185.229.8:80       119.180.33.181:57575   TIME_WAIT
TCP    222.185.229.8:80       124.115.1.7:33156      CLOSE_WAIT
TCP    222.185.229.8:80       124.115.1.7:43287      CLOSE_WAIT
TCP    222.185.229.8:80       124.115.1.7:47274      CLOSE_WAIT
TCP    222.185.229.8:80       124.115.1.7:52395      CLOSE_WAIT
TCP    222.185.229.8:80       124.115.1.7:59124      CLOSE_WAIT
TCP    222.185.229.8:80       124.115.1.59:35661      CLOSE_WAIT
TCP    222.185.229.8:80       124.115.1.60:33540      CLOSE_WAIT
TCP    222.185.229.8:80       124.115.1.61:42530      CLOSE_WAIT
TCP    222.185.229.8:80       124.115.1.62:54687      CLOSE_WAIT
TCP    222.185.229.8:80       124.115.1.66:42581      CLOSE_WAIT
TCP    222.185.229.8:80       124.115.10.193:42536   CLOSE_WAIT
TCP    222.185.229.8:80       125.45.64.190:50427    CLOSE_WAIT
TCP    222.185.229.8:80       125.45.64.190:50440    CLOSE_WAIT
TCP    222.185.229.8:80       125.45.64.190:50479    CLOSE_WAIT
TCP    222.185.229.8:80       125.45.64.190:50482    CLOSE_WAIT
TCP    222.185.229.8:80       125.45.64.190:50483    CLOSE_WAIT
TCP    222.185.229.8:80       202.160.178.61:60152   TIME_WAIT
TCP    222.185.229.8:80       202.160.179.101:50938  TIME_WAIT
TCP    222.185.229.8:80       202.160.179.158:41942  TIME_WAIT
TCP    222.185.229.8:80       220.181.94.223:52438   TIME_WAIT
TCP    222.185.229.8:80       220.181.94.231:37253   TIME_WAIT
TCP    222.185.229.8:80       220.181.94.231:38996   TIME_WAIT
TCP    222.185.229.8:80       220.181.94.231:51752   TIME_WAIT
TCP    222.185.229.8:80       220.181.94.231:64201   TIME_WAIT
TCP    222.185.229.8:80       220.181.94.235:51653   TIME_WAIT
TCP    222.185.229.8:80       221.194.37.5:3709      TIME_WAIT
TCP    222.185.229.8:80       221.194.37.5:3867      TIME_WAIT
TCP    222.185.229.8:80       221.194.37.5:4066      TIME_WAIT
TCP    222.185.229.8:80       222.185.251.82:2456    TIME_WAIT
TCP    222.185.229.8:53856    222.185.254.194:16176  ESTABLISHED
```

```
UDP    0.0.0.0:445            *:*
UDP    0.0.0.0:500            *:*
UDP    0.0.0.0:1434           *:*
UDP    0.0.0.0:4500           *:*
UDP    127.0.0.1:123          *:*
UDP    127.0.0.1:1923         *:*
UDP    222.185.229.8:123      *:*
```

任务7 CentOS 6.4的系统安全设置

任务实施

1. GRUB与LILO安全设置

（1）默认/etc/grub.conf配置文档

```
1    # grub.conf generated by anaconda
2    #
3    # Note that you do not have to rerun grub after making changes to this file
4    # NOTICE: You have a /boot partition.  This means that
5    #          all kernel and initrd paths are relative to /boot/, eg.
6    #          root (hd0,0)
7    #          kernel /vmlinuz-version ro root=/dev/mapper/vg_web-lv_root
8    #          initrd /initrd-[generic-]version.img
9    #boot=/dev/sda
10   default=0
11   timeout=5
12   splashimage=(hd0,0)/grub/splash.xpm.gz
13   hiddenmenu
14   title Cent OS (2.6.32-358.el6.i686)
15           root (hd0,0)
16 kernel /vmlinuz-2.6.32-358.el6.i686 ro root=/dev/mapper/vg_web-lv_root rd_NO_LUKS LANG=en_US.UTF-8 rd_NO_MD SYSFONT=latarcyrheb-sun16 crashkernel=auto rd_LVM_LV=vg_web/lv_swap KEYBOARDTYPE=pc KEYTABLE=us rd_LVM_LV=vg_web/lv_root rd_NO_DM rhgb quiet
17   initrd /initramfs-2.6.32-358.el6.i686.img
```

说明

10 default=0 默认以第一个启动选项为主启动系统

11 timeout=5 启动等待时间默认为5s

14 title CentOS (2.6.32-358.el6.i686) 启动菜单项的标题

（2）修改/etc/grub.conf 中的参数

在第11行和第12行之间加入下面两行：

reDisableded

password=66666666

加入这两行后，系统在启动时就需要密码验证。

（3）设置/etc/grub.conf的权限

\# chmod 600 /etc/grub.conf

因为文件中包含有明文密码，所以要把它设置为root权限读取。

（4）更新系统，读取“/etc/grub.conf”文件，使修改生效

 # /sbin/lilo –v

（5）修改grub.conf文件权限为不可写

 # chattr +i /etc/grub.conf

2. 账号安全设置

（1）默认登录配置文件/etc/login.defs

```
#
# Please note that the parameters in this configuration file control the
# behavior of the tools from the shadow-utils component. None of these
# tools uses the PAM mechanism, and the utilities that use PAM (such as the
# passwd command) should therefore be configured elsewhere. Refer to
# /etc/pam.d/system-auth for more information.
#

# *REQUIRED*
#   Directory where mailboxes reside, _or_ name of file, relative to the
#   home directory.  If you _do_ define both, MAIL_DIR takes precedence.
#   QMAIL_DIR is for Qmail
#
#QMAIL_DIR      Maildir
MAIL_DIR        /var/spool/mail
#MAIL_FILE      .mail

# Password aging controls:
#
#       PASS_MAX_DAYS   Maximum number of days a password may be used.
#       PASS_MIN_DAYS   Minimum number of days allowed between password changes.
#       PASS_MIN_LEN    Minimum acceptable password length.
#       PASS_WARN_AGE   Number of days warning given before a password expires.
#
PASS_MAX_DAYS   99999
PASS_MIN_DAYS   0
PASS_MIN_LEN    5
PASS_WARN_AGE   7

#
# Min/max values for automatic uid selection in useradd
#
UID_MIN                   500
UID_MAX                 60000

#
# Min/max values for automatic gid selection in groupadd
#
GID_MIN                   500
GID_MAX                 60000

#
# If defined, this command is run when removing a user.
# It should remove any at/cron/print jobs etc. owned by
# the user to be removed (passed as the first argument).
#
#USERDEL_CMD    /usr/sbin/userdel_local
```

```
48
49  #
50  # If useradd should create home directories for users by default
51  # On RH systems, we do. This option is overridden with the -m flag on
52  # useradd command line.
53  #
54  CREATE_HOME        yes
55
56  # The permission mask is initialized to this value. If not specified,
57  # the permission mask will be initialized to 022.
58  UMASK              077
59
60  # This enables userdel to remove user groups if no members exist.
61  #
62  USERGROUPS_ENAB yes
63
64  # Use SHA512 to encrypt password.
65  ENCRYPT_METHOD SHA512
```

（2）设置安全策略

27 PASS_MIN_LEN 5 系统默认密码的长度是5位，可以修改为8位，修改如下：
PASS_MIN_LEN 8

28 PASS_WARN_AGE 7 系统默认密码的有效期为7天，可以修改为3天，修改如下：
PASS_WARN_AGE 3

54 CREATE_HOME yes 使用useradd增加用户时，是否自动创建home目录，默认值是yes。

（3）检查账号的密码

对系统中没有设置密码的账号应予以删除，或者给该账号设置密码。可以通过编辑**/etc/passwd**文件得知。

（4）特别账号处理

禁止所有默认被操作系统本身启动的且不需要的账号。Linux系统本身提供了各种账号，有的可能不需要，如果不需要这些账号，则删除。系统拥有的账号越多，就越容易受到攻击。

如下账号可以删除：adm、lp、sync、shutdown、halt、mail。

如果不用sendmail服务器，则还可以删除news、uucp、operator、games。

如果不允许匿名ftp，则可以删除ftp。

3. 系统文件的安全设置

（1）权限与文件系统

对系统的某些关键性文件，如passwd、passwd-、shadow、shadow-、services等可修改其属性，防止意外被修改或者被普通用户查看。

如：修改services的属性为600，并且禁止对该文件进行任何修改，可进行如下操作：

```
# chmod 600 /etc/services
# chattr +i /etc/services
```

（2）设置自动注销账号的登录

默认配置/etc/profile文件

```
1    # /etc/profile
```

```

# System wide environment and startup programs, for login setup
# Functions and aliases go in /etc/bashrc

# It's NOT a good idea to change this file unless you know what you
# are doing. It's much better to create a custom.sh shell script in
# /etc/profile.d/ to make custom changes to your environment, as this
# will prevent the need for merging in future updates.

pathmunge () {
    case ":${PATH}:" in
        *:"$1":*)
            ;;
        *)
            if [ "$2" = "after" ] ; then
                PATH=$PATH:$1
            else
                PATH=$1:$PATH
            fi
    esac
}


if [ -x /usr/bin/id ]; then
    if [ -z "$EUID" ]; then
        # ksh workaround
        EUID='id -u'
        UID='id -ru'
    fi
    USER=»'id -un'»
    LOGNAME=$USER
    MAIL="/var/spool/mail/$USER"
fi

# Path manipulation
if [ "$EUID" = "0" ]; then
    pathmunge /sbin
    pathmunge /usr/sbin
    pathmunge /usr/local/sbin
else
    pathmunge /usr/local/sbin after
    pathmunge /usr/sbin after
    pathmunge /sbin after
fi

HOSTNAME='/bin/hostname 2>/dev/null'
HISTSIZE=1000
if [ "$HISTCONTROL" = "ignorespace" ] ; then
    export HISTCONTROL=ignoreboth
else
```

```
52          export HISTCONTROL=ignoredups
53      fi
54
55      export PATH USER LOGNAME MAIL HOSTNAME HISTSIZE HISTCONTROL
56
57      # By default, we want umask to get set. This sets it for login shell
58      # Current threshold for system reserved uid/gids is 200
59      # You could check uidgid reservation validity in
60      # /usr/share/doc/setup-*/uidgid file
61      if [ $UID -gt 199 ] && [ "`id -gn`" = "`id -un`" ]; then
62          umask 002
63      else
64          umask 022
65      fi
66
67      for i in /etc/profile.d/*.sh ; do
68          if [ -r "$i" ]; then
69              if [ "${-#*i}" != "$-" ]; then
70                  . "$i"
71              else
72                  . "$i" >/dev/null 2>&1
73              fi
74          fi
75      done
76
77      unset i
78      unset -f pathmunge
```

可在**48.HISTSIZE=1000**下增加行**tmout=600**，当600s内没有进行任何操作时，系统将自动注销这个账户。

另外，通过修改**HISTSIZE**和**HISTFILESIZE**参数的大小，可以设置保存历史命令列表的长度。

（3）禁止ping请求，防止被攻击

修改/etc/rc.d/rc.local文件时，若加入下面行echo 1 > /proc/sys/net/ipv4/icmp_echo_ignore_all则可以阻止来自外部和内部的ping请求，使系统每次启动后自动运行。

实际上，这相当于修改了/proc/sys/net/ipv4/icmp_echo_ignore_all文件中的参数，将原来的默认值0修改为1。

（4）设置文件/etc/host.conf，防止IP欺骗（见图4-4）

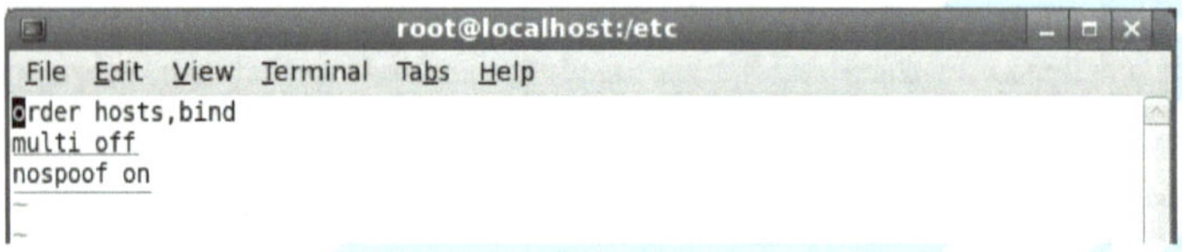

图4-4　修改host.conf

（5）禁止任何人通过su命令改变为root用户，可修改**/etc/pam.d/su**（见图4-5）

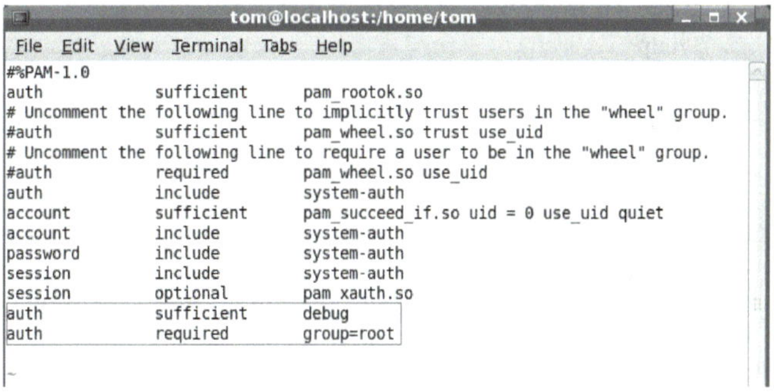

图4-5 修改/etc/pam.d/su文件

任务8 CentOS 6.4的系统开启服务的安全

任务实施

1. 用命令方式检查和关闭开启的服务

 # grep –v “#” /etc/services

1	echo	7/tcp	
2	echo	7/udp	
3	discard	9/tcp	sink null
4	discard	9/udp	sink null
5	systat	11/tcp	users
6	systat	11/udp	users
7	daytime	13/tcp	
8	daytime	13/udp	
9	qotd	17/tcp	quote
10	qotd	17/udp	quote
11	chargen	19/tcp	ttytst source
12	chargen	19/udp	ttytst source
13	ftp-data	20/tcp	
14	ftp-data	20/udp	
15	ftp	21/tcp	
16	ftp	21/udp	fsp fspd
17	telnet	23/tcp	
18	telnet	23/udp	
19	smtp	25/tcp	mail
20	smtp	25/udp	mail
21	time	37/tcp	timserver
22	time	37/udp	timserver
23	nicname	43/tcp	whois
24	nicname	43/udp	whois
25	domain	53/udp	
26	whois++	63/tcp	
27	whois++	63/udp	
28	bootps	67/udp	
29	bootpc	68/udp	dhcpc
30	tftp	69/tcp	
31	tftp	69/udp	
32	gopher	70/udp	

33	finger	79/tcp	
34	finger	79/udp	
35	supdup	95/tcp	
36	supdup	95/udp	
37	csnet-ns	105/udp	cso
38	rtelnet	107/udp	
39	pop2	109/udp	pop-2
40	pop3	110/udp	pop-3
41	auth	113/tcp	authentication tap ident
42	auth	113/udp	authentication tap ident
43	sftp	115/tcp	
44	sftp	115/udp	
45	uucp-path	117/tcp	
46	uucp-path	117/udp	
47	ntp	123/tcp	
48	netbios-ns	137/udp	
49	netbios-dgm	138/udp	
50	netbios-ssn	139/udp	
51	imap	143/udp	imap2
52	cmip-man	163/udp	
53	cmip-agent	164/tcp	
54	cmip-agent	164/udp	
55	xdmcp	177/udp	
56	bgp	179/udp	
57	bgp	179/sctp	
58	prospero	191/udp	
59	irc	194/udp	
60	smux	199/udp	
61	at-rtmp	201/udp	
62	at-nbp	202/udp	
63	at-echo	204/udp	
64	at-zis	206/udp	
65	z39.50	210/udp	z3950 wais
66	ipx	213/udp	
67	link	245/tcp	ttylink
68	link	245/udp	ttylink
69	rsvp_tunnel	363/tcp	
70	rsvp_tunnel	363/udp	
71	rpc2portmap	369/tcp	
72	codaauth2	370/tcp	
73	ulistproc	372/udp	ulistserv
74	ldap	389/tcp	
75	ldap	389/udp	
76	mobileip-agent	434/tcp	
77	mobileip-agent	434/udp	
78	mobilip-mn	435/tcp	
79	mobilip-mn	435/udp	
80	microsoft-ds	445/tcp	
81	microsoft-ds	445/udp	
82	photuris	468/tcp	
83	photuris	468/udp	

84	gss-http	488/tcp	
85	gss-http	488/udp	
86	pim-rp-disc	496/tcp	
87	pim-rp-disc	496/udp	
88	isakmp	500/tcp	
89	isakmp	500/udp	
90	iiop	535/tcp	
91	iiop	535/udp	
92	dhcpv6-client	546/tcp	
93	dhcpv6-client	546/udp	
94	dhcpv6-server	547/tcp	
95	dhcpv6-server	547/udp	
96	whoami	565/tcp	
97	whoami	565/udp	
98	acap	674/tcp	
99	acap	674/udp	
100	kerberos-iv	750/udp	kerberos4 kerberos-sec kdc loadav
101	kerberos-iv	750/tcp	kerberos4 kerberos-sec kdc rfile
102	webster	765/udp	
103	phonebook	767/udp	
104	telnets	992/tcp	
105	telnets	992/udp	
106	ircs	994/tcp	
107	ircs	994/udp	
108	exec	512/tcp	
109	biff	512/udp	comsat
110	login	513/tcp	
111	who	513/udp	whod
112	syslog	514/udp	
113	talk	517/udp	
114	ntalk	518/udp	
115	utime	519/tcp	unixtime
116	utime	519/udp	unixtime
117	efs	520/tcp	
118	ripng	521/tcp	
119	ripng	521/udp	
120	timed	525/tcp	timeserver
121	timed	525/udp	timeserver
122	tempo	526/tcp	newdate
123	courier	530/tcp	rpc
124	conference	531/tcp	chat
125	netnews	532/tcp	
126	ingreslock	1524/tcp	
127	ingreslock	1524/udp	
128	prospero-np	1525/udp	orasrv
129	kermit	1649/tcp	
130	kermit	1649/udp	
131	l2tp	1701/tcp	l2f
132	l2tp	1701/udp	l2f
133	h323gatedisc	1718/tcp	

```
134     h323gatedisc     1718/udp
135     h323gatestat     1719/tcp
136     h323gatestat     1719/udp
137     h323hostcall     1720/tcp
138     h323hostcall     1720/udp
139     tftp-mcast       1758/tcp
140     tftp-mcast       1758/udp
141     mtftp            1759/udp        spss-lm
142     hello            1789/tcp
143     hello            1789/udp
144     licensedaemon    1986/tcp
145     licensedaemon    1986/udp
146     wnn6             22273/tcp       wnn4
147     wnn6             22273/udp       wnn4
148     quake            26000/tcp
149     quake            26000/udp
150     wnn6-ds          26208/tcp
151     wnn6-ds          26208/udp
152     traceroute       33434/tcp
153     traceroute       33434/udp
154     sgi-dgl          5232/udp
155     canna            5680/tcp        auriga-router
156     jetdirect        9100/tcp        laserjet  hplj  hp-pdl-datastr  pdl-datastream
```

2. 统计系统服务

 # ps –eaf | wc –l 统计当前系统运行服务的总数（本例为539）

说明

一个原则：运行的服务越少，系统越安全！

任务9　CentOS 6.4的系统端口的安全

任务实施

重要的、易受到攻击的端口主要有：

端口18 msp消息发送协议；

端口19 chargen字符生成服务；发送无止境的字符流；

端口20 ftp-data FTP数据端口；

端口21 ftp文件传输协议（FTP）端口；有时被文件服务协议（FSP）使用；

端口22 ssh安全Shell（SSH）服务；

端口23 telnet Telnet服务；

端口25 smtp简单邮件传输协议（SMTP）；

端口53 domain域名服务（如BIND）；

端口67 bootps引导协议（BOOTP）服务；

端口68 bootpc Bootstrap（BOOTP）客户；

端口69 tftp小文件传输协议（TFTP）；

端口79 finger用于用户联系信息的Finger服务；

端口80 http用于万维网（WWW）服务的超文本传输协议（HTTP）；

端口110 pop3邮局协议版本3；

端口111 sunrpc用于远程命令执行的远程过程调用（RPC）协议，被网络文件系统（NFS）使用；

端口139 netbios-ssn NetBIOS/Samba服务；

端口143 imap互联网消息存取协议（IMAP）；

端口161 snmp简单网络管理协议（SNMP）；

端口389 ldap轻型目录存取协议（LDAP）；

端口635 mounted Linux的mounted Bug；

端口1080（SOCKS）；

端口1114（SQL）；

端口1524（ingreslock后门）；

端口2049（NFS）；

一般情况下，如果没有用到的服务或端口，则应尽可能地将端口关闭。

任务10 CentOS 6.4的日志文件的安全

任务实施

1. 日志子系统

日志子系统包含连接时间日志、进程统计日志和错误日志3类。

2. 常用的日志文件及命令

最重要的日志文件主要有utmp、wtmp和lastlog，都保存在/etc/log文件夹中。

1）utmp记录当前登录到系统的每个用户的信息。

2）wtmp记录每个用户登录和退出系统时间的永久记录，包括数据交换、关机和重启系统等。

3）lastlog记录最后一次登录文件。

小结

不管是Windows操作系统，还是Linux操作系统，只要是软件总会存在漏洞和不安全的方面，所以需要管理员进行各种配置，以防止病毒和黑客攻击，使其具有最佳的安全性。

4.2 WSUS配置与管理

问题描述

为了满足南方某电子信息集团有限公司自建WSUS（Windows Server Update Services）服务器的需求，WSUS服务器需要实现从Microsoft更新服务器下载更新信息，为公司内部所有的Microsoft应用程序提供Windows操作系统、SQL Server及Office等更新服务，节省出口带宽，提高公司内部Windows操作系统计算机的安全。

问题分析

无论是Windows 2000/XP/2003/2008，还是最新发布的Windows Server 2012，都不可避免地会存在系统漏洞，甚至是非常危险的安全漏洞。因此，Microsoft公司也就不停地发布系统补丁。如果让网络内所有的计算机都从Microsoft的系统更新服务器同时下载补丁，既会浪费大量宝贵的网络带宽，也会由于部分客户端没有及时更新而遭受网络攻击。因此，借助WSUS实现公司内部的系统自动更新就成为保障系统安全的必要手段。

公司中的WSUS服务器采用WSUS 4.0版本，采用Microsoft自带的WID数据库，IIS 8530端口发布；每日凌晨1点11分从Microsoft WSUS服务器定时同步更新；同步更新语言为“英语”和“中文”；产品为“Office”“SQL Server”及“Windows”；分类为“安全更新程序”“定义更新”及“关键更新程序”；将所有更新客户端计算机分配至默认组，最后利用组策略创建jsjpx.com域“产品生产部”的“WSUS”，实现产品生产部所有计算机WSUS的自动更新功能。

任 务 单

1	WSUS服务器的安装与配置
2	利用组策略实现域WSUS更新

解决步骤

根据任务单的安排完成任务。

任务1 WSUS服务器的安装与配置

任务实施

1）单击“服务器管理器仪表板”窗口中的“添加角色和功能”超链接，打开“添加角色和功能向导”对话框，如图4-6所示。

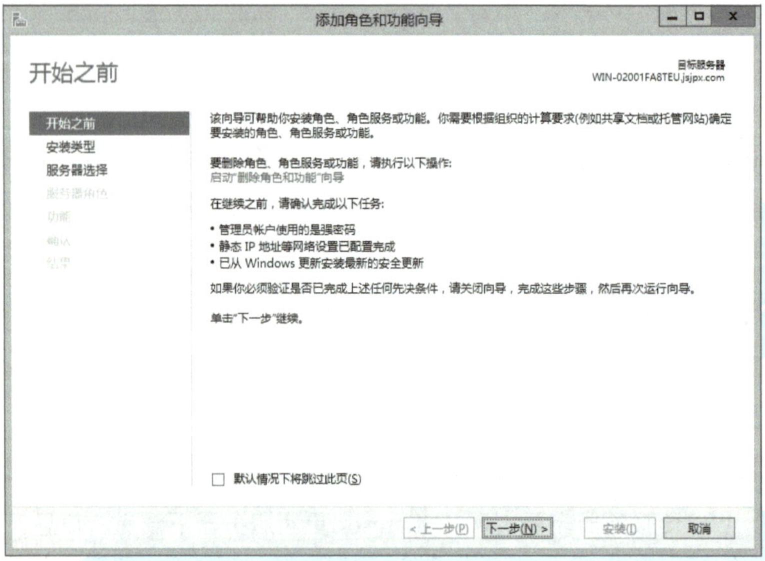

图4-6 “添加角色和功能向导”对话框

2）单击“下一步”按钮，打开“选择安装类型”对话框，选中“基于角色或基于功能的安装”单选按钮，如图4-7所示。

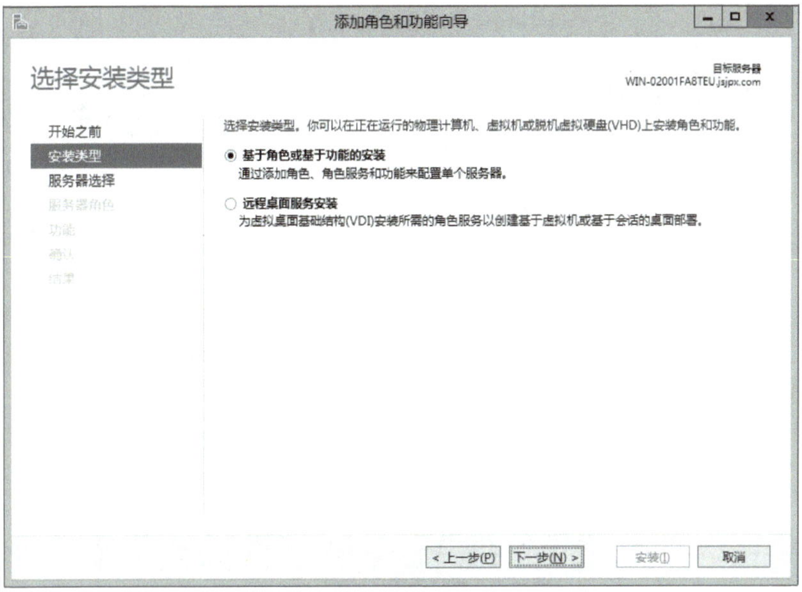

图4-7 “选择安装类型”对话框

3）单击“下一步”按钮，打开“选择目标服务器”对话框，选中“从服务器池中选择服务器”单选按钮，同时选中IP地址为192.168.10.50的WSUS服务器，如图4-8所示。

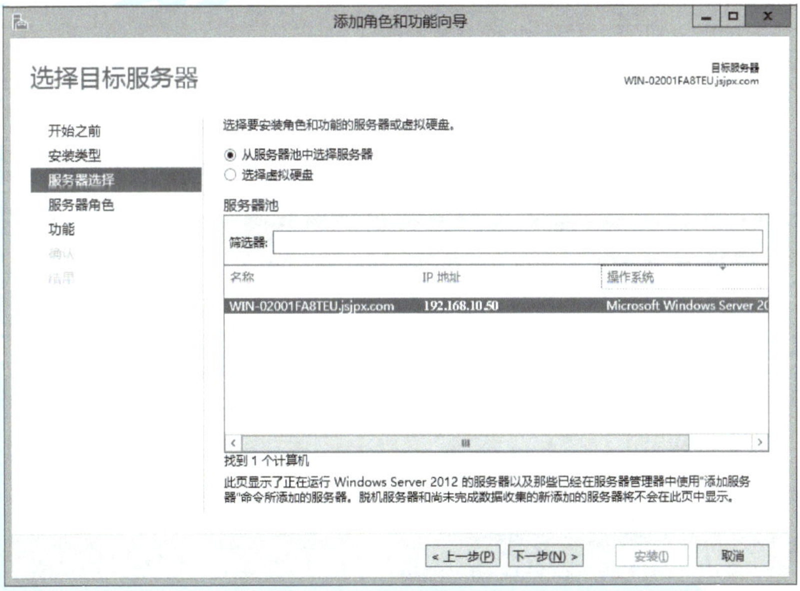

图4-8 “选择目标服务器”对话框

4）单击“下一步”按钮，打开“选择服务器角色”对话框，如图4-9所示。选择“Windows Server更新服务”复选框，弹出服务安装列表，选择“包括管理工具”复选框，如图4-10所示。

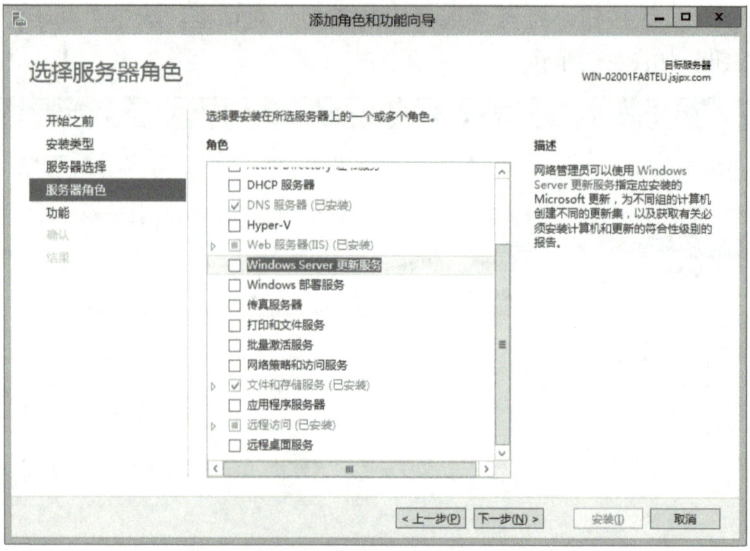

图4-9　选择服务器角色

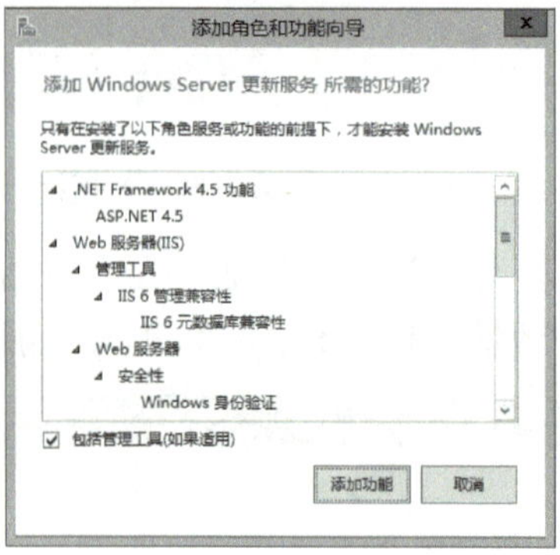

图4-10　Windows Server更新服务服务列表

5）单击“添加功能”按钮，回到“选择服务器角色”对话框，如图4-11所示。

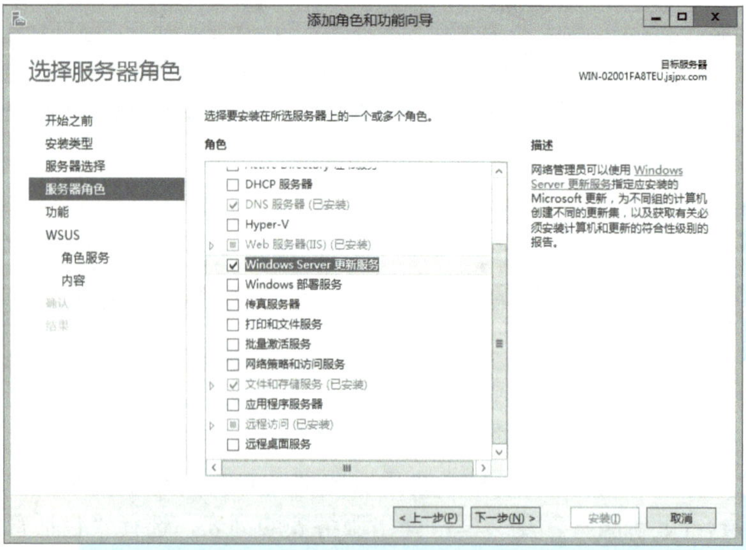

图4-11　“选择服务器角色”对话框

6）单击“下一步”按钮，打开“选择功能”对话框，如图4-12所示。

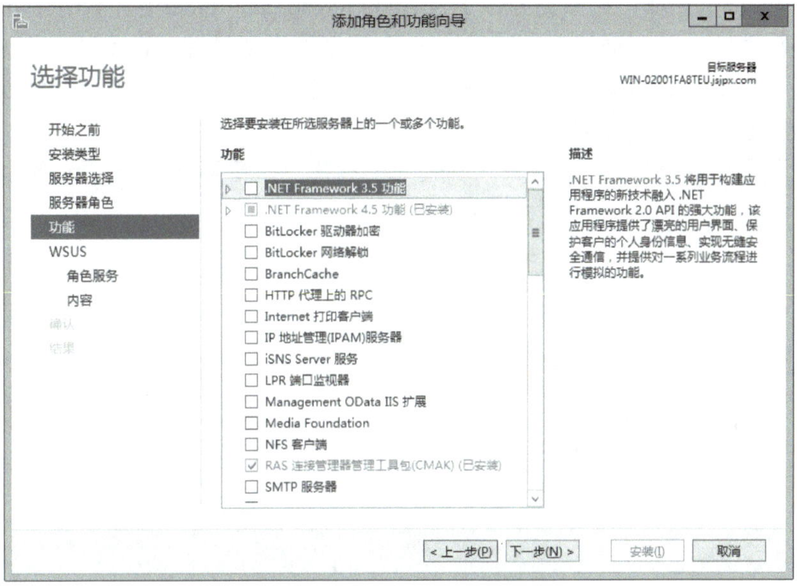

图4-12 “选择功能”对话框

7）单击“下一步”按钮，打开“Windows Server更新服务”功能概述对话框，如图4-13所示。

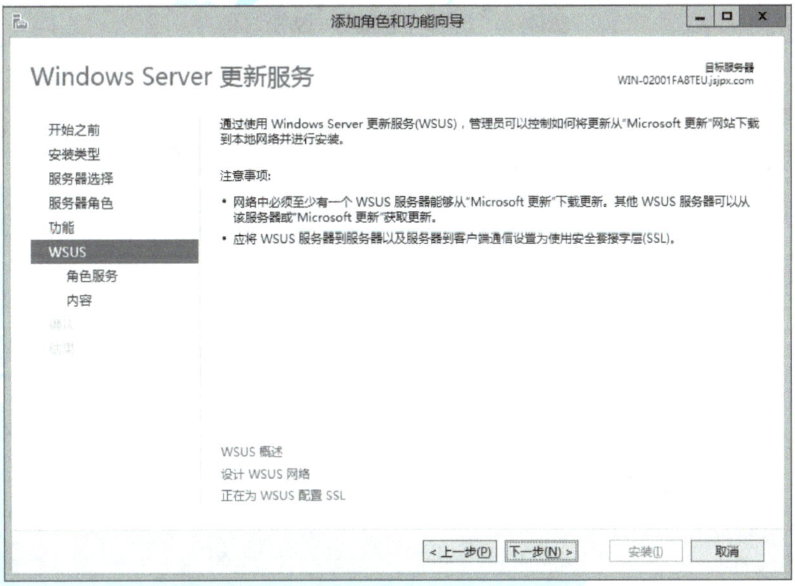

图4-13 Windows Server更新服务

8）单击“下一步”按钮，打开“选择角色服务”对话框，在“角色服务”列表框中选择“WID数据库”及“WSUS服务”复选框，如图4-14所示。

注：Windows Server 2012在安装WSUS时可选择两种数据库进行安装，包括WID（Window Internal Database，Windows内部数据库）及SQL Server数据库。其中，WID是

Windows自带的数据库，在WSUS安装过程中自行安装，安装向导创建和使用命名为SUSDB.mdf的Windows内部数据库，该数据库位于%windir%\wid\data\folder中，其中%windir%是安装WSUS服务器软件的本地驱动器；而SQL Server数据库需要管理员在安装WSUS之前进行安装并保证服务正常启动，若采用SQL Server数据库，则选择图4-14中的“数据库”复选框，同时去除“WID数据库”复选框。

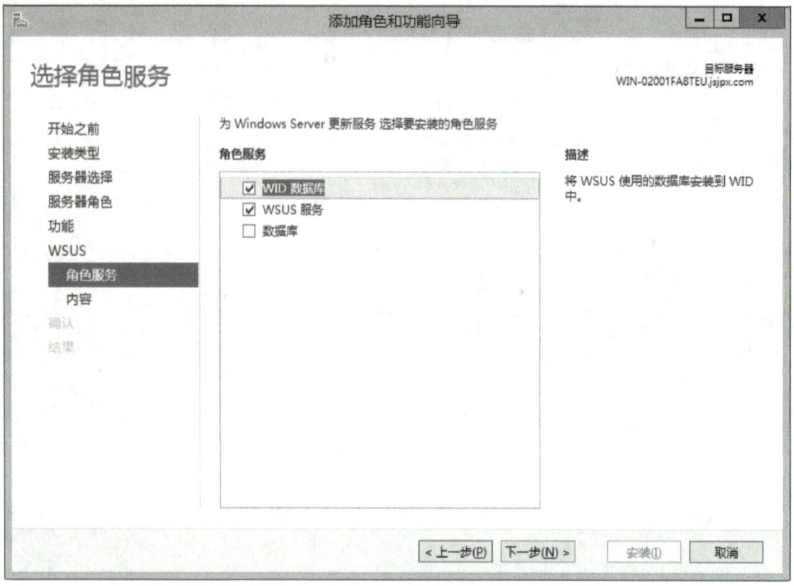

图4-14 选择角色服务－WSUS

9）单击“下一步”按钮，打开“内容位置选择”对话框，在位置文本框中输入有效的本地路径或远程路径目录即可，如图4-15所示。此目录中将存放WSUS布署的各种更新文件，建议使用20～30GB容量的NTFS格式分区。

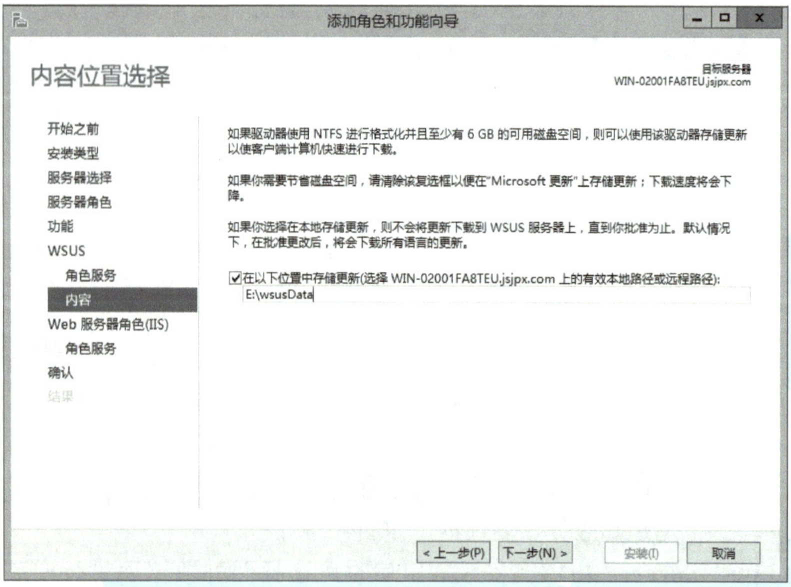

图4-15 内容位置选择

10）若选择图4-14中的“数据库”复选框，单击“下一步”按钮，将打开“数据库实例”对话框，输入安装SQL Server的服务器名称，单击“检查连接”进行验证，通过后将显示“已成功连接到服务器”提示信息，如图4-16所示。

图4-16 数据库实例选择（SQL Server数据库模式）

11）单击“下一步”按钮，系统检查到IIS服务未安装，打开“Web服务器角色（IIS）”对话框，如图4-17所示。

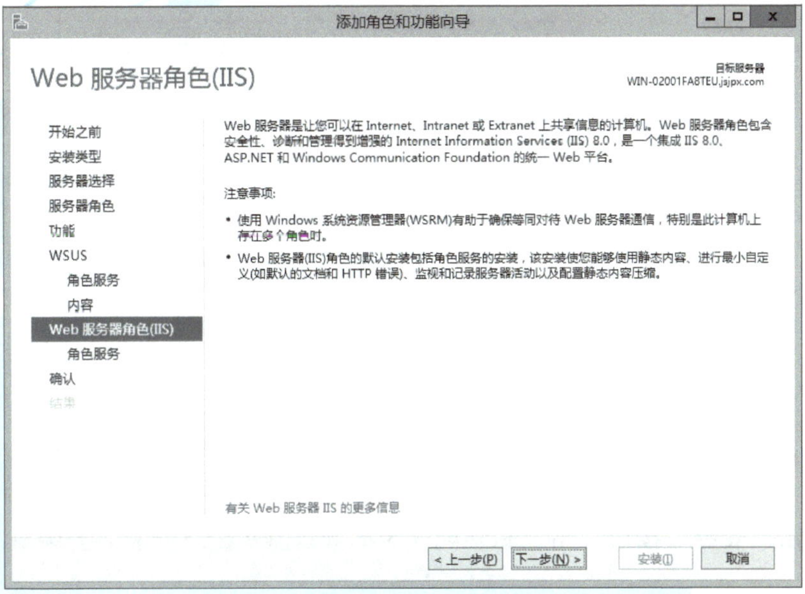

图4-17 “Web服务器角色（IIS）”对话框

12）单击“下一步”按钮选择角色服务，对话框中显示安装WSUS服务必须安装的IIS组件及角色列表，如图4-18所示。

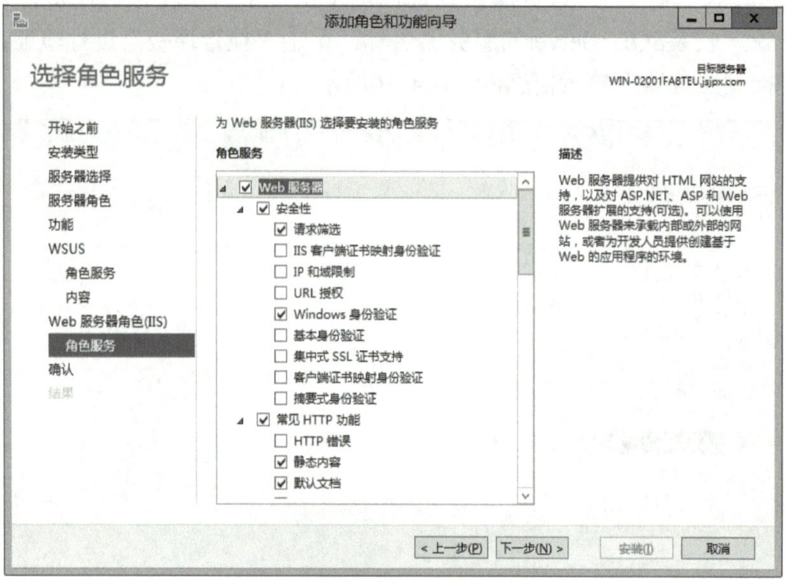

图4-18　选择角色服务－IIS

13）单击“下一步”按钮，打开“确认安装所选内容”对话框，对话框显示根据管理员选择角色服务类型安装WSUS必须的功能及角色列表，如图4-19所示。

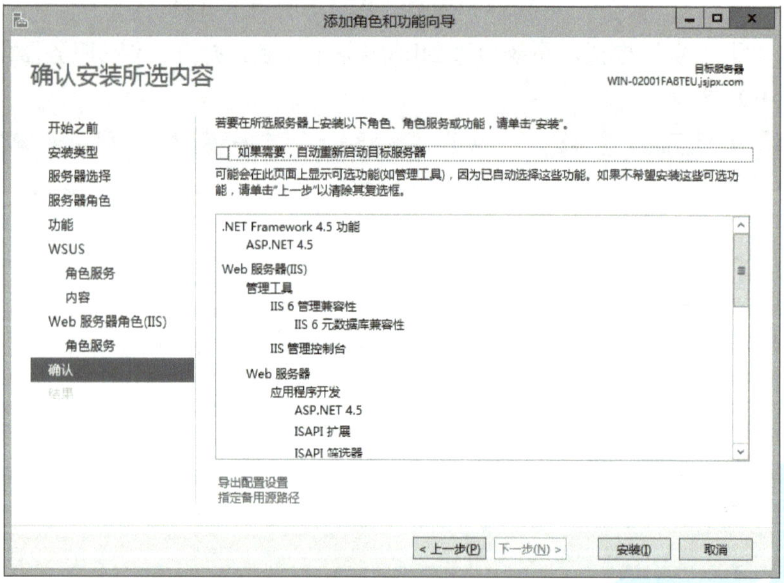

图4-19　“确认安装所选内容”对话框

14）单击“安装”按钮，角色和功能安装向导进行WSUS安装，安装进度如图4-20所示。

15）安装完成后，“服务器管理器仪表板”通知栏中显示Windows　Server更新服务所需的配置启动安装后的任务提示信息，如图4-21所示。

16）单击“启动安装后任务”链接，打开“完成WSUS安装”对话框，如图4-22所示。

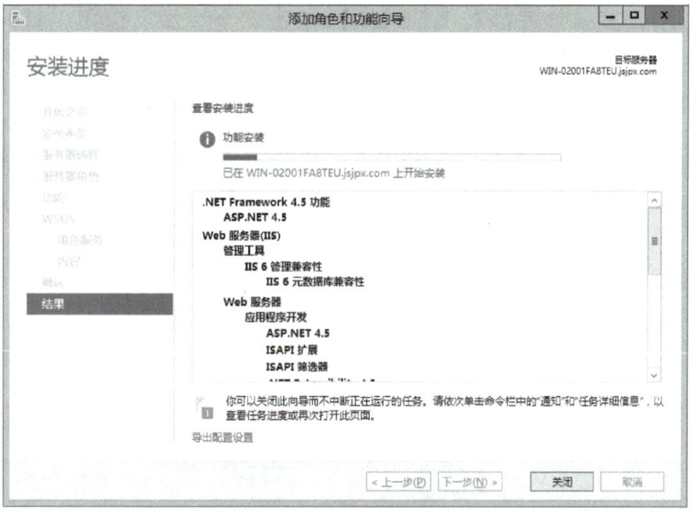

图4-20　安装进度

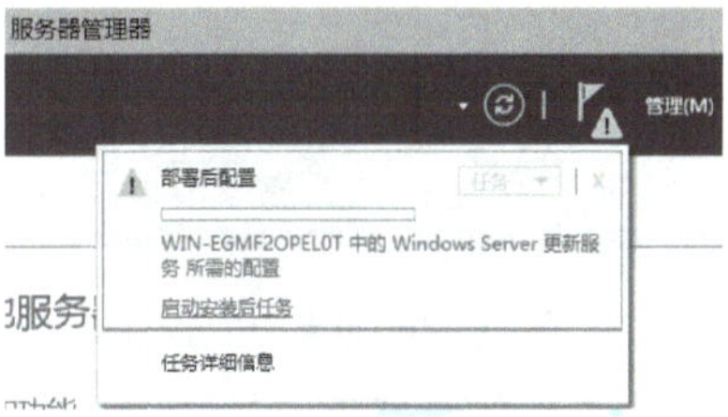

图4-21　通知信息

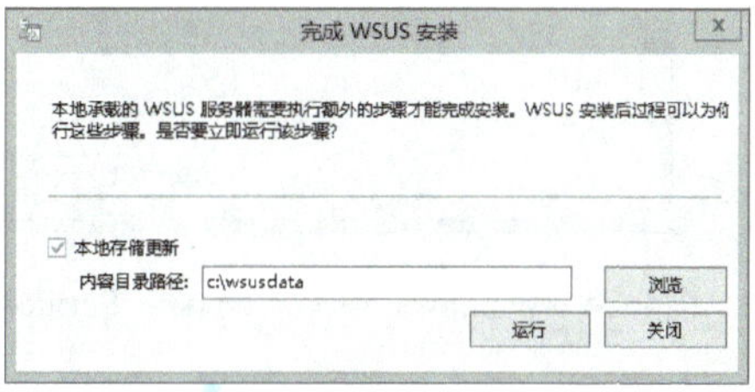

图4-22　“完成WSUS安装”对话框

17）单击“运行”按钮，打开“Windows Server Update Services配置向导”对话框，如图4-23所示。要求管理员确定“是否将服务器防火墙配置为允许客户端访问服务器？”“能否将此计算机连接到上游服务器？”“用户是否具有代理服务器凭据？”

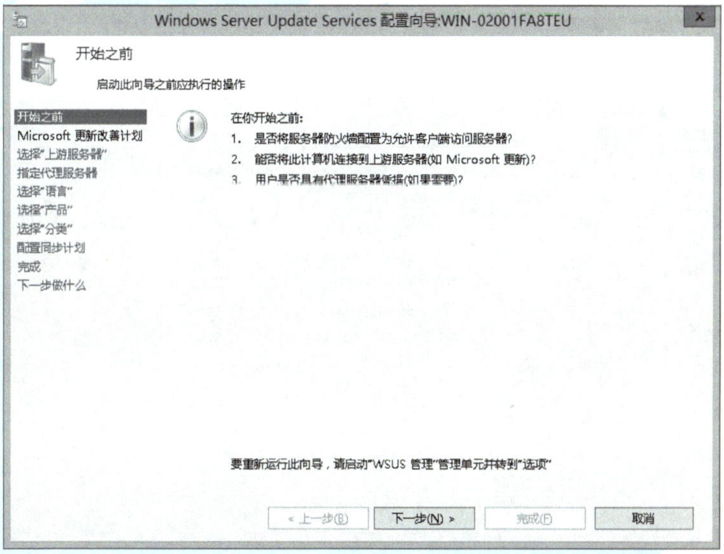

图4-23　“Windows Server Update Services配置向导”对话框

18）在确定三个必要条件要满足的情况下，单击“下一步”按钮，打开“加入Microsoft更新改善计划”对话框，根据是否需要向Microsoft发送更新质量的信息需求，决定选择确认复选框，如图4-24所示。

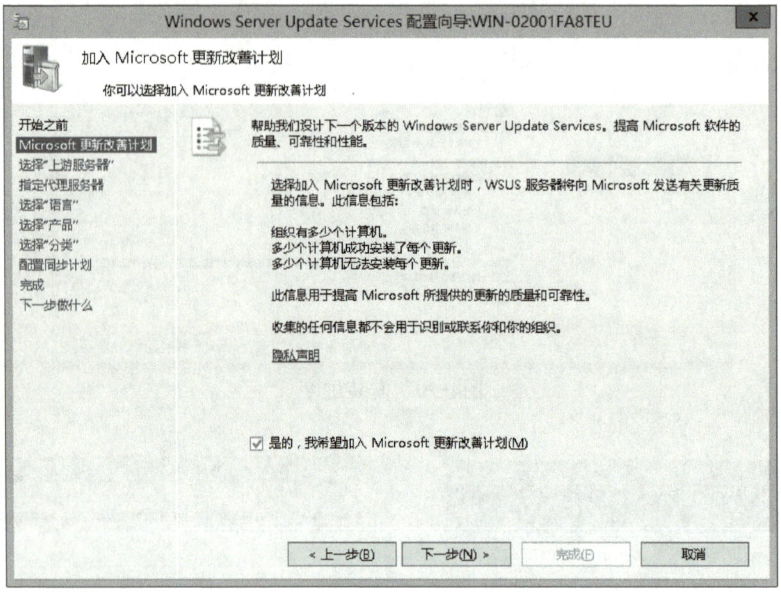

图4-24　Windows Server Update Services配置向导—加入Microsoft更新改善计划

19）单击“下一步”按钮，打开“选择‘上游服务器’”对话框。选中“从Microsoft更新中进行同步”单选按钮，如图4-25所示。若此服务器是上游服务器的副本或网络中已经存在WSUS服务器，则可选中“从其他Windows Server Update Services服务器中进行同步”单选按钮。

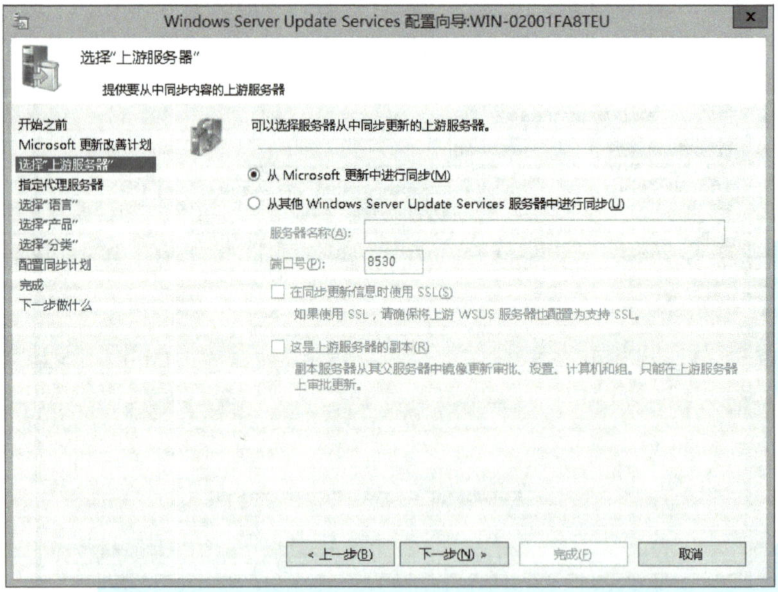

图4-25　Windows Server Update Services配置向导—选择“上游服务器”

20）单击“下一步”按钮，打开“指定代理服务器”对话框，如图4-26所示。若局域网中采用代理服务器进行网络连接，则请在此处输入相关信息。

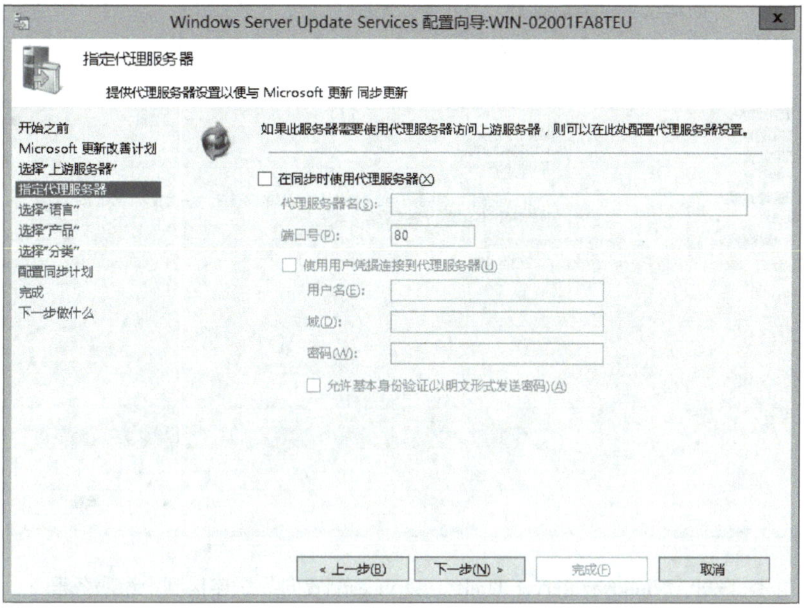

图4-26 Windows Server Update Services配置向导—指定代理服务器

21）单击“下一步”按钮，打开“连接到上游服务器”对话框，如图4-27所示。

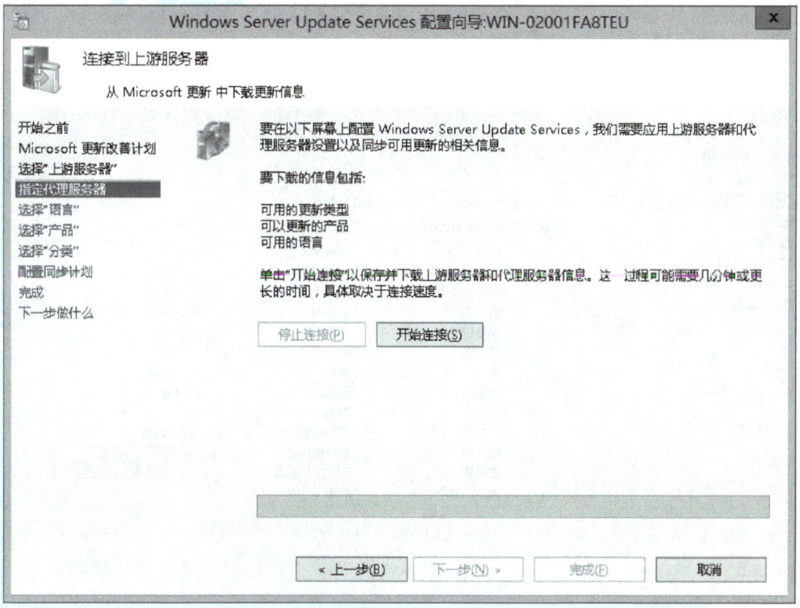

图4-27 Windows Server Update Services配置向导—连接到上游服务器

22）单击“开始连接”按钮，配置向导保存并下载上游服务器和代理服务器信息。连接成功后，进度条显示为绿色，同时“下一步”按钮可以使用，如图4-28所示。

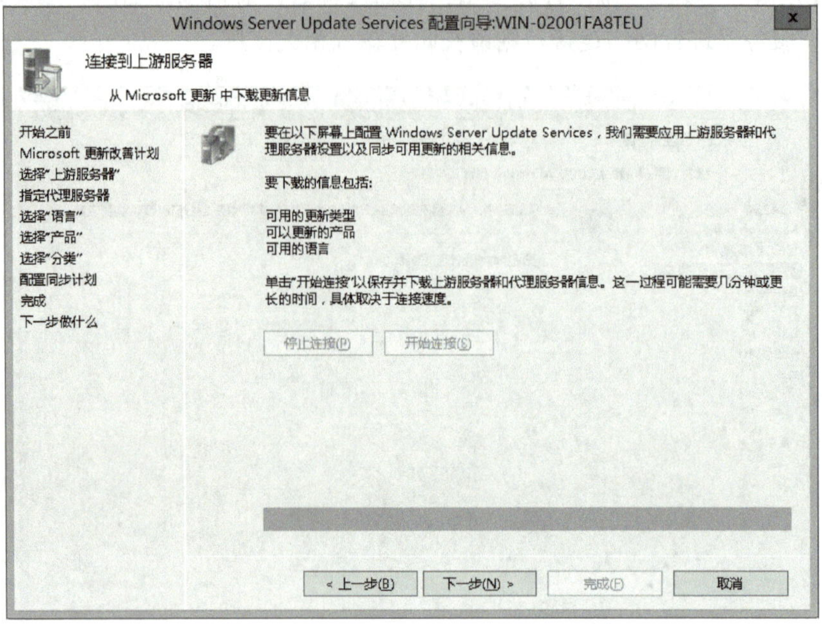

图4-28　Windows Server Update Services配置向导—连接到上游服务器

23）单击“下一步”按钮，打开“选择‘语言’”对话框，选择“英语”及“中文（简体）”复选框，如图4-29所示。

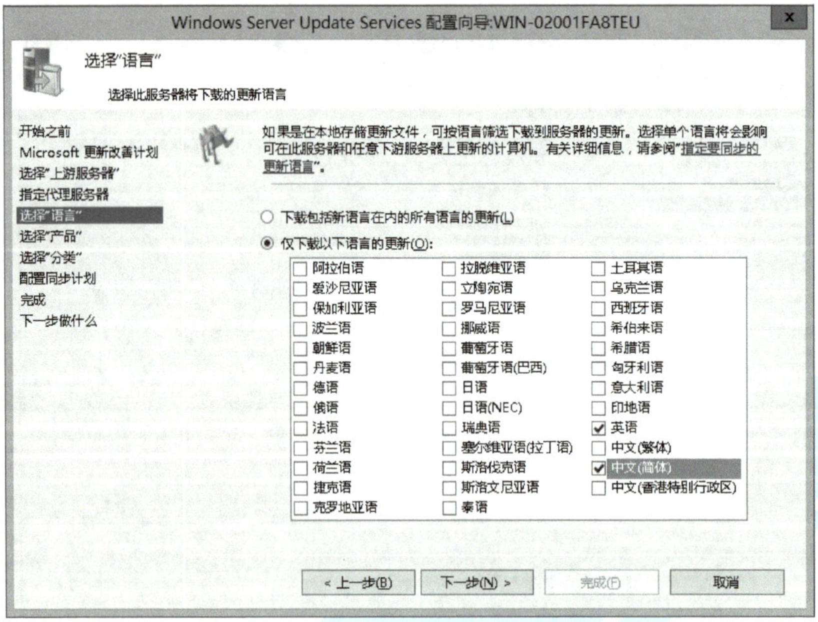

图4-29　Windows Server Update Services配置向导—选择“语言”

24）单击“下一步”按钮，打开“选择‘产品’”对话框，选择“Office”“SQL Server”及“Windows”复选框，如图4-30所示。

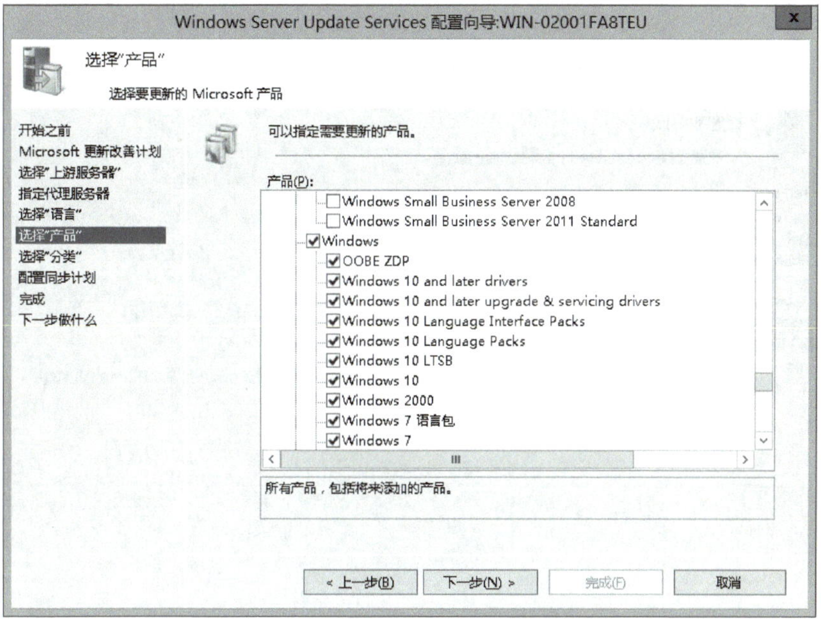

图4-30 Windows Server Update Services配置向导—选择“产品”

25）单击“下一步”按钮，打开“选择‘分类’”对话框，选择“安全更新程序”“定义更新”“更新程序”“更新程序集”及“关键更新程序”复选框，如图4-31所示。

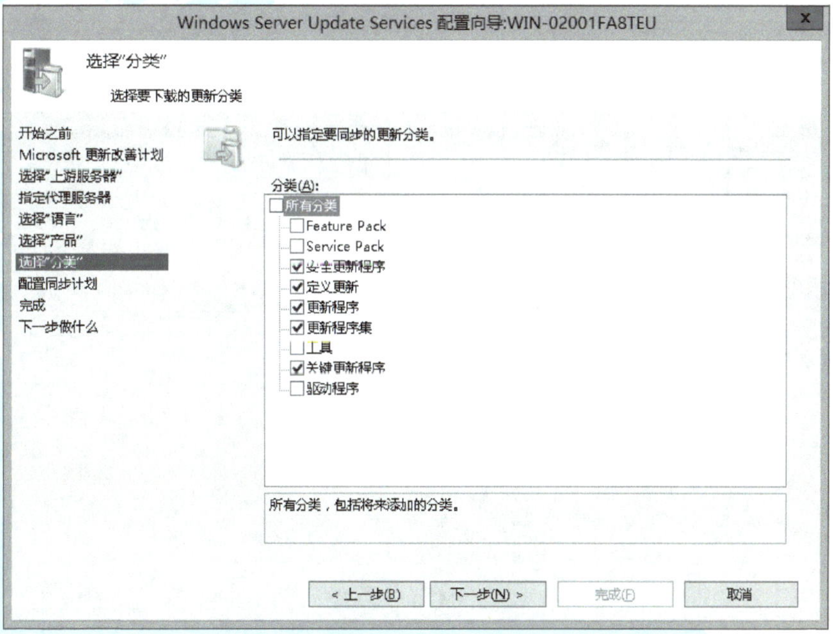

图4-31 Windows Server Update Services配置向导—选择“分类”

26）单击“下一步”按钮，打开“设置同步计划”对话框，选中“自动同步”单选按钮，设定同步时间为“1:11:00”，根据网络环境设置每天的同步次数，如图4-32所示。

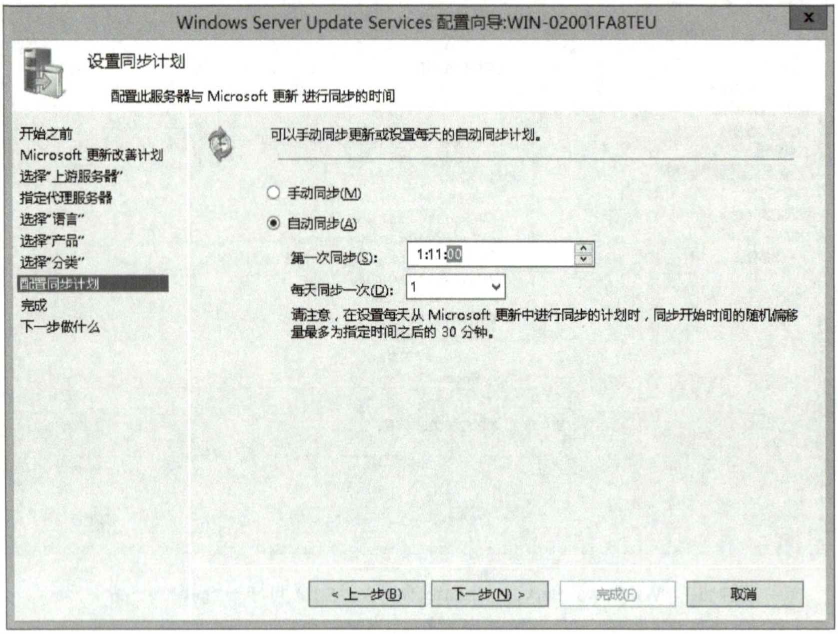

图4-32　Windows Server Update Services配置向导—设置同步计划

27）单击“下一步”按钮，打开“完成”对话框，如图4-33所示。

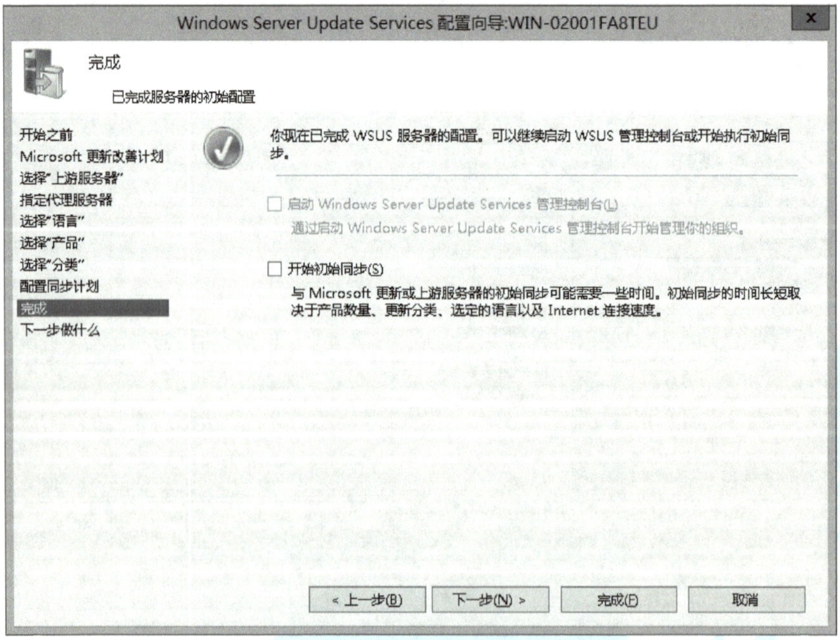

图4-33　Windows Server Update Services配置向导—完成

28）单击“完成”按钮，打开“更新服务”主界面，如图4-34所示。

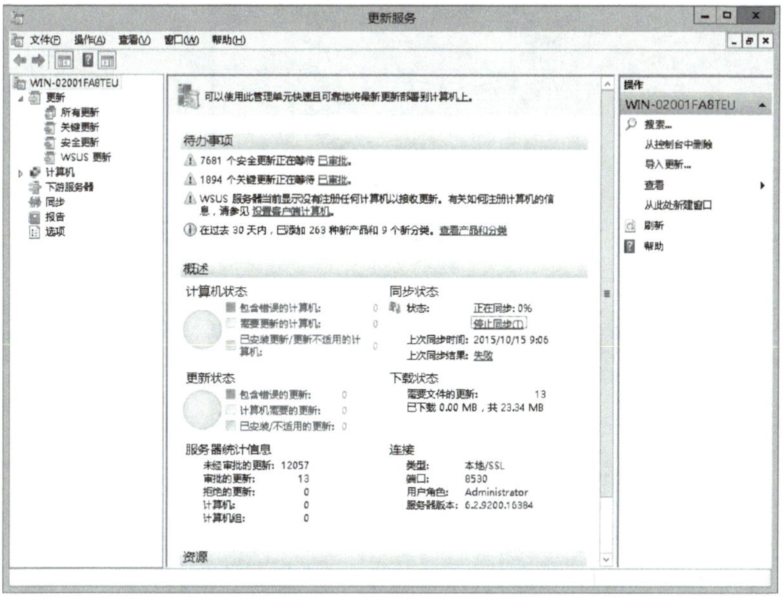

图4-34 “更新服务”主界面

任务2 利用组策略实现域WSUS更新

任务实施

在域组策略中建立WSUS组策略，设置“产品生产部”的所有Windows系统计算机更新服务器地址为“192.168.10.50”，实现WSUS更新功能。

1）在“组策略管理”窗口中，选择jsjpx.com域控制器的产品生产部，单击鼠标右键，在弹出的快捷菜单中，选择“在这个域中创建GPO并在此处链接”命令，如图4-35所示。

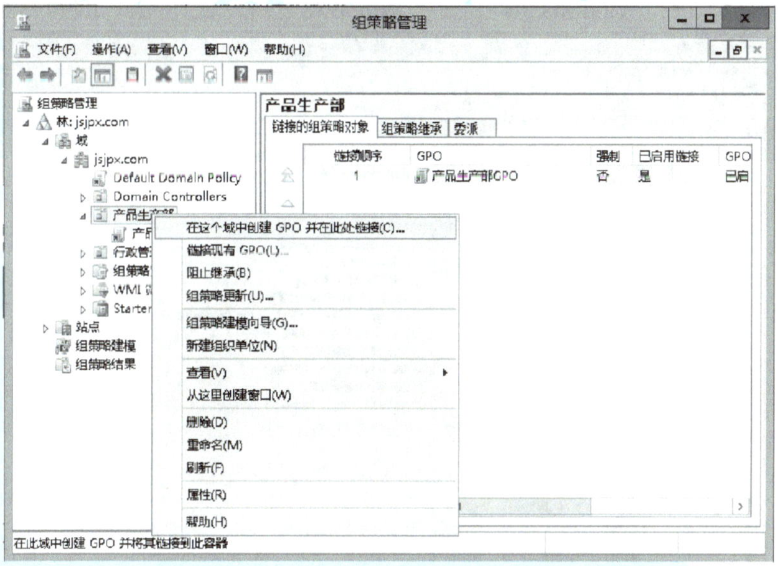

图4-35 新建产品生产部组策略

2）在打开的“新建GPO”对话框中，输入“名称”为“WSUS”，如图4-36所示。

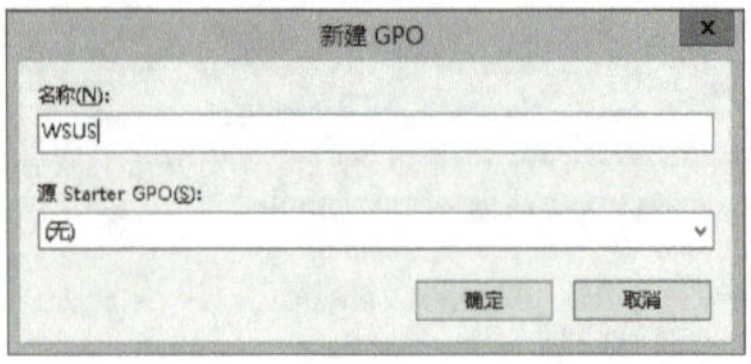

图4-36　“新建GPO”对话框

3）单击“确定”按钮，在“组策略管理”窗口中的“WSUS”上单击鼠标右键，在弹出的快捷菜单中，选择“编辑”命令，如图4-37所示。

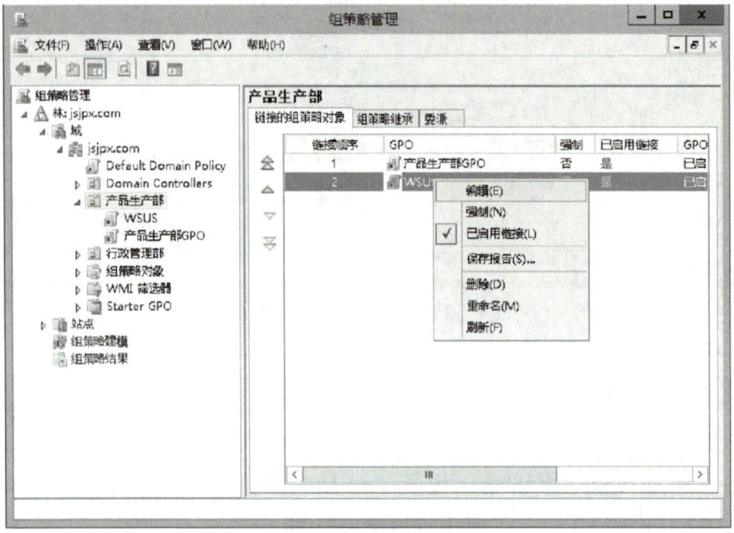

图4-37　新建WSUS GPO

4）在打开的“组策略管理编辑”管理页面中，依次打开“计算机配置”→“策略”→“管理模板”→“Windows组件”→“Windows更新”文件夹，如图4-38所示。

图4-38　组策略管理器－Windows更新

5）双击右侧的“配置自动更新”链接，打开“配置自动更新”对话框，选中“已启用”单选按钮，选择“配置自动更新”为“3－自动下载并通知安装”，“计划安装日期”为“0－每天”，“计划安装时间”为“03:00”，如图4-39所示。

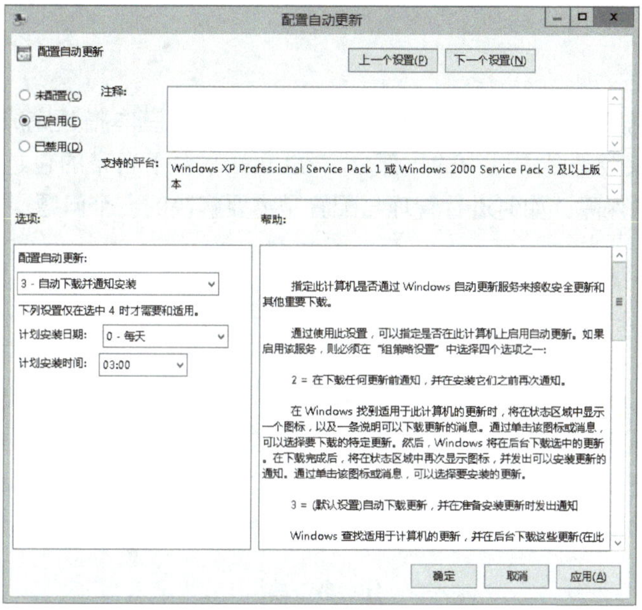

图4-39　“配置自动更新”对话框

6）双击“指定Intranet Microsoft更新服务位置”链接，打开“指定Intranet Microsoft更新服务位置”对话框，选中“已启用”单选按钮，输入“设置检测更新的Intranet更新服务”及“设置Intranet统计服务器”为“http://192.168.10.50”，如图4-40所示。单击“确定”按钮，完成操作。

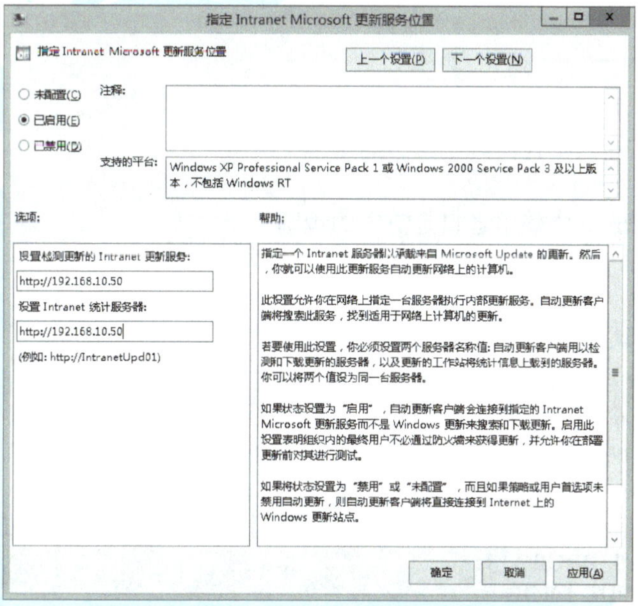

图4-40　指定Intranet Microsoft更新服务位置

4.3 Linux环境下的IPtables

问题描述

南方某电子信息集团有限公司现有网络应用系统平台已基本搭建完成，用恰当的防火墙软件来保证系统的安全是必不可少的一部分。在Linux平台下自带的包过滤防火墙可为应用系统的平稳运行提供保障。如何进行管理与配置是需要解决的一个问题。

问题分析

IPtables集成到Linux内核中，用户通过IPtables，可以对计算机的进出数据包进行过滤。通过IPtables命令设置规则来把守计算机网络——哪些数据允许通过，哪些数据不能通过，哪些通过的数据进行记录（Log）。其任务主要包括配置IPtables链的基本操作、配置基本的规则匹配和配置扩展的规则匹配。

任 务 单

1	IPtables链的基本操作
2	配置基本的规则匹配
3	配置扩展的规则匹配

任务1 IPtables链的基本操作

任务实施

1. 清除规则

（1）清除预设表filter中任何规则链中的规则

 # iptables -F

（2）清除预设表filter中使用者自定链中的规则

#iptables -X

#iptables –Z

2. 配置链的默认策略

（1）首先允许任何包通过，然后再禁止有危险的包通过防火墙

#iptables -P INPUT ACCEPT

#iptables -P OUTPUT ACCEPT

#iptables -P FORWARD ACCEPT

（2）首先禁止任何包通过，然后根据需要的服务允许特定的包通过防火墙

#iptables -P INPUT DROP

#iptables -P OUTPUT DROP

#iptables -P FORWARD DROP

3. 列出表/链中的任何规则，默认只列出filter表

```
#iptables –L
```

4. 向链中添加规则，下面的语句用于开放网络接口

```
#iptables -A INPUT -i lo -j ACCEPT
#iptables -A OUTPUT -o lo -j ACCEPT
#iptables -A INPUT -i eth0 -j ACEPT
#iptables -A OUTPUT -o eth1 -j ACCEPT
#iptables -A FORWARD -i eth1 -j ACCEPT
#iptables -A FORWARD -o eth1 -j ACCEPT
```

说明

本地进程不会经过FORWARD链，因此，回环接口lo只在INPUT和OUTPUT两个链上起作用。

5. 使用者自定义链

```
#iptables -N custom
#iptables -A custom -s 0/0 -d 0/0 -p icmp -j DROP
#iptables -A INPUT -s 0/0 -d 0/0 -j DROP
```

任务2 配置基本的规则匹配

任务实施

1. 指定协议匹配

（1）匹配指定协议

```
#iptables -A INPUT -p tcp
```

（2）匹配指定协议之外的任何协议

```
#iptables -A INPUT -p !tcp
```

2. 指定地址匹配

（1）指定匹配的主机

```
#iptables -A INPUT -s 192.168.0.18
```

（2）指定匹配的网络

```
#iptables -A INPUT -s 192.168.2.0/24
```

（3）匹配指定主机之外的地址

```
#iptables -A FORWARD -s !192.168.0.19
```

（4）匹配指定网络之外的网络

```
#iptables -A FORWARD -s ! 192.168.3.0/24
```

3. 指定网络接口匹配

（1）指定单一的网络接口匹配

```
#iptables -A INPUT -i eth0
#iptables -A FORWARD -o eth0
```

（2）指定同类型的网络接口匹配

```
#iptables -A FORWARD -o ppp
```

4. 指定端口匹配

（1）指定单一端口匹配

#iptables -A INPUT -p tcp --sport www

#iptables -A INPUT -p udp –dport 53

（2）匹配指定端口之外的端口

#iptables -A INPUT -p tcp –dport !22

（3）匹配端口范围

#iptables -A INPUT -p tcp –sport 22:80

（4）匹配ICMP端口和ICMP类型

#iptables -A INOUT -p icmp –icimp-type 8

任务3 配置扩展的规则匹配

任务实施

1. 多端口匹配

（1）匹配多个源端口

#iptables -A INPUT -p tcp -m multiport –sport 22,53,80,110

（2）匹配多个目的端口

#iptables -A INPUT -p tcp -m multiport –dpoort 22,53,80

（3）匹配多端口

#iptables -A INPUT -p tcp -m multiport –port 22,53,80,110

2. 指定TCP匹配扩展

使用－tcp-flags 选项能够根据TCP包的标志位进行过滤

#iptables -A INPUT -p tcp –tcp-flags SYN,FIN,ACK SYN

#iptables -A FROWARD -p tcp –tcp-flags ALL SYN,ACK

以上实例中第一个表示SYN、ACK、FIN的标志都检查，但是只有SYN匹配。第二个表示ALL（SYN，ACK，FIN，RST，URG，PSH）的标志都检查，但是只有SYN和ACK匹配。

#iptables -A FORWARD -p tcp --syn

选项--syn相当于“--tcp-flags SYN,RST,ACK SYN”的简写。

3. limit速率匹配扩展

1）指定单位时间内允许通过的数据包个数，单位时间可以是/second、/minute、/hour、/day或使用第一个字母。

#iptables -A INPUT -m limit --limit 300/hour

2）指定触发事件的阀值。

#iptables -A INPUT -m limit –limit-burst 10

3）同时指定速率限制和触发阀值。

#iptables -A INPUT -p icmp -m limit –-limit 3/m –limit-burst 3表示每分钟允许的最大包数量为限制速率（本例为3）加上当前的触发阀值burst数。任何情况下都可确保3个数据包通过。触发阀值burst相当于允许额外的包数量。

4. 基于状态的匹配扩展

每个网络连接都包括以下信息：源地址、目标地址、源端口、目的端口，称为套接字对（Socket Pairs）；协议类型、连接状态（TCP）和超时时间等。防火墙把这些信息称为状态（Stateful）。状态包过滤防火墙能在内存中维护一个跟踪状态的表，比简单包过滤防火墙具备更大的安全性，其命令格式如下：

iptables -m state --state [!]state [,state,state,state]

其中，state是一个逗号分割的列表，用来指定下列4种连接状态。

NEW：该包想要开始一个新的连接。

RELATED：该包属于已连接的新建连接。

ESTABLISHED：该包属于某个已建立的连接。

INVALID：该包不匹配于任何连接，通常这些包被DROP掉。

1）在INPUT链添加一条规则，匹配已建立的连接或由已建立的连接所建立的新连接，即匹配任何的TCP回应包。

#iptables -A INPUT -m state –state RELATED,ESTABLISHED

2）在INPUT链添加一条规则，匹配任何从非eth0接口来的连接请求包。

#iptables -A INPUT -m state --state NEW -i !eth0

小结

IPtables可以加入、删除或插入核心包过滤表格中的规则，是完全免费的。企业通过它来配置防火墙可以节省成本，因此网络管理员对iptables使用规则的掌握显得额外重要。

附 录

附录A Windows与Linux资源互访技术

许多企业的内部网同时存在Linux和Windows操作系统，经常需要在不同系统之间实现资源共享。实现Linux和Windows资源互访问的方法有很多，可以利用Telnet、FTP、HTTP服务实现网络间的通信。除此之外，通过在Linux主机上安装支持SMB协议的服务器和客户端软件，可以方便地与Windows系统实现资源共享。下面以CentOS 6.4系统环境下配置Samba服务为例说明Linux与Windows资源互访问题。

1. 检查是否已安装好Samba包，如图A-1所示，表示Samba程序包已经安装好，如果没有安装，可用Yum方法进行安装

 # rpm –qa | grep samba

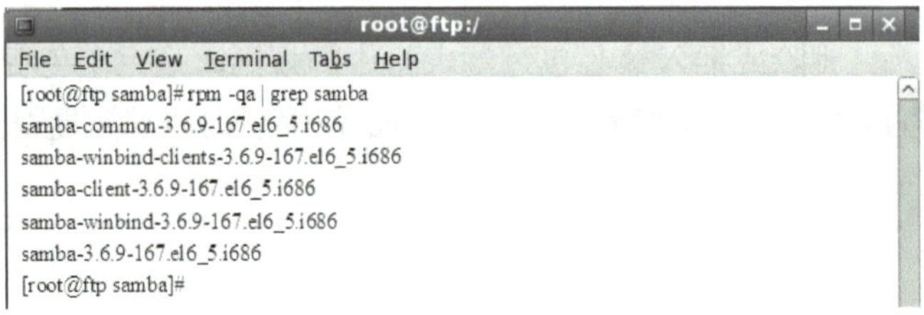

图A-1 检查Samba是否已安装

2. 用Yum方法安装Samba包，配置好Yum后，可用命令

 # yum install samba

3. 默认Samba配置文档

```
# This is the main Samba configuration file. You should read the
# smb.conf(5) manual page in order to understand the options listed
# here. Samba has a huge number of configurable options (perhaps too
# many!) most of which are not shown in this example
#
# For a step to step guide on installing, configuring and using samba,
# read the Samba-HOWTO-Collection. This may be obtained from:
#  http://www.samba.org/samba/docs/Samba-HOWTO-Collection.pdf
#
# Many working examples of smb.conf files can be found in the
# Samba-Guide which is generated daily and can be downloaded from:
#  http://www.samba.org/samba/docs/Samba-Guide.pdf
#
# Any line which starts with a ; (semi-colon) or a # (hash)
```

```
# is a comment and is ignored. In this example we will use a #
# for commentry and a ; for parts of the config file that you
# may wish to enable
#
# NOTE: Whenever you modify this file you should run the command "testparm"
# to check that you have not made any basic syntactic errors.
#
#---------------
# SELINUX NOTES:
#
# If you want to use the useradd/groupadd family of binaries please run:
# setsebool -P samba_domain_controller on
#
# If you want to share home directories via samba please run:
# setsebool -P samba_enable_home_dirs on
#
# If you create a new directory you want to share you should mark it as
# "samba_share_t" so that selinux will let you write into it.
# Make sure not to do that on system directories as they may already have
# been marked with othe SELinux labels.
#
# Use ls -ldZ /path to see which context a directory has
#
# Set labels only on directories you created!
# To set a label use the following: chcon -t samba_share_t /path
#
# If you need to share a system created directory you can use one of the
# following (read-only/read-write):
# setsebool -P samba_export_all_ro on
# or
# setsebool -P samba_export_all_rw on
#
# If you want to run scripts (preexec/root prexec/print command/...) please
# put them into the /var/lib/samba/scripts directory so that smbd will be
# allowed to run them.
# Make sure you COPY them and not MOVE them so that the right SELinux context
# is applied, to check all is ok use restorecon -R -v /var/lib/samba/scripts
#
#--------------
#
#============================ Global Settings =====================================

[global]

# ----------------------- Network Related Options -------------------------
#
# workgroup = NT-Domain-Name or Workgroup-Name, eg: MIDEARTH
#
# server string is the equivalent of the NT Description field
#
```

```
# netbios name can be used to specify a server name not tied to the hostname
#
# Interfaces lets you configure Samba to use multiple interfaces
# If you have multiple network interfaces then you can list the ones
# you want to listen on (never omit localhost)
#
# Hosts Allow/Hosts Deny lets you restrict who can connect, and you can
# specifiy it as a per share option as well
#
	workgroup = MYGROUP
	server string = Samba Server Version %v

;	netbios name = MYSERVER

;	interfaces = lo eth0 192.168.12.2/24 192.168.13.2/24
;	hosts allow = 127. 192.168.12. 192.168.13.

# --------------------------- Logging Options -----------------------------
#
# Log File let you specify where to put logs and how to split them up.
#
# Max Log Size let you specify the max size log files should reach

	# logs split per machine
	log file = /var/log/samba/log.%m
	# max 50KB per log file, then rotate
	max log size = 50

# ----------------------- Standalone Server Options ------------------------
#
# Scurity can be set to user, share(deprecated) or server(deprecated)
#
# Backend to store user information in. New installations should
# use either tdbsam or ldapsam. smbpasswd is available for backwards
# compatibility. tdbsam requires no further configuration.

	security = user
	passdb backend = tdbsam


# ----------------------- Domain Members Options ------------------------
#
# Security must be set to domain or ads
#
# Use the realm option only with security = ads
# Specifies the Active Directory realm the host is part of
#
# Backend to store user information in. New installations should
# use either tdbsam or ldapsam. smbpasswd is available for backwards
# compatibility. tdbsam requires no further configuration.
```

```
#
# Use password server option only with security = server or if you can't
# use the DNS to locate Domain Controllers
# The argument list may include:
#     password server = My_PDC_Name [My_BDC_Name] [My_Next_BDC_Name]
# or to auto-locate the domain controller/s
#     password server = *


;           security = domain
;           passdb backend = tdbsam
;           realm = MY_REALM

;           password server = <NT-Server-Name>

# ---------------------- Domain Controller Options ----------------------
#
# Security must be set to user for domain controllers
#
# Backend to store user information in. New installations should
# use either tdbsam or ldapsam. smbpasswd is available for backwards
# compatibility. tdbsam requires no further configuration.
#
# Domain Master specifies Samba to be the Domain Master Browser. This
# allows Samba to collate browse lists between subnets. Don't use this
# if you already have a Windows NT domain controller doing this job
#
# Domain Logons let Samba be a domain logon server for Windows workstations.
#
# Logon Scrpit let yuou specify a script to be run at login time on the client
# You need to provide it in a share called NETLOGON
#
# Logon Path let you specify where user profiles are stored (UNC path)
#
# Various scripts can be used on a domain controller or stand-alone
# machine to add or delete corresponding unix accounts
#
;           security = user
;           passdb backend = tdbsam

;           domain master = yes
;           domain logons = yes

            # the login script name depends on the machine name
;           logon script = %m.bat
            # the login script name depends on the unix user used
;           logon script = %u.bat
;           logon path = \\%L\Profiles\%u
            # disables profiles support by specifing an empty path
;           logon path =
```

```
;       add user script = /usr/sbin/useradd "%u" -n -g users
;       add group script = /usr/sbin/groupadd "%g"
;       add machine script = /usr/sbin/useradd -n -c "Workstation (%u)" -M -d /nohome -s /bin/false "%u"
;       delete user script = /usr/sbin/userdel "%u"
;       delete user from group script = /usr/sbin/userdel "%u" "%g"
;       delete group script = /usr/sbin/groupdel "%g"


# ---------------------- Browser Control Options ----------------------------
#
# set local master to no if you don’t want Samba to become a master
# browser on your network. Otherwise the normal election rules apply
#
# OS Level determines the precedence of this server in master browser
# elections. The default value should be reasonable
#
# Preferred Master causes Samba to force a local browser election on startup
# and gives it a slightly higher chance of winning the election
;       local master = no
;       os level = 33
;       preferred master = yes

#---------------------------- Name Resolution -------------------------------
# Windows Internet Name Serving Support Section:
# Note: Samba can be either a WINS Server, or a WINS Client, but NOT both
#
# - WINS Support: Tells the NMBD component of Samba to enable it’s WINS Server
#
# - WINS Server: Tells the NMBD components of Samba to be a WINS Client
#
# - WINS Proxy: Tells Samba to answer name resolution queries on
#     behalf of a non WINS capable client, for this to work there must be
#     at least one     WINS Server on the network. The default is NO.
#
# DNS Proxy - tells Samba whether or not to try to resolve NetBIOS names
# via DNS nslookups.

;       wins support = yes
;       wins server = w.x.y.z
;       wins proxy = yes

;       dns proxy = yes

# -------------------------- Printing Options -----------------------------
#
# Load Printers let you load automatically the list of printers rather
# than setting them up individually
#
# Cups Options let you pass the cups libs custom options, setting it to raw
```

```
# for example will let you use drivers on your Windows clients
#
# Printcap Name let you specify an alternative printcap file
#
# You can choose a non default printing system using the Printing option

		load printers = yes
		cups options = raw

;		printcap name = /etc/printcap
		#obtain list of printers automatically on SystemV
;		printcap name = lpstat
;		printing = cups

# --------------------------- Filesystem Options ---------------------------
#
# The following options can be uncommented if the filesystem supports
# Extended Attributes and they are enabled (usually by the mount option
# user_xattr). Thess options will let the admin store the DOS attributes
# in an EA and make samba not mess with the permission bits.
#
# Note: these options can also be set just per share, setting them in global
# makes them the default for all shares

;		map archive = no
;		map hidden = no
;		map read only = no
;		map system = no
;		store dos attributes = yes


#============================ Share Definitions ==============================

[homes]
		comment = Home Directories
		browseable = no
		writable = yes
;		valid uscrs = %S
;		valid uscrs = MYDOMAIN\%S

[printers]
		comment = All Printers
		path = /var/spool/samba
		browseable = no
		guest ok = no
		writable = no
		printable = yes

# Un-comment the following and create the netlogon directory for Domain Logons
;		[netlogon]
```

```
265  ;        comment = Network Logon Service
266  ;        path = /var/lib/samba/netlogon
267  ;        guest ok = yes
268  ;        writable = no
269  ;        share modes = no
270
271
272  # Un-comment the following to provide a specific roving profile share
273  # the default is to use the user’s home directory
274  ;        [Profiles]
275  ;        path = /var/lib/samba/profiles
276  ;        browseable = no
277  ;        guest ok = yes
278
279
280  # A publicly accessible directory, but read only, except for people in
281  # the "staff" group
282  ;        [public]
283  ;        comment = Public Stuff
284  ;        path = /home/samba
285  ;        public = yes
286  ;        writable = yes
287  ;        printable = no
288  ;        write list = +staff
```

57　[global]

74　workgroup = MYGROUP 参数workgroup设置本地主机所要加入的组

101　security = user

第100行的security是设置主机的共享安全模式，共分为4种，分别如下。

user模式：当其他主机试图访问Samba服务器时，要求来访用户输入用户名和密码。

share模式：对来访的用户不要求输入用户名和密码，主机上设置的共享目录对网络上的所有主机开放，是不安全的设置。

server模式：该模式为指定网络工作组中的一台服务器，当网络用户访问Samba服务时，Samba服务系统将用户的验证工作交由指定的服务器负责，只要该服务器通过用户的验证，Samba服务系统也将允许用户访问本地资源。

domain模式：使用域中的服务器作为密码验证。

```
248      [homes]
249       comment = Home Directories
250       browseable = no
251       writable = yes
252  ;    valid users = %S
253  ;    valid users = MYDOMAIN\%S
```

第248行的[homes]是smb.conf默认的设置，当登录到Samba服务的主机时，不同的用户，会看到和自己用户名相同的共享目录。

第249行表示提示信息。

第250行的参数为“no”时，表示禁止浏览，只有有权使用的用户才能看到此目录。

第251行的参数为“yes”时，表示允许有权限的用户往目录中写入文件。

第252行的参数为“%S”时，表示那些用户有权限访问本目录。Samba服务包括的变量主要有

%S = 当前服务名
%P = 当前服务的根目录
%u = 当前服务的用户名
%g = 当前用户所在的主工作组
%U = 当前对话的用户名
%G = 当前对话的用户的主工作组
%H = 当前服务的用户的Home目录
%v = Samba服务的版本号
%h = 运行Samba服务机器的主机名
%m = 客户机的NETBIOS名称
%L = 服务器的NETBIOS名称
%M = 客户机的主机名
%N = NIS服务器名
%p = NIS服务的Home目录
%R = 所采用的协议等级(值能够是CORE, COREPLUS, LANMAN1, LANMAN2，NT1)
%d = 当前服务进程的ID
%a = 客户机的结构（只能识别几项：Samba，WinNT，Win95）
%I = 客户机的IP
%T = 当前日期和时间

4. 资源分配

假设用户tom和jack规划到data组，能访问服务器的/data目录，只有他们两个能读，不能写；用户jack和alice规划到share组，能访问服务器的/share目录，只有他们两个可以写。

（1）创建目录

```
# mkdir /data
# mkdir /share
```

（2）创建用户账号

```
# groupadd data
# groupadd share
# useradd –g data tom
# useradd –g share –G data jack
# useradd –g share alice
```

（3）设置用户密码

```
# passwd tom
# passwd jack
# passwd alice
```

（4）设置目录属性

```
# chgrp data /data
# chgrp share /share
# chmod 770 /share
# chmod 750 /data
```

5. Samba服务配置

1）修改/etc/samba/smb.conf文件，增加两个共享目录，如图A-2所示。

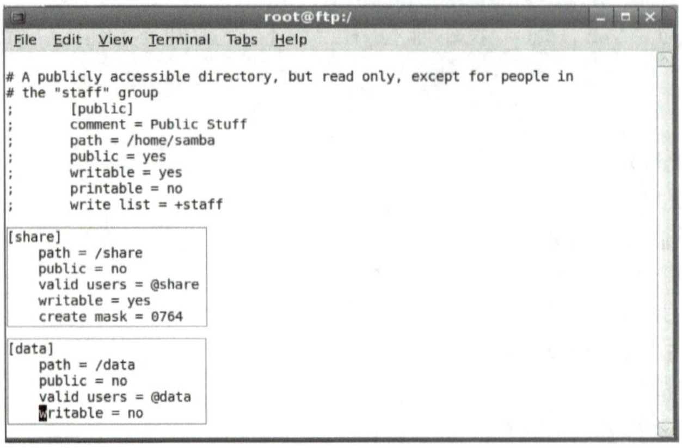
```
root@ftp:/
File Edit View Terminal Tabs Help
# A publicly accessible directory, but read only, except for people in
# the "staff" group
;       [public]
;       comment = Public Stuff
;       path = /home/samba
;       public = yes
;       writable = yes
;       printable = no
;       write list = +staff

[share]
    path = /share
    public = no
    valid users = @share
    writable = yes
    create mask = 0764

[data]
    path = /data
    public = no
    valid users = @data
    writable = no
```

图A-2　smb.conf配置

2）添加Samba组用户。

 # smbpasswd –a tom

 # smbpasswd –a jack

 # smbpasswd –a alice

说明

当Linux的系统用户较多且需要做Samba服务时，可以使用脚本命令来批量添加，可用如下命令：

 # cat /etc/passwd | mksmbpasswd.sh > /etc/samba/smbpasswd

3）重新启动服务器。

 # chkconfig smb on

 # service smb restart

6. 测试Samba服务

1）查看本地主机共享目录情况，如图A-3所示，显示以匿名用户登录成功。

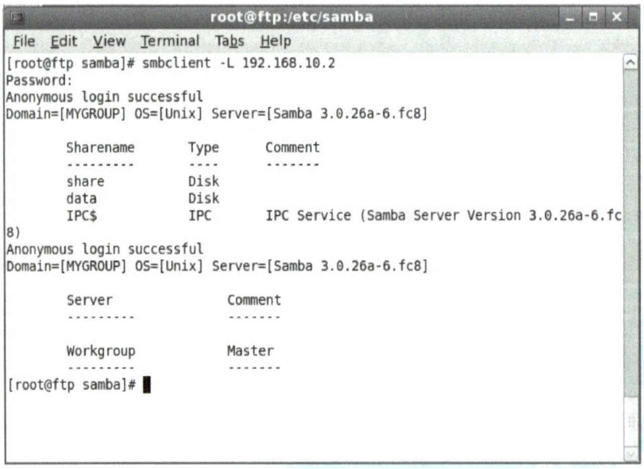
```
root@ftp:/etc/samba
File Edit View Terminal Tabs Help
[root@ftp samba]# smbclient -L 192.168.10.2
Password:
Anonymous login successful
Domain=[MYGROUP] OS=[Unix] Server=[Samba 3.0.26a-6.fc8]

        Sharename       Type      Comment
        ---------       ----      -------
        share           Disk
        data            Disk
        IPC$            IPC       IPC Service (Samba Server Version 3.0.26a-6.fc
8)
Anonymous login successful
Domain=[MYGROUP] OS=[Unix] Server=[Samba 3.0.26a-6.fc8]

        Server               Comment
        ---------            -------

        Workgroup            Master
        ---------            -------
[root@ftp samba]#
```

图A-3　本地主机共享测试

其中，“Sharename”为共享的目录，“Type”为目录的文件类型，“Comment”为共享目录的相关信息，在设置目录共享时，由“Comment”参数设置提供；“Server”为提供Samba服务的主机所在的工作组或域；“Workgroup”表示网络中包括的所有工作组或域，

"Master"表示域中的控制器的主机名或工作组中的主浏览器的主机名。

2）在Windows环境下测试规划的资源。

用tom用户测试是否只能对/data目录具有只读权限，其他用户没有权限，分别如图A-4～图A-9所示。

tom用户登录后，能查看到的目录有tom、share、data、打印机和传真，其中tom目录为系统用户tom默认的home目录；share、data、打印机和传真目录为共享的3个目录。tom用户对data目录具有读权限，对share目录不具有任何权限，对tom目录有写权限。

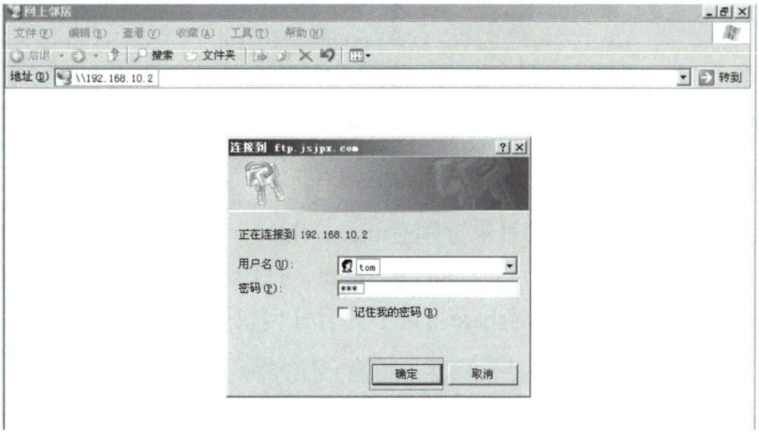

图A-4　tom用户登录

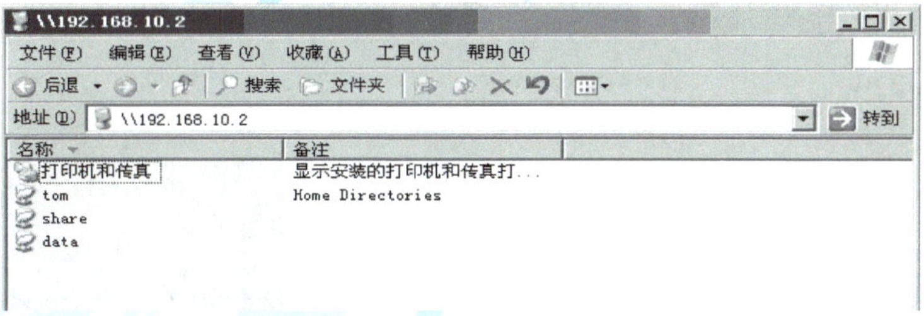

图A-5　用户tom登录后所见的共享目录

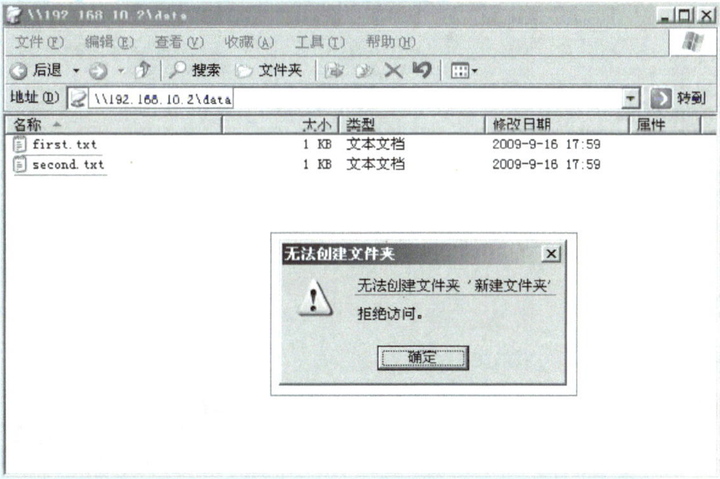

图A-6　用户tom对/data目录能读，不能写

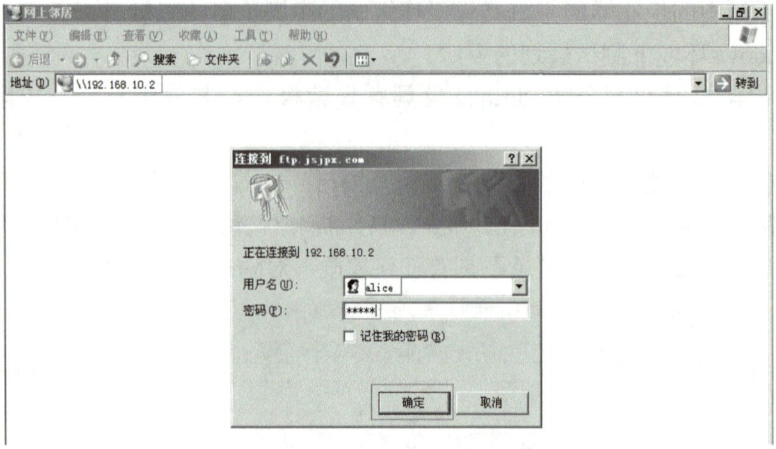

图A-7　alice用户登录

alice用户登录后，能查看到的目录分别有alice、share、data、打印机和传真，其中，alice目录为系统用户alice默认的home目录；share、data、打印机和传真目录为共享的3个目录。alice用户对data目录具有读权限，对share目录不具有任何权限，对alice目录有写权限。

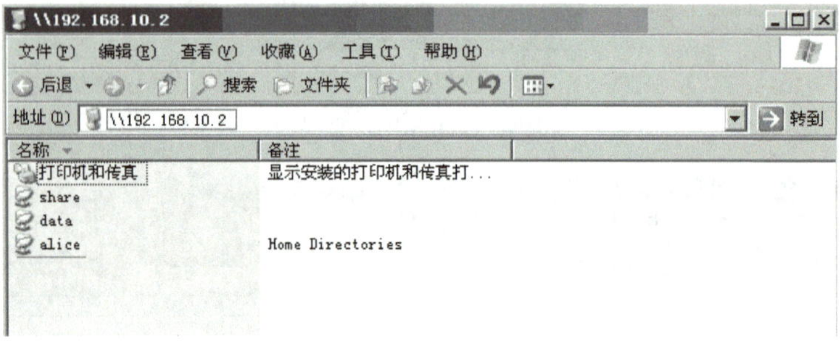

图A-8　用户alice登录后所见的共享目录

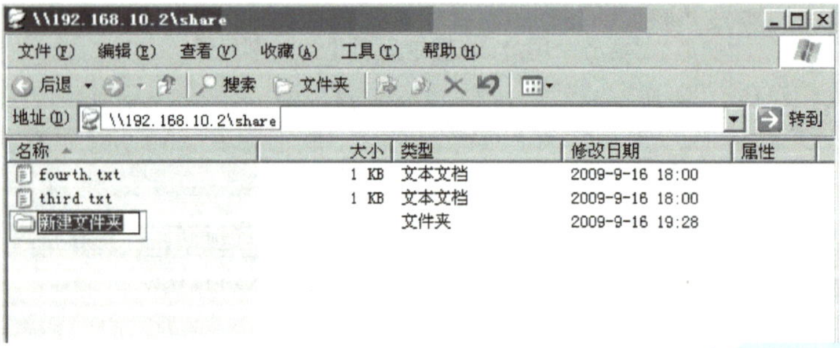

图A-9　用户alice对/share目录能读，也能写

关于jack的测试略。

7. 加入新组（读写）访问share目录

如果需要加入新组（读写）访问share目录，则需要用ACL。

（1）激活acl

#mount / -o remount,acl

（2）修改/etc/fstab，将

/dev/VolGroup00/LogVol00 /　　ext3　　defaults, 1 1

修改为

/dev/VolGroup00/LogVol00 /　　ext3　　defaults,acl 1 1

（3）添加新组

 # groupadd guest

 # useradd –g guest guest

（4）让新组可以访问/share

 # setfacl –m g:guest:rwx /share

（5）加入guest的访问授权

vi /etc/samba.conf，修改后如图A-10所示。

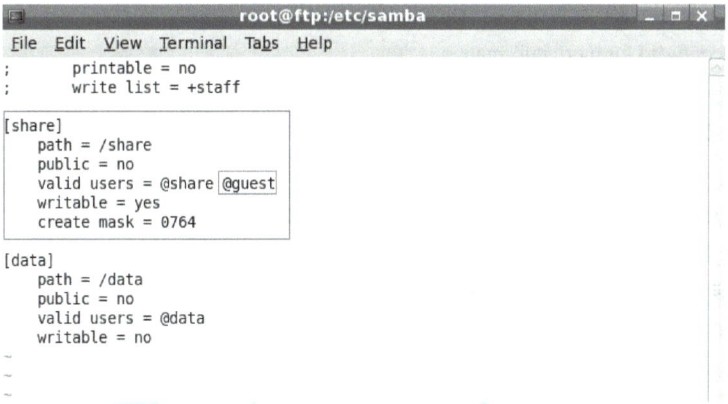

图A-10　加入guest组

关于这部分的测试效果与前面相同，不再重复。

附录B　远程访问技术

通过远程来管理服务器的资源是服务器管理员最常用的一种操作方式。在Windows操作环境中常采用Telnet协议来实现；在Linux环境中一般采用SSH协议来实现远程登录功能。如果要通过Windows客户端利用SSH协议来远程管理Linux主机，还必须去下载相应的工具（这里以SecureCRT.v6.1.0.349工具为例说明）。

1. 检查是否已安装SSH服务器的包，在CentOS 6.4中SSH服务器的包是Openssh，如图B-1所示

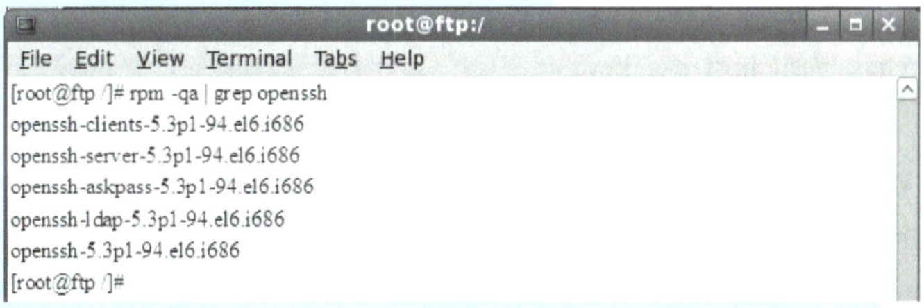

图B-1　检查是否安装SSH包

2. 如果没有安装软件包，可用Yum方法来安装

图B-1表明已经安装好了SSH包。

3. 启动SSH服务

/etc/init.d/ssh restart

4. 配置SSH服务器

（1）默认配置文档/etc/ssh/sshd_config

```
#	$OpenBSD: sshd_config,v 1.80 2008/07/02 02:24:18 djm Exp $

# This is the sshd server system-wide configuration file.  See
# sshd_config(5) for more information.

# This sshd was compiled with PATH=/usr/local/bin:/bin:/usr/bin

# The strategy used for options in the default sshd_config shipped with
# OpenSSH is to specify options with their default value where
# possible, but leave them commented.  Uncommented options change a
# default value.

#Port 22
#AddressFamily any
#ListenAddress 0.0.0.0
#ListenAddress ::

# Disable legacy (protocol version 1) support in the server for new
# installations. In future the default will change to require explicit
# activation of protocol 1
Protocol 2

# HostKey for protocol version 1
#HostKey /etc/ssh/ssh_host_key
# HostKeys for protocol version 2
#HostKey /etc/ssh/ssh_host_rsa_key
#HostKey /etc/ssh/ssh_host_dsa_key

# Lifetime and size of ephemeral version 1 server key
#KeyRegenerationInterval 1h
#ServerKeyBits 1024

```

```
# Logging
# obsoletes QuietMode and FascistLogging
#SyslogFacility AUTH
SyslogFacility AUTHPRIV
#LogLevel INFO

# Authentication:

#LoginGraceTime 2m
#PermitRootLogin yes
#StrictModes yes
#MaxAuthTries 6
#MaxSessions 10

#RSAAuthentication yes
#PubkeyAuthentication yes
#AuthorizedKeysFile      .ssh/authorized_keys
#AuthorizedKeysCommand none
#AuthorizedKeysCommandRunAs nobody

# For this to work you will also need host keys in /etc/ssh/ssh_known_hosts
#RhostsRSAAuthentication no
# similar for protocol version 2
#HostbasedAuthentication no
# Change to yes if you don't trust ~/.ssh/known_hosts for
# RhostsRSAAuthentication and HostbasedAuthentication
#IgnoreUserKnownHosts no
# Don't read the user's ~/.rhosts and ~/.shosts files
#IgnoreRhosts yes

# To disable tunneled clear text passwords, change to no here!
#PasswordAuthentication yes
#PermitEmptyPasswords no
PasswordAuthentication yes

# Change to no to disable s/key passwords
#ChallengeResponseAuthentication yes
ChallengeResponseAuthentication no

```

```
# Kerberos options
#KerberosAuthentication no
#KerberosOrLocalPasswd yes
#KerberosTicketCleanup yes
#KerberosGetAFSToken no
#KerberosUseKuserok yes
# GSSAPI options
#GSSAPIAuthentication no
GSSAPIAuthentication yes
#GSSAPICleanupCredentials yes
GSSAPICleanupCredentials yes
#GSSAPIStrictAcceptorCheck yes
#GSSAPIKeyExchange no
# Set this to 'yes' to enable PAM authentication, account processing,
# and session processing. If this is enabled, PAM authentication will
# be allowed through the ChallengeResponseAuthentication and
# PasswordAuthentication.  Depending on your PAM configuration,
# PAM authentication via ChallengeResponseAuthentication may bypass
# the setting of "PermitRootLogin without-password".
# If you just want the PAM account and session checks to run without
# PAM authentication, then enable this but set PasswordAuthentication
# and ChallengeResponseAuthentication to 'no'.
#UsePAM no
UsePAM yes
# Accept locale-related environment variables
AcceptEnv LANG LC_CTYPE LC_NUMERIC LC_TIME LC_COLLATE LC_MONETARY LC_MESSAGES
AcceptEnv LC_PAPER LC_NAME LC_ADDRESS LC_TELEPHONE LC_MEASUREMENT
AcceptEnv LC_IDENTIFICATION LC_ALL LANGUAGE
AcceptEnv XMODIFIERS
#AllowAgentForwarding yes
#AllowTcpForwarding yes
#GatewayPorts no
#X11Forwarding no
X11Forwarding yes
```

```
110  #X11DisplayOffset 10
111  #X11UseLocalhost yes
112  #PrintMotd yes
113  #PrintLastLog yes
114  #TCPKeepAlive yes
115  #UseLogin no
116  #UsePrivilegeSeparation yes
117  #PermitUserEnvironment no
118  #Compression delayed
119  #ClientAliveInterval 0
120  #ClientAliveCountMax 3
121  #ShowPatchLevel no
122  #UseDNS yes
123  #PidFile /var/run/sshd.pid
124  #MaxStartups 10:30:100
125  #PermitTunnel no
126  #ChrootDirectory none
127
128  # no default banner path
129  #Banner none
130
131  # override default of no subsystems
132  Subsystem       sftp    /usr/libexec/openssh/sftp-server
133
134  # Example of overriding settings on a per-user basis
135  #Match User anoncvs
136  #       X11Forwarding no
137  #       AllowTcpForwarding no
138  #       ForceCommand cvs server
```

（2）重要配置项说明

13　# Port 22表示设置SSH服务器的端口，默认为22，可以修改成其他未使用的端口。

15　# ListenAddress 0.0.0.0 设置SSH服务器绑定的IP地址，默认0.0.0.0表示绑定服务器可以使用的IP地址。

21　Protocol 2表示SSH服务器使用SSH协议的顺序，默认先使用SSH2，也可以为SSH1。

42　#PermitRootLogin yes 设置是否允许root账号登录。

80　#GSSAPIAuthentication no 表示是否使用密码认证方式，如果使用公钥认证方式，则为no，否则为yes。

5. 测试SSH服务

1）在Windows环境下安装SecureCRT软件。SecureCRT软件包如图B-2所示。

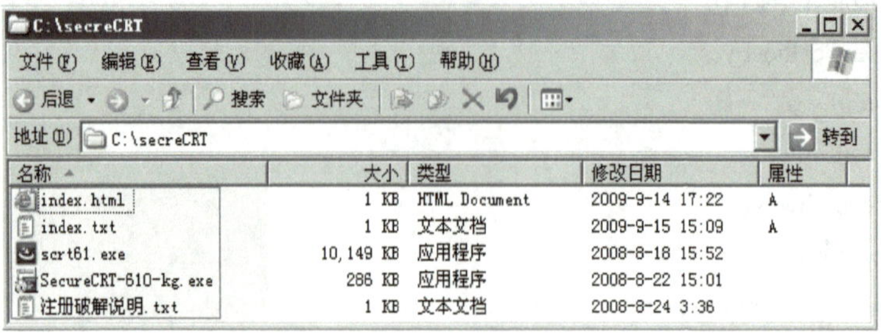

图B-2 SecureCRT软件包

2）单击“scrt61.exe”，开始安装，如图B-3所示。

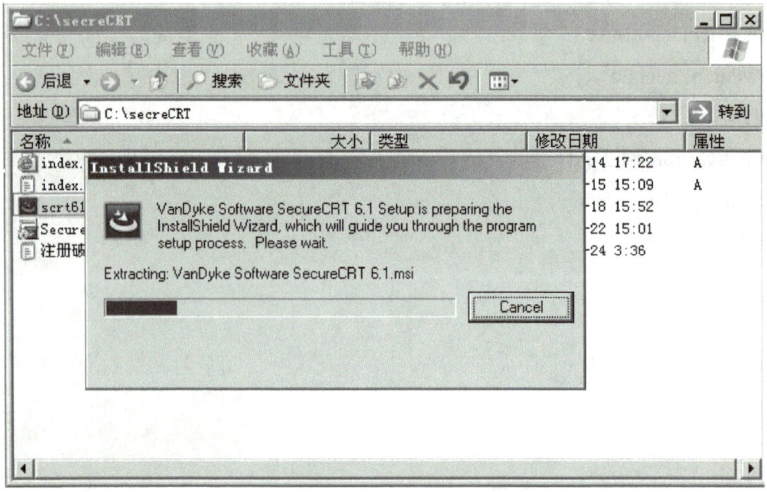

图B-3 开始安装

3）安装向导如图B-4所示。

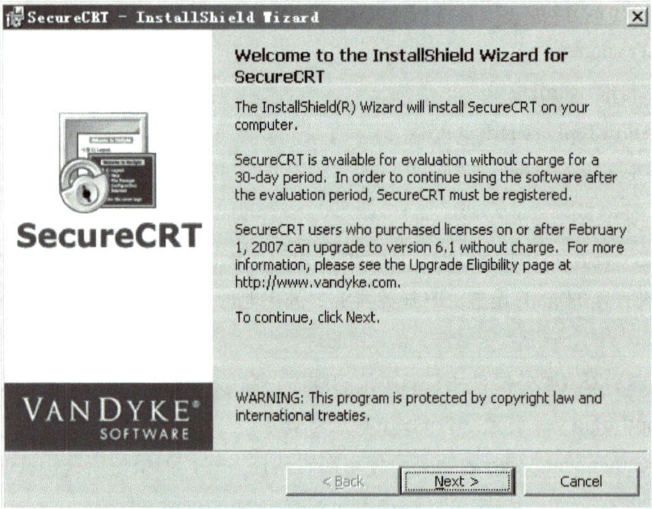

图B-4 安装向导

4）同意安装许可，单击“下一步”按钮，如图B-5所示。

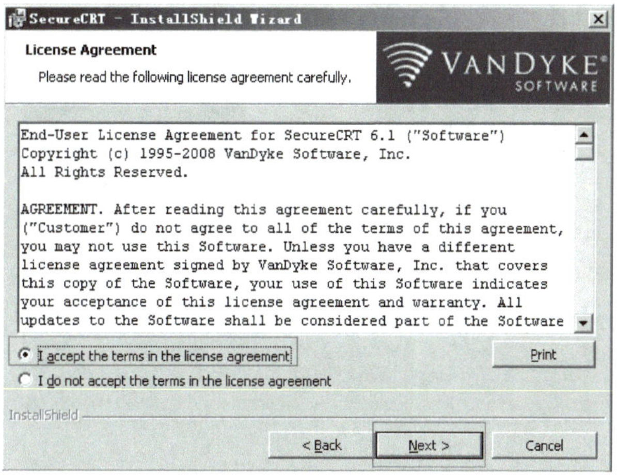

图B-5　同意安装许可

5）指定用户，如图B-6所示。

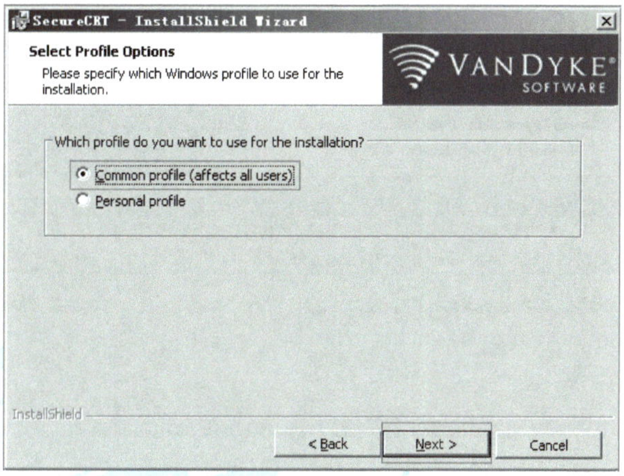

图B-6　指定用户

6）选择安装的方式，“完全安装”和“自定义安装”，默认为“完全安装”，然后单击“下一步”按钮，如图B-7所示。

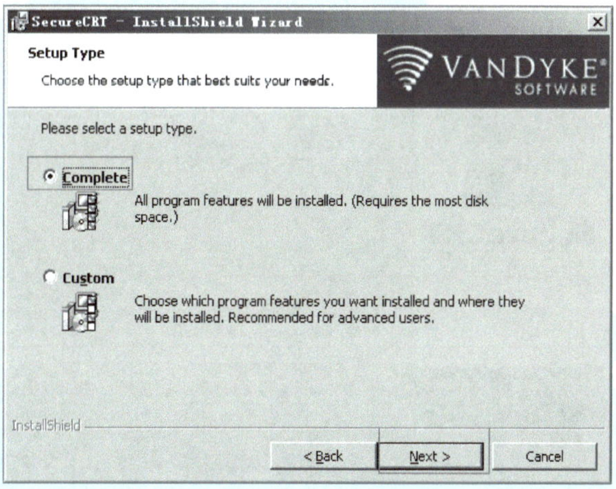

图B-7　选择安装的方式

7）选择快捷方式，如图B-8所示。

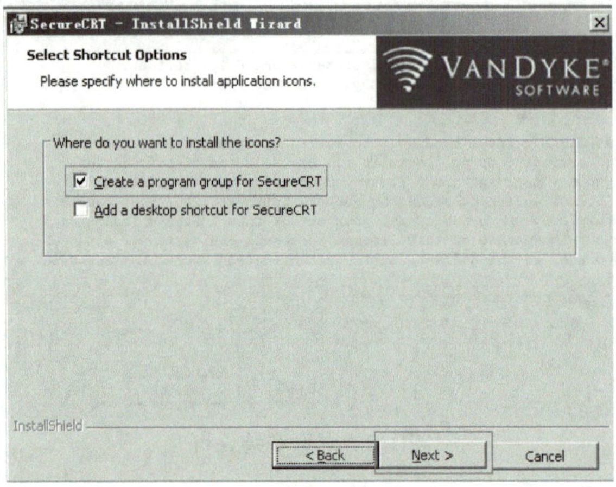

图B-8　选择快捷方式

8）安装过程如图B-9所示。

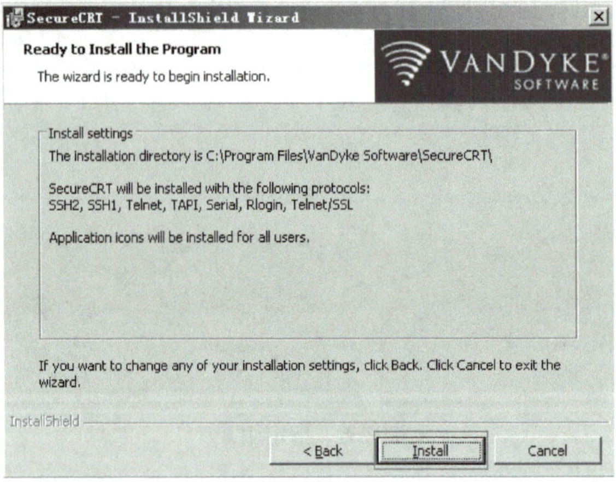

图B-9　安装过程

9）安装完成，如图B-10所示。

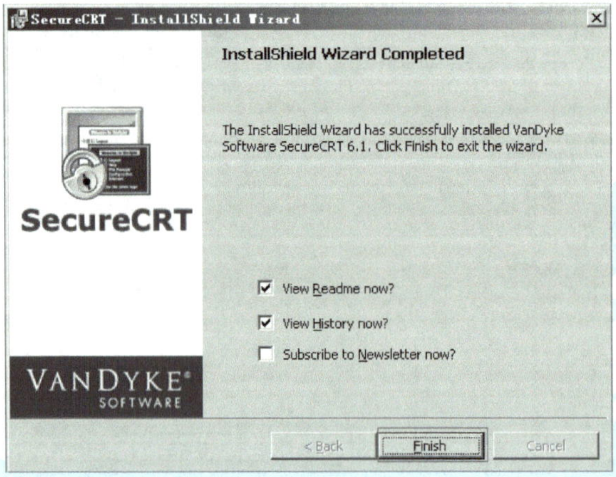

图B-10　安装完成

10）程序安装完毕后，将SecureCRT-610-kg.exe复制到程序安装目录下，如图B-11所示。

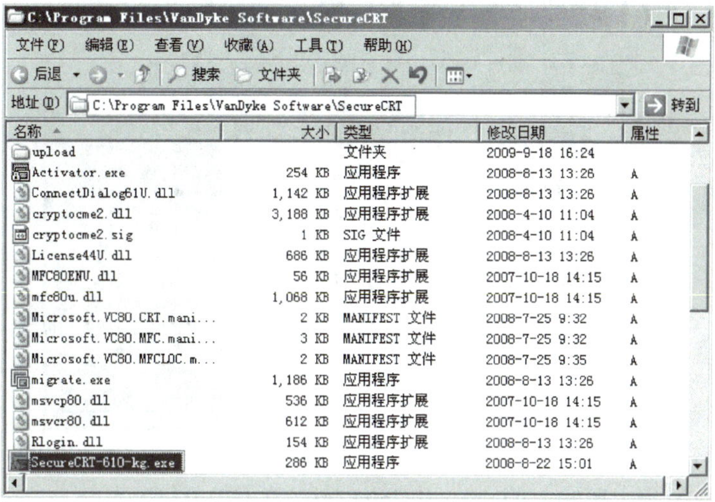

图B-11　复制解密文件到安装目录

11）运行SecureCRT-610-kg.exe，先填入Name，这里输入zhulinli（可任意输入），再填Company，这里填入jstu（也可任意输入），然后单击Generate按钮，生成注册信息，最后单击Patch按钮，补丁成功，如图B-12所示。

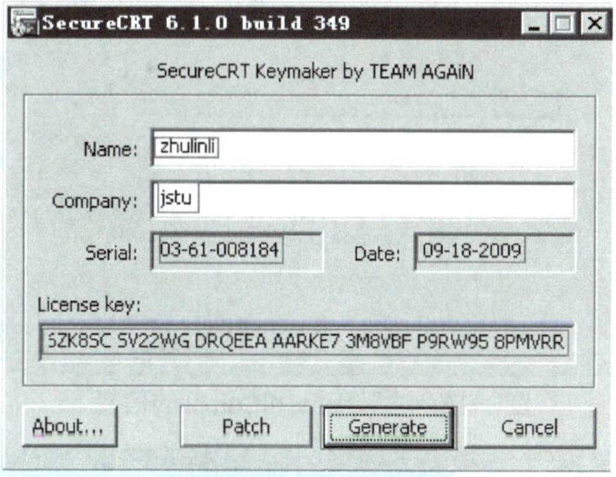

图B-12　生成注册信息

12）运行SecureCRT，首次运行的配置如图B-13所示。

13）进入许可注册，如图B-14所示。

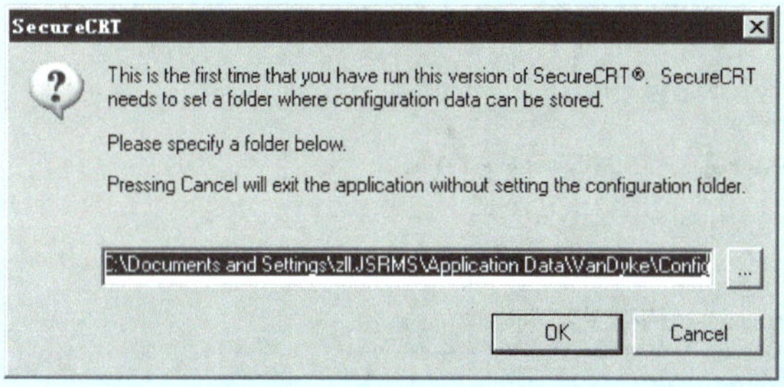

图B-13　首次运行的配置

图B-14　许可注册

14）进入许可注册向导，如图B-15所示。

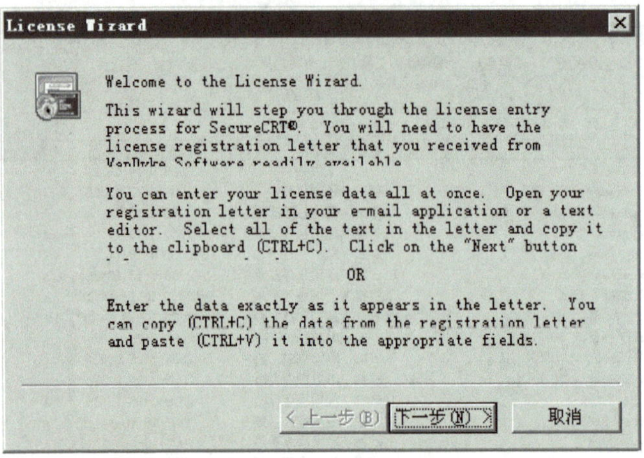

图B-15　许可注册向导

15）输入第11）步中所输入的Name和Company，如图B-16所示。

16）输入第11）步产生的序列号（Serial）和许可证号（License Key），如图B-17所示。

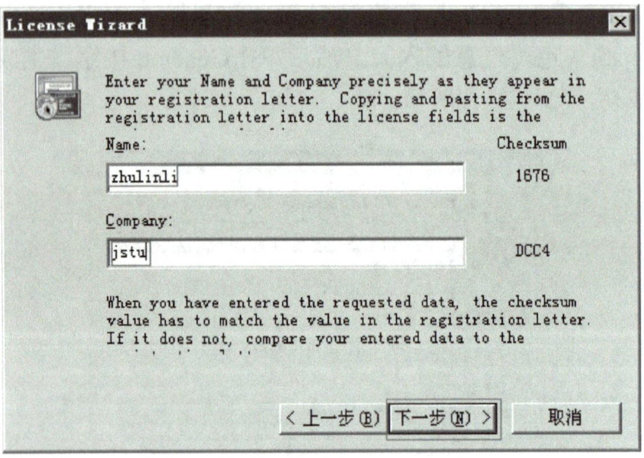

图B-16　注册Name和Company信息

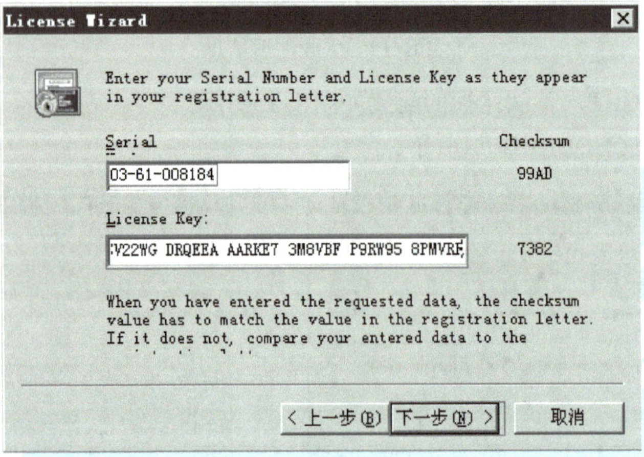

图B-17　输入Serial和License Key信息

17）填入第11）步产生的日期（Issue Date），Features可为空，如图B-18所示。

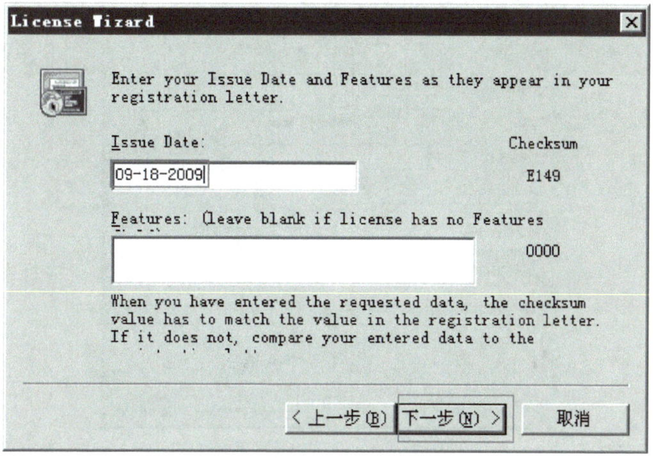

图B-18　输入Issue Date信息

18）完成，如图B-19所示。

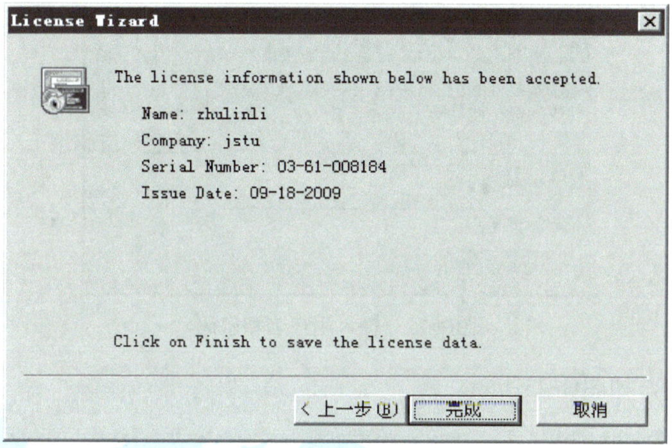

图B-19　完成

19）首次启动提示，如图B-20所示。

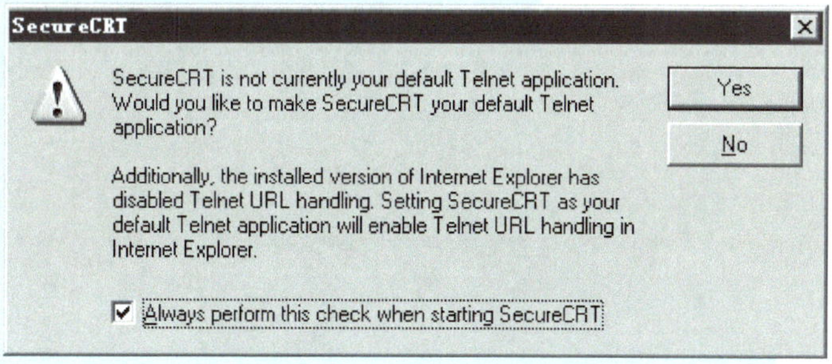

图B-20　首次启动提示

20）连接主机，协议为SSH2，主机名为192.168.10.8，端口为22，用户名为root，防火墙为None，如图B-21所示。

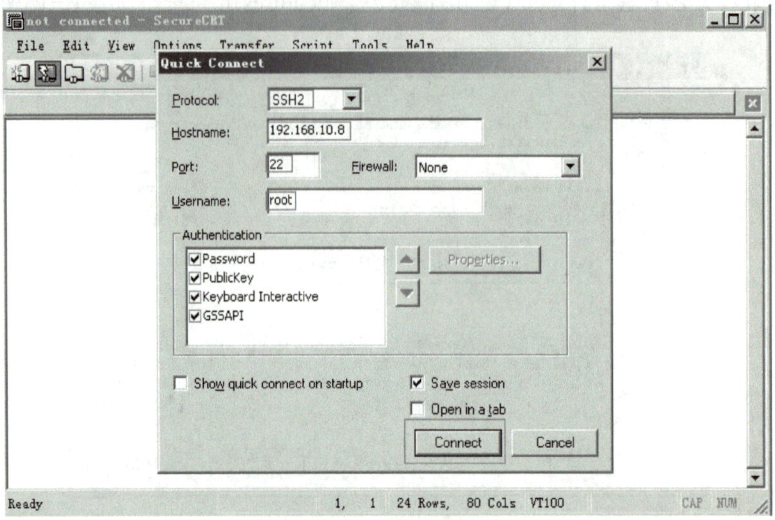

图B-21　连接主机

21）输入用户名和密码，如图B-22所示。

图B-22　输入用户名和密码

22）连接成功，如图B-23所示。

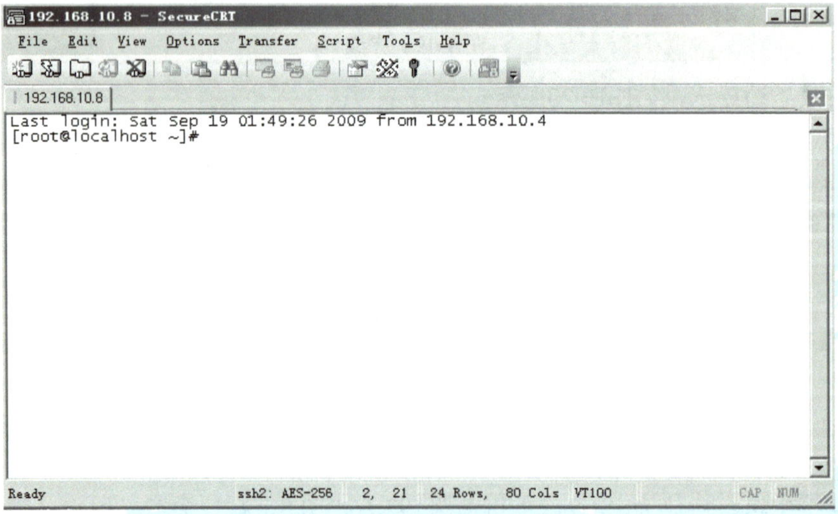

图B-23　连接成功

6. SSH服务的安全

1）由于SSH服务使用的端口是22，所以可以在防火墙设置中使用ipchains或IPT- ABLES来开放一些允许的IP，通过端口22把其他IP都拒绝掉。

2）修改/etc/hosts.allow文件，即可以在/etc/hosts.allow文件中把不允许通过SSH方式访问服务器的IP地址拒绝掉，如果只允许IP地址192.168.10.1~192.168.10.254的主机可以通过SSH方式访问服务器，可添加

sshd:192.168.10.0/24:Allow

参 考 文 献

[1] AS Tanenbaum. Computer Networks[M]. 4th ed Prentice Hall PTR，2004.

[2] Laura A Chappell，Ed Title. Guide to TCP/IP[M]，3rd ed. Cengage Learning，2007.

[3] 丰士昌. Linux玩家技术宝典——你所不知道的Linux[M]. 北京：中国铁道出版社，2009.

[4] 段风雷. Solaris 10红宝书[M]. 北京：电子工业出版社，2006.

[5] 王林，郝奕. Linux Fedora Core 8使用大全[M]. 北京：电子工业出版社，2009.

[6] 朱居正，高冰. Red Hat Linux Fedora Core 5系统管理[M]. 北京：清华大学出版社，2006.

[7] 林晓飞，倪春胜，张军. Red Hat Enterprise Linux 4.0系统配置与管理[M]. 北京：清华大学出版社，2007.

[8] 马昕炜. Linux服务器配置手册[M]. 北京：科学出版社，2005.

[9] 刘晓辉，王淑江. 网络管理必备工具软件精解[M]. 北京：人民邮电出版社，2006.

[10] 胡明庆，高巍，钟梅. 操作系统教程与实验[M]. 北京：清华大学出版社，2007.

[11] Christopher Negus. Linux宝典[M]. 北京：人民邮电出版社，2010.

[12] 伍云辉. Linux服务器配置与管理指南[M]. 北京：清华大学出版社，2010.

[13] 孟庆昌. Linux基础教程[M]. 北京：清华大学出版社，2009.

[14] 文东戈，孙昌立，王旭. Linux操作系统实用教程[M]. 北京：清华大学出版社，2010.

[15] 杨树青，王欢. Linux环境下C编程指南[M]. 2版. 北京：清华大学出版社，2010.

[16] 王晓超，于涛，周艳艳. Linux服务器搭建完全技术宝典[M]. 北京：中国铁道出版社，2010.

[17] 丰士昌，邹本强. Linux疑难排解实用手册[M]. 北京：中国铁道出版社，2009.

[18] 广东省Linux公共服务技术支持中心[M]. Linux系统管理师[M]. 北京：机械工业出版社，2009.

[19] 孙建华. Linux网络技术基础[M]. 北京：机械工业出版社，2008.

[20] 罗文村，汤庸. Linux实践及应用[M]. 北京：清华大学出版社，2006.

[21] Tony Bautts，Terry Dawson，Gregor N. Purdy. Linux网络管理员指南[M]. 南京：东南大学出版社，2006.

[22] 马军. Linux组网[M]. 北京：航空工业出版社，2000.

[23] Michael K Johnson，Erik W Troan. Linux application development[M]. 北京：人民邮电出版社，2006.

[24] Nicholas Wells. Linux系统管理完全手册[M]. 北京：清华大学出版社，2006.

[25] Steve Suehring，Robert L Ziegler. Linux防火墙[M]. 北京：机械工业出版社，2006.

[26] James Kirkland. Linux系统故障诊断与排除[M]. 北京：人民邮电出版社，2007.

[27] 王瑞琴，李振江. Linux实用教程[M]. 北京：清华大学出版社，2006.

[28] Mark G Sobell. Linux命令、编辑器与Shell编程[M]. 北京：清华大学出版社，2007.

[29] 赵炯. Linux内核完全剖析[M]. 北京：机械工业出版社，2006.

[30] 范永开，杨爱林. Linux应用开发技术详解[M]. 北京：人民邮电出版社，2006.

[31] Robert Love. Linux内核设计与实现[M]. 2版. 北京：机械工业出版社，2006.

[32] 倪继利. Linux内核分析及编程[M]. 北京：电子工业出版社，2005.

[33] Roberta Bragg. Windows Server 2003安全性权威指南[M]. 北京：清华大学出版社，2007.

[34] 戴有炜. Windows Server 2003 Active Directory配置指南[M]. 北京：清华大学出版社，2004.

[35] 许斌辉，孙亚刚．Windows Server 2003网络管理员完全手册[M]．北京：清华大学出版社，2007.
[36] 刘淑梅，李文俊，杨伏龙．Windows Server 2003组网技术与应用详解[M]．北京：人民邮电出版社，2006.
[37] 商宏图，李红岩，等．Windows Server 2003活动目录[M]．北京：机械工业出版社，2005.
[38] 黄永峰，等．Windows Server 2003组网技术[M]．北京：机械工业出版社，2005.
[39] Jeffrey R Shapiro．Windows Server 2003宝典[M]．北京：电子工业出版社，2004.
[40] 吕政周，等．Windows Server 2008系统管理员实用全书[M]．北京：电子工业出版社，2010.
[41] Joseph Davies，Tony Northrup，Microsoft网络团队．Windows Server 2008网络互联和网络访问保护参考手册[M]．北京：机械工业出版社，2009.
[42] 赵江，张锐．Windows Server 2008配置与应用指南[M]．北京：人民邮电出版社，2008.
[43] 梁如军，丛日权，周涛．CentOS 5系统管理[M]．北京：电子工业出版社，2008.
[44] 董良，等．Linux系统管理[M]．北京：人民邮电出版社，2012.
[45] Lynn Samara. Windows Server 2012: Up and Running[M]．Sebastopol: O’Reilly Media, Inc, USA, 2012.
[46] 戴有炜．Windows Server 2012系统建置实务[M]．中国台北：基峰资讯股份有限公司，2012.